DSP 原理与应用
——基于 TMS320F28075

马骏杰　编著

北京航空航天大学出版社

内 容 简 介

本书以 TMS320F28075 芯片的开发为主线,内容涵盖 CCS6.x 开发环境的搭建与 CMD 文件的编写、存储器的映像、复位及中断系统、系统设计、Flash 编程以及各个外设模块的功能和使用等。每部分内容均结合应用实例,并详细说明开发过程中寄存器的使用,所有代码都标注有详细的中文注释,为读者快速熟悉并掌握这款 DSP 的特点及开发方法提供便利。

本书可作为高等院校电力电子技术、自动化、电子、通信、计算机等专业学生"DSP 原理与应用"相关课程的教学用书,也可作为从事 DSP 开发人员的参考用书。

图书在版编目(CIP)数据

DSP 原理与应用：基于 TMS320F28075 / 马骏杰编著
. -- 北京 ：北京航空航天大学出版社,2017.1
ISBN 978 - 7 - 5124 - 2324 - 4

Ⅰ. ①D… Ⅱ. ①马… Ⅲ. ①数字信号处理②数字信号—微处理器 Ⅳ. ①TN911.72②TP332

中国版本图书馆 CIP 数据核字(2016)第 306901 号

DSP 原理与应用——基于 TMS320F28075
马骏杰　编著
责任编辑　董立娟

*

北京航空航天大学出版社出版发行

北京市海淀区学院路 37 号(邮编 100191)　http://www.buaapress.com.cn
发行部电话:(010)82317024　传真:(010)82328026
读者信箱：emsbook@buaacm.com.cn　邮购电话:(010)82316936
涿州市新华印刷有限公司印装　各地书店经销

*

开本:710×1 000　1/16　印张:29　字数:618 千字
2017 年 1 月第 1 版　2017 年 1 月第 1 次印刷　印数:3 000 册
ISBN 978 - 7 - 5124 - 2324 - 4　定价:65.00 元

前　言

TMS320F28075 采用 C28x CPU 与 CLA 的强大组合,可在混合动力汽车及电动汽车逆变驱动器、汽车雷达、太阳能逆变器、UPS 整流及逆变器、移相全桥及 LLC 数字电源等应用中提升控制任务的执行速度。此外,TMS320F28075 还可提供众多模拟与控制外设,从而实现高集成度的控制应用。F28075 是在 Delfino F2837xS 和 F2837xD 的基础上推出的,由于其性价比高,很快受到了广泛关注。

本书在 TI 数据手册的基础上,对 F28075 的功能特点进行了整理,减少冗余的文字介绍,通过归纳总结图表的方式来解释 F28075 复杂的原理及应用。此外,每部分内容均结合应用实例,所有代码都标注有详细的中文注释,为读者快速熟悉并掌握这款 MCU 提供便利。

全书共有 12 章,完全按照功能进行划分。第 1 章对比了 F28075 与目前主流 C2000 DSP 的特点;第 2 章介绍了其内部结构原理,对 C28x＋FPU＋TMU＋CLA 的特点及应用进行了总结;第 3 章和第 4 章对系统初始化模块和 CCS6.0 进行介绍;第 5 章介绍了 GPIO 的应用,提供了大量例程,重点介绍了 X－Bar 的使用;第 6 章将复位和中断进行整合,将自系统复位直至程序进入中断的整个过程进行了归纳;第 7 章和第 8 章为模拟子系统和控制外设,综合介绍了 ADC、DAC、CMPSS、SDFM、PWM、HRPWM、CAP 等模块的应用,这两章的篇幅较大、提供的例程较多;第 9 章归纳了 CLA 的应用;第 10 章重点讲述了 Flash 的编程及下载;第 11 章为 F28075 片上通信外设的应用,每种通信均配有应用例程;第 12 章为工程应用,介绍了使用 F28075 进行的 PWM 整流器及电机驱动控制器的设计。

本书由哈尔滨理工大学马骏杰统稿,耿新、张思艳、孙轶男、李金佳老师参与编写了第 3 章、第 4 章和第 11 章部分内容。感谢王振东、王苑苑、胡明报、孙维文、邵泽健同学对书中文字及图表格式所做的大量工作,感谢李全利教授、王旭东教授、宋加升教授、高原老师、孙勋成老师、谭新建博士及赵铁老师对本书出版的大力支持,感谢 TI(深圳)工程师提出的宝贵意见,感谢出版社的支持,感谢我的父母、岳父母、妻子给我的关爱,并将此书作为周岁礼物献给宝贝"子越":尽管未能时时陪伴,但幸运的并未错过你重要的成长瞬间。

此外,本书得到国家自然科学基金项目(51177031)、黑龙江省应用技术研究与开发计划项目（GA13A202）、全军军事类研究生资助课题（2015JY030）及基于

"互联网+"的《DSP 应用技术》课程建设研究与实践教学改革立项项目（编号220160012）的资助，受到汽车电子驱动控制与系统集成教育部工程研究中心及中国人民解放军国防大学军事后勤与军事科技装备教研部的大力支持，在此一并表示衷心的感谢。

作者建立了 DSP 开发者交流群（578603839），相关网站也在建设中，希望广大读者及 DSP 开发爱好者加入，共同讨论，一同进步。由于作者水平有限，本书存在不妥之处，敬请读者提出宝贵的意见和建议。

编　者
2016 年 12 月

目　录

目 录

第1章

概　述

1.1　数字信号处理的概念

数字信号处理是指采用计算机技术,将信号以数字形式表示并处理的理论和方法。经过多年的发展,数字信号处理已经形成了非常成熟的学科体系,并取得了众多的研究成果。数字信号处理器(Digital Signal Processor,DSP)应用技术的迅速发展,又为数字信号处理方法的完善和推广注入了新的活力。

1.1.1　模拟信号与数字信号

现实生活中存在着各种物理量,如声压、温度及电动机转速等。为了处理方便,人们通常要将这些物理量使用传感器转换为电压或电流量。在信号处理领域里,信号可以定义为一个随时间变化的物理量。例如,声压经过麦克风可以转换为电信号。

1. 模拟信号

在幅值上和时间上都是连续变化的信号,我们称之为模拟信号。模拟信号的特点是幅值和时间均是连续的,在一个时间区域里的任何瞬间都存在确定的值,如图1.1(a)所示。现实生活中的信号多为模拟信号。

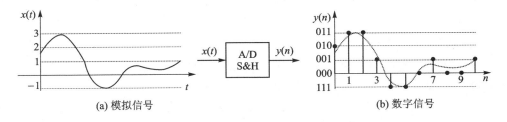

(a) 模拟信号　　　　　　　　　　　　(b) 数字信号

图 1.1　模拟信号到数字信号的转换

2. 数字信号

为了能够用计算机进行处理,模拟信号要经过采样保持和A/D转换成为数字信号。数字信号的特点是幅值为量化的,时间是离散的,如图1.1(b)所示。图1.1(b)中采用3位二进制数进行了幅值量化(注:幅值111是−1的补码)。

DSP原理与应用—— 基于TMS320F28075

2

1.1.2 信号的处理方式

信号是信息的载体,信息能够反映系统的状态或特征。信号处理的目的是从信号中提取有用的信息并进行预期的各种变换(包括传输及存储)。信号处理主要任务分为两大类:信号频谱分析(提取信号的特征)和滤波器(或控制器)设计。

1. 模拟处理方式

模拟处理电路可以由分立的模拟器件构成,也可以由集成运算放大器构成。图 1.2 为由模拟集成运算放大器构成的经典 PI 控制器的实际电路。

该电路的输入输出关系如下式:

$$y(t) = K_{P}x(t) + K_{1}\int x(t)\mathrm{d}t \tag{1.1}$$

式中,$K_{P} = R_1/W_1$,$K_1 = 1/(W_2 + R_3) \cdot C$,调节 K_{P} 和 K_1 就可以在一定范围内改变系统的动静态性能。用模拟电路进行信号处理时,系统的精度和可靠性不理想。这是由于控制器的比例、积分和微分系数与阻容器件参数有关。一方面这些模拟器件采用的是器件的标称值(与理论值存在偏差,且参数存在分散性),另一方面模拟器件的参数会随环境温度发生变化。

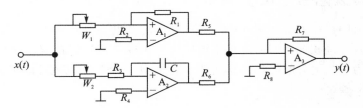

图 1.2 模拟 PI 控制器电路

用模拟电路进行信号处理时,系统的元件参数调试完成后,再想修改系统的控制规律非常困难(即控制规律调整不够灵活);同时,一些先进的控制算法无法实现。

2. 数字处理方式

为了避免模拟信号处理方式存在的各种不足,可以采用数字信号处理方式完成对模拟信号的处理加工任务。典型的处理过程如图 1.3 所示。

图 1.3 模拟信号的数字信号处理方式

模拟信号经过前置滤波器后将信号中的某一频率(采样频率的一半)分量滤除,以防止信号混叠;滤波后的信号经过采样保持和 A/D 转换得到数字信号;数字信号送到数字信号处理器进行运算处理。运算处理算法如下式:

$$y(n) = K_\mathrm{P}[x(n) - x(n-1)] + K_\mathrm{I}x(n) + y(n-1) \qquad (1.2)$$

该公式就是 PI 控制器增量式控制算法的差分方程,可以用来编写数字信号处理器的控制程序。若想改变控制规律,只须执行相应的算法即可,不用修改系统硬件。

与模拟信号处理相比,数字信号处理没有受到参数变化对系统性能的影响,所以系统的控制精度和可靠性得到了提高,同时处理算法的修改和完善变得非常容易。因此,数字信号处理广泛用于语音处理、图像处理与传输、电机控制、节能电源及消费类产品等诸多领域。

3. 两种处理方式的比较

数字信号处理与模拟信号处理的特点比较如表 1.1 所列。可见,在多数情况下数字信号处理具有较大的优势,只是在信号频率较高或系统在快速性方面要求较为苛刻时模拟信号处理才应该考虑。

表 1.1　数字信号处理与模拟信号处理的特点比较表

比较内容	数字处理	模拟处理
灵活性	好,软件编程改变算法	不好,靠调整硬件实现
可靠性	高,不易受温度和干扰影响	不好,参数随温度及干扰变化
精　　度	高,DSP 多优于 32 位字长	不好,难以达到 10^{-3} 以上
实时性	差,算法处理需要时间	好,硬件延迟影响很少

1.2　DSP 芯片的结构特点

在对模拟信号进行采样时,相邻两个采样时刻的时间间隔称为采样周期 T_s,其倒数称为采样率 f_s(单位:采样的点数/秒,与频率具有相同的 Hz 量纲),如图 1.4 所示。

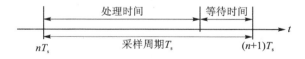

图 1.4　采样周期示意图

要想无失真地获得模拟信号的特征,采样定理要求 $T_\mathrm{s} < 1/(2f_{\max})$,即采样周期 T_s 被限定在一定数值之内。这就要求处理器在处理时间内必须完成全部算法和控制程序。

由数字处理方式的输出公式可以看出,PI 控制器的输出为有限项的乘积累加和。查阅数字信号处理的相关书籍能够发现,有限冲击响应滤波器(FIR)、无限冲击响应滤波器(IIR)及离散傅里叶变换(DFT)等许多处理算法均由下式的乘积累加形式构成:

3

$$y = \sum_{i=0}^{N-1} x(i) \cdot a(i) \tag{1.3}$$

数字信号处理的核心部件是数字信号处理器,它是专门针对实现数字信号处理算法而设计的芯片。芯片的结构设计必须采用各种有效的措施,从而加快执行信号处理算法的速度。

1.2.1 采用哈佛总线结构

(1) 冯·诺依曼总线结构

通常的微处理器(如 Intel 的 8086 处理器)采用冯·诺依曼总线结构,指令和数据使用同一存储器,指令和数据分时地经由同一总线(PB&DB)进行传输,如图 1.5 所示。

(2) 哈佛总线结构

DSP 采用哈佛结构,如图 1.6 所示,指令和数据都有各自的存储器和访问总线。取指令经由 PB 总线,访问数据存储器经由 DB 总线(不同时读写)。与冯·诺依曼总线结构相比,取指令和读数据(或写数据)能够同时进行,信息的吞吐能力提高了一倍。

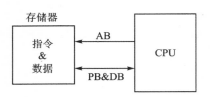

图 1.5 冯·诺依曼总线结构

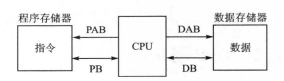

图 1.6 哈佛总线结构

为了进一步提高运行速度和数据访问的灵活性,TMS320F28x 芯片采用了改进的哈佛结构,一方面将数据读总线与数据写总线分开;另一方面还允许数据存放在程序存储器中,被算术运算指令直接使用。

1.2.2 采用流水线技术

源于流水生产线思想,DSP 内部也采用了流水线设计。在工业生产中采用流水线可以有效地提高生产效率,在 DSP 中采用流水线也非常有助于提高 DSP 的工作效率。DSP 采用了哈佛结构,为实施流水线设计提供了条件。可以把 DSP 的指令操作分成 4 个任务阶段:取指(P)、译码(D)、取数(G)和执行(E),如图 1.7 所示。

由图 1.7 可见,从第 4 个时钟周期开始,流水线就已填满,此后的指令均可认为是单周期指令。TMS320F28x 系列 DSP 将指令执行分成 8 个任务阶段:指令地址产生、取指令、指令译码、操作数地址产生、操作数寻址、取操作数、执行指令操作和结果存回。因此,该芯片采用的是 8 级流水线。当流水线填满时,它可以同时执行 8 条指

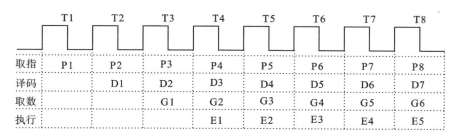

图 1.7 DSP 的 4 级流水线示意图

令,由于每条指令占用 8 个时钟周期,平均每条指令只需要一个时钟周期。

1.2.3 增加硬件功能单元

乘累加算法要求 DSP 必须有极高的速度,从而满足数字信号处理的需求。为达到这一目标,在硬件配置上,DSP 增加了一些独具特色的功能单元:

(1)设置硬件乘法器

为了减小硬件开销,乘法运算是采用多次进行加法实现的。为了加快乘法累加运算的速度,DSP 中设置了硬件乘法器。TMS320F28x 的乘法器如图 1.8 所示。

该乘法器能够在单周期内完成 32 位×32 位或双 16 位×16 位的乘法。乘积寄存器 P 的内容可以直接送到累加器 ACC 进行累加。乘法和累加能并行地在一个周期内完成。

(2)增加辅助寄存器算术单元

TMS320F28x 的辅助寄存器算术单元如图 1.9 所示。

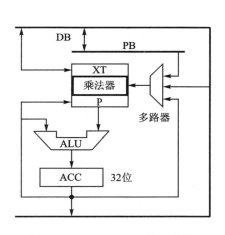

图 1.8 TMS320F28x 的乘法器

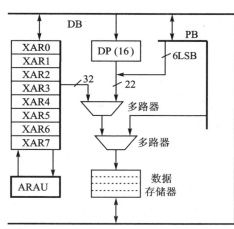

图 1.9 辅助寄存器算术单元

要访问存储器就应该先确定出存储单元的地址,对于通用计算机,存储单元地址的运算是采用算术逻辑单元(ALU)完成的。在 DSP 中,为了使 ALU 能够专心完成数据处理算法,专门增设了辅助寄存器算术单元(ARAU)。

XAR0～XAR7 为 8 个辅助寄存器,它们的主要作用是参加数据的间接寻址。DP 是 16 位的数据存储器页寄存器,它与来自指令寄存器的低 6 位合成 22 位数据存储器地址,用于直接寻址。ARAU 的任务就是在无需 ALU 参与的情况下完成存储器地址的运算。

1.3　TI 公司典型 DSP 产品

1.3.1　TMS320 系列 DSP 分类

TI 公司自 1982 年推出第一代 DSP 芯片 TMS3201x、TMS320C1x 系列后,又陆续推出了上百种 DSP 芯片。这些芯片尽管品种繁多、功能各异,但据面向领域可以分成 3 大类:C2000 系列(实时控制)、C5000 系列(低功耗)和 C6000 系列(高性能)。

(1) TMS320C2000 系列

该系列于 1991 年推出,主要包含两个子系列:C24x 和 C28x。C24x 是 16 位定点 DSP,C28x 是 32 位定点 DSP。但基于 C28x 内核又推出了浮点产品,如 TMS320F28075,该系列 DSP 不但具有 DSP 内核,而且还具有丰富的用于电机控制的片上外设,从而将高速运算与实时控制融于一个芯片,成为传统单片机的理想替代品。TMS320C2000 系列 DSP 主要用于电机控制、数字电源和再生能源、电动汽车及 LED 照明等领域。由于 C2000 系列 DSP 主要用于控制领域,TI 公司目前将该系列 DSP 芯片归类为 DSC(即数字信号控制器)。

(2) TMS320C5000 系列

该系列也于 1991 年推出,是低功耗 16 位定点 DSP。该系列 DSP 待机功率小于 0.15 mW,工作功率小于 0.15 mW/MHz,是业界功耗最低的 16 位 DSP,包含两个子系列:C54x 和 C55x,主要用于语音处理、移动通信、医疗监测等便携设备。

(3) TMS320C6000 系列

该系列于 1997 年推出,是 TI 公司的高端产品,早期分成 C62x/C64x/C67x 这 3 个子系列。C62x 和 C64x 是 32 位定点 DSP,C67x 是 32 位浮点 DSP,主要用于音频、视频领域。

近些年,TI 公司淘汰了一些老产品,又推出了 DaVinci 数字媒体处理器、OMAP 开放式多媒体应用平台和融入 ARM 内核的多核产品。

(4) TMS320 系列命名方法

TI 公司对典型的 DSP 产品进行了分类命名,如图 1.10 所示。这种分类方法对了解 TI 公司的典型产品配置具有一定的帮助。但要经常查看公司的网站,从中了解最新的技术进展和产品信息。

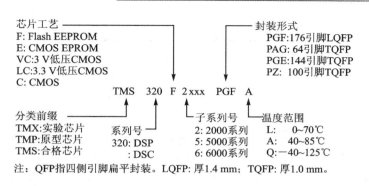

图 1.10 TMS320 系列典型芯片命名方法

1.3.2 TMS320F28x 系列概况

C28x 系列是 C2000 的子系列,其具备的优秀运算与控制性能,从而使原来 C24x 子系列的产品被淘汰,并且在 C28x 的基础上,TI 又推出了其他系列产品,如表 1.2 所列。

(1) C28x

C28x 是 C24x 的升级系列,具有 32 位内核,工作频率 150 MHz。片内不但具有 16 通道 12 位的 ADC 接口,还配备了 PWM 输出及正交编码、事件捕捉输入等电机 控制接口,从而具备方便灵活的控制组态能力,专门用于电机控制等工业领域。典型 芯片如 TMS320F2812。

(2) Piccolo

Piccolo(短笛)是在 C28x 的基础上、采用新型架构和增强型外设构成的,为实 时控制应用提供了低成本、小封装的选择。该系列芯片备有控制率加速器 (CLA)、Viterbi 复杂算术单元 (VCU) 及 LIN 总线等多项配置。典型芯片 如 TMS320F28075。

(3) Delfino

Delfino(海豚)是指 F2833x 和 F2834x 系列 DSP。Delfino 将高达 300 MHz 的 C28x 内核与浮点性能相结合,可以满足对实时性要求极为苛刻的应用。采用 Delfi- no 芯片可以降低系统成本,提高系统可靠性,并极大地提升了控制系统的性能。典 型芯片如 TMS320F28335。

(4) Concerto

Concerto(协奏曲)通过将 ARM Cortex – M3 内核与 C28x 内核结合到一个芯片 上,实现了连接和控制一体化。此外,Concerto 能采用增强型硬件实现系统的安全 认证和安全功能。典型芯片如 TMS320F28M35M52C。

7

表 1.2　TI 公司 F28x 系列典型芯片资源配置一览表

资源配置项目		F2812	F28335 （Delfino）	F28075 （Piccolo）
处理器	速度/MHz	150	150	120
	FPU		Yes	Yes
	CLA 协处理器			Yes/120 MHz
	VCU			
	DMA		Yes	Yes
存储器	Flash/KB	256	512	512
	RAM/KB	36	68	100
	ROM	Boot	Boot	Boot
控制接口	PWM 通道数	16	18	24
	高分辨率 PWM		6	16
	正交编码器	2	2	3
	事件捕获	6	6	6
	SDFM 滤波模块			8
	ADC 通道数	16	16	17
	DAC 模块			3
	窗口比较器 CMPSS			8
通信接口	USB			1
	McBSP	1	2	2
	I²C		1	2
	UART/SCI	2	3	4
	SPI	1	1	3
	CAN	1	2	2
外部存储器接口		16 位	16 位/32 位	16 位/32 位
定时器	32 位 CPU 定时计数器	3	3	3
	看门狗定时计数器		1	1
	不可屏蔽中断看门 狗定时计数器 （NMIWD）		1	1
内核电源/V		1.9	1.9	1.2
GPIO 引脚		56	88	97
在片振荡器		1	1	2
封装引脚数		176、179	176、179	176、100
千片单价/美元		14.25	14.25	约 6

1.3.3 F28075 的封装及引脚定义

TI 全新的 C2000 Piccolo F28075 采用 C8x CPU 与 CLA 的强大组合,可在电信整流器、光伏逆变器、HEV/EV 等应用中提升控制任务的执行速度。此外,F28075 可提供众多模拟与控制外设,并支持 TI 在此之前的 C2000 Delfino F2837xS 和 F2837xD MCU 系列。

1. F28075 的封装

F28075 有多种封装,常用的 LQFP(薄型四方扁平)封装如图 1.11 所示。

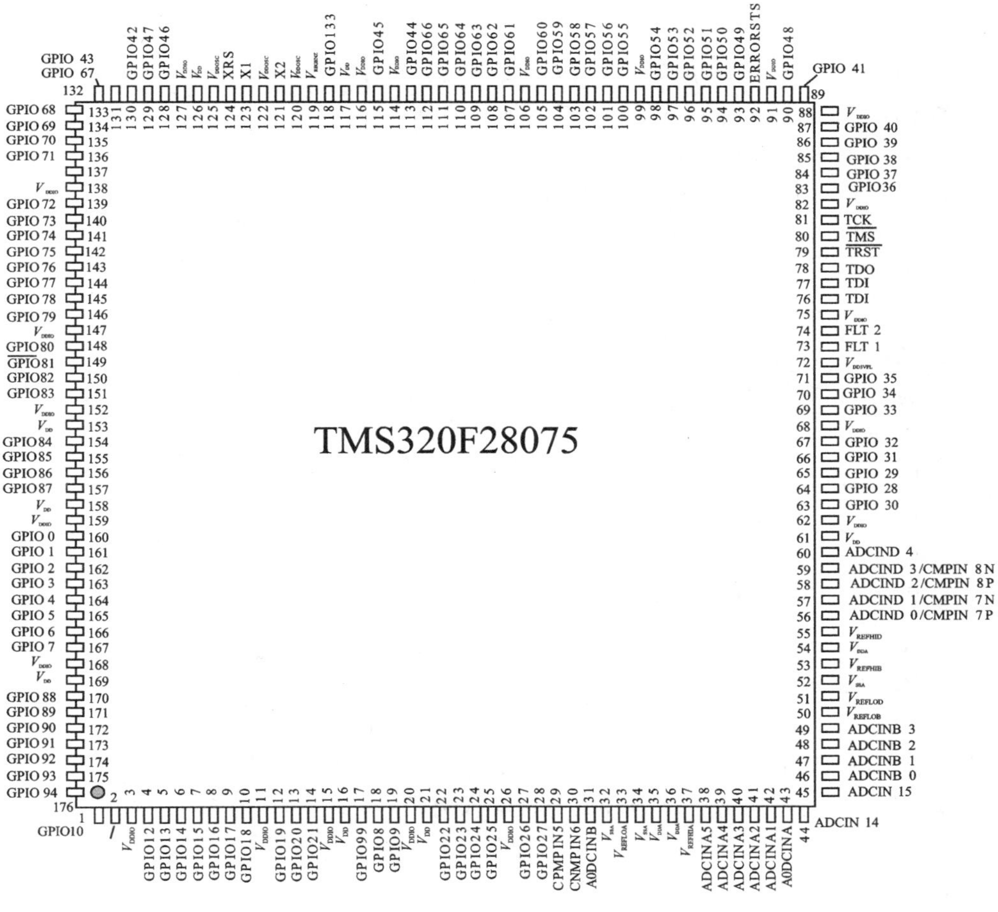

图 1.11 F28075 的 176 引脚封装定义

2. F28335 的引脚分类

1) 时钟信号

➤ X1:振荡器输入;

➤ X2:振荡器输出。

2）复位信号

$\overline{\text{XRS}}$:器件复位（输入）及看门狗复位（输出）。

3）JTAG 信号

➤ TCK:JTAG 测试时钟；

➤ TMS:JTAG 测试模式选择；

➤ TDI:JTAG 测试数据输入；

➤ $\overline{\text{TRST}}$:JTAG 测试复位；

➤ TDO:JTAG 测试数据输出。

4）测试信号

➤ FLT1:Flash 测试引脚 1,TI 保留硬件须悬空；

➤ FLT2:Flash 测试引脚 2,TI 保留硬件须悬空。

5）内部模拟子模块接口

➤ ADCINA0～ADCINA5:模拟输入 A 通道；

➤ ADCINB0～ADCINB5:模拟输入 B 通道；

➤ ADCIND0～ADCIND4:模拟输入 D 通道；

➤ ADCIN14、ADCIN15:模拟输入；

➤ V_{REFHIA}、V_{REFHIB}、V_{REFHID}:ADC 模块 A、B、D 参考电源输入；

➤ V_{REFLOA}、V_{REFLOB}、V_{REFLOD}:ADC 模块 A、B、D 参考电源地,接 V_{SSA}。

6）芯片电源相关引脚

➤ V_{DDA}、V_{SSA}:3.3 V 模拟电源和地；

➤ V_{DDIO}:3.3 V 数字 I/O 电源；

➤ V_{DDOSC}、V_{SSOSC}:3.3 V 片上振荡器电源引脚和地；

➤ V_{DD}:1.2 V 内核数字电源；

➤ V_{DD3VFL}:Flash 核电源 3.3 V；

➤ V_{SS}:内核数字电源地。

7）通用输入/输出（GPIO)或外设信号复用引脚

➤ GPIO0～GPIO 94、GPIO 99:通用 I/O 口或外设信号复用引脚；

➤ GPIO133:通用 I/O 口或辅助时钟输入引脚。

8）特殊功能引脚

ERRORSTS:错误状态输出（内部下拉）。

第 2 章

F28075 的结构原理

2.1 F28075 的内部结构

TMS320F28075 是 32 位浮点 DSP,是 C2000 系列的典型产品。该系列的其他产品均是在其基本结构的基础上进行了资源的简化或增强而派生出的,用户可以根据应用系统的实际需求选择产品。

2.1.1 F28075 的基本组成

F28075 由 4 个部分组成:一是中央处理器,包括单时钟周期能够完成"读-修改-写"操作的算术逻辑单元、32 位×32 位的乘法器、32 位辅助寄存器组、FPU 浮点运算单元及 TMU 三角函数运算单元;二是系统控制逻辑,包括定时、中断、时钟及仿真逻辑;三是存储器,包括 Flash 存储器、SARAM 存储器、BootROM 和 OTPROM;四是片上外设,包括 ePWM、eQEP、ADC、DAC、CMPSS 等多种外设及 SCI、SPI 等多种串行接口,如图 2.1 所示。

由图可见,F28075 各部分通过内部系统总线有机地联系在一起。F28075 的组成结构决定了其在 CPU 的数据处理能力、存储器的容量和使用灵活性、片上外设的种类和功能等方面具有的卓越控制能力。

1. F28075 的 CPU

➤ 32 位 ALU,能够快速高效地完成"读-修改-写"类原子操作(不被中断)指令;

➤ 硬件乘法器,能完成(32 位×32 位)或双(16 位×16 位)定点乘法操作;

➤ 辅助寄存器组,在辅助寄存器算术单元(ARAU)的支持下参与数据的间接寻址;

➤ 浮点处理单元 FPU;

➤ 三角函数运算单元。

2. 系统控制逻辑

➤ 系统时钟产生与控制;

➤ 看门狗定时器;

DSP 原理与应用——基于 TMS320F28075

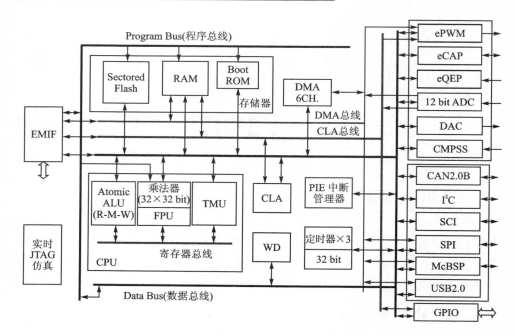

图 2.1　F28075 的内部结构图

- 3 个 32 位定时器，Timer0、Timer1 和 Timer2（Timer2 可用于实时操作系统）；
- 外设中断扩展（PIE）模块，最多支持 192 个外部中断；
- 6 通道 DMA 控制器；
- 实时 JTAG 仿真逻辑。

3. F28075 的存储器

- Flash 存储器，共 256K 字，分成 14 扇区，其中，EFGHIJ 扇区为 32K 字，ABC-DKLMN 扇区为 8K 字。各区段可以单独擦写。Flash 存储器可以映射到程序空间，也可以映射到数据空间。
- RAM，随机访问存储器。在 F28075 中，RAM 可分别用于 CPU 与 CLA、CPU 与 DMA 数据交换及 CPU 单独使用。
- OTPROM，一次可编程存储器。
- BootROM，引导 ROM，出厂时已经固化了引导程序，并存有 TI 公司产品版本号等信息，还存有定点/浮点数学表及 CPU 中断矢量表（用户仅使用上电复位矢量，其他矢量用于 TI 公司的测试）。

4. F28075 的片上外设

- 增强的脉宽调制模块 ePWM，输出脉宽调制控制信号；
- 增强的捕获模块 eCAP，通过信号的边沿检测获取电机的转速或实现 PLL；
- 增强的正交脉冲编码电路 eQEP，通过编码器获取电机的速度和方向；

> 12 位 17 路模/数转换器(分为 ABD 这 3 组),最快转换时间 325 ns;
> 8 个比较器子系统 CMPSS;
> 3 个 12 位 DAC 数/模转换器;
> 8 个 SDFM 滤波模块,专用于电机控制应用中的电流测量和旋转变压器位置解码;
> 3 个串行外设接口 SPI,用于扩展其他存储器芯片、A/D 芯片、D/A 芯片等;
> 4 个串行通信接口 SCI,用于与其他 CPU 通信;
> 2 个内部集成电路接口 I^2C,用于与其他器件的 I^2C 接口连接;
> 2 个增强型控制局域网 eCAN,抗干扰能力强,主要用于分布式实时控制;
> 2 个多通道缓冲串行接口 McBSP,用于与其他外围器件或主机进行数据传输;
> 一个通用串行总线 USB;
> 通用输入/输出接口 GPIO 引脚,可复用于外设功能。

2.1.2　F28075 的总线结构

F28075 片内总线采用图 2.2 所示的结构。由此可见,F28075 总线包含:

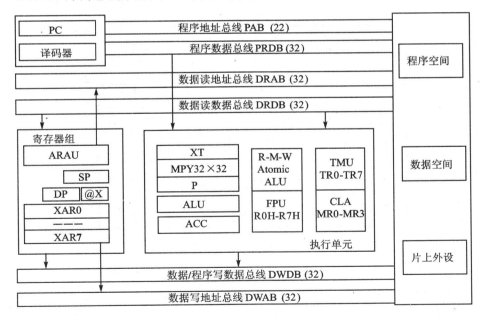

图 2.2　F28075 的总线结构

> 一条程序总线(22 位程序地址总线 PAB、32 位的程序数据总线 PRDB);
> 一条数据读总线(32 位的数据读地址总线 DRAB、32 位的数据读数据总线 DRDB);

13

➢ 一条数据写总线(32 位的数据写地址总线 DWAB、32 位的数据写数据总线
　DWDB)。

为了使 CPU 能够在单时钟周期内从存储器读取两个操作数,F28075 配置了独立的程序总线(Program Bus)和数据总线(Data Bus),这种方式称为哈佛结构(Harvard-Architecture)。

由于 F28075 取操作数不但能从数据存储器读取,也要从程序存储器读取,所以 TI 公司采用的是功能更为优秀的改进的哈佛结构。

采用这种总线结构,F28075 可以在单个周期完成:从程序存储器读一个系数乘以从数据存储器读到的一个数据、乘积加到累加器、累加结果经写总线写到数据存储器。所有外设和存储器均连接到存储器总线,并将按存储访问优先级排布。

2.2　F28075 中 CPU 基本结构

F28075 是一款高度集成的高性能解决方案,适用于具有严格控制需求的应用,采用了 F28x CPU ＋ FPU ＋ VCU ＋ TMU 和 CLA 的结构(F28075 屏蔽了 VCU,该功能存在于 F28377 系列中),如图 2.3 所示。

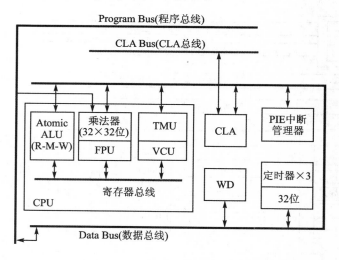

图 2.3　F28x CPU ＋ FPU ＋ VCU ＋ TMU 和 CLA 结构

该结构均衡了 RISC 处理器代码密度和 DSP 执行速度:DSP 具有修正型哈佛架构和循环寻址等特性,RISC 具有单周期指令执行、寄存器至寄存器操作以及修正型哈佛架构等特性。这使得微控制器具有直观的指令集、字节封装和拆包以及位操作等特性,简便实用。

F28x CPU ＋ FPU ＋ VCU ＋ TMU 和 CLA 的结构具有如下特点:

➢ 平衡代码密度和运行时间(16 位指令可改进代码密度,32 位指令可改善执行

时间）；

> 32 位定点 CPU＋FPU；
> 32 位×32 位定点 MAC，是双 16 位×16 位 MAC 的 2 倍；
> IEEE 单精度浮点硬件 FPU，可简化软件开发并且提高性能；
> Viterbi 复杂数学运算 CRC 单元（VCU）增加了对 Viterbi 解码、复杂数学运算和 CRC 操作的支持；
> 并行处理控制律加速率（CLA）算法执行独立于主 CPU，并增加了 IEEE 单精度 32 位浮点数学运算；
> TMU 支持三角函数运算；
> 快速中断服务时间；
> 单周期"读-改-写"指令。

2.2.1　F28075 的运算执行单元

1. F28075 的乘法器

F28075 的运算执行单元如图 2.4 所示，其乘法器可执行 32 位×32 位、16 位×16 位乘法或双 16 位×16 位乘法。

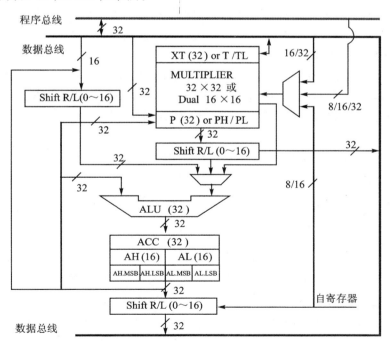

图 2.4　F28075 的运算执行单元

(1) 32 位×32 位乘法

进行 32 位×32 位的乘法时,乘法器的输入来自:

➤ 32 位被乘数寄存器 XT;

➤ 数据存储器、程序存储器或寄存器。

得到的乘积为 64 位,存储于乘积寄存器 P 和 ACC 中。P 中是存储高 32 位还是低 32 位、这是有符号数还是无符号数要由指令确定。

(2) 16 位×16 位乘法

进行 16 位×16 位的乘法时,乘法器的输入来自:

➤ 输入被乘数寄存器 T(16 位);

➤ 数据存储器、包含在指令码中操作数或寄存器。

因此,得到的乘积依指令的不同而存于乘积寄存器 P 或累加器 ACC 中。

(3) 双 16 位×16 位乘法

当进行双 16 位×16 位的乘法时,乘法器的输入是两个 32 位的操作数。这时 ACC 存储 32 位操作数高位字相乘的积,P 寄存器存储 32 位操作数低位字相乘的积。

2. F28075 的 ALU

ALU 的基本功能是完成算术运算和逻辑操作。这些包括:32 位加法运算,32 位减法运算,布尔逻辑操作,位操作(位测试、移位和循环移位)。

(1) ALU 的输入输出

一个操作数来自 ACC 输出,另一个操作数由指令选择,可来自输入移位器(Input shifter)、乘积移位器(Product shifter)或乘法器。ALU 的输出直接送到 ACC,然后可以重新作为输入或经过输出移位器送到数据存储器。

(2) ALU 的原子操作

F28075 的 ALU 可以实现原子操作指令,即可以在一个指令周期内完成一个操作数的读取(见图 2.5(b)),所以运算速度更快,代码量也可以减少,同时这类指令执行时不被中断所打断。如果同样的要求采用常规的非原子指令,则占用内存多且执行时间长。两种情况的比较如图 2.5 所示。

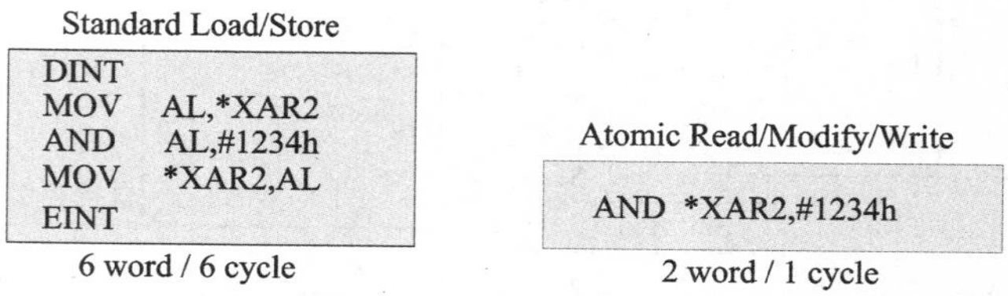

```
Standard Load/Store
DINT
MOV    AL,*XAR2
AND    AL,#1234h
MOV    *XAR2,AL
EINT
6 word / 6 cycle
(a) 常规的非原子操作
```

```
Atomic Read/Modify/Write
AND  *XAR2,#1234h
2 word / 1 cycle
(b) "读-修改-写"原子操作
```

图 2.5　非原子操作与原子操作的比较

（3）F28075 的 ACC

累加器是 32 位的，主要用于存储 ALU 结果。它不但可以分为 AH（高 16 位）和 AL（低 16 位）。还可以进一步分成 4 个 8 位的单元（AH. MSB、AH. LSB、AL. MSB 和 AL. LSB），在 ACC 中可完成移位和循环移位（包含进位位）的位操作，从而实现数据的定标及逻辑位的测试。

（4）F28075 的移位器

移位器能够快速完成移位操作。F28075 的移位操作主要用于对数据对齐和放缩，从而避免发生上溢和下溢；还用于进行定点数与浮点数间的转换。DSP 中的移位器要求在一个周期内完成数据移动指定的位数。

32 位的输入定标移位器的作用是把来自存储器的 16 位数据与 32 位的 ALU 对齐，它还可以对来自 ACC 的数据进行放缩；32 位的乘积移位器可以把补码乘法产生的额外符号位去除，还可以通过移位防止累加器溢出，乘积移位模式由状态寄存器 ST1 中的乘积移位模式位（PM）的设置决定；累加器输出移位器用于完成数据的储前处理。

2.2.2　F28075 的寄存器组

F28075 的寄存器组由辅助寄存器算术单元（ARAU）和一些寄存器组成。

1. F28075 的 ARAU

F28075 设置一个与 ALU 无关的算术单元 ARAU，其作用是与 ALU 中进行的操作并行地实现对 8 个辅助寄存器（XAR0～XAR7）的算术运算，从而使 8 个辅助寄存器完成灵活高效的间接寻址功能，如图 2.6 所示。

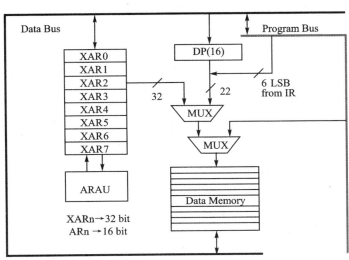

图 2.6　F28075 的 ARAU 结构图

指令执行时,当前 XARn 的内容用作访问数据存储器的地址:如果是从数据存储器中读数据,ARAU 就把这个地址送到数据读地址总线(DRAB);如果是向数据存储器中写数据,ARAU 就把这个地址送到数据写地址总线(DWAB)。ARAU 能够对 XARn 进行加1、减1及加减某一常数等运算,从而产生新的地址。辅助寄存器还可用作通用寄存器、暂存单元或软件计数器。

2. F28075 的 CPU 寄存器

F28075 的 CPU 寄存器分布如图 2.7 所示。

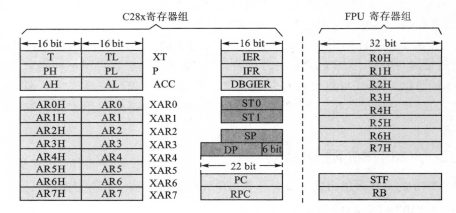

图 2.7　F28075 的 CPU 寄存器

(1) 与运算器相关的寄存器

1) 被乘数寄存器 XT(32 位)

XT 可以分成两个 16 位的寄存器 T 和 TL:

➤ XT,存放 32 位有符号整数;

➤ TL,存放 16 位有符号整数,符号自动扩展;

➤ T,存放 16 位有符号整数,另外还用于存放移位的位数。

2) 乘积寄存器 P(32 位)

P 可以分成两个 16 位的寄存器 PH 和 PL:

➤ 存放 32 位乘法的结果(由指令确定哪一半);

➤ 存放 16 位或 32 位数据;

➤ 读 P 时要经过移位器,移位值由 PM(ST0 中)决定。

3) 累加器 ACC(32 位)

ACC 可以分为 AH 和 AL,还可分为 4 个 8 位的操作单元(AH. MSB、AH. LSB、AL. MSB 和 AL. LSB),用于:

➤ 存放大部分算数逻辑运算的结果;

➤ 可以以 32 位、16 位及 8 位的方式访问;

➤ 对累加器的操作影响状态寄存器 ST0 的相关状态位。

（2）辅助寄存器 XAR0～XRA7（8 个，32 位）

辅助寄存器 XAR0～XRA7 常用于间接寻址，作用是：

➤ 操作数地址指针；

➤ 通用寄存器；

➤ 低 16 位 AR0～AR7：循环控制或 16 位通用寄存器（注意：高 16 位可能受影响）；

➤ 高 16 位不能单独访问。

（3）与中断相关的寄存器

与中断相关的寄存器有中断允许寄存器 IER、中断标志寄存器 IFR 和调试中断允许寄存器 DBGIER，它们的定义及功能在中断相关章节叙述。

（4）状态寄存器

F28075 有 2 个非常重要的状态寄存器：ST0 和 ST1，它们控制 DSP 的工作模式并反映 DSP 的运行状态。

1）ST0（16 位）

ST0 包含指令操作使用或影响的控制位或标志位，如图 2.8 所示。

D15	D10 D9	D8 D7	D6	D5	D4	D3	D2	D1	D0
OVC/OVCU		PM	V	N	Z	C	TC	OVM	SXM
RW-000000		RW-000	RW-0	RW-0	RW-0	RW-0	RW-0	RW-0	RW-0

注：R 表示该位可读；W 表示可写；"-"后为复位值，若为 x 则表示无影响。

图 2.8　状态寄存器 ST0 的格式

状态寄存器 ST0 各位的含义如表 2.1 所列。

表 2.1　状态寄存器 ST0 各位的含义

符　号	含　义
OVC/OVCU	溢出计数器。有符号运算时为 OVC（−32～31），若 OVM 为 0，则每次正向溢出时加 1，负向溢出减 1（但是，如果 OVM 为 1，则 OVC 不受影响，此时 ACC 被填为正或负的饱和值）；无符号运算时为 OVCU，有进位时 OVCU 增量，有借位时 OVCU 减量
PM	乘积移位方式。000，左移 1 位，低位填 0；001，不移位；010，右移 1 位，低位丢弃，符号扩展；011，右移 2 位，低位丢弃，符号扩展；…；111，右移 6 位，低位丢弃，符号扩展。应特别注意，此 3 位与 SPM 指令参数的特殊关系
V	溢出标志。1，运算结果发生了溢出；0，运算结果未发生溢出
N	负数标志。1，运算结果为负数；0，运算结果为非负数
Z	零标志位。1，运算结果为 0；0，运算结果为非 0
C	进位标志。1，运算结果有进位/借位；0，运算结果无进位/借位
TC	测试/控制标志。反映由 TBIT 或 NORM 指令执行的结果
OVM	溢出模式。ACC 中加减运算结果有溢出时。为 1，进行饱和处理；为 0，不进行饱和处理

符 号	含 义
.SXM	符号扩展模式。32 位累加器进行 16 位操作时。为 1,进行符号扩展;为 0,不进行符号扩展

2) ST1(16 位)

ST1 包含处理器运行模式、寻址模式及中断控制位等,如图 2.9 所示。

D15	D14	D13	D12	D11	D10	D9	D8
ARP			XF	M0M1MAP	Reserved	OBJMODE	AMODE
RW-000			RW-0	RW-1	RW-0	RW-0	RW-0

D7	D6	D5	D4	D3	D2	D1	D0
IDLESTAT	EALLOW	LOOP	SPA	VMAP	PAGE 0	DBGM	INTM
RW-0	RW-0	RW-0	RW-1	RW-1	RW-1	RW-1	RW-1

图 2.9　状态寄存器 ST1 的格式

状态寄存器 ST1 各位的含义如表 2.2 所列。

表 2.2　状态寄存器 ST1 各位的含义

符 号	含 义
ARP	辅助寄存器指针。000,选择 XAR0;001,选择 XAR1;…;111,选择 XAR7
XF	XF 状态。1,XF 输出高电平;0,XF 输出低电平
M0M1MAP	M0 和 M1 映射模式。对于 C28x 器件,该位应为 1(0,仅用于 TI 内部测试)
OBJMODE	目标兼容模式。对于 C28x 器件,该位应为 1(注意,复位后为 0,则须用指令置 1)
AMODE	寻址模式。对于 C28x 器件,该位应为 0(1,对应于 C27xLP 器件)
IDLESTAT	IDLE 指令状态。1,IDLE 指令正执行;0,IDLE 指令执行结束
EALLOW	寄存器访问使能。1,允许访问被保护的寄存器;0,禁止访问被保护的寄存器
LOOP	循环指令状态。1,循环指令正进行;0,循环指令完成
SPA	堆栈指针偶地址对齐。1,堆栈指针已对齐偶地址;0,堆栈指针未对齐偶地址
VMAP	向量映射。1,映射到 0x3F FFC0~0x3F FFFF;0,向量映射到 0x00 0000~0x00 003F
PAGE0	PAGE0 寻址模式。对于 C28x 器件,应该设为 0(1,对应于 C27x 器件)
DBGM	调试使能屏蔽。1,调试使能禁止;0,调试使能允许
IMTM	全局中断屏蔽。1,禁止全局可屏蔽中断;0,开全局可屏蔽中断

(5) 指针类寄存器

1) 程序计数器 PC(22 位)

➤ 存放 CPU 正在操作指令的地址(对于流水线,是指处于译码阶段的指令);

➤ PC 的复位值为 0x3F FFC0H。

2）返回 PC 指针寄存器 RPC(22 位)

返回 PC 指针寄存器用于加速调用返回过程。

3）数据页指针 DP(16 位)

数据页指针 DP 存储数据存储器的页号(每页 64 个地址),用于操作数的直接寻址。

4）堆栈指针 SP(16 位)

堆栈指针 SP 的生长方向为:低地址到高地址,并具有如下特点:

➢ 存复位后,SP 内容为 0x00 0400H;

➢ 入栈 32 位数据时:低对低,高对高(默认情况);

➢ 32 位数读/写,约定偶地址访问。

(6) 与浮点运算及 TMU 相关的寄存器

➢ 浮点结果寄存器 8 个:R0H～R7H;

➢ 浮点状态寄存器 STF;

➢ 重复块寄存器 RB。

2.2.3　F28075 的流水线操作

1. F28x CPU 流水线

DSP 采用了哈佛结构,为实施流水线设计提供了条件。可以把 DSP 的指令操作分成 8 个任务阶段:取指令地址(F1)、取指令内容(F2)、指令解码(D1)、解析操作数地址(D1)、取操作数地址(R1)、取操作数(R1)、任务执行(E)、数据存储(W),如图 2.10 所示。在顺序执行的实时控制应用里,可以更大地发挥其优势,从而保证 DSP 的运行效率,并且无需用户担心其运行的异常。

由图 2.10 可见,从第 8 个时钟周期开始,流水线就已经填满,此后的指令均可认为是单周期指令。TMS320F28x 系列 DSP 将指令执行分成 8 个任务阶段:指令地址产生、取指令、指令译码、操作数地址产生、操作数寻址、取操作数、执行指令操作和结果存回。因此,该芯片采用的是 8 级流水线,当流水线填满时,它可以同时执行 8 条

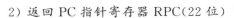

图 2.10　DSP 的指令操作 8 个任务阶段

指令。每条指令占用 8 个时钟周期,平均每条指令只需一个时钟周期,从而使 DSP 的处理速度获得了显著地提高。

F28x 使用特殊的 8 级受保护的额流水线来实现最大的吞吐率,从而防止对同一位置读/写操作的乱序。这种流水线也可以保证 F28x 具有较高的执行速度而无需高速存储器。专门的分支跳转硬件最大程度地减少了条件指令执行间断的延时。

2. F28x CPU ＋FPU＋VCU＋TMU 流水线

简单来讲,FPU 是硬件运算符点的单元,它将在代码中定的 float32 的原型编译成 FPU 指令进行运算,计算完成后的结果再返回至 C28 的内核。图 2.11 为 F28x CPU ＋FPU＋VCU＋TMU 的流水线。从 D2 译码开始,后面的读取和真正的执行需要分时处理。但可以通过汇编器和编译器来检测资源冲突,并防止其发生;而且可以在指令间插入不冲突的指令,利用这些等待的空闲来提高代码的运行效率。

对于相对定点的定标运算,使用 FPU 运算会使程序设计量大大降低。与 IQ math 相比,FPU 是单纯的浮点数,越靠近 1 精度越高。例如,负数或整数越大,则小数位越小,因此其精度是发生变化的。而 IQ math 的精度是固定的,例如,IQ24 表示的数据其小数位永远是 24 位,但其整数位是 8 位。

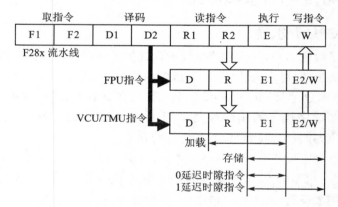

图 2.11　F28x CPU＋FPU＋VCU＋TMU 的流水线

该流水线具有如下特点:

➢ 浮点运算单元、VCU 和 TMU 的流水线均不受保护,即 FPU/VCU/TMU 可以在前一指令尚未写入结果时执行下一跳指令。

➢ 有些 FPU/VCU/TMU 指令需要经过延迟时隙才能完成运行,可通过在操作间插入 NOP 或无指令来实现。FPU 源点指令可参见附录 A。

➢ 在浮点流水线延迟时隙中执行非冲突性指令可提升性能。

➢ 编译器防止流水线冲突,汇编器检测流水线冲突。

➢ 浮点运算、整型与浮点型格式转换以及复杂的 MPY/MAC 需要一个延迟时隙,其他操作(如加载、存储、最大值、最小值、绝对值等)不需要延迟时隙。即

FPU/VCU/TMU 流水线的 3 个通用指导准则如表 2.3 所列。注意,在用户指南中,需要延迟时隙的指令的周期数后接字母 P。2P 表示 2 个流水线周期。每个周期均可以启动一个新指令,结果仅在 2 个指令后才有效。

表 2.3　FPU/VCU/TMU 指令通用指导准则

操作类型	相关指令	延迟时隙
数学	MPYF32、ADDF32、SUBF32、MACF32、VCMPY	2P 周期,一个延迟时隙
转换	I16TOF32、F32TOI16、F32TOI16R 等	2P 周期,一个延迟时隙
其他	加载、存储、比较、最大值、最小值、绝对值和负值	单周期,无延迟时隙

3. 外设的读/写保护

外设读/写保护机制可保护不同地址的外设读/写顺序(写入优先),类似于 CPU 对同一地址读/写顺序提供流水线保护。例如,控制位生效后再读取状态位。相同地址的寄存器 CPU 的流水线会保证其写入优先,而对于一个大区域不同地址的寄存器,读/写保护同样可以保证这一点。图 2.12 是具有读/写保护的外设帧保存在芯片中的存储区间,设置了 2 个外设组分别实施读/写保护。

外设帧1	ePWM、eCAP、eQEP、DAC、CMPSS、SDFM
外设帧2	McBSP、SPI、uPP、WD、XINT、SCI、I2C、ADC、X-BAR、GPIO

块保护区域1(0x0000 4000~0x0000 7FFF)

外设帧2	USB、EMIF、CAN、IPC、系统控制类

块保护区域2(0x0000 4000~0x0005 FFFF)

图 2.12　具有读/写保护的区间

2.3　F28075 的存储器配置

F28x 的存储空间可分为程序存储器和数据存储器。有几种不同类型的存储器既可作为程序存储器也可作为数据存储器,其中包括闪存、单一访问 RAM、OTP、出厂时编程设定了引导软件例程的引导 ROM 和用于数学相关算法的标准表。

F28x CPU 不含存储器,但可以访问片上存储器。F28x 使用 32 位数据地址和 22 位程序地址。这样数据存储器最多可支持 4G 字(1 个字=16 位)地址,而程序存储器中最多可支持 4M 字。所有 F28x 上的存储块都会统一映射至程序空间和数据空间。这种存储器映射表示可用于程序空间和数据空间的不同存储块。存储器的配置如图 2.13 所示。

F28075 采用连续存储器映射,即冯·诺依曼架构。此类存储器映射非常适用于高级语言,特点如下:

➢ 映射顶部有两块 RAM,名为 M0 和 M1。

➢ PIE 向量是包含外设中断向量的特殊存储区。

➢ 存储 LS0~LS5 为组合在一起的本地共享存储器,可供 CPU 和 CLA 访问。

➢ 随后是两个名为 D0 和 D1 的附加存储块。

➢ F2807x 上的存储块 GS0~GS15 以及 F2807x 上的 GS0~GS7 为组合在一起的全局共享存储器,可在 CPU 和 DMA 之间共享。

➢ 用户 OTP 为一次性可编程存储块。TI 保留了小部分映射空间,供 ADC 和振荡器校准数据使用。OTP 同样包含用于存储闪存密码的双代码安全模块。闪存块可用于存储用户程序和数据。

注意,须为外部存储器接口分配一个存储器映射区域,引导 ROM 和引导 ROM 向量位于存储器映射的底部。

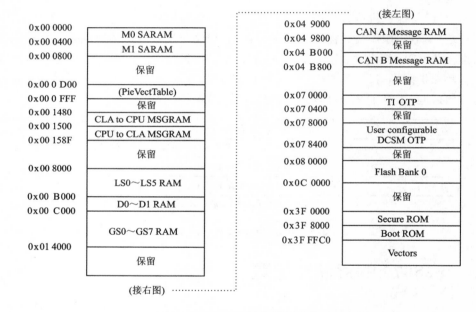

图 2.13　F28075 的存储器配置图

2.3.1　内部存储器

1. F28075 的 RAM 存储器

RAM 存储区域如图 2.14 所示。F28075 在物理上提供了多种不同功用的 RAM 存储器,它们分布在几个不同的存储区域。

(1) 专用 RAM

➢ CPU 具有 4 个专用 RAM 区(M0 和 M1、D0 和 D1),只能被 CPU 进行读/写操作;

➢ M0 地址为 0x00 0000~0x00 03FF,M1 地址为 0x00 0400~0x00 07FF,这两

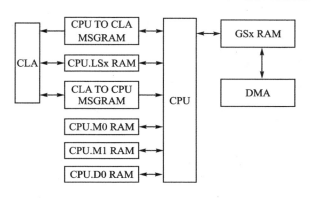

图 2.14　RAM 存储区域

个 RAM 区是非安全块;

➢ D0 地址为 0x00 B000～0x00 B7FF,D1 地址为 0x00B800～0x00 BFFF,这两个 RAM 区是安全块,受密码保护。

(2) 本地共享 RAM(LS0～LS5)

➢ 这类 RAM 只能被 CPU 与 CLA 进行访问;

➢ LS0～LS5 地址为 0x00 8000～0x00 AFFF,共计 12K 字,每个区占用 2K 字;

➢ LS0～LS5 受密码保护,默认时被 CPU 使用。但可通过配置 LSxMSEL 寄存器中的 MSEL_LSx 位,将此存储器配置为 CLA 使用。

(3) 全局共享 RAM(GS0～ GS7)

➢ 这类 RAM 可以被 CPU 和 DMA 进行读/写访问,受密码保护;

➢ GS0～ GS7 地址为 0x00 C000～0x01 3FFF。

(4) CLA 报文 RAM(CLA MSGRAM)

➢ 这类 RAM 可用于 CPU 与 CLA 之间的数据交换;

➢ CLA 控制器对 CLA to CPU MSGRAM 进行读/写操作,CPU 对 CPU to CLA MSGRAM 寄存器进行读/写。CPU 与 CLA 均可对这两个 RAM 进行读操作。

2. F28075 的 Flash 存储器

Flash 存储器为 256K 字,地址为 0x08 0000～0x0B FFFF。Flash 存储器通常映射为程序存储空间,但也可以映射为数据存储空间。Flash 存储器受 DCSM 保护。为便于用户使用,Flash 又分成了 14 个扇区,各扇区范围如表 2.4 所列。注意:Flash A 中地址为 0x080000～0x080001,用于存放 BootLoader 上电的程序跳转指针。

表 2.4　Flash 扇区划分

Flash 扇区名	起始地址	Flash 扇区名	起始地址
Flash A 8K 字	0x08 0000	Flash H 32K 字	0x0A 0000
Flash B 8K 字	0x08 2000	Flash I 32K 字	0x0A 8000
Flash C 8K 字	0x08 4000	Flash J 32K 字	0x0B 0000
Flash D 8K 字	0x08 6000	Flash K 8K 字	0x0B 8000
Flash E 32K 字	0x08 8000	Flash L 8K 字	0x00B A000
Flash F 32K 字	0x09 0000	Flash M 8K 字	0x0B C000
Flash G 32K 字	0x09 8000	Flash N 8K 字	0x0B E000

3. OTP 存储器

OTP 是一次可编程存储区,F28075 有两个 OTP 区,其中一个已经被 TI 公司使用,另一个区域地址为 0x07 8000~0x07 83FF,由用户用于 DCSM。

4. Boot ROM 存储器

Boot ROM 存储器起始地址为 0x3F 8000,它又分成几个区域:

➤ 一些数学函数表,起始地址为 0x3F 9E10;

➤ 上电引导程序区,起始地址为 0x3F DE18;

➤ 版本号及校验和,起始地址为 0x3F FF7A。

F28075 的 Boot ROM 存储器的映像如图 2.15 所示。

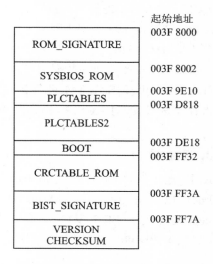

图 2.15　F28075 的 Boot ROM 存储器的映像

5. 起始地址为 0x3F FFC0 的向量表

F28075 上电复位后首先执行的是上电引导程序。该程序由初始化引导函数

InitBoot(地址为 0x3F F16A)、引导模式选择函数 SelectBootMode 及退出引导函数 ExitBoot 等加载引导函数组成。

地址 0x3F FFC0 和 0x3F FFC1 内容是复位向量,DSP 复位后会读取该向量,并使程序的执行转向 BootROM 中的引导程序,进而完成用户程序的定位或加载。除复位向量外的其他向量为 CPU 中断向量,这些向量仅用于 TI 公司的芯片测试,用户无须关心。

6. F28075 外设帧

外设帧(PF)包括如下列出的 CPU 定时器、中断向量及各种片内外设的寄存器(这些寄存器均配置在这个存储区域,其功能会在后续章节中叙述):

ADC 结果寄存器	CLA 寄存器	XINTF 寄存器	eQEP 寄存器
ADC 模块寄存器	PIE 控制寄存器	ePWN 寄存器	CMPSS 寄存器
CPU 定时寄存器	DMA 控制器	eCAP 寄存器	SDFM 寄存器
McBSP 寄存器	SCI 及 SPI 寄存器	NMI 中断寄存器	I2C 寄存器
GPIO 控制寄存器	GPIO 数据寄存器	USB 寄存器	CAN 寄存器
XBAR 寄存器	输入 XBAR 寄存器	输出 XBAR 寄存器	PWM XBAR 寄存器
EMIF1 寄存器	模拟子系统寄存器	DCSM 寄存器	Flash 及 ECC 寄存器

2.3.2　双代码安全模块 DCSM

加密模块由之前的固定地址 128 位密码保护所有 Flash 和绝大部分 RAM 改变为现在的可变地址的双加密方式(Double Code Security Module,DCSM),其作用是为代码提供保护,防止非法程序复制。当器件被保护时,只有从被保护的存储空间运行的代码可以访问其他被保护存储空间中的数据,从非保护的存储空间运行的代码不允许访问被保护存储空间中的数据。

每个 CPU 可设置两个不同的密码,并且可由用户自行决定哪个密码保护哪段 Flash、RAM 或不保护,然后将该密码放置到 OTP 区。DCSM 可对如下存储器提供保护:

➤ Flash:对各个扇区提供单独保护;
➤ LS0~LS5 RAM:对各个块提供单独保护;
➤ D0~D1 RAM:对各个块提供单独保护;
➤ CLA:包括 CLA 报文 RAM。

之后每更换一次配置或密码就可移动一次存放的位置,这样一来就增大了破解的难度。注意,针对在受保护存储器中运行的代码,只允许从受保护存储器中读/写数据,如下所示的其他数据读/写访问均被阻止:

➤ JTAG 仿真器/调试器访问;
➤ ROM 引导程序加载;

➢ 在外部存储器或未受保护的内部存储器中运行代码。

1. 区域选择

每个安全片上的存储器资源均可分配到 Zone1、Zone2 或非安全区,由 4 个寄存器确定:

① DcsmZ1Regs. Z1_GRABSECTR 寄存器:将单个 Flash 扇区分配到 Zone1 或非安全区。寄存器如图 2.16 所示,寄存器的位域含义如表 2.5 所列。

② DcsmZ2Regs. Z2_GRABSECTR 寄存器:将单个 Flash 扇区分配到 Zone2 或非安全区。Z2_GRABSECTR 寄存器与 Z1_GRABSECTR 含义完全相同,这里不再给出。

D31		D30	D29		D28	D27		D26	D25		D24
	Reserved			GRAB_BANK1			GRAB_SECTN			GRAB_SECTM	
	R-0			R-0			R-0			R-0	

D23		D22	D21		D20	D19		D18	D17		D16
	GRAB_SECTL			GRAB_SECTK			GRAB_SECTJ			GRAB_SECTI	
	R-0			R-0			R-0			R-0	

D15		D14	D13		D12	D11		D10	D9		D8
	GRAB_SECTH			GRAB_SECTG			GRAB_SECTF			GRAB_SECTE	
	R-0			R-0			R-0			R-0	

D7		D6	D5		D4	D3		D2	D1		D0
	GRAB_SECTD			GRAB_SECTC			GRAB_SECTB			GRAB_SECTA	
	R-0			R-0			R-0			R-0	

图 2.16　寄存器 Z1_GRABSECTR 的格式

表 2.5　寄存器 Z1_GRABSECTR 各位的含义

位　号	名　称	说　明
31~30	Reserved	保留
29~28	GRAB_BANK1	00:无效,Flash BANK1 不可访问　　01:分配 Flash BANK1 至 Zone1 10:分配 Flash BANK1 至 Zone1　　11:分配 Flash BANK1 至非安全区
27~26	GRAB_SECTN	00:无效,Flash Sector N 不可访问　　01:分配 Flash Sector N 至 Zone1 10:分配 Flash Sector N 至 Zone1　　11:分配 Flash Sector N 至非安全区
25~24	GRAB_SECTM	00:无效,Flash Sector M 不可访问　　01:分配 Flash Sector M 至 Zone1 10:分配 Flash Sector M 至 Zone1　　11:分配 Flash Sector M 至非安全区
23~22	GRAB_SECTL	含义同 GRAB_SECTN
21~20	GRAB_SECTK	含义同 GRAB_SECTN
19~18	GRAB_SECTJ	含义同 GRAB_SECTN
17~16	GRAB_SECTI	含义同 GRAB_SECTN

位 号	名 称	说 明
15～14	GRAB_SECTH	含义同 GRAB_SECTN
13～12	GRAB_SECTG	含义同 GRAB_SECTN
11～10	GRAB_SECTF	含义同 GRAB_SECTN
9～8	GRAB_SECTE	含义同 GRAB_SECTN
7～6	GRAB_SECTD	含义同 GRAB_SECTN
5～4	GRAB_SECTC	含义同 GRAB_SECTN
3～2	GRAB_SECTB	含义同 GRAB_SECTN
1～0	GRAB_SECTA	含义同 GRAB_SECTN

③ DcsmZ1Regs. Z1_GRABRAMR 寄存器:将 LS0～LS5、D0～D1 和 CLA 分配到 Zone1 或非安全区。寄存器如图 2.17 所示,寄存器的位域含义如表 2.6 所列。

④ DcsmZ2Regs. Z2_GRABRAMR 寄存器:将 LS0～LS5、D0～D1 和 CLA 分配到 Zone2 或非安全区。Z2_GRABRAMR 寄存器与 Z1_GRABRAMR 含义完全相同,这里不再给出。

D31	D30	D29	D28	D27	D26	D25	D24
Reserved		GRAB_CLA1		Reserved			
R-0		R-0		R-0			

D23	D22	D21	D20	D19	D18	D17	D16
Reserved							
R-0							

D15	D14	D13	D12	D11	D10	D9	D8
GRAB_RAM7		GRAB_RAM6		GRAB_RAM5		GRAB_RAM4	
R-0		R-0		R-0		R-0	

D7	D6	D5	D4	D3	D2	D1	D0
GRAB_RAM3		GRAB_RAM2		GRAB_RAM1		GRAB_RAM0	
R-0		R-0		R-0		R-0	

图 2.17 寄存器 Z1_GRABRAMR 的格式

表 2.6 寄存器 Z1_GRABRAMR 各位的含义

位 号	名 称	说 明
31～30	Reserved	保留
29～28	GRAB_CLA1	00:无效,CLA1 不可访问 01:分配 CLA1 至 Zone1 10:分配 CLA1 至 Zone1 11:分配 CLA1 至非安全区
27～16	Reserved	保留

续表 2.6

位　号	名　称	说　明
15~14	GRAB_RAM7	00:无效,D1 RAM 不可访问　　01:分配 D1 RAM 至 Zone1 10:分配 D1 RAM 至 Zone1　　11:分配 D1 RAM 至非安全区
13~12	GRAB_RAM6	00:无效,D0 RAM 不可访问　　01:分配 D0 RAM 至 Zone1 10:分配 D0 RAM 至 Zone1　　11:分配 D0 RAM 至非安全区
11~10	GRAB_RAM5	00:无效,LS5 RAM 不可访问　01:分配 LS5 RAM 至 Zone1 10:分配 LS5 RAM 至 Zone1　　11:分配 LS5 RAM 至非安全区
9~8	GRAB_RAM4	含义同 GRAB_RAM5
7~6	GRAB_RAM3	含义同 GRAB_RAM5
5~4	GRAB_RAM2	含义同 GRAB_RAM5
3~2	GRAB_RAM1	含义同 GRAB_RAM5
1~0	GRAB_RAM0	含义同 GRAB_RAM5

2. CSM 密码在 OTP 中的区域选择

F28075 的加密方式与 F28335 等之前 DSP 的加密方式类似,支持 128 位(4 个 32 位字)用户自定义 CSM 密码提供保护,这 128 位 CSMKEY 寄存器用于保护器件和取消器件的保护。若将 OTP 中的 PSWDLOCK 字段变成设定为 1111 以外的任何值,则可锁定和保护各个区域的密码位置;若将 OTP 中的 PSWDLOCK 字段变成设定为 0000,则芯片被锁死。

但与 F28335 等 DSP 不同的是:各个区(Zone1 和 Zone2)的密码存储在其 OTP 的具体位置(0x07 8000~0x07 83FF 中的 30 个密码存储块中的任意一个,偏移量为 0x020、0x030、0x040…… 0x1F0),是基于区域特定的链接指针。也就是说,用户需要手动设定链接指针,从而使得程序能够找到密码所存放的位置。

图 2.18 是 OTP 中进行密码区选择指针 Zx_LINKPOINTER(x=1,2)的匹配格式,用户可通过逐位表决逻辑来比较 3 个单独的链接指针值,从而求解最终链接指针值,如例 2-1 所示既是为获取 Zone1 密码区选择指针 Z1_LINKPOINTER1、Z1_LINKPOINTER2、Z1_LINKPOINTER3 的代码段。

【例 2-1】

```
unsigned long LinkPointer;
unsigned long * Zone1SelBlockPtr;
int Bitpos = 28;
int ZeroFound = 0;
LinkPointer = * (unsigned long * )0x5F000; // 读取 DCSM 模块的 Z1 - Linkpointer
LinkPointer = LinkPointer << 2;
while ((ZeroFound == 0) && (bitpos > -1))
{
    if ((LinkPointer & 0x80000000) == 0)
```

```
        {
            ZeroFound = 1;
            Zone1SelBlockPtr = (unsigned long * )(0x78000 + ((bitpos + 3) * 16));
        }
        else
        {
            bitpos -- ;
            LinkPointer = LinkPointer << 1;
        }
    }
    if (ZeroFound == 0)
    {
            Zone1SelBlockPtr = (unsigned long * )0x78020;
    }
```

Zx-LINKPOINTER　　区域选择块地址偏移

xxx111111111111111111111111111111	0x020
xxx11111111111111111111111111111110	0x030
xxx1111111111111111111111111111110x	0x040
xxx111111111111111111111111111110xx	0x050
xxx11111111111111111111111111110xxx	0x060
xxx1111111111111111111111111110xxxx	0x070
xxx111111111111111111111111110xxxxx	0x080
xxx11111111111111111111111110xxxxxx	0x090
xxx1111111111111111111111110xxxxxxx	0x0A0
xxx111111111111111111111110xxxxxxxx	0x0B0
xxx11111111111111111111110xxxxxxxxx	0x0C0
xxx1111111111111111111110xxxxxxxxxx	0x0D0
xxx111111111111111111110xxxxxxxxxxx	0x0E0
xxx11111111111111111110xxxxxxxxxxxx	0x0F0
xxx1111111111111111110xxxxxxxxxxxxx	0x100
xxx111111111111111110xxxxxxxxxxxxxx	0x110
xxx11111111111111110xxxxxxxxxxxxxxx	0x120
xxx1111111111111110xxxxxxxxxxxxxxxx	0x130
xxx111111111111110xxxxxxxxxxxxxxxxx	0x140
xxx11111111111110xxxxxxxxxxxxxxxxxx	0x150
xxx1111111111110xxxxxxxxxxxxxxxxxxx	0x160
xxx111111111110xxxxxxxxxxxxxxxxxxxx	0x170
xxx11111111110xxxxxxxxxxxxxxxxxxxxx	0x180
xxx1111111110xxxxxxxxxxxxxxxxxxxxxx	0x190
xxx111111110xxxxxxxxxxxxxxxxxxxxxxx	0x1A0
xxx11111110xxxxxxxxxxxxxxxxxxxxxxxx	0x1B0
xxx1111110xxxxxxxxxxxxxxxxxxxxxxxxx	0x1C0
xxx111110xxxxxxxxxxxxxxxxxxxxxxxxxx	0x1D0
xxx11110xxxxxxxxxxxxxxxxxxxxxxxxxxx	0x1E0
xxx0xxxxxxxxxxxxxxxxxxxxxxxxxxxxxxx	0x1F0

区域选择块	
地址偏移	32 位内容
0x0	Zx-EXEONLYRAM
0x2	Zx-EXEONLYSECT
0x4	Zx-GRABRAM
0x6	Zx-GRABSECT
0x8	Zx-CSMPSWD0
0xA	Zx-CSMPSWD1
0xC	Zx-CSMPSWD2
0xE	Zx-CSMPSWD3

图 2.18　OTP 中的进行密码区 Zx_LINKPOINTER 匹配格式

若通过上述程序没有发现与图 2.18 相同的位格式,则最终的密码区为 ZoneSelectBlock1。通过图 2.19 可以看出,区域选择指针可以指定 30 个密码区,ZoneSelectBlock1~ ZoneSelectBlock30,每个密码区为 256 位,包含如 Zx_CSMPSWD0、Zx_CSMPSWD1、Zx_CSMPSWD2、Zx_CSMPSWD3 等内容。注意,Zx_LINKPOINTER1、Zx_LINKPOINTER2、Zx_LINKPOINTER3 的内容要完全一致。

例如,选定 ZoneSelectBlock1 作为密码区,则 Z1 - EXEONLYRAM 的地址为 0x78020,Z1 - CSNPSWD0 的地址为 0x78028、Z1 - CSNPSWD1 的地址为 0x7802A、Z1 - CSNPSWD2 的地址为 0x7802C、Z1 - CSNPSWD3 的地址为 0x7802E。

Zone1 OTP	
0x78000	Z1-LINKPOINTER1
0x78002	保留
0x78004	Z1-LINKPOINTER2
0x78006	保留
0x78008	Z1-LINKPOINTER3
0x7800A	保留
0x78010	Z1-PSWDLOCK
0x78012	保留
0x78014	Z1-CRCLOCK
0x78016	保留
0x78018	保留
0x7801A	保留
0x7801E	Z1-BOOTCTRL
0x78020	ZoneSelectBlock1
0x78030	ZoneSelectBlock2
…	…
0x781F0	ZoneSelectBlockn

区域选择块	
地址偏移	32位内容
0x0	Zx-EXEONLYRAM
0x2	Zx-EXEONLYSECT
0x4	Zx-GRABRAM
0x6	Zx-GRABSECT
0x8	Zx-CSMPSWD0
0xA	Zx-CSMPSWD1
0xC	Zx-CSMPSWD2
0xE	Zx-CSMPSWD3

Zone2 OTP	
0x78200	Z2-LINKPOINTER1
0x78202	保留
0x78204	Z2-LINKPOINTER2
0x78206	保留
0x78208	Z2-LINKPOINTER3
0x7820A	保留
0x78210	Z2-PSWDLOCK
0x78212	保留
0x78214	Z2-CRCLOCK
0x78216	保留
0x78218	保留
0x7821A	保留
0x7821E	Z2-BOOTCTRL
0x78220	ZoneSelectBlock1
0x78230	ZoneSelectBlock2
…	…
0x783F0	ZoneSelectBlockn

图 2.19　区域选择指针可以指定密码区

3. CSM 的程序操作

① 复位后,CSM 始终处于保护状态,要完成取消 CSM 的保护,需要做如下操作:

➢ 虚拟读取每个 CSMPSWD(0、1、2、3)寄存器(该寄存器用于存储密码);

➢ 将正确的密码写入各个 CSMKEY(0、1、2、3)寄存器中。

② 对于一个全新的器件,密码都是 0xFFFF,这时只需要读取各密码位置(PWL)即可取消器件保护(读取的过程由 DSP 片上引导加载程序执行这些虚拟读取,进而取消对没有设定密码器件的保护,无须用户编程实现)。

③ 密码操作时,有以下几点需要注意:

➢ 勿将所有的 PWL 设定为 0x0000,否则会永久锁定相关区域;

➢ 将 PSWDLOCK 字段设定为 1111(0xF)以外的任何值即可锁定和保护密码位置;

➢ 受密码保护的数据不能在不受密码保护的 RAM 中运行,若有任何代码在不受保护的 RAM 中运行,则勿将堆栈链接到受保护的 RAM;

➢ 勿将密码嵌入到代码中,通常仅在进行调试时才取消 CSM 保护,Code Composer Studio 也可取消区域保护。

上述过程由如图 2.20 所示的 CSM 密码匹配流程清晰可见。

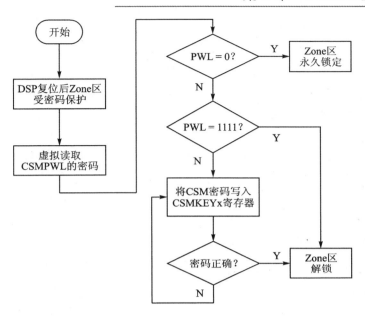

图 2.20　CSM 密码匹配流程

【例 2 - 2】　对 DCSM 进行操作时推荐按照如下步骤进行,这里以密码存放在 Zone1 中的 ZoneSelectBlock1,所存放的密码以 0x1111222233334444555566667777888 为例进行必要的程序介绍。

步骤 1:利用 .sect 伪指令将如下的数据写入各自对应的段中;

为 Z1_LINKPOINTER1、Z1_LINKPOINTER2、Z1_LINKPOINTER3 配置相同的内容,写入自定义段"dcsm_otp_z1_linkpointer"中;

```
.sect "dcsm_otp_z1_linkpointer"
.long 0x1FFFFFFF;Z1 - LINKPOINTER1
.long 0xFFFFFFFF;Reserved
.long 0x1FFFFFFF;Z1 - LINKPOINTER2
.long 0xFFFFFFFF;Reserved
.long 0x1FFFFFFF;Z1 - LINKPOINTER3
.long 0xFFFFFFFF;Reserved
```

将 Zone1 中的 ZoneSelectBlock1 所包含的各位的内容写入在对应的自定义段中;

```
.sect "dcsm_otp_z1_pswdlock"
.long 0xFFFFFFFF;Z1 - PSWDLOCK
.long 0xFFFFFFFF;Reserved


.sect "dcsm_otp_z1_crclock"
.long 0xFFFFFFFF;Z1 - CRCLOCK
.long 0xFFFFFFFF;Reserved


.sect "dcsm_otp_z1_bootctrl"
```

```
.long 0xFFFFFFFF;Z1 – GPREG3
.long 0xFFFFFFFF;Z1 – BOOTCTRL


.sect "dcsm_zsel_z1"
.long 0xFFFFFFFF;Z1 – EXEONLYRAM
.long 0xFFFFFFFF;Z1 – EXEONLYSECT
.long 0xFFFFFFFF;Z1 – GRABRAM
.long 0xFFFFFFFF;Z1 – GRABSECT


.long 0x22221111;Z1 – CSMPSWD0（128 位密码低 32 位）
.long 0x44443333;Z1 – CSMPSWD1
.long 0x66665555;Z1 – CSMPSWD2
.long 0x88887777;Z1 – CSMPSWD3（128 位密码高 32 位）
```

步骤 2：在 CMD 文件中包含如下代码，利用 SECTION 指令将步骤 1 中定义的段放置到规定的 OTP 存储空间；

```
MEMORY
{
    PAGE 0 :
        DCSM_OTP_Z1_LINKPOINTER        : origin = 0x78000，length = 0x00000C
        DCSM_OTP_Z1_PSWDLOCK           : origin = 0x78010，length = 0x000004
        DCSM_OTP_Z1_CRCLOCK            : origin = 0x78014，length = 0x000004
        DCSM_OTP_Z1_BOOTCTRL           : origin = 0x7801C，length = 0x000004
        DCSM_ZSEL_Z1_P0                : origin = 0x78020，length = 0x000010

        DCSM_OTP_Z2_LINKPOINTER        : origin = 0x78200，length = 0x00000C
        DCSM_OTP_Z2_GPREG              : origin = 0x7820C，length = 0x000004
        DCSM_OTP_Z2_PSWDLOCK           : origin = 0x78210，length = 0x000004
        DCSM_OTP_Z2_CRCLOCK            : origin = 0x78214，length = 0x000004
        DCSM_OTP_Z2_BOOTCTRL           : origin = 0x7821C，length = 0x000004
        DCSM_ZSEL_Z2_P0                : origin = 0x78220，length = 0x000010
}
SECTIONS
{
    dcsm_otp_z1_linkpointer       : > DCSM_OTP_Z1_LINKPOINTER       PAGE = 0
    dcsm_otp_z1_pswdlock          : > DCSM_OTP_Z1_PSWDLOCK          PAGE = 0
    dcsm_otp_z1_crclock           : > DCSM_OTP_Z1_CRCLOCK           PAGE = 0
    dcsm_otp_z1_bootctrl          : > DCSM_OTP_Z1_BOOTCTRL          PAGE = 0
    dcsm_zsel_z1                  : > DCSM_ZSEL_Z1_P0               PAGE = 0
    dcsm_otp_z2_linkpointer       : > DCSM_OTP_Z2_LINKPOINTER       PAGE = 0
    dcsm_otp_z2_pswdlock          : > DCSM_OTP_Z2_PSWDLOCK          PAGE = 0
    dcsm_otp_z2_crclock           : > DCSM_OTP_Z2_CRCLOCK           PAGE = 0
    dcsm_otp_z2_bootctrl          : > DCSM_OTP_Z2_BOOTCTRL          PAGE = 0
    dcsm_zsel_z2                  : > DCSM_ZSEL_Z2_P0               PAGE = 0
}
```

步骤 3:最后按照如 2.20 图所示的解锁流程,对 DSP 进行解锁操作:

```
void CSM_Unlock()
{
    // CSM 寄存器文件首地址
    volatile long int * CSM = (volatile long int * )0x5F000;
    volatile long int * CSMPWL = (volatile long int * )0x78028;
    volatile int tmp;
    int I;
    for (I = 0;I<4; I ++ )
    {
        tmp = * CSMPWL ++ ;              // 读取 PWL 处密码
        /* 若 CSMPWL 都是 0xFFFF,表明该区域不受密码保护,否则需进行解锁。将 128 位
的密码写入 CSMKEY 寄存器中,若写入的密码与 CSMPWL 相同则 DSP 解锁,否则 DSP 将继续锁定 */
        * CSM ++ = 0x22221111;          // 寄存器 Z1_CSMKEY0 地址 0x5F010
        * CSM ++ = 0x44443333;          // 寄存器 Z1_CSMKEY1 地址 0x5F012
        * CSM ++ = 0x66665555;          // 寄存器 Z1_CSMKEY2 地址 0x5F014
        * CSM ++ = 0x88887777;          // 寄存器 Z1_CSMKEY3 地址 0x5F016
    }
}
```

2.3.3　片上外设

F28075 具有多种内置外设,专为支持控制应用进行了优化。根据所选的 F28075 器件,这些外设可能有所不同:

ePWM	CMPSS	看门狗	SDFM	I2C	USB
eCAP	ADC	DMA	SPI	McBSP	GPIO
eQEP	DAC	CLA	SCI	eCAN	EMIF

2.4　三角数学运算单元 TMU

2.4.1　TMU 功能概述

三角数学运算单元 TMU 实际上是增加了 C28x＋FPU 执行速度,用于计算普通三角运算的特殊指令,尤其在 Park 和 Park^{-1} 计算、Clark 和 Clark^{-1} 计算、快速傅里叶 FFT 计算及空间向量计算中,可极大地提高执行此类计算时间,如表 2.7 所列。

表 2.7　三角数学运算单元 TMU 指令计算时间对比

运　算	指　令	执行周期	结果延迟/时钟周期	不使用 TMU 时的延迟/时钟周期
Z=Y/X	DIWF32　Rz,Ry,Rx	1	5	约 24

续表 2.7

运 算	指 令	执行周期	结果延迟/时钟周期	不使用 TMU 时的延迟/时钟周期
$Y = sqrt(X)$	SQRTF32 Ry,Rx	1	5	约 26
$Y = sin(X/2pi)$	PUSINF32 Ry,Rx	1	4	约 33
$Y = cos(X/2pi)$	PUCOSF32 Ry,Rx	1	4	约 33
$Y = atan(X/2pi)$	FUATANF32 Ry,Rx	1	4	约 53
ATAN2 计算指令	QUADF32Rw,Rz,Ry,Rx ATANPUF32 Ra,Rz ADDF32Rb,Ra,Rw	3	11	约 90
$Y = X * 2pi$	MPY2PIF32 Ry,Rx	1	2	约 4
$Y = X * 1/2pi$	DIV2PIF32 Ry,Rx	1	2	约 4

2.4.2 TMU 指令解析

(1) MPY2PIF32   RaH, RbH; RaH=RbH * 2pi

【例 2-3】

```
MOV32 R0H,@PerUnit        ; R0H = Per Unit value
MPY2PIF32 R0H,R0H         ; R0H = R0H * 2pi
NOP
MOV32 @Radians,R0H
                          ; 4 cycles
```

(2) DIV2PIF32   RaH, RbH; RaH=RbH * 1/2pi

【例 2-4】

```
MOV32 R0H,@Radians        ; R0H = Radian value
DIV2PIF32 R0H,R0H         ; R0H = R0H * 1/2pi
NOP
MOV32 @Per Unit
                          ; 4 cycles
```

(3) DIVF32　　　RaH，RbH，RcH；RaH＝RbH /RcH

【例 2 – 5】

```
MOV32 R0H,@X        ; R0H = X
MOV32 R1H,@Y        ; R1H = Y
DIVF32 R2H,R1H,R0H  ; R2H = R1H/R0H = Y/X = Z
NOP
NOP
NOP
NOP
MOV32 @Z,R2H        ; Z = Y/X
                    ; 8 cycles
```

(4) SQRTF32　　　RaH，RbH；RaH＝(RbH)1 /2

【例 2 – 6】

```
MOV32 R0H,@X        ; R0H = X
SQRTF32 R1H,R0H     ; R1H = sqrt(X)
NOP
NOP
NOP
NOP
MOV32 @Y,R1H        ; Y = sqrt(X)
                    ; 7 cycles
```

(5) SINPUF32　　　RaH，RbH；PerUnit＝fraction(RbH)；RaH＝sin(PerUnit * 2pi)

【例 2 – 7】

```
MOV32 R0H,@RadianValue  ; R0H = Radian value
DIV2PIF32 R1H,R0H       ; R1H = R0H/2pi = Per Unit Value
NOP
SINPUF32 R2H,R1H        ; R2H = SINPU(fraction(R1H))
NOP
NOP
NOP
MOV32 @SinValue,R2H     ; Sin Value = sin(Radian Value)
                        ; 8 cycles
```

(6) COSPUF32 RaH，RbH；PerUnit＝fraction(RbH)；RaH＝cos(PerUnit * 2pi)

【例 2 – 8】

```
MOV32 R0H,@RadianValue  ; R0H = Radian value
DIV2PIF32 R1H,R0H       ; R1H = R0H/2pi = Per Unit Value
NOP                     ; pipeline delay
COSPUF32 R2H,R1H        ; R2H = COSPU(fraction(R1H))
NOP
NOP
NOP
MOV32 @CosValue,R2H     ; Cos Value = cos(Radian Value)
                        ; 8 cycles
```

（7）ATANPUF32 RaH，RbH　　　；RaH＝atan(RbH)/2pi

【例 2－9】

```
MOV32 R0H,@AtanValue        ; R0H = Atan Value
ATANPUF32 R1H,R0H           ; R1H = ATANPU(R0H)
NOP
NOP
NOP
MPY2PIF32 R2H,R1H           ; R2H = R1H * 2pi
NOP
MOV @RadianValue,R2H

                            ; 8 cycles
```

（8）QUADF32 RaH，RbH，RcH，RdH

```
                           ;RdH = X value
                           ;RcH = Y value
                           ;RbH = Ratio of X & Y
                           ;RaH = Quadrant value(0.0,±0.25,±0.5)
```

【例 2－10】

```
MOV32 R0H,@X          ; R0H = X
MOV32 R1H,@Y          ; R1H = Y
; if(Y <= X) R2H = R1H/R0H
; else R2H = - R0H/R1H
; R3H = 0.0, +/-0.25, +/-0.5
QUADF32  R3H,R2H,R1H,R0H
NOP
NOP
NOP
NOP
ATANPUF32  R4H,R2H    ; R4H = ATANPU(R2H)(Per Unit result)
NOP
NOP
NOP
ADDF32 R5H,R3H,R4H    ; R5H = R3H + ATANPU(R4H) = ATANPU2 value
NOP
MPY2PIF32 R6H,R5H     ; R6H = ATANPU2 * 2pi = atan2 value(radians)
NOP
MOV32 @Z,R6H
                     ; 16 cycles
```

## 第3章

系统初始化模块

3.1 F28075 时钟及控制

稳定的系统时钟是芯片工作的基本条件,F28075 的时钟电路由片内振荡器和锁相环组成,利用相应的控制寄存器可以进行时钟设置。

3.1.1 F28075 时钟的产生

1. F28075 的时钟源

F28075 片内振荡器及锁相环(PLL,Phase Locked Loop)电路如图 3.1 所示。可见,F28075 存在 3 种时钟信号源。

(1) 时钟源的分类

1) 内部振荡(INTOSCx)

内部振荡包含主信号源 INTOSC2 和备用信号源 INTOSC1,这两个是 F28075 自带的时钟振荡器,能提供 10 MHz 的频率,硬件上无需任何外部元件。其中,INTOSC2 除了用于系统 PLL 时钟信号的产生,还可用于 USB 或 CAN 通信的基准时钟。INTOSC1 为备用内部时钟,主要用于为看门狗电路和丢失时钟检测电路(Missing Clock Detection Circuit,简称 MCD)提供基准信号;若 MCD 电路检测到 INTOSC2 的时钟丢失,则系统 PLL 会被旁路,系统时钟源由 INTOSC1 接管。

注意,若 PLLSYSCLK 超过 194 MHz,则不能选用片上内部时钟源作为 PLL 的输入;

2) 外部时钟振荡器(XTAL)

通过芯片引脚 X1 和 X2 向 DSP 提供主系统或辅助系统时钟。TI 在其数据手册上提供了 3 种硬件连接,但可归纳成两种:

➤ X1 与 X2 引脚间跨接晶振,VSSOSC 接与晶振匹配的负载电容,VDDOSC 接 3.3 V 电压,则片内振荡电路就会输出时钟信号 EXTCLK;

➤ X1 引脚接入外部时钟脉冲(3.3 V),X2 引脚悬空 VDDOSC 接 3.3 V 电压,VSSOSC 引脚悬空或接地。

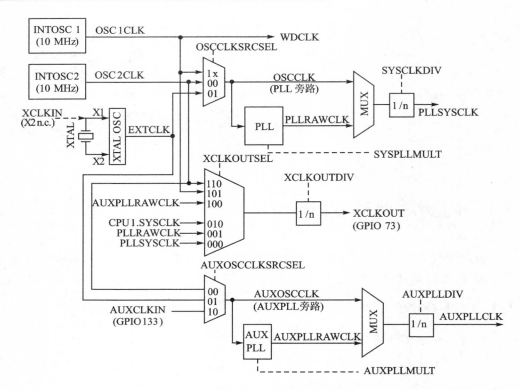

图 3.1　F28075 片内振荡器及锁相环电路

3）辅助时钟信号源（AUXCLKIN）

USB 或 CAN 模块提供基准时钟，硬件上在 GPIO133 引脚接入外部时钟脉冲（3.3 V）。

（2）相关寄存器

1）时钟源控制寄存器 1（CLKSRCCTL1）

CLKSRCCTL1 寄存器的位格式如图 3.2 所示。CLKSRCCTL1 寄存器的位域含义如表 3.1 所列。

表 3.1　CLKSRCCTL1 寄存器各位定义

位　号	名　　称	说　　明
32～6	Reserved	保留
5	WDHALT1	看门狗 HALT 模式忽略位。 0：CPU 的看门狗在 HALT 模式下无作用 1：CPU 的看门狗在 HALT 模式下有作用
4	XTALOFF	XTAL 晶振开通/关闭位。 0：XTAL 晶振开通（默认）；　1：XTAL 晶振关闭

位 号	名 称	说 明
3	INTOSC2OFF	内部晶振 2 开通/关闭位,用户可对该位操作,从而开通或关闭内部晶振 2 0:内部晶振 2 晶振开通(默认);1:内部晶振 2:晶振关闭
2	Reserved	保留
1～0	OSCCLKSRCSEL	OSCCLK 晶振时钟选择位。 00:选择 INTOSC2(默认);01:选择 XTAL;10,11:选择 INTOSC1

D31	D30	D29	D28	D27	D26	D25	D24
Reserved							
R-0							

D23	D22	D21	D20	D19	D18	D17	D16
Reserved							
R-0							

D15	D14	D13	D12	D11	D10	D9	D8
Reserved							
R-0							

D7	D6	D5	D4	D3	D2	D1	D0
Reserved		WDHALT1	XTALOFF	INTOSC2OFF	Reserved	OSCCLKSRCSEL	
R-0		RW-0	RW-0	RW-0	R-0	RW-0	

图 3.2　寄存器 CLKSRCCTL1 的位格式

2) 时钟源控制寄存器 2(CLKSRCCTL2)

CLKSRCCTL2 寄存器的位格式如图 3.3 所示。

D31	D30	D29	D28	D27	D26	D25	D24
Reserved							
R-0							

D23	D22	D21	D20	D19	D18	D17	D16
Reserved							
R-0							

D15	D14	D13	D12	D11	D10	D9	D8
Reserved							
R-0							

D7	D6	D5	D4	D3	D2	D1	D0
Reserved		CANBBCLKSEL		CANABCLKSEL		AUXOSCCLKSRCSEL	
R-0		RW-0		RW-0		RW-0	

图 3.3　寄存器 CLKSRCCTL2 的位格式

CLKSRCCTL2 寄存器的位域含义如表 3.2 所列。

DSP原理与应用——基于TMS320F28075

表 3.2　CLKSRCCTL2 寄存器各位定义

位　号	名　称	说　明
32～8	Reserved	保留
5～4	CANBBCLKSEL	CANB 时钟源选择位。 00:PERx. SYSCLK(默认);01:XTAL 10:AUXCLKIN(来自引脚 GPIO133)　11:保留
3～2	CANABCLKSEL	CANA 时钟源选择位。 00:PERx. SYSCLK(默认);01:XTAL 10:AUXCLKIN(来自引脚 GPIO133)　11:保留
1～0	AUXOSCCLKSRC-SEL	辅助时钟源选择位。 00:选择 INTOSC2(默认);01:选择 XTAL 10:AUXCLKIN(来自引脚 GPIO133)　11:保留

3) 时钟源控制寄存器 3(CLKSRCCTL3)

CLKSRCCTL3 寄存器的位格式如图 3.4 所示。

D31	D30	D29	D28	D27	D26	D25	D24
Reserved							
R-0							

D23	D22	D21	D20	D19	D18	DI7	D16
Reserved							
R-0							

D15	D14	D13	D12	D11	D10	D9	D8
Reserved							
R-0							

D7	D6	D5	D4	D3	D2	D1	D0
Reserved					XCLKOUTSEL		
R-0					RW-0		

图 3.4　寄存器 CLKSRCCTL3 的位格式

CLKSRCCTL3 寄存器的位域含义如表 3.3 所列。

表 3.3　CLKSRCCTL3 寄存器各位定义

位　号	名　称	说　明
32～3	Reserved	保留
2～0	XCLKOUTSEL	XCLKOUT 时钟选择位。 000:PLLSYSCLK(默认);001:PLLRAWCLK;010:CPU. SYSCLK 011:保留;100:AUXPLLRAWCLK;101:INTOSC1 110:INTOSC2;111:保留

2. F28075 时钟 PLL 锁相环

(1) 功能描述

F28075 含有两个 PLL，一个为 CPU 的系统时钟锁相环 PLL，主要为 CPU 及相关的外设提供时钟信号；另一个为辅助时钟锁相环 PLL，主要为 USB 提供系统时钟，两者可设置为分频或倍频。其中，倍频的比例以 1/4 为单位，分为整数部分和小数部分；而分频只能支持偶数。此外，系统提供给外设的低速时钟还可进一步分频。

1）CPU 系统锁相环

INTOSC1、INTOSC2 及 XTAL 提供的 OSC1CLK、OSC2CLK 及 EXTCLK 时钟信号通过寄存器 OSCCLKSRCSEL 选择哪一个作为时钟信号 OSCCLK 的输出，之后时钟信号流图如图 3.5 所示。

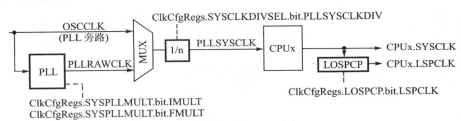

图 3.5　CPU 系统锁相环

OSCCLK 可以不经 PLL 模块而直接通过多路器，再经分频得到 PLLSYSCLK 信号送往 CPU。OSCCLK 也可以作为 PLL 模块的输入时钟，经 PLL 模块倍频后通过多路器，再经分频得到 PLLSYSCLK 信号送往 CPU。如果在 PLL 锁定后撤消输入时钟，则输入时钟故障检测电路将发出 1～4 MHz 的跛行模式时钟，此外还将发出内部器件复位信号。其中，PLLSYSCLK 时钟信号为 GSx RAM、GPIO 和 NMIWD 模块提供基准时钟。

2）辅助时钟锁相环 PLL

AUXCLKIN、INTOSC2 及 XTAL 提供的时钟信号通过寄存器 AUXOSCCLK-SRCSEL 选择哪一个作为辅助时钟信号 AUXOSCCLK 的输出，之后时钟信号流图如图 3.6 所示。

AUXOSCCLK 可以不经 AUXPLL 模块而直接通过多路器，再经分频得到 AUXPLLCLK 信号送往 CPU。AUXOSCCLK 也可以作为 AUXPLL 模块的输入时钟，经 AUXPLL 模块倍频后通过多路器，再经分频得到 AUXPLLCLK 信号送往 CPU。其中，AUXPLLCLK 时钟信号为 USB 模块提供基准时钟。

(2) 相关寄存器

由于系统锁相环寄存器与辅助锁相寄存器功能、位域相同，对于辅助锁相环寄存器的相关内容读者可参考 F28075 数据手册。

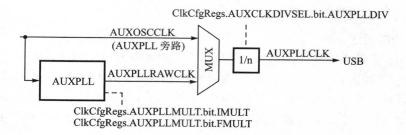

图 3.6　辅助时钟锁相环 PLL

1）系统锁相环控制寄存器 SYSPLLCTL1

SYSPLLCTL1 寄存器的位格式如图 3.7 所示。

D31	D30	D29	D28	D27	D26	D25	D24
Reserved							
R-0							

D23	D22	D21	D20	D19	D18	D17	D16
Reserved							
R-0							

D15	D14	D13	D12	D11	D10	D9	D8
Reserved							
R-0							

D7	D6	D5	D4	D3	D2	D1	D0
Reserved						PLLCLKEN	PLLEN
R-0						RW-0	RW-0

图 3.7　寄存器 SYSPLLCTL1 的位格式

SYSPLLCTL1 寄存器的位域含义如表 3.4 所列。

表 3.4　SYSPLLCTL1 寄存器各位定义

位　号	名　　称	说　　明
32～2	Reserved	保留
1	PLLCLKEN	SYSPLL 旁路选择位 1：SYSPLL 未被旁路，PLL 输出将作为 PLLSYSCLK 的源信号 0：SYSPLL 被旁路
0	PLLEN	系统 PLL 功能使能/禁止位。 0：系统 PLL 禁止；1：系统 PLL 使能

2）系统锁相环倍频寄存器 SYSPLLMULT

SYSPLLMULT 寄存器如图 3.8 所示。

SYSPLLMULT 寄存器的位域含义如表 3.5 所列。

D31	D30	D29	D28	D27	D26	D25	D24
Reserved							
R-0							

D23	D22	D21	D20	D19	D18	D17	D16
Reserved							
R-0							

D15	D14	D13	D12	D11	D10	D9	D8
Reserved						FMULT	
R-0						RW-0	

D7	D6	D5	D4	D3	D2	D1	D0
Reserved	IMULT						
R-0	RW-0						

图 3.8　寄存器 SYSPLLMULT 的格式

表 3.5　SYSPLLMULT 寄存器各位定义

位　号	名　称	说　明
32～10	Reserved	保留
9～8	FMULT	SYSPLL 倍频系数小数部分 00:0；01:0.25；10:0.5；11:0.75
7	Reserved	保留
6～0	IMULT	SYSPLL 倍频系数整数部分 0000001:1；0000010:2；0000011:3 .... 1111111:127

3）系统锁相环状态寄存器 SYSPLLSTS

SYSPLLSTS 寄存器的位格式如图 3.9 所示,含义如表 3.6 所列。

表 3.6　SYSPLLSTS 寄存器各位定义

位　号	名　称	说　明
32～2	Reserved	保留
1	SLIPS	SYSPLL 频率超跟踪状态位 0:SYSPLL 在锁定范围内；1:SYSPLL 超出频率的锁定范围
0	LOCKS	SYSPLL 锁定状态位。 0:SYSPLL 锁定；1:SYSPLL 未锁定

D31	D30	D29	D28	D27	D26	D25	D24
Reserved							
R-0							

D23	D22	D21	D20	D19	D18	D17	D16
Reserved							
R-0							

D15	D14	D13	D12	D11	D10	D9	D8
Reserved							
R-0							

D7	D6	D5	D4	D3	D2	D1	D0
Reserved						SLIPS	LOCKS
R-0						RW-0	RW-0

图 3.9　寄存器 SYSPLLSTS 的位格式

4）系统锁相环分频寄存器 SYSCLKDIVSEL

SYSCLKDIVSEL 寄存器的位格式如图 3.10 所示。

D31	D30	D29	D28	D27	D26	D25	D24
Reserved							
R-0							

D23	D22	D21	D20	D19	D18	D17	D16
Reserved							
R-0							

D15	D14	D13	D12	D11	D10	D9	D8
Reserved							
R-0							

D7	D6	D5	D4	D3	D2	D1	D0
Reserved		PLLSYSCLKDIV					
R-0		RW-0					

图 3.10　寄存器 SYSCLKDIVSEL 的位格式

SYSCLKDIVSEL 寄存器的位域含义如表 3.7 所列。

表 3.7　SYSCLKDIVSEL 寄存器各位定义

位　号	名　称	说　明
32～6	Reserved	保留
5～0	PLLSYSCLKDIV	系统锁相环 SYSPLL 分频选择位。 000000:/1；000001:/2；000010:/4（默认）； 000011:/6；000100:/8 …… 111111:/126

如果 F28075 使用 XTAL 为参考时钟,频率为 15 MHz,为了生成 100 MHz 的

CPU 主频和 60 MHz 的 USB 参考时钟,则根据上述介绍的相关寄存器功能,可做如下设置:

```
CLKSRCCTL1.OSCCLKSRCSEL = 0x1
SYSPLLMULT.IMULT = 26 (0x1A)
SYSPLLMULT.FMULT = .50 (0x2)
SYSCLKDIVSEL.PLLSYSCLKDIV = 4 (0x2)
SYSPLLCTL1.PLLCLKEN = 1
PERCLKDIVSEL.EPWMCLKDIV = 1 (0x0)
PERCLKDIVSEL.EMIF1CLKDIV = 1 (0x0)
PERCLKDIVSEL.EMIF2CLKDIV = 1 (0x0)
CLKSRCCTL2.AUXOSCCLKSRCSEL = 0x1
AUXPLLMULT.IMULT = 8 (0x08)
AUXPLLMULT.FMULT = .00 (0x0)
AUXCLKDIVSEL.AUXPLLDIV = 2 (0x1)
AUXPLLCTL1.PLLCLKEN = 1
```

3.1.2　F28075 系统时钟的分配

1. F28075 系统时钟的分配

　　PLLSYSCLK 经 CPU 后会产生两个信号:CPU 时钟(CPUCLK)作为 CPU、FPU 等模块的基准时钟,外设逻辑时钟(SYSCLK)分发给系统各单元。SYSCLK 一方面与外设时钟控制寄存器配合后产生高速外设的基准时钟(PERx.SYSCLK);另一方面,SYSCLK 经低速时钟预分频产生 LSPCLK,之后与外设时钟控制寄存器配合后产生低速外设的基准时钟(PERx.LSPCLK)。F28075 系统内时钟较多,本书总结如表 3.8 所列。

表 3.8　F28075 中的时钟信号定义

名　称	产生源	作　用
CPUCLK	PLLSYSCLK	CPU、VCU、FPU、TMU、Flash、M0 _ M1、RAMs、D0 - D1、RAMs、BootROM
SYSCLK	PLLSYSCLK	ePIE、LS0 - LS5 RAMs、CLA1 Message RAMs、DCSM
PLLSYSCLK	INOSC1、INOSC2、XTAL	NMIWD、GS0 - GS15 RAMs、GPIO Input Sync and Qual
PERx.SYSCLK	SYSCLK	CLA1、DMA、Timer、EMIF2、ADC、CMPSS、DAC、ePWM、eCAP、eQEP、EMIF1、I2C、McBSP、SDFM
PERx.LSPCLK	LSPCLK	McBSP、SCI、SPI
AUXPLLCLK	AUXCLKIN、XTAL、INOSC2	USB
WDCLK	INOSC1	看门狗时钟
CAN Bit Clock	SYSCLK、XTAL、AUXCLKIN	CANA、CANB

2. 时钟控制相关寄存器

（1）外设时钟控制寄存器

外设时钟控制寄存器 PCLKCRx 的位定义详见附录，PCLKCRx 所包含的外设时钟定义如表 3.9 所列。

表 3.9　外设时钟控制寄存器位定义

寄存器	PeripheralName
POLKCR0	CLA1、DMA、CPUTIMER0、CPUTOMER1、CPUTIMER2、HRPWM、TBCLKSYNC、GT-BCLKSYNC
POLKCR1	EMIF1
POLKCR2	EPWM1、EPWM2、EPWM3、EPWM4、EPWM5、EPWM6、EPWM7、EPWM8、EPWM9、EPWM10、EPWM11、EPWM12
POLKCR3	ECAP1、ECAP2、ECAP3、ECAP4、ECAP5、ECAP6
POLKCR4	EQEP1、EQEP2、EQEP3
POLKCR6	SD1、SD2
POLKCR7	SCI_A、SCI_B、SCI_C、SCI_D
POLKCR8	SPI_A、SPI_B、SPI_C
POLKCR9	I2C_A、I2C_B
POLKCR10	CAN_A、CAN_B
POLKCR11	McBSP_A、McBSP_B、USB_A
POLKCR13	ADC_A、ADC_B、ADC_C、ADC_D
POLKCR14	CMPSS1、CMPSS2、CMPSS3、CMPSS4、CMPSS5、CMPSS6、CMPSS7、CMPSS8
POLKCR16	DAC_A、DAC_B、DAC_C

对于各个外设，控制寄存器的相应位为 1 时，允许该外设时钟；为 0 时，禁止该外设时钟。另外，PCLKCR0 中的 TBCLKSYNC 位是 PWM 模块时基时钟同步位使能位，0，禁止；1，使能。有关 PWM 模块时基时钟同步的概念可以参考 PWM 模块的相关章节。

（2）低速外设时钟预定标寄存器 LOSPCP

寄存器 LOSPCP 的格式如图 3.11 所示。

D31～D3	D2～D0
Reserved	LSPCLK
R-0	RW-010

图 3.11　寄存器 LOSPCP 的格式

寄存器 LOSPCP 各位含义如表 3.10 所列。

表 3.10　寄存器 LOSPCP 各位含义

位　号	名　称	说　明
31～3	Reserved	保留
2～0	LSPCLK	不同的 LSPCLK 时的低速时钟： 000,低速时钟＝SYSCLK/1　　001,低速时钟＝SYSCLK/2 010,低速时钟＝SYSCLK/4(复位后默认值)　011,低速时钟＝SYSCLK/6 100,低速时钟＝SYSCLK/8　　101,低速时钟＝SYSCLK/10 110,低速时钟＝SYSCLK/12　　111,低速时钟＝SYSCLK/14

3.1.3　F28075 的低功耗模式

1. F28075 的低功耗模式

配置好低功耗模式控制寄存器(LPMCR),然后执行 IDLE 指令,F28075 就可以进入低功耗模式。IDLE 指令执行时,CPU 停止所有操作、清除流水线、结束内存访问周期,F28075 处于低功耗模式工作。低功耗模式有如下 4 种:

(1) IDLE(空闲)模式

进入 IDLE 模式,指令计数器 PC 不再增量,即 CPU 停止执行指令,处于休眠状态。复位信号$\overline{XRS}$、$\overline{WDINT}$信号、指定的 GPIO0～GPIO63 口信号及任何使能的中断均可使系统退出该模式。

(2) STANDBY(待机)模式

在该模式进出 CPU 的时钟均关闭,但看门狗模块时钟未关闭,看门狗模块仍然工作。复位信号$\overline{XRS}$、$\overline{WDINT}$信号及指定的 GPIO0～GPIO63 口信号可使系统退出该模式。

(3) HALT(暂停)模式

在该模式下,振荡器和 PLL 模块关闭,但看门狗模块时钟未关闭,看门狗模块仍然工作。复位信号$\overline{XRS}$及指定的 GPIO0～GPIO63 口信号可使系统退出该模式。

(4) HIB(冬眠)模式

在该模式下,系统大部分的供电电压关闭。复位信号$\overline{XRS}$使系统退出该模式。

几种低功耗模式的比较如表 3.11 所列。

DSP原理与应用——基于TMS320F28075

50

表 3.11 4 种低功耗模式的比较

低功耗模式	CPU 逻辑时钟 CPUCLK	外设逻辑时钟 SYSCLK	看门狗时钟 WDCLK	PLL	唤醒信号
IDLE	关闭	打开	打开	打开	$\overline{WDINT}$、看门狗中断、GPIO 口信号、任何使能的中断
STANDBY	关闭	关闭	打开	打开	$\overline{XRS}$	$\overline{WDINT}$、看门狗中断、GPIO 口信号
HALT	关闭	关闭	关闭	打开	$\overline{WDINT}$、GPIO 口信号
HIB	关闭	关闭	关闭	关闭	—

2. 低功耗模式相关寄存器

（1）低功耗模式控制寄存器 LPMCR0

位格式如图 3.12 所示,各位含义如表 3.12 所列。

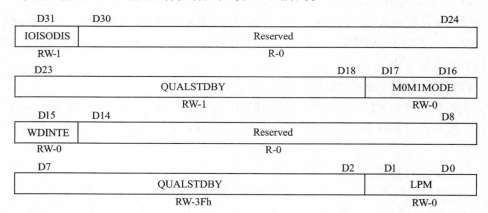

图 3.12 LPMCR0 寄存器位格式

表 3.12 LPMCR0 寄存器各位的含义

位 号	名 称	说 明
31	IOISODIS	读 0,I/O ISOLATION 未被打开;读 1,I/O ISOLATION 被打开;写 0,无效;写 1,禁止 I/O ISOLATION
30～18	Reserved	保留
17～16	M0M1MODE	HIB 模式下 M0、M1 存储器控制位。00,存储器可用;01,存储器关闭
15	WDINTE	看门狗中断从 STANDBY 唤醒使能位。0,不允许(默认);1,允许

续表 3.12

位　号	名　称	说　明
14～8	Reserved	保留
7～2	QUALSTDBY	从 STANDBY 模式唤醒至正常模式所需 GPIO 信号电平保持时间： 000000＝2 * OSCCLKs 000001＝3 * OSCCLKs …　… 111111＝65 * OSCCLKs（默认）
1,0	LPM	低功耗模式选择位： 00＝IDLE 模式（默认）;01＝STANDBY 模式 10＝HALT 模式;11＝HIB 模式

（2）低功耗模式 I/O 选择寄存器 GPIOLPMSELx(x＝0,1)

位格式如图 3.13 和图 3.14 所示。对其中的某位置 1,则表示该 GPIO 与 LPM 电路相接,DSP 会从 STANDBY 和 HALT 模式唤醒;置 0,则表示该 GPIO 与 LPM 电路断开。

D31		D0
GPIO63	… …	GPIO32
RW-0	… …	RW-0

图 3.13　GPIOLPMSEL1 寄存器位格式

D31		D0
GPIO31	… …	GPIO0
RW-0	… …	RW-0

图 3.14　GPIOLPMSEL0 寄存器位格式

3. 子函数示例

```
//进入这 4 种低功耗模式的子函数如下
//进入 IDLE mode
void IDLE()
{
    EALLOW;
    CpuSysRegs.LPMCR.bit.LPM = LPM_IDLE;
    EDIS;
    asm(" IDLE");
}
//进入 STANDBY mode
void STANDBY()
{
    EALLOW;
```

```
        CpuSysRegs.LPMCR.bit.LPM = LPM_STANDBY;
        EDIS;
        asm(" IDLE");
}
//进入 HALT mode
void HALT()
{
        EALLOW;
        CpuSysRegs.LPMCR.bit.LPM = LPM_HALT;
        ClkCfgRegs.SYSPLLCTL1.bit.PLLCLKEN = 0;
        ClkCfgRegs.SYSPLLCTL1.bit.PLLEN = 0;
        EDIS;
        asm(" IDLE");
}
//进入 HIB mode
void HIB()
{
        EALLOW;
        CpuSysRegs.LPMCR.bit.LPM = LPM_HIB;
        EDIS;
        DisablePeripheralClocks();
        EALLOW;
        ClkCfgRegs.SYSPLLCTL1.bit.PLLCLKEN = 0;
        ClkCfgRegs.SYSPLLCTL1.bit.PLLEN = 0;
        EDIS;
        asm(" IDLE");
}
```

3.1.4　F28075 的看门狗电路

看门狗电路其实就是一个定时器电路,也是一项安全功能,可在程序失控或陷入意外的无限循环时将器件复位。看门狗计数器的运行不依赖 CPU。如果计数器溢出,则将触发复位或中断。CPU 必须写入正确的数据密钥序列,才能在计数器溢出前将其复位。

在正常情况下,应用程序在规定的时间内对看门狗定时器进行清 0(人们称之为"喂狗",如果按时喂狗,则狗不会叫),看门狗定时器在这种情况下是不会溢出的。若看门狗定时器在未按固定时间间隔接收到 CPU 的信号时自动触发复位,则可防止 CPU 崩溃。在电机控制应用中,当因 CPU 死锁而引起失控时,这种方式有助于保护电机和驱动电子设备。任何 CPU 复位都会将 PWM 输出恢复到高阻抗状态,在设计合理的系统中,这会使功率转换器关闭。

1. 看门狗电路组成原理

看门狗电路组成如图 3.15 所示。看门狗电路的核心部件是看门狗计数器。看门狗计数器 WDCNTR 是一个 8 位的可复位计数器,是否允许计数时钟 WDCLK 的输入要由看门狗控制寄存器 WDCR 中 WDDIS 位控制。WDCLK 时钟是由看门狗时钟 WDCLK 先除以 512 再经预定标产生。预定标因子由 WDCR 寄存器设置。WDCNTR 计数过程中,它的清 0 端可输入"清计数器"信号,使计数器发生清 0 并重新计数。如果没有清 0 信号输入,则该计数器计满后产生的溢出信号会送到脉冲发生器,产生复位信号。

为了不使计数器计满溢出,需要不断地在计数器未计满之前产生"清计数器"信号(该信号可由复位信号产生,也可由看门狗关键字寄存器 WDKEY 产生)。WD-KEY 寄存器的特点是,先写入 55H,紧接着再写入 AAH 时,就会发出"清计数器"信号。写入其他任何值及组合不但不会发出"清计数器"信号,而且还会使看门狗电路产生复位动作。

看门狗电路复位还会由另一路"WDCHK 错误"控制信号产生。WDCR 控制寄存器中的检查位 WDCHK 必须要写入二进制的 101,因为这 3 位的值要与二进制常量 101 进行连续比较,如果不匹配,则看门狗电路就会产生复位信号。此外,看门狗还包含一个可选的"开窗"功能,该功能在两次计数器复位之间需要最小的延迟。

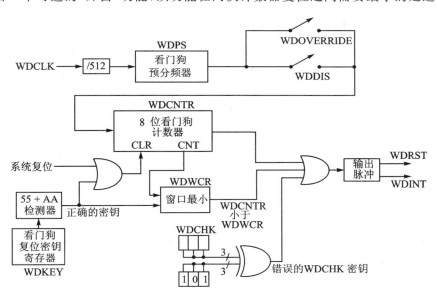

图 3.15　看门狗定时器的组成

注意,看门狗定时器的时钟独立于 CPU,在系统上电/复位后立即运行,之后必须通过软件进行处理。具体而言,从任何复位结束到看门狗初始化复位开始,这之间有 13.11 ms 的间隔(WDCLK＝10 MHz 时可计算出 $512 \times 256 \times 10^{-6}/10$ s)。这相当于 131072 个 WDCLK 周期,这段时间足够用来根据需要配置并处理看门狗。复位后,如果软件未能正确地处理看门狗,则可能导致看门狗初始化复位陷入无限循环。

2. 看门狗电路相关寄存器

(1) 看门狗计数寄存器 WDCNTR

8 位的只读寄存器,存放计数器的当前值。复位后为 00H,写寄存器无效。

(2) 看门狗关键字寄存器 WDKEY

8 位的读/写寄存器,复位后为 00H。读该寄存器并不能返回关键字的值,返回的是 WDCR 的内容。按照先写 55H、再写 AAH 的顺序写入关键字时,将产生"清计数器"信号,写入其他任何值及组合不但不会发出"清计数器"信号,还会使看门狗电路产生复位动作。

注意,不要仅在中断程序中处理看门狗,原因如下:

➢ 若主程序代码崩溃,但中断持续执行,则看门狗不受程序崩溃的影响;

➢ 可将 WDKEY＝0x55H 放置在主程序代码中,将 WDKEY＝0xAAH 放置在中断程序代码中,这样既可捕捉主程序代码崩溃,也可捕捉中断程序代码崩溃。

(3) 看门狗控制寄存器 WDCR

看门狗控制寄存器 WDCR 的位格式如图 3.16 所示,各位含义如表 3.13 所列。

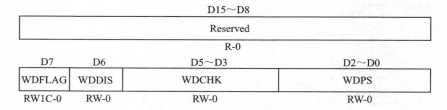

图 3.16　WDCR 寄存器位格式

表 3.13　WDCR 寄存器各位的含义

位　号	名　称	说　明
15～7	Reserved	保留
7	WDFLAG	看门狗复位状态标志位。写 1 清 0;写 0 无效
6	WDDIS	看门狗禁止位。1,禁止;0,使能
5～3	WDCHK	看门狗检查位。这 3 位必须写入 101 系统才能正常工作。在 WD 使能时,写入 101 以外的其他值,都将使看门狗立即复位
2～0	WDPS	看门狗预定标因子选择位,可以设置为: 000 WDCLK＝OSCCLK/512/1　　　001 WDCLK＝OSCCLK/512/1 010 WDCLK＝OSCCLK/512/2　　　011 WDCLK＝OSCCLK/512/4 100 WDCLK＝OSCCLK/512/8　　　101 WDCLK＝OSCCLK/512/16 110 WDCLK＝OSCCLK/512/32　　　111 WDCLK＝OSCCLK/512/64

(4) 看门狗窗口控制寄存器 WDWCR

看门狗窗口控制寄存器 WDWCR 的位格式如图 3.17 所示,各位含义如表 3.14 所列。

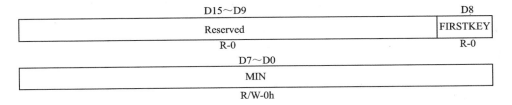

图 3.17　看门狗窗口控制寄存器 WDWCR 的位格式

表 3.14　WDWCR 寄存器各位的含义

位　号	名　称	说　明
15～9	Reserved	保留
8	WDFLAG	0:首次有效的 WDKEY 在非零 MIN 设置成功后未发生 1:首次有效的 WDKEY 在非零 MIN 设置成功后发生
7～0	MIN	设置窗口功能的最小值

3.1.5　系统初始化综合应用案例

【例 3 - 1】　本例给出系统初始化部分的程序代码,除了给出基本的主函数代码外,还包含看门狗基本设置子函数、时钟源选择子函数及 PLL 设定子函数。这些所有的函数及相关寄存器的设置均在本节内容进行了讨论。

```
//看门狗喂狗子程序
void ServiceDog(void)
{
    EALLOW;
    WdRegs.WDKEY.bit.WDKEY = 0x0055;
    WdRegs.WDKEY.bit.WDKEY = 0x00AA;
    EDIS;
}
//看门狗禁止子程序
void DisableDog(void)
{
    volatile Uint16 temp;
```

```
    EALLOW;
    temp = WdRegs.WDCR.all & 0x0007;
    WdRegs.WDCR.all = 0x0068 | temp;
    EDIS;
}
//看门狗使能子程序
void EnableDog(void)
{
    EALLOW;
    WdRegs.WDCR.all = 0x0028;
    EDIS;
}
//时钟源选择 INOSC1 子函数
void SysIntOsc1Sel (void)
{
    EALLOW;
    ClkCfgRegs.CLKSRCCTL1.bit.OSCCLKSRCSEL = 2;          // 信号源 = INTOSC1
    EDIS;
}
//时钟源选择 INOSC2 子函数
void SysIntOsc2Sel (void)
{
    EALLOW;
    ClkCfgRegs.CLKSRCCTL1.bit.INTOSC2OFF = 0;            // 打开 INTOSC2
    ClkCfgRegs.CLKSRCCTL1.bit.OSCCLKSRCSEL = 0;          // 信号源 = INTOSC2
    EDIS;
}
//时钟源选择 XTAL 子函数
void SysXtalOscSel (void)
{
    EALLOW;
    ClkCfgRegs.CLKSRCCTL1.bit.XTALOFF = 0;               // 打开 XTALOSC
    ClkCfgRegs.CLKSRCCTL1.bit.OSCCLKSRCSEL = 1;          // 信号源 = XTAL
    EDIS;
}
//PLL 锁相环配置子函数
void InitSysPll(Uint16 clock_source, Uint16 imult, Uint16 fmult, Uint16 divsel)
{
    if((clock_source == ClkCfgRegs.CLKSRCCTL1.bit.OSCCLKSRCSEL)        &&
       (imult        == ClkCfgRegs.SYSPLLMULT.bit.IMULT)              &&
       (fmult        == ClkCfgRegs.SYSPLLMULT.bit.FMULT)              &&
       (divsel       == ClkCfgRegs.SYSCLKDIVSEL.bit.PLLSYSCLKDIV))
    {
        return;//参数已经与希望的设置值相同则直接返回
    }
    if(clock_source != ClkCfgRegs.CLKSRCCTL1.bit.OSCCLKSRCSEL)
    {
        switch (clock_source)
        {
```

```
            case INT_OSC1:
                SysIntOsc1Sel();
            break;
            case INT_OSC2:
                SysIntOsc2Sel();
            break;
            case XTAL_OSC:
                SysXtalOscSel();
            break;
        }
    }
    EALLOW;
    if(imult != ClkCfgRegs.SYSPLLMULT.bit.IMULT || fmult !=
    ClkCfgRegs.SYSPLLMULT.bit.FMULT)
    {
    //旁路 PLL 并将 PLL 分频系数设为 1
    ClkCfgRegs.SYSPLLCTL1.bit.PLLCLKEN = 0;
    ClkCfgRegs.SYSCLKDIVSEL.bit.PLLSYSCLKDIV = 0;

    Uint32 temp_syspllmult = ClkCfgRegs.SYSPLLMULT.all;
    ClkCfgRegs.SYSPLLMULT.all = ((temp_syspllmult & ~(0x37FU)) |
                                 ((fmult << 8U) | imult));
    ClkCfgRegs.SYSPLLCTL1.bit.PLLEN = 1;            // 使能 SYSPLL
    //等待 SYSPLL 锁定
    while(ClkCfgRegs.SYSPLLSTS.bit.LOCKS != 1){}
    ClkCfgRegs.SYSPLLMULT.bit.IMULT = imult;       // 设置 PLL 乘法的整数部分
    //等待 SYSPLL 锁定
    while(ClkCfgRegs.SYSPLLSTS.bit.LOCKS != 1){}
    }
    if(divsel != 63)
    {
        ClkCfgRegs.SYSCLKDIVSEL.bit.PLLSYSCLKDIV = divsel + 1;
    }
    else
    {
        ClkCfgRegs.SYSCLKDIVSEL.bit.PLLSYSCLKDIV = divsel;
    }
    //使能 PLLSYSCLK
    ClkCfgRegs.SYSPLLCTL1.bit.PLLCLKEN = 1;
    asm(" RPT #100 || NOP");//延迟 100 个时钟周期
    //设置 PLL 分频系数
    ClkCfgRegs.SYSCLKDIVSEL.bit.PLLSYSCLKDIV = divsel;
    EDIS;
}
//系统控制初始化子函数
void InitSysCtrl(void)
{
    // Disable the watchdog
    DisableDog();
```

```
              *       //初始化 PLL 锁相环
                      InitSysPll(1,12, 0,1);
                      InitPeripheralClocks();
       }
       //主函数
       void main(void)
       {
                      InitSysCtrl();                          //系统控制初始化
                      DINT;
                      InitPieCtrl();
                      IER = 0x0000;
                      IFR = 0x0000;
                      InitPieVectTable();
                      LoopCount = 0;
                      EALLOW;
                      WdRegs.SCSR.all = 0x00000002;           //避免清除 WDOVERRIDE 位
                      EDIS;
                      EINT;

                                                              // 使能全局中断

                      ServiceDog();
                      EnableDog();
                      for(;;)
                      {
                          LoopCount ++ ;
                      }
       }
```

3.2　F28075 的 CPU 定时器

　　F28075 片上有 3 个 32 位的 CPU 定时器,分别称为 Timer0、Timer1 和 Timer2。其中,Timer2 保留给 DSP/BIOS 使用。如果应用系统不使用 DSP/BIOS,则这 3 个定时器都可以供用户使用。

3.2.1　定时器结构原理

　　F28075 的 CPU 定时器结构如图 3.18 所示。

　　如图 3.18 所示,当定时器控制寄存器的位 TCR.4 为 0 时,定时器就被启动;16 位的预定标计数器(PSCH:PSC)对系统时钟 SYSCLKOUT 进行减 1 计数,计数器下溢时产生借位信号,32 位的计数器(TIMH:TIM)对此借位信号再进行减 1 计数。

　　16 位分频寄存器(TDDRH:TDDR)用于预定标计数器的重载,每当预定标计数器下溢时,分频寄存器中的内容都会装入预定标计数器。与此类似,计数器(TIMH:TIM)的重载会由 32 位的周期寄存器(PRDH:PRD)来完成。

　　当计数器(TIMH:TIM)下溢时,借位信号会产生中断信号$\overline{\text{TINT}}$。但应该注意,3 个 CPU 定时器产生的中断信号向 CPU 传递通道是不同的。

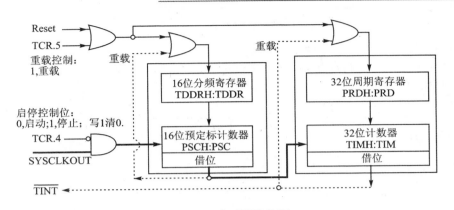

图 3.18 定时器结构图

F28075 复位时,3 个 CPU 定时器均处于使能状态。在复位信号的控制下,16 位预定标计数器和 32 位计数器都会装入预置好的计数值。

3.2.2 定时器中断申请途径

虽然 3 个 CPU 定时器的工作原理基本相同,但它们向 CPU 申请中断的途径是不同的,如图 3.19 所示。

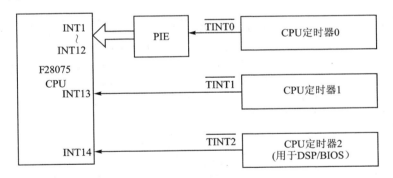

图 3.19 定时器的中断申请途径

定时器 2 的中断申请信号直接送到 CPU 的中断控制逻辑,定时器 1 的中断申请信号要经过多路器的选择后才能送到 CPU 的中断控制逻辑,而定时器 0 的中断申请信号要经过 PIE 模块的分组处理后才能送到 CPU 的中断控制逻辑。

3.2.3 定时器寄存器及位域结构体定义

每个 CPU 定时器的工作都是由各自的控制寄存器、32 位计数寄存器、32 位周期寄存器、16 位预定标计数器和 16 位分频寄存器实现控制的。

1. 定时器控制寄存器 TIMERxTCR

（1）TIMERxTCR 的位定义

有 3 个定时器控制寄存器，地址分别为 0x0c04、0x0c0c 和 0x0c14。这 3 个寄存器的位格式如图 3.20 所示。

D15	D14	D13 ~ D12	D11	D10	D9 ~ D8
TIF	TIE	Reserved	FREE	SOFT	Reserved
RW-0	RW-0	R-0	RW-0	RW-0	R-0

D7 ~ D6	D5	D4	D3 ~ D0
Reserved	TRB	TSS	Reserved
R-0	R-0	RW-0	R-0

图 3.20　TIMERxTCR 的位格式

定时器控制寄存器 TIMERxTCR 的各位定义如表 3.15 所列。

表 3.15　TIMERxTCR 各位含义

位　号	名　称	说　明
15	TIF	CPU 定时器中断标志位。计数器减到 0 时置 1。该位写 1 清 0，写 0 无影响
14	TIE	CPU 定时器中断使能位。该位置 1 时，若计数器减到 0，则定时器中断生效
13～12	Reserved	保留
11～10	FREE、SOFT	CPU 定时器仿真模式位： 00，遇到断点后，定时器在 TIMH:TIM 计数器下次减 1 后停止（hard stop） 01，遇到断点后，定时器在 TIMH:TIM 计数器减到 0 后才停止（soft stop） 1X，遇到断点后，定时器运行不受影响
9～6	Reserved	保留
5	TRB	CPU 定时器重载控制位。向该位写 0，无影响；写 1，产生重载动作
4	TSS	CPU 定时器启停控制位。向该位写 0，定时器启动；写 1，定时器停止
3～0	Reserved	保留

（2）TIMERxTCR 的位结构定义

F28075 外设的位域结构体定义将属于某个外设的所有寄存器组成一个集合，该结构体对应该外设寄存器的内存映射。采用映射方法可以使用数据页指针（DP）直接访问外设寄存器。由于这些寄存器都定义了位域，从而使编译器能方便地操作某个寄存器的位域。

```
struct TCR_BITS {            // bits        description
    Uint16      rsvd1:4;     // 3:0         reserved
    Uint16      TSS:1;       // 4           Timer Start/Stop
    Uint16      TRB:1;       // 5           Timer reload
    Uint16      rsvd2:4;     // 9:6         reserved
    Uint16      SOFT:1;      // 10          Emulation modes
    Uint16      FREE:1;      // 11
```

```
    Uint16    rsvd3:2;       // 12:13        reserved
    Uint16    TIE:1;         // 14           Output enable
    Uint16    TIF:1;         // 15           Interrupt flag
};
```

这里利用结构体类型 TCR_BITS 建立起定时器控制寄存器 TIMERxTCR 的位功能与定时器变量的对应关系(对照图 5.11)。然后,再定义共用体类型如下:

```
union TCR_REG {
    Uint16          all;
    struct TCR_BITS bit;
};
```

共用体类型 TCR_REG 使定时器控制寄存器可以按字访问,也可以按位访问。

2. 32 位计数寄存器 TIMERxTIMH 和 TIMERxTIM

(1) TIMERxTIMH 和 TIMERxTIM 的位定义

TIMERxTIMH 和 TIMERxTIM 的位定义如图 3.21 所示。

D15 ~ D0
MSW
R/W-0
D15 ~ D0
LSW
R/W-FFFFh

图 3.21　TIMERxTIMH 和 TIMERxTIM 的位定义

(2) TIMERxTIMH 和 TIMERxTIM 的位结构定义

```
struct TIM_BITS {          // bits description
    Uint16 LSW:16;         // 15:0 CPU - Timer Counter Registers
    Uint16 MSW:16;         // 31:16 CPU - Timer Counter Registers High
};
union TIM_REG {
    Uint32          all;
    struct TIM_REG  bit;
};
```

3. 32 位周期寄存器 TIMERxPRDH 和 TIMERxPRD

(1) TIMERxPRDH 和 TIMERxPRD 的位定义

TIMERxPRDH 和 TIMERxPRD 的位定义如图 3.22 所示。

D15 ~ D0
MSW
R/W-0
D15 ~ D0
LSW
R/W-FFFFh

图 3.22　TIMERxPRDH 和 TIMERxPRD 的位定义

（2）TIMERxPRDH 和 TIMERxPRD 的位结构定义

```
struct PRD_BITS {                 // bits description
    Uint16 LSW:16;                // 15:0 CPU - Timer Period Registers
    Uint16 MSW:16;                // 31:16 CPU - Timer Period Registers High
};

union PRD_REG {
    Uint32            all;
    struct PRD_REG    bit;
};
```

4. 预定标寄存器高 16 位 TIMERxTPRH 和低 16 位 TIMERxTPR

（1）TIMERxTPRH 和 TIMERxTPR 的位定义

TIMERxTPRH 和 TIMERxTPR 都是 16 位的寄存器。它们的高 8 位组合成 16 位的定时器分频寄存器 PSCH:PSC，低 8 位组合成 16 位的预定标计数器 TD-DRH:TDDR。

TIMERxTPRH 和 TIMERxTPR 的位定义如图 3.23 所示。

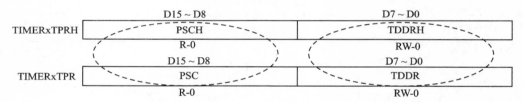

图 3.23　TIMERxTPRH 和 TIMERxTPR 的位定义

（2）TIMERxTPRH 和 TIMERxTPR 的位结构定义

```
// TPRH: Pre - scale high bit definitions:
struct  TPRH_BITS {              // bits
    Uint16      TDDRH:8;         // 7:0
    Uint16      PSCH:8;          // 15:8
};

union TPRH_REG {
    Uint16           all;
    struct TPRH_BITS bit;
};
// TPR: Pre - scale low bit definitions:
struct  TPR_BITS {               // bits
    Uint16      TDDR:8;          // 7:0
    Uint16      PSC:8;           // 15:8
};
union TPR_REG {
    Uint16           all;
    struct TPR_BITS  bit;
};
```

5. CPU 定时器寄存器组定义

```
struct CPUTIMER_REGS {
    union TIM_REG        TIM;
    union PRD_REG        PRD;
    union TCR_REG        TCR;
    Uint16               rsvd1;
    union TPR_REG        TPR;
    union TPRH_REG       TPRH;
};
```

6. CPU 定时器变量定义

```
struct CPUTIMER_VARS {
    volatile struct   CPUTIMER_REGS   * RegsAddr;
    Uint32 InterruptCount;
    float    CPUFreqInMHz;
    float    PeriodInUSec;
};
```

7. CPU 定时器函数原型及外部定义

```
void InitCpuTimers(void);
void ConfigCpuTimer(struct CPUTIMER_VARS * Timer, float Freq, float Period);
    extern struct CPUTIMER_VARS CpuTimer0;
    extern struct CPUTIMER_VARS CpuTimer1;
    extern struct CPUTIMER_VARS CpuTimer2;
    //下面函数初始化 3 个 CPU 定时器为已知状态
    void InitCpuTimers(void)
    {
        //CPU Timer0 初始化
        CpuTimer0.RegsAddr = &CpuTimer0Regs;
        CpuTimer0Regs.PRD.all   = 0xFFFFFFFF;          // 初始化周期值
        CpuTimer0Regs.TPR.all   = 0;                   // 预分频系数为 1
        CpuTimer0Regs.TPRH.all = 0;
        CpuTimer0Regs.TCR.bit.TSS = 1;                 // 计数器停止
        CpuTimer0Regs.TCR.bit.TRB = 1;                 // 重置所有的计数器
        CpuTimer0.InterruptCount = 0;                  // 中断计数器清零
        //CPU Timer1、CPU Timer2 初始化,同 Timer0 类似
        CpuTimer1.RegsAddr = &CpuTimer1Regs;
        CpuTimer2.RegsAddr = &CpuTimer2Regs;
        CpuTimer1Regs.PRD.all   = 0xFFFFFFFF;
        CpuTimer2Regs.PRD.all   = 0xFFFFFFFF;
        CpuTimer1Regs.TPR.all   = 0;
        CpuTimer1Regs.TPRH.all = 0;
        CpuTimer2Regs.TPR.all   = 0;
        CpuTimer2Regs.TPRH.all = 0;
        CpuTimer1Regs.TCR.bit.TSS = 1;
        CpuTimer2Regs.TCR.bit.TSS = 1;
        CpuTimer1Regs.TCR.bit.TRB = 1;
        CpuTimer2Regs.TCR.bit.TRB = 1;
```

```
        CpuTimer1.InterruptCount = 0;
        CpuTimer2.InterruptCount = 0;
}
//下面函数初始化选定的定时器为指定的频率和周期,频率以 MHz 为单位
//周期以 us 为单位。配置后,定时器处于停止状态
void ConfigCpuTimer(struct CPUTIMER_VARS * Timer, float Freq, float Period)
{
    Uint32   temp;
    //初始化周期值
    Timer - >CPUFreqInMHz = Freq;
    Timer - >PeriodInUSec = Period;
    temp = (long) (Freq * Period);
    Timer - >RegsAddr - >PRD.all = temp - 1;       // 每到 PRD + 1,计数器减 1
    //预分频寄存器设置为 0
    Timer - >RegsAddr - >TPR.all    = 0;
    Timer - >RegsAddr - >TPRH.all   = 0;
    //设置定时器控制寄存器
    Timer - >RegsAddr - >TCR.bit.TSS = 1;           // 1 = 停止 , 0 = 启动
    Timer - >RegsAddr - >TCR.bit.TRB = 1;           // 1 = 重载
    Timer - >RegsAddr - >TCR.bit.SOFT = 0;
    Timer - >RegsAddr - >TCR.bit.FREE = 0;
    Timer - >RegsAddr - >TCR.bit.TIE = 1;           // 0 = 禁止/ 1 = 使能定时器中断
    Timer - >InterruptCount = 0;
}
```

8. 常用的 CPU 定时器操作定义

```
//启动定时器
# defineStartCpuTimer0()                    CpuTimer0Regs.TCR.bit.TSS = 0
//停止定时器
# defineStopCpuTimer0()                     CpuTimer0Regs.TCR.bit.TSS = 1
//定时器周期重装
# defineReloadCpuTimer0()                   CpuTimer0Regs.TCR.bit.TRB = 1
//读 32 位定时器值
# defineReadCpuTimer0Counter()              CpuTimer0Regs.TIM.all
//读 32 位周期值 # defineReadCpuTimer0Period()  CpuTimer0Regs.PRD.all
```

3.2.4　定时器应用示例

【例 3 - 2】　系统主频 120 MHz,使能定时器 0 的中断,中断周期为 1 s,相关的代码如下:

```
__interrupt void cpu_timer0_isr(void);
void main(void)
{
    InitSysCtrl();
    InitGpio();
    DINT;
    InitPieCtrl();
```

```
    IER = 0x0000;
    IFR = 0x0000;
    InitPieVectTable();
    EALLOW;
    PieVectTable.TIMER0_INT = &cpu_timer0_isr;
    EDIS;
    InitCpuTimers();
    ConfigCpuTimer(&CpuTimer0, 120, 1000000);
    CpuTimer0Regs.TCR.all = 0x4000;
    IER |= M_INT1;
    PieCtrlRegs.PIEIER1.bit.INTx7 = 1;
    EINT;
    while(1)
    {
    }
}
__interrupt void cpu_timer0_isr(void)
{
    CpuTimer0.InterruptCount ++ ;
    PieCtrlRegs.PIEACK.all = PIEACK_GROUP1;
}
```

3.3　寄存器的保护功能

寄存器的保护涉及两个方面,一方面是指令 EALLOW 和 EDIS 的使用,另一方面是指寄存器的锁定。前者在 C28x 中大量应用,相信读者非常熟悉;后者较少见到。

1. 寄存器的锁定

"锁定"寄存器可保护多个系统配置寄存器免遭 CPU 意外的写入,一旦将锁定寄存器置位,软件将不能对相应的锁定寄存器进行修改,本书将涉及的具有锁定功能的寄存器总结如下:

CLA1TASKSRCSELLOCK	Z2_OTPSECLOCK	GPELOCK
DMACHSRCSELLOCK	DxLOCK	GPFLOCK
DEVCFGLOCK1	LSxLOCK	LOCK
CLKCFGLOCK1	GSxLOCK	DMALOCK
CPUSYSLOCK1	INPUTSELECTLOCK	CMALOCK
Z1OTP_PSWDLOCK	OUTPUTLOCK	TRIPLOCK
Z1OTP_CRCLOCK	GPALOCK	SYNCSOCLOCK
Z2OTP_PSWDLOCK	GPBLOCK	EMIF1LOCK
Z2OTP_CRCLOCK	GPCLOCK	EMIF2LOCK
Z1_OTPSECLOCK	GPDLOCK	

2. EALLOW 保护

EALLOW 表示仿真允许。只有当 ST1 寄存器中的 EALLOW＝1 时，才允许代码访问受保护的寄存器，但仿真器始终可以访问受保护的寄存器。

EALLOW 位有汇编级指令控制：

> EALLOW 用于置位（允许寄存器访问）；

> EDIS 用于将位清零（禁止访问寄存器）。

F28075 中能够提供 EALLOW 保护的寄存器如下：

FLASH 寄存器	代码安全模式寄存器	GPELOCK
PIE 向量表	CLA 寄存器	GPFLOCK
DMA 寄存器	EMIF1 寄存器	LOCK
SD 寄存器	ePWM 寄存器	DMALOCK
X - Bar（部分寄存器）	CMPSS 寄存器	CMALOCK
ADC 寄存器	DAC（部分寄存器）	TRIPLOCK
GPIO 控制寄存器	系统控制寄存器	SYNCSOCLOCK
Z2OTP_PSWDLOCK	GPBLOCK	EMIF1LOCK
Z2OTP_CRCLOCK	GPCLOCK	EMIF2LOCK
Z1_OTPSECLOCK	GPDLOCK	

EALLOW 寄存器访问 C 代码示范：

```
asm("EALLOW");
SysCtrlReges.WDKEY = 0x55;
asm("EDIS");
```

第 **4** 章

编程开发环境及程序应用语言

F28075 应用系统的程序设计可以采用汇编语言或 C 语言实现。汇编语言对 F28075 内部资源的操作简捷直接,C 语言在可读性和可重用性上更具优势。实际应用中,设计人员通常采用 C 语言结合汇编语言的方式进应用程序的设计。

4.1 软件开发及 COFF 概念

COFF(Common Object File Format,通用对象文件格式)是德州仪器(TI)公司为实现软件开发标准化而采用的一种对象文件格式。COFF 具有多种功能,因此成为强大的软件开发系统,当开发任务被拆分给多位程序员时,这种功能最为实用。运用此功能可以对各文件的代码(称为模块)进行单独编写,包括模块正常运行必需的所有资源规范。

COFF 系统具有高度模块性和可移植性,这有助于简化验证、调试和维护过程。后面将详细介绍 COFF 开发过程。COFF 的概念是独立于硬件而实现软件模块化开发的工具。其编写的单个汇编语言文件可以执行单个任务,但也可以连接几个其他任务来构建更为复杂的整体系统。

4.1.1 CCSv6 的安装及基本设置

CCS 早期版本是 CCS2.2,后来 TI 公司又推出了 CCS3.1、CCS3.2、CCS3.3、CCS4.x 及 CCS5.x 等。目前最新版本是 CCSv6.x。自 CCS4.x 开始,CCS 采用了开源的 Eclipse 软件框架。Eclipse 能够为构建软件开发环境提供出色的软件框架,已成为众多嵌入式软件供应商采用的标准框架。本书以 CCSv6 版为例进行叙述。CCSv6 软件的安装步骤如下:

① 从 TI 官网 http://processors.wiki.ti.com/index.php/Download_CCS 选择 CCSv6.1 版本并下载至本地电脑(见图 4.1),解压后运行 ccs_setup_6.1.3.00033.exe。

② 在如图 4.2 所示的安装界面中选择 I accept the terms of the license agreement,然后单击 Next 按钮。

③ 选择安装路径(这里选择了 F:\TI,读者也可选择默认安装路径),然后单击

Next 按钮,如图 4.3 所示。

名称	修改日期	类型	大小
baserepo	2016/4/25 17:32	文件夹	
binary	2016/4/25 17:32	文件夹	
featurerepo	2016/4/25 17:31	文件夹	
features	2016/4/25 17:32	文件夹	
artifacts.jar	2016/4/25 17:32	JAR 文件	1 KB
ccs_setup_6.1.3.00033	2016/4/25 17:32	应用程序	7,945 KB
content.jar	2016/4/25 17:32	JAR 文件	2 KB
README_FIRST	2016/4/25 17:32	文本文档	1 KB
timestamp	2016/4/25 17:32	文本文档	1 KB

图 4.1 下载安装包中的安装文件

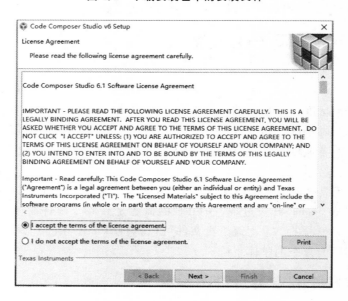

图 4.2 License Agreement 界面

图 4.3 安装路径选择界面

④ 根据使用的 TI 平台选择 custom(用户安装选项)。若针对 C2000,则选择 C2000 32 - bit Real - time MCUs,并选择安装编译器、链接器等组件,再单击 Next 按钮,如图 4.4 所示。

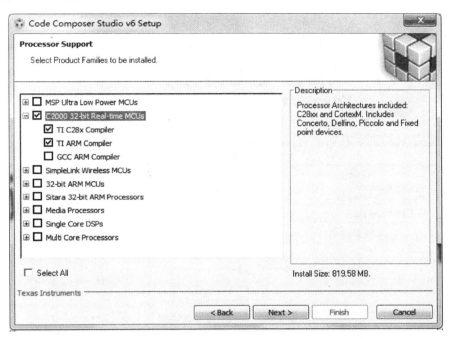

图 4.4　处理器及编译器、链接器组件安装界面

⑤ 安装仿真器。默认情况下,系统会自行安装 TI XDS Debug Probe Support 仿真器的驱动,如图 4.5 所示。然后单击 Next 按钮。

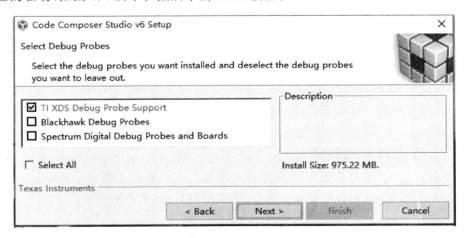

图 4.5　仿真器安装界面

⑥ 与其他安装版本不同的是,在CCSv6的安装过程中,在仿真器安装界面安装完成后,还会出现如图4.6所示的APP选择安装界面,这个根据需要自行安装,这里选择默认选项,不再深究。然后单击Next界面开始安装,直至CCSv6安装完毕,单击Finish按钮退出安装程序。

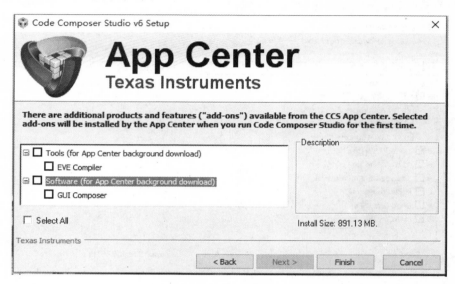

图4.6　APP选择安装界面

4.1.2　CCSv6调试环境

1. CCS集成开发环境简介

前面已经介绍了,COFF可以对各文件的代码(称为模块)进行单独编写,包括模块正常运行必需的所有资源规范。模块的编写可以使用Code Composer Studio (CCS)或任何能够输出简单ASCII文件的文本编辑器进行编辑,其源文件的指定扩展名为.ASM(针对汇编程序)或.C(针对C程序)。

图4.7为CCS的软件开发模块流程图,包括内置编辑器、编译器、汇编器、链接器和自动构建程序。除此之外,还包括用于连接文件输入和输出、用于输出的图形显示的工具。当然,它还可以使用插件功能来增加其他特性。

2. CCS工作界面简介

CCSv6工作界面分为编辑状态和调试状态。基本界面主要由主菜单、工具条、工程窗口、程序窗口、运行信息显示窗口、寄存器窗口、存储器窗口等组成。图4.8为调试状态的界面。

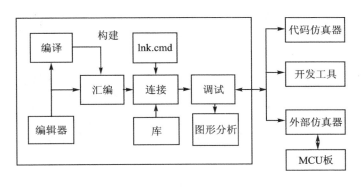

图 4.7　CCS 的软件开发模块流程图

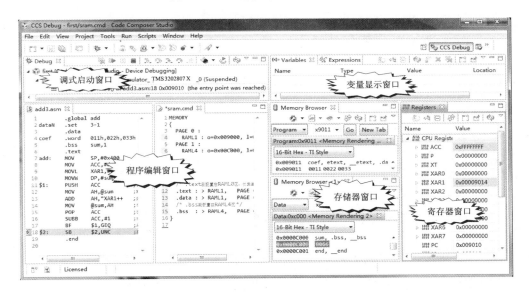

图 4.8　CCSv6 的调试状态界面

3. CCS 的主菜单

CCSv6 主菜单的基本功能(注:编辑状态和调试状态菜单会有不同)如下:

1) File

用于新文件的建立,已有文件的打开、关闭、存储、移动和重新命名,工作区切换,系统重启,文件的导入导出,文件属性等。

2) Edit

用于编辑操作的撤销及重做,编辑内容的复制、粘贴及删除等,编辑内容的查找及替换,编码类型的选择和设置等。

3) View

用于各种工具的显示及隐藏,各种观察窗口的显示配置(包括工程窗口、大纲窗口、问题窗口、控制台窗口、调试窗口、寄存器窗口、存储器窗口、变量观察窗口、反汇编等窗口和断点观察窗口等)。

4)　Project

用于新工程的创建,已有工程的打开及编译,编译链接选项的设置,已有工程的导入,传统 CCS3.3 工程的导入等。

5)　Run

用于目标板的连接及断开,程序的装入重装及运行,各种单步控制,断点设置等。

6)　Window

用于打开的窗口排列及列表等。

7)　Help

用于为用户提供在线帮助。

4. CCS 调试工具图标简介

CCS 调试工具图标简介如图 4.9 所示。

图 4.9　CCSv6 调试状态的常用快捷工具

> 调试:用于调试配置。其中的下拉菜单可用于访问其他启动选项。
> 连接目标:连接至硬件目标。
> 全部终止:终止所有激活的调试会话。
> 暂停:暂停所选目标。
> 运行:恢复执行从当前 PC 位置加载的最新程序。
> 进入子函数:进入突出显示的函数语句。
> 越过子函数:越过突出显示的函数语句。
> CPU 复位:复位所选目标。下拉菜单含有多种复位选项,具体取决于所选器件。
> 汇编进入子函数:无论源代码是否可用,调试器执行下一个汇编指令。
> 汇编越过子函数:调试器越过单个汇编指令。如果指令为汇编子程序,则调试器执行汇编子程序,然后在汇编函数返回后暂停。

4.2　创建链接器命令文件——CMD

F28075 物理上的 Flash 和 SARAM 存储器在逻辑上既可以映射到程序空间,也可以映射到数据空间。到底映射到哪个空间,这要由 CMD 文件来指定。

4.2.1　CMD 文件概述

CCS 生成的可执行文件(.out)采用 COFF 格式,这种格式的突出优点是便于模块化编程,程序员能够自由决定把由源程序文件生成的不同代码及数据定位到哪种物理存储器及确定的地址空间指定段。

由编译器生成的可重定位的代码或数据块叫 SECTIONS(段),对于不同的系统资源情况,SECTIONS 的分配方式也不相同。链接器通过 CMD 文件的 SECTIONS 关键字来控制代码和数据的存储器分配。

1. 程序段

观察 C 程序可以发现其中包含代码和不同类型的数据(全局,局部等)。所有代码由不同部分组成,这些部分称为程序段。所有默认程序段名称均以点开头,并且通常为小写。编译器为初始化和未初始化的程序段设定默认程序段名称。例如,x 和 y 为全局变量,它们位于程序段.ebss。其中,2 和 7 为初始值,位于程序段.cinit。局部变量位于程序段.stack,而代码则位于程序段.txt,如图 4.10 所示。

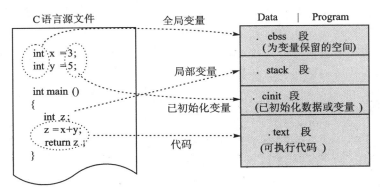

图 4.10　程序段的说明

2. 程序段的分类

为了使用更加灵活,方便用户将代码部分放入 ROM、将变量放入 RAM,可将程序代码和数据分成多个程序段。图 4.10 就说明了 4 种程序段,即全局变量、全局变量的初始值、局部变量(即堆栈)、代码(实际指令)。

程序段总体而言可以分为 3 大类:初始化段、未始化段和自定义段。初始化段有如下 5 种：

> . text 段，存放程序生成的课执行代码；
> . cinit 段，全局和静态变量的初始值；
> . econst 段，常量，（例如，"const int k＝3;"）；
> . switch 段，switch 语句表；
> . pinit 段，全局构建函数表（C＋＋）。

未初始化段有如下 3 种：

> . ebss 段，全局和静态变量；
> . stack 段，堆栈空间；
> . esysmem 段，远程 malloc 函数存储器。

F28075 的 C 语言还可以自定义段，采用以下 2 种语句：

> ♯pragma DATA_SECTION（函数名或全局变量名，"用户自定义在数据空间的段名"）；
> ♯pragma CODE_SECTION（函数名或全局变量名，"用户自定义在程序空间的段名"）。

3. 链接器命令文件（. cmd）

所有输入文件中的各个程序段是由链接器连接在一起的。在程序运行过程中，处理器根据链接器命令文件的 MEMORY 和 SECTIONS 命令中指定的长度和位置为各个程序段分配存储器。链接器命令（. cmd）用来说明物理硬件存储器，并指定各个程序段在存储器中的位置。在连接过程中创建的文件为可执行文件（. out），该文件将加载到微控制器中。在此过程中，我们也可以选择生成一个 . map 文件。此映射文件的作用是汇总所有的连接过程，例如，汇总绝对地址和各个程序段的大小。下列给出链接器常用的链接器命令文件：

```
MEMORY
{
  PAGE 0 :
        RAML1 : o = 0x009000, l = 0x1000
  PAGE 1 :
        RAML4 : o = 0x00C000, l = 0x1000
}
SECTIONS
{
  .text  : > RAML1,   PAGE = 0      /* .text 段配置在 RAML1 区 */
  .data  : > RAML1,   PAGE = 0      /* .data 段配置在 RAML1 区 */
  .bss   : > RAML4,   PAGE = 1      /* .bss 段配置在 RAML4 区 */
}
```

该 cmd 文件采用 MEMORY 伪指令建立目标存储器的模型（列出存储器资源清单）。PAGE 关键词用于对独立的存储区进行标记。页号的最大值为 255，通常的应用中分为两页，PAGE 0 为程序存储区，PAGE 1 为数据存储区。

RAML1 和 RAML4 是为定义的存储区起的名字,不超过 8 个字符,同一个 PAGE 内不允许有相同的存储区名,但不同的 PAGE 上可以出现相同的名字。

"o"和"l"是 origin 和 length 的缩写。origin 标识该段存储区的起始地址,length 标识该段存储区的长度。

有了存储器模型,就可以定义各个段在不同存储区的具体位置了。这要使用 SECTIONS 伪指令。每个输出段的说明都是从段名开始,段名之后是给段分配存储器的参数说明。

CCSv6 系统会自动生成 cmd 文件,用户可以根据需要对该文件进行修改补充。关于 cmd 文件的更详细说明可以参阅 TI 的用户手册。

4.2.2　存储器映射说明及程序段的放置

前面已经提到,链接器工作的时候会牵扯到数据的存储和程序段的放置问题,这是因为链接器命令文件中就包含 MEMORY 和 SECTIONS 命令。那么接下来将进一步介绍有关于 CCSv6 在程序开发过程中,存储器的映射和程序段的放置问题。

1. 存储器的映射说明

MEMORY 程序段说明了目标系统至链接器的存储器配置。

格式为:Name:origin＝0x????,length＝0x????

例如,如果从存储器位置 0x080000 开始放置一个 256K 字闪存,它将读取:

```
MEMORY
{
    FLASH: origin = 0x080000 , length = 0x040000
}
```

每个存储器段均使用上述格式定义。如果添加 RAMM0 和 RAMM1,则应为:

```
MEMORY
{
    RAMM0: origin = 0x000000 , length = 0x0400
    RAMM1: origin = 0x000400 , length = 0x0400
}
```

注意,MCU 有两种存储器映射:程序和数据。因此,MEMORY 说明部分必须分别描述这两种映射。表 4.1 表示加载程序时使用哪种语法来界定每种映射。

表 4.1　存储器映射语法说明

链接器页面	TI 定义
页面 0	程序
页面 1	数据

2. 程序段的放置

C 程序的程序段必须位于目标系统的不同存储器中,这对创建单独的代码、常量和变量程序段非常有利。使用这种方法可以将程序段连接（放置）至目标嵌入式系统中的相应存储器位置，再使用 SECTION 伪指令。通常，它们按如下方法放置：

（1）程序代码（.text）

程序代码是包括用于操作数据、初始化系统设置等功能的指令序列。程序代码必须在系统复位（上电）之前定义。也正是由于这一基本系统的限制，因此通常需要将程序代码放入非易失性存储器，如 Flash 或 EPROM。

（2）常量（.cinit -初始化数据）

初始化数据是指复位时定义的数据存储器的位置。其中，包括常量或变量初始值。与程序代码相似，常量数据也需要在系统复位（上电）之前有效。因此，也需要将其放置在非易失性存储器中，如 Flash 或 EPROM。

（3）变量（.ebss 或.bss -未初始化数据）

未初始化数据的存储位置可以在运行系统执行期间通过程序代码操作更改。与程序代码或常量不同，未初始化数据或变量必须位于易失性存储器中，如 RAM。这些存储器可以修改或更新，用于支持各个变量在数学公式、高级语言等方面的使用。各个变量必须通过指令声明，以便保留存储空间来存储变量值。就其本质而言，无须分配变量值，可以在运行时直接通过程序加载变量。

3．链接器命令文件总结

链接器命令文件工作流程，如图 4.11 所示，步骤如下：

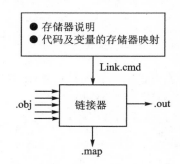

图 4.11　链接器命令文件工作流程

① 建立链接器文件（.cmd），同时使用 MEMORY 伪指令为不同区域的存储器进行定义（片上 RAM、闪存和外部存储器）；

② 使用 SECTION 伪指令说明各个程序段对应的具体存储器区域；

③ 再次使用"建立（build）"或"重新建立（rebuild）"新建一个工程并运行链接器，将源文件通过编译器生成的众多 COFF 格式的目标文件（.obj），通过链接器文件链接后输出最终的可执行文件（.out）；

④ 选择输出.map 文件用于汇总所有的链接过程，例如，汇总绝对地址和各个程序段的大小。

4.3　F28075 的 C 语言编程基础

F28075 的 C 编译器符合美国国家标准协会(ANSI)的 C 语言标准,支持国际标准化组织/国际电工技术委员会(ISO/IEC)定义的 C++语言规范。采用 C/C++语言编程不容易产生流水线冲突,使程序的修改和移植变得非常方便,从而大大缩短开发周期。

4.3.1　F28075 的 C 语言数据型

F28075 的 C 编译器可以区分标识符的前 100 个字符,并大小写敏感。虽然 F28075 的 CPU 是 32 位的,但是其 char 型数据仍然是 16 位的。F28075 的常用的数据类型汇总如表 4.2 所列。

为便于编程,在 TI 提供的 DSP28075_Device. h 文件中对数据类型进行了重新定义:

```
typedef int            int16;
typedef long           int32;
typedef unsigned int   Uint16;
typedef unsigned long  Uint32;
typedef float          float32;
typedef long double    float64;
```

例如,一个 16 位的有符号整数就可以直接定义为"int16　x"。在此基础上,TI 公司对 F28075 的各种外设采用位域结构体的方法进行了规范定义。

表 4.2　F28075 的 C 语言常用数据类型

数据类型	字长/bit	最小值	最大值
char, signed char	16	−32 768	32 767
unsigned char	16	0	65 535
short	16	−32 768	32 767
unsigned short	16	0	65 535
int, signed int	16	−32 768	32 767
unsignedint	16	0	65 535
long, signed long	32	−2 147 483 648	2 147 483 647
unsigned long	32	0	4 294 967 295
enum	16	−32 768	32 767
float	32	1. 19 209 290e−38	3. 40 282 35e+38
double	32	1. 19 209 290e−38	3. 40 282 35e+38
pointers	16	0	0xFFFF
far pointers	22	0	0x3FFFFF

注:64 位数据类型此表未列出,可参考 TI 公司手册 TMS320C28x Optimizing C/C++ Compiler v6. 0。

为了便于程序编写,在 TI 提供的 DSP28075_Device.h 文件中对数据类型进行了重新定义:

```
typedef int int16;
typedef long int32;
typedef long long int64;
typedef unsigned int Uint16;
typedef unsigned long Uint32;
typedef unsigned long long Uint64;
typedef float float32;
typedef long double float64;
```

这样,一个 16 位的无符号整数就可以直接定义为"Uint16　x"。在此基础上,TI 公司对 F28075 的各种外设又采用位域结构体的方法进行了定义。

4.3.2　C 语言重要的关键字

(1) volatile

有的变量不仅可以被程序本身修改,还可以被硬件修改,即变量是易变的(volatile)。如果变量用关键字 volatile 进行修饰,就是告诉编译器,该变量随时可能发生变化,每次使用该变量时都要从该变量的地址中读取。这样可以确保在用到这个变量时每次都重新读取这个变量的值,而不是使用保存在寄存器里的备份。volatile 常用于声明存储器、外设寄存器等。使用实例:

```
volatile struct   CPUTIMER_REGS   * RegsAddr;
```

(2) cregister

cregister 是 F28075 的 C 语言扩充的关键字,用于声明寄存器 IER 和 IFR,表示允许高级语言直接访问控制寄存器。使用实例:

```
cregister volatile unsigned int IER;
cregister volatile unsigned int IFR;
```

(3) interrupt

interrupt 是 F28075 的 C 语言扩充的关键字,用于指定一个函数是中断服务函数。CCS 在编译时会自动添加保护现场、恢复现场等操作。使用实例:

```
interrupt void INT14_ISR(void)
{
    … …;
}
```

(4) const

const 通常用于定义常数表,CCS 在进行编译的时候会将这些常数放在 .const 段,并置于程序存储空间中。使用实例:

```
const int digits[] = {0,1,2,3,4,5,6,7,8,9};
```

（5）asm

利用 asm 关键字可以在 C 语言源程序中嵌入汇编语言指令，从而使操作 F28075 的某些寄存器的位变得非常容易。使用实例：

```
asm(" SETC INTM");
```

注意，汇编指令前面必须留有空格。

（6）inline

内联 inline 是给编译器的优化提示，如果一个函数被编译成 inline，那么就会把函数里面的代码直接插入到调用这个函数的地方，而不是用调用函数的形式。如果函数体代码很短，则会比较有效率，因为调用函数的过程也是需要消耗资源的。但是 inline 只是给编译器的提示，编译器会根据实际情况决定到底要不要进行内联。如果函数过大、有函数指针指向这个函数或者有递归的情况，则编译器不会进行内联。

```
inline void          GPIO_Set(void)
{……}
```

（7）register

暗示编译程序相应的变量将被频繁地使用，如果可能，则应将其保存在 CPU 的寄存器中，以加快其存储速度。

4.3.3　CCS 综合应用——如何创建工程文件

【例 4-1】　在 CCSv6 开发平台下编写一个 C 语言程序，将数据区的几个常数相加，结果存到内存的某一单元。

完成步骤如下：

① 每次启动 CCSv6.1 时都将显示选择工作区对话框，如图 4.12 所示。该工作区用于保存个人计算机的所有 CCSv6.1 自定义设置。例如，如果关闭 CCSv6.1 时计算机正处理多个项目、开着多个内存窗口和图形窗口，则重新打开 CCSv6.1 时，将显示与关闭前相同的项目和设置。

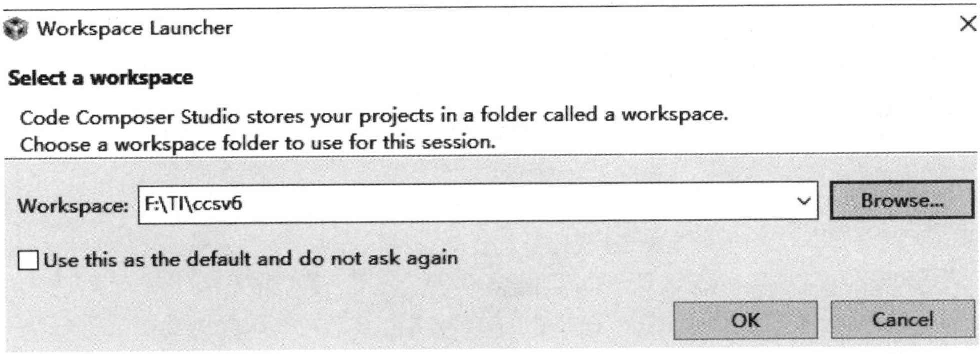

图 4.12　工作区对话框路径选择

② 建立工程框架,如图 4.13 所示。然后单击 Finish 完成工程创建,进入工作界面,如图 4.14 所示。

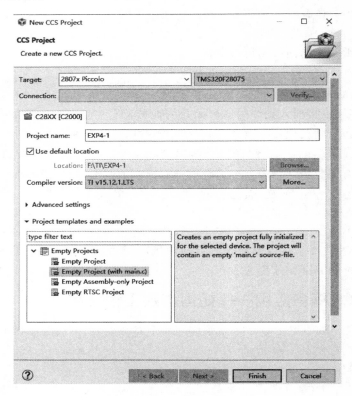

图 4.13　CCSv6 创建新工程界面

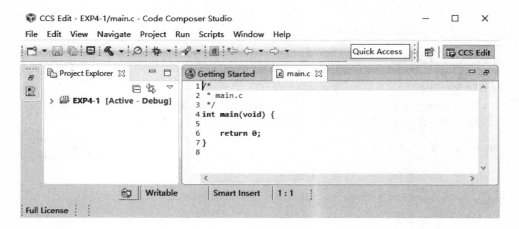

图 4.14　CCSv6 工程编辑状态

③ 建立 CMD 文件。文件 28335_RAM_lnk.cmd 是系统自动生成的，是对 F28075 芯片存储器资源的全面描述。这里为了理解方便，对其进行了简化（也可以采用禁用操作，禁用方法是在该文件上右击鼠标，在弹出的级联菜单中选择 Resource→Configurations→Exclude from Build 项）。

对 2807x_Generic_RAM_lnk.cmd 文件简化结果如下：

```
MEMORY
{
    PAGE 0 :
    /* BEGIN is used for the "boot to SARAM"bootloader mode    */
    BEGIN             : origin = 0x000000, length = 0x000002
    RAMM0             : origin = 0x000122, length = 0x0002DE
    RAMD0             : origin = 0x00B000, length = 0x000800
    RAMLS0            : origin = 0x008000, length = 0x000800
    RAMLS1            : origin = 0x008800, length = 0x000800
    RAMLS2            : origin = 0x009000, length = 0x000800
    RAMLS3            : origin = 0x009800, length = 0x000800
    RAMLS4            : origin = 0x00A000, length = 0x000800
    RESET             : origin = 0x3FFFC0, length = 0x000002
    PAGE 1 :
    /* Part of M0, BOOT rom will use this for stack */
    BOOT_RSVD         : origin = 0x000002, length = 0x000120
    /* on - chip RAM block M1 */
    RAMM1             : origin = 0x000400, length = 0x000400
    RAMD1             : origin = 0x00B800, length = 0x000800
    RAMLS5            : origin = 0x00A800, length = 0x000800
    RAMGS0            : origin = 0x00C000, length = 0x001000
    RAMGS1            : origin = 0x00D000, length = 0x001000
    RAMGS2            : origin = 0x00E000, length = 0x001000
    RAMGS3            : origin = 0x00F000, length = 0x001000
    RAMGS4            : origin = 0x010000, length = 0x001000
    RAMGS5            : origin = 0x011000, length = 0x001000
    RAMGS6            : origin = 0x012000, length = 0x001000
    RAMGS7            : origin = 0x013000, length = 0x001000
    CANA_MSG_RAM      : origin = 0x049000, length = 0x000800
    CANB_MSG_RAM      : origin = 0x04B000, length = 0x000800
}
SECTIONS
{
    codestart    : > BEGIN,      PAGE = 0
    ramfuncs     : > RAMM0       PAGE = 0
    .text   : > RAMM0|RAMD0|RAMLS0|RAMLS1|RAMLS2|RAMLS3|RAMLS4,PAGE = 0
    .cinit       : > RAMM0,      PAGE = 0
    .pinit       : > RAMM0,      PAGE = 0
    .switch      : > RAMM0,      PAGE = 0
    .reset       : > RESET,      PAGE = 0, TYPE = DSECT
    .stack       : > RAMM1,      PAGE = 1
    .ebss        : > RAMLS5,     PAGE = 1
    .econst      : > RAMLS5,     PAGE = 1
```

```
        .esysmem                : >  RAMLS5,                 PAGE = 1
        ramgs0                  : >  RAMGS0,                 PAGE = 1
        ramgs1                  : >  RAMGS1,                 PAGE = 1
        # ifdef __TI_COMPILER_VERSION
            # if __TI_COMPILER_VERSION >= 15009000
                .TI.ramfunc : {} > RAMM0,          PAGE = 0
            # endif
        # endif
        /*  The following section definition are for SDFM examples  */
        Filter1_RegsFile : >  RAMGS1,PAGE = 1, fill = 0x1111
        Filter2_RegsFile : >  RAMGS2,PAGE = 1, fill = 0x2222
        Filter3_RegsFile : >  RAMGS3,PAGE = 1, fill = 0x3333
        Filter4_RegsFile : >  RAMGS4,PAGE = 1, fill = 0x4444
        Difference_RegsFile : > RAMGS5, PAGE = 1, fill = 0x3333
}
```

④ 建立 C 语言源文件。选择 File→New→File from Template 菜单项,在 File Name 窗口输入 add3.c,单击 Finish 按钮,则该源文件自动加入工程。输入如下文件内容,或者直接在如第②步 CCS 生成的 C 文件中输入如下内容,替换之前的 main( ) 函数:

```
int x = 2;
int y = 7;
int main()
{
    int z;
    z = x + y;
    return z;
}
```

⑤ 打开 Build Options 选项,在 Linker 选项卡中配置 Stack Size 为 0x400,Code Entry Point 为_c_int00,设置 Auoinit Model 为 Run - Time Auoinitializition,并生成可执行文件。

⑥ 双击 Load Program 来装入可执行文件,并选择 View→Memory 或 Registers 菜单项设置观察窗口,从而可比对 CMD 文件与其他各文件和存储器间的关系。

此外需要强调的是,C 语言程序经常要调用一些标准函数,如动态内存分配、字符串操作、求绝对值、计算三角函数、计算指数函数以及一些输入/输出函数等。这些函数并不是 C 语言的一部分,但是却像内部函数一样,只要在源程序中加入对应的头文件(如 stdlib.h、string.h、math.h 和 stdio.h 等)即可。这些标准函数就是 ANSI C/C++编译器运行时的支持函数。

F28075 的 ANSI C/C++编译器运行时支持的所有函数源代码均存放在库文件 rts.src 中,这个源文件被编译器编译后可生成运行时支持的目标库文件。该编译器包含两个经过编译的运行时支持的目标文件库:rts2800.lib 和 rts2800_ml.lib。前者是标准 ANSI C/C++运行时支持的目标文件库,后者是大存储器模式运行时支持的目标文件库,两者都是由包含在文件 rts.src 中的源代码所创建。

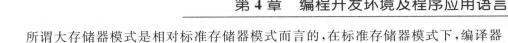

　　所谓大存储器模式是相对标准存储器模式而言的,在标准存储器模式下,编译器的默认地址空间被限制在存储器的低 64K 字,地址指针也是 16 位。而 F28075 的编译器支持超过 16 位的地址空间的寻址,这需要采用大存储器模式。在此模式下,编译器被强制认为地址空间是 22 位的,地址指针也是 22 位的,因此,F28075 的全部 22 位地址空间均可被访问。运行时支持库作为链接器的输入,要与用户程序一起链接,从而生成可执行的目标代码。

第 5 章

F28075 的 GPIO 应用

5.1 GPIO 功能结构

5.1.1 GPIO 引脚分组及控制

为了有效地利用引脚资源,F28075 提供了 97 个复用的多功能引脚,寄存器的角度将它们分成 6 组,对应 6 个输入/输出口,即 GPIOA 口、GPIOB 口、GPIOC 口、GPIOD 口、GPIOE 口和 GPIOF 口,可由外设和 CPU 主机(CPU 或 CLA)控制,如图 5.1 所示。

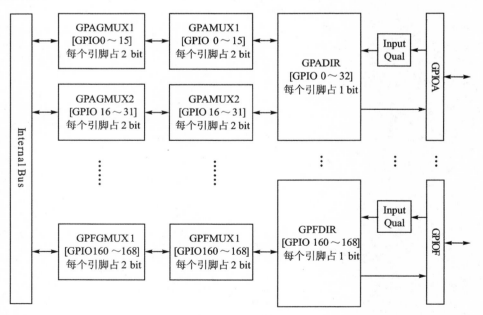

图 5.1　GPIO 引脚的分组

A 口由 GPIO0 ～ GPIO31 组成,B 口由 GPIO32 ～ GPIO63 组成,C 口由

GPIO64～94组成,D 口由 GPIO99 组成,E 口由 GPIO133 组成,F 口保留。这些引脚的第一功能作为通用输入/输出(General Purpose Input/Output,GPIO),第二、第三等其他功能作为片内外设(Peripheral)功能。具体工作于哪种功能要由功能配置寄存器 GPxGMUX1/2 和 GPxMUX1/2(x 为 A、B、C、D、E)确定,但 F 组只有 GPFGMUX1 和 GPFMUX1 进行配置。

　　功能配置寄存器有 22 个,它们都是 32 位的。每个寄存器的 32 位分成 16 个位域,每个位域的 2 位对应一个引脚,对应关系是从寄存器的低位数向寄存器的高位,由寄存器 GPxGMUX 和 GPxMUX 共同决定该 GPIO 用于什么功能。

　　当引脚配置为 GPIO 时,如图 5.2 所示。方向控制寄存器 GPxDIR(有 6 个)控制数据传送的方向(0:输入,1:输出。默认值为 0),当方向设置为输出时,可分别由 3 个置位寄存器 GPxSET、3 个清 0 寄存器 GPxCLEAR 及 3 个翻转寄存器 GPxTOGGLE 对输出的数据进行设置。任何时候,GPIO 引脚电平都会分别反映在 3 个数据寄存器 GPxDAT 中。

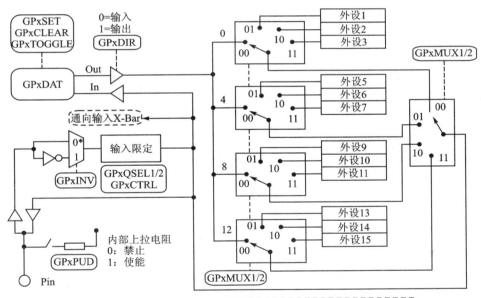

图 5.2　配置为 GPIO 功能时的控制逻辑

　　GPIO 每个引脚的内部都配有上拉电阻,可以分别通过 3 个上拉寄存器 GPxPUD 进行上拉的禁止或允许(0:允许,1:禁止)。

5.1.2　GPIO 的输入限定

　　A 口、B 口的引脚具有输入限定功能,可分别通过 6 个输入量化控制寄存器

GPxCTRL 和 11 个量化选择寄存器 GPxQSEL1/2（F 口只有 GPFQSEL1）限定输入信号的最小脉冲宽度，从而滤除输入信号存在的噪声，如图 5.3 所示。

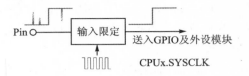

图 5.3　输入限定功能示意图

通过选择寄存器，用户可为每个 GPIO 引脚选择输入限定的类型：

➤ 仅同步（GPxQSEL1/2＝00）。这是复位时所有 GPIO 引脚的默认模式，它只是将输入信号同步至系统时钟 SYSCLK。

➤ 无同步（GPxQSEL1/2＝11）。该模式用于无须同步的外设。由于器件上要求多级复用，有可能会有一个外设输入信号被映射到多于一个 GPIO 引脚的情况。此外，当一个输入信号未被选择时，输入信号将默认为一个 0 或者 1 状态，这由外设而定。

➤ 用采样窗进行限定（GPxQSEL1/2＝01 或 10）。这种模式下，输入信号与系统时钟 SYSCLK 同步后，在输入被允许改变前，被一定数量的采样周期所限定。采样间隔由 GPxCTRL 寄存器内的 QUALPRD 位域指定，并且可在一组 8 个信号中进行配置。采样输入信号指定了多个 SYSCLKOUT 周期。采样窗口为 3 个或 6 个采样点宽度，并且只有当所有采样值全 0 或者全 1 时，输出才会改变，如图 5.4 所示。

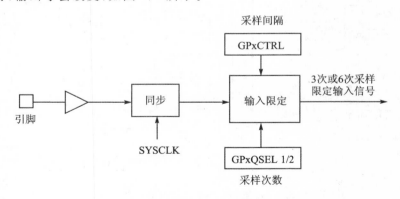

图 5.4　用采样窗对输入信号进行限定

图 5.5 为使用采样窗对输入进行限制，从而以消除噪声的原理图。图中 QUALPRD＝1，GPxQSEL1/2＝10，噪声 A 的时间宽度小于输入限定所设定的采样窗宽度，所以被滤除。

DSP 原理与应用——基于 TMS320F28075

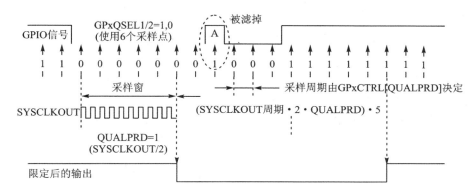

图 5.5 用输入限定消除噪声的过程

5.1.3 GPIO 寄存器

GPIO 寄存器汇总如表 5.1 所列。

表 5.1 GPIO 寄存器总汇

寄存器名称		说　明
控制寄存器	GPxCTRL	GPIO x 控制寄存器
	GPxQSEL1	GPIO x 输入限定选择寄存器 1
	GPxQSEL2	GPIO x 输入限定选择寄存器 2
	GPxMUX1	GPIO x 功能选择控制寄存器 1
	GPxMUX2	GPIO x 功能选择控制寄存器 2
	GPxDIR	GPIO x 方向控制寄存器
	GPxPUD	GPIO x 上拉控制寄存器
	GPxINV	GPIO x 输入极性反向寄存器
	GPxGSEL1	GPIO x 外设组功能选择控制寄存器 1
	GPxGSEL2	GPIO x 外设组功能选择控制寄存器 2
	GPxCSEL1	GPIO x 内核选择寄存器 1
	GPxCSEL2	GPIO x 内核选择寄存器 2
	GPxCSEL3	GPIO x 内核选择寄存器 3
	GPxCSEL4	GPIO x 内核选择寄存器 4
数据寄存器	GPxDAT	GPIO x 数据寄存器
	GPxSET	GPIO x 数据置位寄存器
	GPxCLEAR	GPIO x 数据清零寄存器
	GPxTOGGLE	GPIO x 数据翻转寄存器

1. GPIO 控制类寄存器

（1）GPIO 功能配置寄存器 GPxMUX1/2 和 GPIO 组功能配置寄存器 GPxGMUX1/2

两者的相互组合可配置对应 GPIO 引脚的功能，如表 5.2 所列。

表 5.2　GPIO 功能配置寄存器选择表

GPxGMUX	0～3	00			01			11
GPxMUX	00	01	10	11	01	10	11	11
Index	0－4－8－12	1	2	3	5	6	7	15
	GPIO0	EPWM1A				SDAA		
	GPIO1	EPWM1B		MFSRB		SCLA		
	GPIO2	EPWM2A			OUTPUTXBAR1	SDAB		
	GPIO3	EPWM2B	OUTPUTXBAR2	MCLKRB	OUTPUTXBAR2	SCLB		
	GPIO4	EPWM3A			OUTPUTXBAR3	CANTXA		
	GPIO5	EPWM3B	MFSRA	OUTPUTXBAR3		CANRXA		
GPAGMUX1 GPAMUX1	GPIO6	EPWM4A	OUTPUTXBAR4	EPWMSYNCO	EQEP3A	CANTXB		
	GPIO7	EPWM4B	MCLKRA	OUTPUTXBAR5	EQEP3B	CANRXB		
	GPIO8	EPWM5A	CANTXB	ADCSOCAO	EQEP3S	SCITXDA		
	GPIO9	EPWM5B	SCITXDB	OUTPUTXBAR6	EQEP3I	SCIRXDA		
	GPIO10	EPWM6A	CANRXB	ADCSOCBO	EQEP1A	SCITXDB		
	GPIO11	EPWM6B	SCIRXDB	OUTPUTXBAR7	EQEP1B	SCIRXDB		
	GPIO12	EPWM7A	CANTXB	MDXB	EQEP1S	SCITXDC		
	GPIO13	EPWM7B	CANRXB	MDRB	EQEP1I	SCIRXDC		
	GPIO14	EPWM8A	SCITXDB	MCLKXB		OUTPUTXBAR3		
	GPIO15	EPWM8B	SCIRXDB	MFSXB		OUTPUTXBAR4		

88

续表 5.2

GPxGMUX	0~3	00			01			11
GPAGMUX2	GPIO16	SPISIMOA	CANTXB	OUTPUTX BAR7	EPWM9A		SD1_D1	
	GPIO17	SPISOMIA	CANRXB	OUTPUTX BAR8	EPWM9B		SD1_C1	
	GPIO18	SPICLKA	SCITXDB	CANRXA	EPWM10A		SD1_D2	
	GPIO19	$\overline{\text{SPISTEA}}$	SCIRXDB	CANTXA	EPWM10B		SD1_C2	
	GPIO20	EQEP1A	MDXA	CANTXB	EPWM11A		SD1_D3	
	GPIO21	EQEP1B	MDRA	CANRXB	EPWM11B		SD1_C3	
	GPIO22	EQEP1S	MCLKXA	SCITXDB	EPWM12A	SPICLKB	SD1_D4	
	GPIO23	EQEP1I	MFSXA	SCIRXDB	EPWM12B	$\overline{\text{SPISTEB}}$	SD1_C4	
	GPIO24	OUTPUTX BAR1	EQEP2A	MDXB		SPISIMOB	SD2_D1	
	GPIO25	OUTPUTX BAR2	EQEP2B	MDRB		SPISOMIB	SD2_C1	
	GPIO26	OUTPUTX BAR3	EQEP2I	MCLKXB	OUTPUTX BAR3	SPICLKB	SD2_D2	
	GPIO27	OUTPUTX BAR4	EQEP2S	MFSXB	OUTPUTX BAR4	SPISTEB	SD2_C2	
	GPIO28	SCIRXDA	$\overline{\text{EM1CS4}}$		OUTPUTX BAR5	EQEP3A	SD2_D3	
	GPIO29	SCITXDA	EM1SDCKE		OUTPUTX BAR6	EQEP3B	SD2_C3	
	GPIO30	CANRXA	EM1CLK		OUTPUTX BAR7	EQEP3S	SD2_D4	
	GPIO31	CANTXA	$\overline{\text{EM1WE}}$		OUTPUTX BAR8	EQEP3I	SD2_C4	

续表 5.2

GPxGMUX	0~3	00		01			11
GPBGMUX1 GPBMUX1							
GPIO32	SDAA	$\overline{\text{EM1CS0}}$					
GPIO33	SCLA	EM1RNW					
GPIO34	OUTPUTXBAR1	$\overline{\text{EM1CS2}}$			SDAB		
GPIO35	SCIRXDA	$\overline{\text{EM1CS3}}$			SCLB		
GPIO36	SCITXDA	EM1WAIT			CANRXA		
GPIO37	OUTPUTXBAR2	$\overline{\text{EM1OE}}$			CANTXA		
GPIO38		EM1A0		SCITXDC	CANTXB		
GPIO39		EM1A1		SCIRXDC	CANRXB		
GPIO40		EM1A2			SDAB		
GPIO41		EM1A3			SCLB		
GPIO42					SDAA		SCITXDA
GPIO43					SCLA		SCIRXDA
GPIO44		EM1A4					
GPIO45		EM1A5					
GPIO46		EM1A6			SCIRXDD		
GPIO47		EM1A7			SCITXDD		
GPBGMUX2 GPBMUX2							
GPIO48	OUTPUTXBAR3	EM1A8			SCITXDA	SD1_D1	
GPIO49	OUTPUTXBAR4	EM1A9			SCIRXDA	SD1_C1	
GPIO50	EQEP1A	EM1A10			SPISIMOC	SD1_D2	
GPIO51	EQEP1B	EM1A11			SPISOMIC	SD1_C2	
GPIO52	EQEP1S	EM1A12			SPICLKC	SD1_D3	
GPIO53	EQEP1I	EM1D31			$\overline{\text{SPISTEC}}$	SD1_C3	
GPIO54	SPISIMOA	EM1D30		EQEP2A	SCITXDB	SD1_D4	
GPIO55	SPISOMIA	EM1D29		EQEP2B	SCIRXDB	SD1_C4	

续表 5.2

GPxGMUX		0~3	00		01			11
GPBGMUX2 GPBMUX2	GPIO56	SPICLKA	EM1D28		EQEP2S	SCITXDC	SD2_D1	
	GPIO57	$\overline{\text{SPISTEA}}$	EM1D27		EQEP2I	SCIRXDC	SD2_C1	
	GPIO58	MCLKRA	EM1D26		OUTPUTXBAR1	SPICLKB	SD2_D2	SPISIMOA
	GPIO59	MFSRA	EM1D25		OUTPUTXBAR2	$\overline{\text{SPISTEB}}$	SD2_C2	SPISOMIA
	GPIO60	MCLKRB	EM1D24		OUTPUTXBAR3	SPISIMOB	SD2_D3	SPICLKA
	GPIO61	MFSRB	EM1D23		OUTPUTXBAR4	SPISOMIB	SD2_C3	$\overline{\text{PISTEA}}$
	GPIO62	SCIRXDC	EM1D22		EQEP3A	CANRXA	SD2_D4	
	GPIO63	SCITXDC	EM1D21		EQEP3B	CANTXA	SD2_C4	SPISIMOBC
GPCGMUX1 GPCMUX1	GPIO64		EM1D20		EQEP3S	SCIRXDA		SPISOMIB
	GPIO65		EM1D19		EQEP3I	SCITXDA		SPICLKB
	GPIO66		EM1D18			SDAB		$\overline{\text{SPISTEB}}$
	EM1D67		EM1D17					
	GPIO68		EM1D16					
	GPIO69		EM1D15			SCLB		SPISIMOC
	GPIO70		EM1D14		CANRXA	SCITXDB		SPISOMIC
	GPIO71		EM1D13		CANTXA	SCIRXDB		SPICLKC
	GPIO72		EM1D12		CANTXB	SCITXDC		$\overline{\text{SPISTEC}}$
	GPIO73		EM1D11	XCLKOUT	CANRXB	SCIRXDC		
	GPIO74		EM1D10					
	GPIO75		EM1D9					
	GPIO76		EM1D8			SCITXDD		
	GPIO77		EM1D7			SCIRXDD		

续表 5.2

GPxGMUX	0~3	00		01		11
GPCGMUX1 GPCMUX1	GPIO78	EM1D6			EQEP2A	
	GPIO79	EM1D5			EQEP2B	
GPCGMUX2 GPCMUX2	GPIO80	EM1D4			EQEP2S	
	GPIO81	EM1D3			EQEP2I	
	GPIO82	EM1D2				
	GPIO83	EM1D1				
	GPIO84			SCITXDA	MDXB	MDXA
	GPIO85	EM1D0		SCIRXDA	MDRB	MDRA
	GPIO86	EM1A13	EM1CAS	SCITXDB	MCLKXB	MCLKXA
	GPIO87	EM1A14	EM1RAS	SCIRXDB	MFSXB	MFSXA
	GPIO88	EM1A15	EM1DQM0			
	GPIO89	EM1A16	EM1DQM1		SCITXDC	
	GPIO90	EM1A17	EM1DQM2		SCIRXDC	
	GPIO91	EM1A18	EM1DQM3		SDAA	
	GPIO92	EM1A19	EM1BA1		SCLA	
	GPIO93		EM1BA0		SCITXDD	
	GPIO94				SCIRXDD	
GPDGMUX1 GPDMUX1	GPIO99			EQEP1I		
GPEGMUX1 GPEMUX1	GPIO133				SD2_C2	

(2) GPIO 方向寄存器 GPxDIR

该类寄存器的 D31～D0 位对应 GPIOx（x＝A、B、C、D、E、F）组引脚,某位为 0（默认）时,对应引脚为输入功能;设置为 1 时,引脚为输出功能。本书给出方向寄存器 GPADIR 的位定义,如图 5.6 所示。

D31	D30		D0
GPIO 31	GPIO 30	···	GPIO0
RW-0	RW-0		RW-0

图 5.6　GPADIR 的位格式

(3) GPIO 上拉禁用寄存器 GPxPUD

它们用来禁止或允许 GPIO 引脚内部上拉。当外部复位信号有效时（低电平），所有可以被配置成 ePWM 输出的引脚（GPIO11～GPIO0）的内部上拉都被禁用，而其他所有引脚的内部上拉均处于允许状态。上拉既适用于配置为 GPIO 的引脚，也适用于那些配置为外设功能的引脚。将对应位置 1，表示禁止 GPIO 引脚的上拉。由于篇幅有限，本书只给出上拉禁用寄存器 GPAPUD 的位定义，如图 5.7 所示。

D31		D12	D11		D0
GPIO 31	...	GPIO 12	GPIO 11	...	GPIO0
RW-0		RW-0	RW-0		RW-0

图 5.7　GPAPUD 的位格式

(4) GPIO 限定控制寄存器 GPxCTRL

GPACTRL 的位定义如图 5.8 所示。QUALPRD3 设定引脚 GPIO31～GPIO24 的采样周期数，QUALPRD2 设定引脚 GPIO23～GPIO16 的采样周期数，QUAL-PRD1 设定引脚 GPIO15～GPIO8 的采样周期数，QUALPRD0 设定引脚 GPIO7～GPIO0 的采样周期数。

QUALPRDx 设定值为 0，1，2，…，255 时，分别对应采样周期数为 1，2，4，…，510。对于其他 GPIO 口，对应的限定控制寄存器具有与 GPACTRL 相同的含义。

93

D31	D24	D23	D16	D15	D8	D7	D0
QUALPRD 3		QUALPRD 2		QUALPRD 1		QUALPRD 0	
RW-0		RW-0		RW-0		RW-0	

图 5.8　GPACTRL 的位格式

(5) GPIO 限定模式选择寄存器 GPxQSEL1/2

1）GPAQSEL1

GPAQSEL1 的位定义如图 5.9 所示。位域 D31D30 对应引脚 GPIO15，位域 D29D28 对应引脚 GPIO14，…，位域 D1D0 对应引脚 GPIO0。各位域的 2 个位可以选择 4 种限定模式：

> 00，与 SYSCLKOUT 同步。GPIO 和外设功能均有效。
> 01，采样窗为 3 个采样点。GPIO 和外设功能均有效。
> 10，采样窗为 6 个采样点。GPIO 和外设功能均有效。
> 11，无同步及采样窗限定，用于外设功能（GPIO 功能时与 00 选项相同）。

D31	D30	D29	D28		D1	D0
GPIO 15		GPIO 14		...	GPIO 0	
RW-0		RW-0			RW-0	

图 5.9　GPAQSEL1 的位定义

2) GPAQSEL2

GPAQSEL2 的位定义与 GPAQSEL1 的定义相似,只是引脚变为 GPIO31～GPIO16。

对于其他 GPIO 口,对应的限定模式选择寄存器具有与 GPAQSEL1/2 相同的含义。

2. GPIO 数据类寄存器

(1) 数据寄存器 GPxDAT

数据寄存器 GPxDAT 通常仅用于读取引脚的当前状态。

GPADAT 的位定义如图 5.10 所示。引脚配置为 GPIO 输出时,向 GPADAT 相应位写入 0 或 1,同时响应在引脚上;读寄存器的相应位反映的是引脚的当前状态(与配置方式无关)。

对于其他 GPIO 口,对应的数据寄存器具有与 GPADAT 相同的含义。

D31	D30		D0
GPIO 31	GPIO 30	...	GPIO 0
RW-x	RW-x		RW-x

图 5.10　GPADAT 的位定义

(2) 置位寄存器 GPxSET

置位寄存器 GPxSET 通常用于使引脚置 1。GPASET 的位定义如图 5.11 所示。该寄存器相应位写 0 时无作用,读时返回 0。写 1 时,相应输出值锁存为高(GPIO 输出方式时,会驱动引脚为高电平;外设方式时锁存值为高,但引脚不会被驱动)。GPASET 控制引脚 GPIO31～GPIO0。对于其他 GPIO 口,对应的置位寄存器具有与 GPASET 相同的含义。

D31	D30		D0
GPIO 31	GPIO 30	...	GPIO 0
RW-0	RW-0		RW-0

图 5.11　GPASET 的位定义

(3) 清 0 寄存器 GPxCLEAR

清 0 寄存器 GPxCLEAR,通常用于使引脚清 0。GPACLEAR 的位定义与 GPASET 的定义相似。该寄存器相应位写 0 时无作用,读时返回 0。写 1 时,相应输出值锁存为低(GPIO 输出方式时会驱动引脚为低电平;外设方式时锁存值为低,但引脚不会被驱动)。GPACLEAR 控制引脚 GPIO31～GPIO0。对于其他 GPIO 口,对应的清零寄存器具有与 GPACLEAR 相同的含义。

(4) 翻转寄存器 GPxTOGGLE

翻转寄存器 GPxTOGGLE,通常用于使引脚状态翻转。GPATOGGLE 的位定义与 GPASET 的定义相似。该寄存器相应位写 0 时无作用,读时返回 0。写 1 时,相应输出锁存值发生翻转（GPIO 输出方式时会驱动引脚电平翻转；外设方式时锁存值翻转，但引脚不会被驱动）。GPATOGGLE 控制引脚 GPIO31～GPIO0。对于其他 GPIO 口，对应的翻转寄存器具有与 GPATOGGLE 相同的含义。

5.1.4　寄存器的位域结构

1. GPIO 寄存器的位域定义

利用结构体类型进行位域描述目的是既可以对某个寄存器的全体位进行同时操作，也可以对该寄存器的某个位进行单独的操作，这给按位控制的需求带来了极大的方便。

TI 公司提供了 GPIO 模块的头文件 F2807x_Gpio.h，为众多 GPIO 控制寄存器及 GPIO 数据寄存器进行了位域的组织和描述。下面仅取文件中对 GPIOA 数据寄存器进行描述的相关代码进行说明：

```
// GPIO A DIR/TOGGLE/SET/CLEAR register bit definitions */
struct GPADAT_BITS {    // bits    description
Uint16 GPIO0:1; // 0    GPIO0
Uint16 GPIO1:1; // 1    GPIO1
        …        …
Uint16 GPIO31:1;// 31    GPIO31
};
```

结构体类型 GPADAT_BITS 对 GPADAT 寄存器进行了描述，GPADAT 寄存器的 32 位从低到高的每一个位都定义了一个易于识别的位的名字，以便进行单独操作。为了进行寄存器全体位的整体操作，用共用体类型进行描述：

```
union GPADAT_REG {
Uint32  all;
struct GPADAT_BITS  bit;
};
```

按照 GPIO 口 A 数据寄存器的描述方法，其他数据寄存器可以进行类似的描述。

有了各组数据寄存器位域描述后，再把它们的描述组合在一起，构造成如下的 GPIO 数据寄存器组类型：

```
struct GPIO_DATA_REGS {
    union    GPADAT_REG          GPADAT;
    union    GPASET_REG          GPASET;
    union    GPACLEAR_REG        GPACLEAR;
    union    GPATOGGLE_REG       GPATOGGLE;
    union    GPBDAT_REG          GPBDAT;
    union    GPBSET_REG          GPBSET;
    union    GPBCLEAR_REG        GPBCLEAR;
    union    GPBTOGGLE_REG       GPBTOGGLE;
    union    GPCDAT_REG          GPCDAT;
```

```
    union       GPCSET_REG              GPCSET;
    union       GPCCLEAR_REG            GPCCLEAR;
    union       GPCTOGGLE_REG           GPCTOGGLE;
    union       GPDDAT_REG              GPDDAT;
    union       GPDSET_REG              GPDSET;
    union       GPDCLEAR_REG            GPDCLEAR;
    union       GPDTOGGLE_REG           GPDTOGGLE;
    union       GPEDAT_REG              GPEDAT;
    union       GPESET_REG              GPESET;
    union       GPECLEAR_REG            GPECLEAR;
    union       GPETOGGLE_REG           GPETOGGLE;
    union       GPFDAT_REG              GPFDAT;
    union       GPFSET_REG              GPFSET;
    union       GPFCLEAR_REG            GPFCLEAR;
    union       GPFTOGGLE_REG           GPFTOGGLE;
};
```

应该注意到,描述中采用保留字的占位,有利于这些寄存器整体映射到存储区的确定地址段。

GPIO 相关寄存器位结构和变量的完整描述均在 F2807x_Gpio.h 文件中实现。

有了寄存器位结构的定义后,可以利用如下语句方便地操作外设寄存器:

```
GpioCtrlRegs.GPADIR.bit.GPIO1 = 1;    //置引脚 GPIO1 输出方式
GpioDataRegs.GPASET.bit.GPIO1 = 1;    //置引脚 GPIO1 高电平
```

2. 定义存放寄存器组的存储器段

在 F2807x_GlobalVariableDefs.c 文件中有如下一些语句:

```
# ifdef __cplusplus
# pragma DATA_SECTION("GpioCtrlRegsFile")
# else
# pragma DATA_SECTION(GpioCtrlRegs,"GpioCtrlRegsFile");
# endif
volatilestruct GPIO_CTRL_REGS GpioCtrlRegs;
//- - - - - - - - - - - - - - - - - - - - - - - - - - - - - - - - - - - -
# ifdef __cplusplus
# pragma DATA_SECTION("GpioDataRegsFile")
# else
# pragma DATA_SECTION(GpioDataRegs,"GpioDataRegsFile");
# endif
volatile struct GPIO_DATA_REGS GpioDataRegs;
```

如果不考虑 C++语言的话,以上语句可以简化为:

```
# pragma DATA_SECTION(GpioCtrlRegs,"GpioCtrlRegsFile");;
volatile struct GPIO_CTRL_REGS GpioCtrlRegs;
# pragma DATA_SECTION(GpioDataRegs,"GpioDataRegsFile");
volatile struct GPIO_DATA_REGS GpioDataRegs;
```

这里的 GpioCtrlRegs 和 GpioDataRegs 是 GPIO 控制寄存器组和 GPIO 数据寄存器组变量,而 GpioCtrlRegsFile 和 GpioDataRegsFile 是存放这两个变量的两个数

据段的段名。

3. 寄存器组的存储器段地址定位

控制寄存器组占用 0x007C00～0x7D7F 共 0x180H 个地址单元,数据寄存器组占用 0x7F00～0x7F27 共 0x30H 个地址单元。寄存器组变量在存储器中的段地址定位由 CMD 文件来实现。打开 TI 提供的 F2807x_Headers_nonBIOS.cmd 文件,可以看到如下内容:

```
MEMORY
{
    PAGE 0:     /* Program Memory */
    PAGE 1:     /* Data Memory */
        /* GPIO control registers */
        GPIOCTRL : origin = 0x007C00, length = 0x000180
        /* GPIO data registers */
        GPIODAT : origin = 0x007F00, length = 0x000030
        … …
}
SECTIONS
{
    ECanaRegsFile       :> ECANA,        PAGE = 1
    … …
    GpioCtrlRegsFile    :> GPIOCTRL      PAGE = 1
    GpioDataRegsFile    :> GPIODAT       PAGE = 1
    SysCtrlRegsFile     :> SYSTEM,       PAGE = 1
    SpiaRegsFile        :> SPIA,         PAGE = 1
}
```

将该存储器组变量在存储器中的段定位情况与表 4.3 和表 4.10 对照,可以发现外设寄存器与存储器地址间的对应关系。其余外设的定义方法与此类似。

5.1.5　GPIO 特殊功能函数

F28075 中由于 GPIO 部分涉及的寄存器较多且功能复杂,因此不同于之前的 DSP,用户操作这部分内容的时候会比较复杂。因此,为了简化代码量,这里介绍如下的几种 GPIO 相关的子函数。

```
//以下函数均可使用该宏定义
#define GPY_CTRL_OFFSET     (0x40/2)
#define GPY_DATA_OFFSET     (0x8/2)
#define GPYQSEL             (0x2/2)
#define GPYMUX              (0x6/2)
#define GPYDIR              (0xA/2)
#define GPYPUD              (0xC/2)
#define GPYINV              (0x10/2)
#define GPYODR              (0x12/2)
#define GPYGMUX             (0x20/2)
#define GPYCSEL             (0x28/2)
```

```
#define GPYLOCK          (0x3C/2)
#define GPYCR            (0x3E/2)
#define GPYDAT           (0x0/2)
#define GPYSET           (0x2/2)
#define GPYCLEAR         (0x4/2)
#define GPYTOGGLE        (0x6/2)
```

1. 初始化 GPIO 子函数

由于 GPIO 的寄存器较多,实际操作较麻烦,因此,可以采用间接寻址的方式进行。初始化 GPIO 子函数内容如下:

> 将所有引脚设置为输入并于 PLLSYS 同步;

> 使能内部上拉;

> 解锁所有引脚;

> 禁止开路及极性反转模式。

```
void InitGpio()
{
    volatile Uint32 * gpioBaseAddr;
    Uint16 regOffset;
    //禁止 GPIO 寄存器锁定
    EALLOW;
    GpioCtrlRegs.GPALOCK.all = 0x00000000;
    GpioCtrlRegs.GPBLOCK.all = 0x00000000;
    GpioCtrlRegs.GPCLOCK.all = 0x00000000;
    GpioCtrlRegs.GPDLOCK.all = 0x00000000;
    GpioCtrlRegs.GPELOCK.all = 0x00000000;
    GpioCtrlRegs.GPFLOCK.all = 0x00000000;
    //将 GPIO 控制寄存器中所有寄存器的内容置为 0
    gpioBaseAddr = (Uint32 * )&GpioCtrlRegs;
    for (regOffset = 0; regOffset < sizeof(GpioCtrlRegs)/2; regOffset ++ )
    {
        //为避免使能所有的 GPIO 内部上拉,因此做了如下判断
        //(GPyPUD 在 GpioCtrlRegs 中的偏移地址为 0x0C,因为是 32 位,所以/2)
        if (regOffset % (0x40/2) != (0x0C/2))
        {
            gpioBaseAddr[regOffset] = 0x00000000;
        }
    }
    gpioBaseAddr = (Uint32 * )&GpioDataRegs;
    for (regOffset = 0; regOffset < sizeof(GpioDataRegs)/2; regOffset ++ )
    {
        gpioBaseAddr[regOffset] = 0x00000000;
    }
    EDIS;
}
```

2. 设置 GPIO 的复用功能子函数

① 形参 peripheral 数值通过表 4.4 外设对应的 Index 确定。

② 该程序与之配合的寄存器有 GPxMUX1/2、GPxGMUX1/2、GPxCSEL1/2/3/4。

③ 注意,USB 模块的端口并未设定。

```
#define GPIO_MUX_CPU10              x0
#define GPIO_MUX_CPU1CLA0           x1
void GPIO_SetupPinMux(Uint16 pin, Uint16 cpu, Uint16 peripheral)
{
    volatile Uint32 * gpioBaseAddr;
    volatile Uint32 * mux, * gmux, * csel;
    Uint16 pin32, pin16, pin8;
    pin32 = pin % 32;
    pin16 = pin % 16;
    pin8 = pin % 8;
    gpioBaseAddr = (Uint32 *)&GpioCtrlRegs + (pin/32) * GPY_CTRL_OFFSET;
    if (cpu > 0x03 || peripheral > 0xF)
    {
        return;
    }
    /* 为 GPxMUX1/2,GPxGMUX1/2,GPxCSEL1/2/3/4 创建序列地址
    在头文件中,只给出各个寄存器的地址及未定义,并未创建序列地址 */
    mux = gpioBaseAddr + GPYMUX + pin32/16;
    gmux = gpioBaseAddr + GPYGMUX + pin32/16;
    csel = gpioBaseAddr + GPYCSEL + pin32/8;
    EALLOW;
    //依次按照 GPxGMUX1/2,GPxMUX1/2,GPxCSEL1/2/3/4 的顺序将 GPIO 引脚设置完毕
    * mux &= ~(0x3UL << (2 * pin16));
    * gmux &= ~(0x3UL << (2 * pin16));
    * gmux |= (Uint32)((peripheral >> 2) & 0x3UL) << (2 * pin16);
    * mux |= (Uint32)(peripheral & 0x3UL) << (2 * pin16);
    * csel &= ~(0x3L << (4 * pin8));
    * csel |= (Uint32)(cpu & 0x3L) << (4 * pin8);
    EDIS;
}
```

3. GPIO 引脚输入/输出基本设置子函数

① 函数形参 output＝0 表示输入信号,对如下参数设定顺序:

```
GPIO_PULLUP              内部上拉(1 位)
GPIO_INVERT              输入极性反转(1 位)
GPIO_SYNC                输入信号与 PLLSYSCLK(2 位)
GPIO_QUAL3               输入 3 次采样限定(2 位)
GPIO_QUAL6               输入 6 次采样限定(2 位)
GPIO_ASYNC               输入信号不同步或无限定(2 位)
(SYNC/QUAL3/QUAL6/ASYNC 只能设置其中之一)
```

若 Flag＝0,则表示输入信号与 PLLSYSCLK 同步、无内部上拉、无极性反转。

② 函数形参 output＝1 表示输出信号,对如下参数设定顺序:

GPIO_OPENDRAIN	输出开路模式(1 位)
GPIO_PULLUP	输出开路模式下,需使能内部上拉(1 位)
GPIO_SYNC	输入信号与 PLLSYSCLK(2 位)
GPIO_QUAL3	输入 3 次采样限定(2 位)
GPIO_QUAL6	输入 6 次采样限定(2 位)
GPIO_ASYNC	输入信号不同步或无限定(2 位)

(SYNC/QUAL3/QUAL6/ASYNC 只能设置其中之一)

若 Flag=0,表示输出信号为标准的数字输出:

```
# define GPIO_INPUT          0
# define GPIO_OUTPUT         1
# define GPIO_PUSHPULL       0
# define GPIO_PULLUP         (1 << 0)
# define GPIO_INVERT         (1 << 1)
# define GPIO_OPENDRAIN      (1 << 2)
# define GPIO_SYNC           (0x0 << 4)
# define GPIO_QUAL3          (0x1 << 4)
# define GPIO_QUAL6          (0x2 << 4)
# define GPIO_ASYNC          (0x3 << 4)
void GPIO_SetupPinOptions(Uint16 pin, Uint16 output, Uint16 flags)
{
    volatile Uint32 * gpioBaseAddr;
    volatile Uint32 * dir, * pud, * inv, * odr, * qsel;
    Uint32 pin32, pin16, pinMask, qual;
    pin32 = pin % 32;
    pin16 = pin % 16;
    pinMask = 1UL << pin32;
    gpioBaseAddr = (Uint32 *)&GpioCtrlRegs + (pin/32) * GPY_CTRL_OFFSET;
    /* 为 GPYDIR,GPYPUD,GPYINV,GPYODR,GPYQSEL 创建序列地址
    在头文件中,只给出各个寄存器的地址及未定义,并未创建序列地址 */
    dir = gpioBaseAddr + GPYDIR;
    pud = gpioBaseAddr + GPYPUD;
    inv = gpioBaseAddr + GPYINV;
    odr = gpioBaseAddr + GPYODR;
    qsel = gpioBaseAddr + GPYQSEL + pin32/16;
    EALLOW;
    * dir &= ~pinMask; //设置 GPIO 方向位
    if (output == 1)    //引脚为输出
    {
        * dir |= pinMask;
        //可使能开路模式
        if (flags & GPIO_OPENDRAIN)
        {
            * odr |= pinMask;
        }
        else
        {
            * odr &= ~pinMask;
```

```
        //在开路模式使能下,使能内部上拉
        if (flags & (GPIO_OPENDRAIN | GPIO_PULLUP))
        {
            * pud & = ~pinMask;
        }
        else
        {
            * pud | = pinMask;
        }
    }
    else                                    //引脚为输入
    {
        * dir & = ~pinMask;
        if (flags & GPIO_PULLUP)            //使能内部上拉
        {
            * pud & = ~pinMask;
        }
        else
        {
            * pud | = pinMask;
        }
        if (flags & GPIO_INVERT)            //输出极性取反(可选)
        {
            * inv | = pinMask;
        }
        else
        {
            * inv & = ~pinMask;
        }
    }
    //限定模式
    qual = (flags & GPIO_ASYNC) / GPIO_QUAL3;
    * qsel & = ~(0x3L << (2 * pin16));
    if (qual ! = 0x0)
    {
        * qsel | = qual << (2 * pin16);
    }
    EDIS;
}
```

4. GPIO 锁定设置子函数

函数形参 Flag 值参考如下宏定义:

```
GPIO_UNLOCK = 0                     解锁对应 GPIO
GPIO_LOCK = 1                       锁定对应 GPIO
# define GPIO_UNLOCK0
# define GPIO_LOCK1
void GPIO_SetupLock(Uint16 pin, Uint16 flags)
```

```
{
    volatile Uint32  * gpioBaseAddr;
    volatile Uint32  * lock;
    Uint32 pin32,pinMask;
    pin32 = pin % 32;
    pinMask = 1UL << pin32;
    gpioBaseAddr = (Uint32 *)&GpioCtrlRegs + (pin/32) * GPY_CTRL_OFFSET;
    //为 GPIO_LOCK 创建序列地址
    lock = gpioBaseAddr + GPYLOCK;
    EALLOW;
    if(flags)
    {
        * lock | = pinMask;          //锁定
    }
    else
    {
        * lock & = ~pinMask;        //解锁
    }
    EDIS;
}
```

5. 外部中断源设置子函数

```
void GPIO_SetupXINT1Gpio(Uint16 pin)
{
    EALLOW;
    InputXbarRegs.INPUT4SELECT = pin;            // XINT1
    EDIS;
}
void GPIO_SetupXINT2Gpio(Uint16 pin)
{
    EALLOW;
    InputXbarRegs.INPUT5SELECT = pin;            // XINT2
    EDIS;
}
void GPIO_SetupXINT3Gpio(Uint16 pin)
{
    EALLOW;
    InputXbarRegs.INPUT6SELECT = pin;            // XINT3
    EDIS;
}
void GPIO_SetupXINT4Gpio(Uint16 pin)
{
    EALLOW;
    InputXbarRegs.INPUT13SELECT = pin;           // XINT4
    EDIS;
}
void GPIO_SetupXINT5Gpio(Uint16 pin)
```

```
{
    EALLOW;
    InputXbarRegs.INPUT14SELECT = pin;              // XINT4
    EDIS;
}
```

6. 内部上拉电阻设置子函数

```
void GPIO_EnableUnbondedIOPullups()
{
    unsigned char pin_count = ((DevCfgRegs.PARTIDL.all & 0x00000700) >> 8);
    //5 = 100 pin;6 = 176 pin;7 = 337 pin
    if(pin_count == 5)
    {
        GPIO_EnableUnbondedIOPullupsFor100Pin();
    }
    else if (pin_count == 6)
    {
        GPIO_EnableUnbondedIOPullupsFor176Pin();
    }
    else
    {

    }
}
void GPIO_EnableUnbondedIOPullupsFor176Pin()//176Pin 封装,引脚使能内部上拉
{
    EALLOW;
    GpioCtrlRegs.GPCPUD.all = ~0x80000000;          //GPIO 95
    GpioCtrlRegs.GPDPUD.all = ~0xFFFFFFF7;          //GPIOs 96 - 127
    GpioCtrlRegs.GPEPUD.all = ~0xFFFFFFDF;          //GPIOs 128 - 159 (除 133)
    GpioCtrlRegs.GPFPUD.all = ~0x000001FF;          //GPIOs 160 - 168
    EDIS;
}
void GPIO_EnableUnbondedIOPullupsFor100Pin()//100Pin 封装,引脚使能内部上拉
{
    EALLOW;
    GpioCtrlRegs.GPAPUD.all = ~0xFFC003E3;          //GPIOs 0 - 1,5 - 9,22 - 31
    GpioCtrlRegs.GPBPUD.all = ~0x03FFF1FF;          //GPIOs 32 - 40,44 - 57
    //GPIOs 67 - 68,74 - 77,79 - 83,93 - 95
    GpioCtrlRegs.GPCPUD.all = ~0xE10FBC18;
    GpioCtrlRegs.GPDPUD.all = ~0xFFFFFFF7;          //GPIOs 96 - 127
    GpioCtrlRegs.GPEPUD.all = ~0xFFFFFFFF;          //GPIOs 128 - 159
    GpioCtrlRegs.GPFPUD.all = ~0x000001FF;          //GPIOs 160 - 168
    EDIS;
}
```

7. GPyDAT 寄存器读取相关引脚数字量

```
Uint16GPIO_ReadPin(Uint16 pin)
{
    volatile Uint32 * gpioDataReg;
    Uint16pinVal;
    gpioDataReg = (volatile Uint32 *)&GpioDataRegs
                + (pin/32) * GPY_DATA_OFFSET;
    pinVal = (gpioDataReg[GPYDAT] >> (pin % 32)) & 0x1;
    return pinVal;
}
```

8. GPyDAT 寄存器进行写操作(不推荐)

```
void GPIO_WritePin(Uint16 pin, Uint16 outVal)
{
    volatile Uint32 * gpioDataReg;
    Uint32pinMask;
    gpioDataReg = (volatile Uint32 *)&GpioDataRegs
                + (pin/32) * GPY_DATA_OFFSET;
    pinMask = 1UL << (pin % 32);
    if (outVal = = 0)
    {
        gpioDataReg[GPYCLEAR] = pinMask;
    }
    else
    {
        gpioDataReg[GPYSET] = pinMask;
    }
}
```

5.2　X-Bar 原理解析

　　F28075 中存在 X-Bar 功能,目的是将 DSP 内部外设信号,比如捕获信号、ADC 采样信号、同步信号及 CMPSS 比较输出信号,通过 8 个 GPIO 输出;或选定任意一个 GPIO 引脚作为 14 个 X-Bar 的输入,送入 DSP 内部作为外设的 EPWM 及 ECAP 的同步链、ADC 的启动信号、5 个 XINT 外部中断信号等。因此,X-Bar 包含输入 X-Bar 和输出 X-Bar 两部分。

5.2.1　输入 X-Bar

1. 输入 X-Bar 的基本原理

　　图 5.12 为输入 X-Bar 的示意图。

　　输入 X-Bar 可以将所需的 GPIO 配置为 INPUTx(x=1~14),这 14 个信号通向内部的 ADC 模块(外部触发)、eCAP 模块(捕获信号)、ePWM 模块(故障触发)等,也可用作外部中断,作用的具体功能如表 5.3 所列。

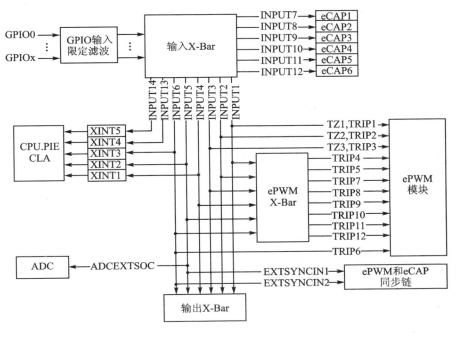

图 5.12　输入 X‑Bar 示意图

表 5.3　输入 X‑Bar 14 个引脚的功能

INPUTx	目标功能
INPUT1	EPWM[TZ1]、EPWM[TRIP1]、EPWM X‑BAR、Output X‑BAR
INPUT2	EPWM[TZ2]、EPWM[TRIP2]、EPWM X‑BAR、Output X‑BAR
INPUT3	EPWM[TZ3]、EPWM[TRIP3]、EPWM X‑BAR、Output X‑BAR
INPUT4	EPWM X‑BAR、Output X‑BAR、XINT1
INPUT5	ADC、EXTSYNCIN1、EPWM X‑BAR、Output X‑BAR、XINT2
INPUT6	EXTSYNCIN2、EPWM[TRIP6]、EPWM X‑BAR、Output X‑BAR、XINT3
INPUT7	ECAP1
INPUT8	ECAP2
INPUT9	ECAP3
INPUT10	ECAP4
INPUT11	ECAP5
INPUT12	ECAP6
INPUT13	XINT4
INPUT14	XINT5

注意,我们在 GPIO 中讨论的 GPIO 功能选择寄存器的设置不会影响输入 X‑

Bar,而是通过寄存器 INPUTxSELECT(x=1~14)的配置将所需的 GPIO 信号与输入 X-Bar 相连,如图 5.13 所示。

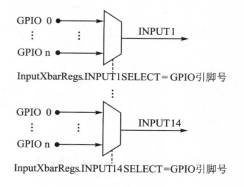

InputXbarRegs.INPUT1SELECT=GPIO引脚号

InputXbarRegs.INPUT14SELECT=GPIO引脚号

图 5.13　X-Bar 14 个引脚的 GPIO 选择示意图

2. 输入 X-Bar 相关寄存器

输入 X-Bar 选择寄存器 INPUTxSELECT(x=1、2、3…14),通过对该寄存器的设置选择所需的 GPIO 作为当前 INPUTx。INPUTxSELECT 具有相同的位格式和含义,其位格式如图 5.14 所示。

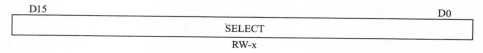

图 5.14　INPUTxSELECT 的位格式

5.2.2　输出 X-Bar

1. 输出 X-Bar 的工作原理

输出 X-Bar 的工作流程恰好与输入 X-Bar 的相反。它是将 DSP 片上外设(诸如 ADC 模块的事件触发信号、输入 X-Bar 的比较信号、ePWM 的同步信号、eCAP、CMPSS 比较信号等)经输出 X-Bar 汇总成 8 个 OUTPUT 信号,然后送入任意一个 GPIO 引脚上,如图 5.15 所示。

由于输入 X-Bar 模块的信号较多,因而在硬件和软件上 X-Bar 提供了一种类似于 PIE 的信号管理机制,如图 5.16 所示。每一个 OUTPUTx 引脚最多可支持 $4×32=128$ 个内部信号,信号配置如表 5.4 所列。

128 个内部信号首先被分为 32 组(Mux0~Mux31),每组 4 有 4 种信号选择,这个是通过两个寄存器 OUTPUTxMUX0TO15CFG 和 OUTPUTxMUX16TO31CFG (x=1~8)来设置的。然后通过 OUTPUTxMUXENABLE(x=1~32)选择这 32 组中的哪一组(Mux0~Mux31)信号作为有效输出。最后,可通过 OUTPUTLATCH-

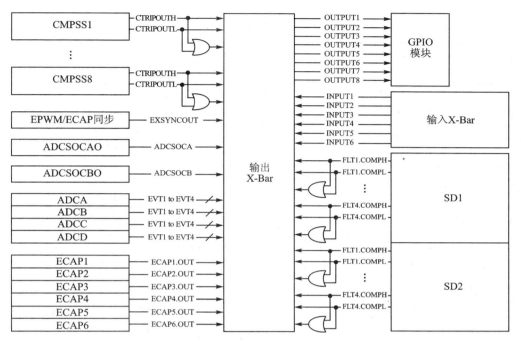

图 5.15　输出 X - Bar 功能图

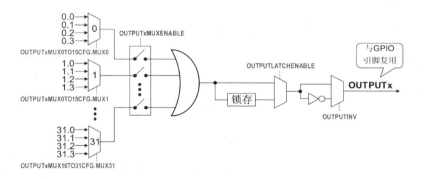

图 5.16　输出 X - Bar 结构

ENABLE 选定是否需要锁存、通过 OUTPUTINV 选定信号是否需要反转,最终作用于 OUTPUTx 的输出。当然,对于一个完整的 X - Bar,应包含 8 个与图 5.16 完全相同的信号连接。

表 5.4　输出 X - Bar 的 8 个引脚的信号配置

MUX	0	1	2	3
0	CMPSS1. CTRIPOUTH	CMPSS1. CTRIPOUTH_OR_CTRIPOUTL	ADCAEVT1	ECAP1. OUT

DSP 原理与应用——基于TMS320F28075

108

续表 5.4

MUX	0	1	2	3
1	CMPSS1. CTRIPOUTL	INPUTXBAR1	—	ADCCEVT1
2	CMPSS2. CTRIPOUTH	CMPSS2. CTRIPOUTH_OR_CTRIPOUTL	ADCAEVT2	ECAP2. OUT
3	CMPSS2. CTRIPOUTL	INPUTXBAR2	—	ADCCEVT2
4	CMPSS3. CTRIPOUTH	CMPSS3. CTRIPOUTH_OR_CTRIPOUTL	ADCAEVT3	ECAP3. OUT
5	CMPSS3. CTRIPOUTL	INPUTXBAR3	—	ADCCEVT3
6	CMPSS4. CTRIPOUTH	CMPSS4. CTRIPOUTH_OR_CTRIPOUTL	ADCAEVT4	ECAP4. OUT
7	CMPSS4. CTRIPOUTL	INPUTXBAR4	—	ADCCEVT4
8	CMPSS5. CTRIPOUTH	CMPSS5. CTRIPOUTH_OR_CTRIPOUTL	ADCBEVT1	ECAP5. OUT
9	CMPSS5. CTRIPOUTL	INPUTXBAR5	—	ADCDEVT1
10	CMPSS6. CTRIPOUTH	CMPSS6. CTRIPOUTH_OR_CTRIPOUTL	ADCBEVT2	ECAP6. OUT
11	CMPSS6. CTRIPOUTL	INPUTXBAR6	—	ADCDEVT2
12	CMPSS7. CTRIPOUTH	CMPSS7. CTRIPOUTH_OR_CTRIPOUTL	ADCBEVT3	—
13	CMPSS7. CTRIPOUTL	ADCSOCA	—	ADCDEVT3
14	CMPSS8. CTRIPOUTH	CMPSS8. CTRIPOUTH_OR_CTRIPOUTL	ADCBEVT4	EXTSYNCT
15	CMPSS8. CTRIPOUTL	ADCSOCB	—	ADCDEVT4
16	SD1FLT1. COMPH	SD1FLT1. COMPH_OR_COMPL	—	—
17	SD1FLT1. COMPL	—	—	—
18	SD1FLT2. COMPH	SD1FLT2. COMPH_OR_COMPL	—	—
19	SD1FLT2. COMPL	—	—	—
20	SD1FLT3. COMPH	SD1FLT3. COMPH_OR_COMPL	—	—
21	SD1FLT3. COMPL	—	—	—
22	SD1FLT4. COMPH	SD1FLT4. COMPH_OR_COMPL	—	—
23	SD1FLT4. COMPL	—	—	—
24	SD2FLT1. COMPH	SD2FLT1. COMPH_OR_COMPL	—	—
25	SD2FLT1. COMPL	—	—	—
26	SD2FLT2. COMPH	SD2FLT2. COMPH_OR_COMPL	—	—
27	SD2FLT2. COMPL	—	—	—
28	SD2FLT3. COMPH	SD2FLT3. COMPH_OR_COMPL	—	—
29	SD2FLT3. COMPL	—	—	—
30	SD2FLT4. COMPH	SD2FLT4. COMPH_OR_COMPL	—	—
31	SD2FLT4. COMPL	—	—	—

2. 输出 X‑Bar 相关寄存器

(1) 输出信号选择配置寄存器 OUTPUTxMUX0TO15CFG、OUTPUTxMUX‑16TO31CFG

输出信号选择配置寄存器 OUTPUTxMUX0TO15CFG 如图 5.17 所示。

D31　　　　D30	D29　　　　D28	D27　　　　D26	D25　　　　D24
Mux15	Mux14	Mux13	Mux12
RW-0	RW-0	RW-0	RW-0

D23　　　　D22	D21　　　　D20	D19　　　　D18	D17　　　　D16
Mux11	Mux10	Mux9	Mux8
RW-0	RW-0	RW-0	RW-0

D15　　　　D14	D13　　　　D12	D11　　　　D10	D9　　　　D8
Mux7	Mux6	Mux5	Mux4
RW-0	RW-0	RW-0	RW-0

D7　　　　D6	D5　　　　D4	D3　　　　D2	D1　　　　D0
Mux3	Mux2	Mux1	Mux0
RW-0	RW-0	RW-0	RW-0

图 5.17　OUTPUTxMUX0TO15CFG 的位格式

OUTPUTxMUX16TO31CFG 位格式如图 5.18 所示。

D31　　　　D30	D29　　　　D28	D27　　　　D26	D25　　　　D24
Mux31	Mux30	Mux29	Mux28
RW-0	RW-0	RW-0	RW-0

D23　　　　D22	D21　　　　D20	D19　　　　D18	D17　　　　D16
Mux27	Mux26	Mux25	Mux24
RW-0	RW-0	RW-0	RW-0

D15　　　　D14	D13　　　　D12	D11　　　　D10	D9　　　　D8
Mux23	Mux22	Mux21	Mux20
RW-0	RW-0	RW-0	RW-0

D7　　　　D6	D5　　　　D4	D3　　　　D2	D1　　　　D0
Mux19	Mux18	Mux17	Mux16
RW-0	RW-0	RW-0	RW-0

图 5.18　OUTPUTxMUX16TO31CFG 的位格式

(2) 输出信号组选择寄存器 OUTPUTxMUXENABLE(x=1～8)

这类寄存器是 32 位,用来确定是哪一组 Mux 作为输出(置 1 有效),OUTPUTxMUXENABLE 位格式如图 5.19 所示。

(3) 输出信号缓存、反向、锁存清除寄存器 OUTPUTLATCH\OUTPUTLATCHCLR\OUTPUTINV

这类寄存器是 32 位,用来确定 OUTPUTx(x=1～8)输出信号是否缓存、信号反向及锁存清除(置 1 有效)。这 3 个寄存器的位定义完全相同,如图 5.20 所示。

D31	D30	D29	D28	D27	D26	D25	D24
Mux31	Mux30	Mux29	Mux28	Mux27	Mux26	Mux25	Mux24
RW-0	RW-0	RW-0	RW-0	RW-0	RW-0	RW-0	RW-0

D23	D22	D21	D20	D19	D18	D17	D16
Mux23	Mux22	Mux21	Mux20	Mux19	Mux18	Mux17	Mux16
RW-0	RW-0	RW-0	RW-0	RW-0	RW-0	RW-0	RW-0

D15	D14	D13	D12	D11	D10	D9	D8
Mux15	Mux14	Mux13	Mux12	Mux11	Mux10	Mux9	Mux8
RW-0	RW-0	RW-0	RW-0	RW-0	RW-0	RW-0	RW-0

D7	D6	D5	D4	D3	D2	D1	D0
Mux7	Mux6	Mux5	Mux4	Mux3	Mux2	Mux1	Mux0
RW-0	RW-0	RW-0	RW-0	RW-0	RW-0	RW-0	RW-0

图 5.19　OUTPUTxMUXENABLE 的位格式

D31	D30	D29	D28	D27	D26	D25	D24
Reserved							
R-0							

D23	D22	D21	D20	D19	D18	D17	D16
Reserved							
R-0							

D15	D14	D13	D12	D11	D10	D9	D8
Reserved							
R-0							

D7	D6	D5	D4	D3	D2	D1	D0
OUTPUT8	OUTPUT7	OUTPUT6	OUTPUT5	OUTPUT4	OUTPUT3	OUTPUT2	OUTPUT1

OUTPUTLATCH-R　　　OUTPUTLATCHCLR-R=0/W=1　　　OUTPUTINV-R/W

图 5.20　OUTPUTLATCH\OUTPUTLATCHCLR\OUTPUTINV 位定义

5.3　GPIO 应用例程

【例 5-1】　对 GPIO 相关寄存器进行如下的设置：

```
void Gpio_setup1(void);
void Gpio_setup2(void);
void main(void)
{
    InitSysCtrl();
    DINT;
    InitPieCtrl();
    IER = 0x0000;
    IFR = 0x0000;
    InitPieVectTable();
    Gpio_setup1();
    Gpio_setup2();
```

```
}
void Gpio_setup1(void)
{
    // Enable PWM1 - 3 on GPIO0 - GPIO5
    EALLOW;
    GpioCtrlRegs.GPAPUD.bit.GPIO0 = 0;              // 使能 GPIO0 上拉
    GpioCtrlRegs.GPAPUD.bit.GPIO1 = 0;              // 使能 GPIO1 上拉
    GpioCtrlRegs.GPAPUD.bit.GPIO2 = 0;              // 使能 GPIO2 上拉
    GpioCtrlRegs.GPAPUD.bit.GPIO3 = 0;              // 使能 GPIO3 上拉
    GpioCtrlRegs.GPAPUD.bit.GPIO4 = 0;              // 使能 GPIO4 上拉
    GpioCtrlRegs.GPAPUD.bit.GPIO5 = 0;              // 使能 GPIO5 上拉
    GpioCtrlRegs.GPAMUX1.bit.GPIO0 = 1;             // GPIO0 = PWM1A
    GpioCtrlRegs.GPAMUX1.bit.GPIO1 = 1;             // GPIO1 = PWM1B
    GpioCtrlRegs.GPAMUX1.bit.GPIO2 = 1;             // GPIO2 = PWM2A
    GpioCtrlRegs.GPAMUX1.bit.GPIO3 = 1;             // GPIO3 = PWM2B
    GpioCtrlRegs.GPAMUX1.bit.GPIO4 = 1;             // GPIO4 = PWM3A
    GpioCtrlRegs.GPAMUX1.bit.GPIO5 = 1;             // GPIO5 = PWM3B
    GpioCtrlRegs.GPAPUD.bit.GPIO6 = 0;              // 使能 GPIO6 上拉
    GpioDataRegs.GPASET.bit.GPIO6 = 1;              // 置 1
    GpioCtrlRegs.GPAMUX1.bit.GPIO6 = 0;             // GPIO6 = GPIO
    GpioCtrlRegs.GPADIR.bit.GPIO6 = 1;              // GPIO6 输出
    // Enable eCAP1 on GPIO7
    GpioCtrlRegs.GPAPUD.bit.GPIO7 = 0;              // 使能 GPIO7 上拉
    GpioCtrlRegs.GPAQSEL1.bit.GPIO7 = 0;            // 与 SYSCLOUT 同步
    InputXbarRegs.INPUT7SELECT = 7;                 // GPIO7 = ECAP1
    GpioCtrlRegs.GPAPUD.bit.GPIO8 = 0;              // 使能 GPIO8 上拉
    GpioCtrlRegs.GPAMUX1.bit.GPIO8 = 0;             // GPIO8 = GPIO8
    GpioCtrlRegs.GPADIR.bit.GPIO8 = 1;              // GPIO8 = output
    GpioCtrlRegs.GPAPUD.bit.GPIO9 = 0;              // 使能 GPIO9 上拉
    GpioDataRegs.GPASET.bit.GPIO9 = 1;
    GpioCtrlRegs.GPAMUX1.bit.GPIO9 = 0;             // GPIO9 = GPIO
    GpioCtrlRegs.GPADIR.bit.GPIO9 = 1;              // GPIO9 输出
    GpioCtrlRegs.GPAPUD.bit.GPIO10 = 0;             // 使能 GPIO10 上拉
    GpioDataRegs.GPASET.bit.GPIO10 = 1;
    GpioCtrlRegs.GPAMUX1.bit.GPIO10 = 0;            // GPIO10 = GPIO
    GpioCtrlRegs.GPADIR.bit.GPIO6 = 1;              // GPIO10 输出
    GpioCtrlRegs.GPAPUD.bit.GPIO11 = 0;             // 使能 GPIO11 上拉
    GpioCtrlRegs.GPAMUX1.bit.GPIO11 = 0;            // GPIO11 = GPIO
    GpioCtrlRegs.GPADIR.bit.GPIO11 = 1;             // GPIO11 输出
    GpioCtrlRegs.GPAPUD.bit.GPIO12 = 0;             // 使能 GPIO12 上拉
    GpioCtrlRegs.GPAPUD.bit.GPIO13 = 0;             // 使能 GPIO13 上拉
    GpioCtrlRegs.GPAPUD.bit.GPIO14 = 0;             // 使能 GPIO14 上拉
    GpioCtrlRegs.GPAQSEL1.bit.GPIO12 = 3;           // 异步输入
    GpioCtrlRegs.GPAQSEL1.bit.GPIO13 = 3;           // 异步输入
    GpioCtrlRegs.GPAQSEL1.bit.GPIO14 = 3;           // 异步输入
    InputXbarRegs.INPUT1SELECT = 12;                // GPIO12 = TZ1
    InputXbarRegs.INPUT2SELECT = 13;                // GPIO13 = TZ2
    InputXbarRegs.INPUT3SELECT = 14;                // GPIO14 = TZ3
    GpioCtrlRegs.GPAPUD.bit.GPIO16 = 0;             // 使能 GPIO16 上拉
```

```
GpioCtrlRegs.GPAPUD.bit.GPIO17 = 0;            // 使能 GPIO17 上拉
GpioCtrlRegs.GPAPUD.bit.GPIO18 = 0;            // 使能 GPIO18 上拉
GpioCtrlRegs.GPAPUD.bit.GPIO19 = 0;            // 使能 GPIO19 上拉
GpioCtrlRegs.GPAQSEL2.bit.GPIO16 = 3;          // 异步输入
GpioCtrlRegs.GPAQSEL2.bit.GPIO17 = 3;          // 异步输入
GpioCtrlRegs.GPAQSEL2.bit.GPIO18 = 3;          // 异步输入
GpioCtrlRegs.GPAQSEL2.bit.GPIO19 = 3;          // 异步输入
GpioCtrlRegs.GPAMUX2.bit.GPIO16 = 1;           // GPIO16 = SPICLKA
GpioCtrlRegs.GPAMUX2.bit.GPIO17 = 1;           // GPIO17 = SPISOMIA
GpioCtrlRegs.GPAMUX2.bit.GPIO18 = 1;           // GPIO18 = SPICLKA
GpioCtrlRegs.GPAMUX2.bit.GPIO19 = 1;           // GPIO19 = SPISTEA
//使能 EQEP1(GPIO20 - GPIO23)
GpioCtrlRegs.GPAPUD.bit.GPIO20 = 0;            // 使能 GPIO20 上拉
GpioCtrlRegs.GPAPUD.bit.GPIO21 = 0;            // 使能 GPIO21 上拉
GpioCtrlRegs.GPAPUD.bit.GPIO22 = 0;            // 使能 GPIO22 上拉
GpioCtrlRegs.GPAPUD.bit.GPIO23 = 0;            // 使能 GPIO23 上拉
GpioCtrlRegs.GPAQSEL2.bit.GPIO20 = 0;          // 与 SYSCLKOUT 同步
GpioCtrlRegs.GPAQSEL2.bit.GPIO21 = 0;          // 与 SYSCLKOUT 同步
GpioCtrlRegs.GPAQSEL2.bit.GPIO22 = 0;          // 与 SYSCLKOUT 同步
GpioCtrlRegs.GPAQSEL2.bit.GPIO23 = 0;          // 与 SYSCLKOUT 同步
GpioCtrlRegs.GPAMUX2.bit.GPIO20 = 1;           // GPIO20 = EQEP1A
GpioCtrlRegs.GPAMUX2.bit.GPIO21 = 1;           // GPIO21 = EQEP1B
GpioCtrlRegs.GPAMUX2.bit.GPIO22 = 1;           // GPIO22 = EQEP1S
GpioCtrlRegs.GPAMUX2.bit.GPIO23 = 1;           // GPIO23 = EQEP1I
GpioCtrlRegs.GPAPUD.bit.GPIO24 = 0;            // 使能 GPIO24 上拉
GpioCtrlRegs.GPAQSEL2.bit.GPIO24 = 0;          // 与 SYSCLKOUT 同步
InputXbarRegs.INPUT7SELECT = 24;               // GPIO24 = ECAP1
GpioCtrlRegs.GPACTRL.bit.QUALPRD3 = 1;         // 限定周期 = SYSCLKOUT/2
GpioCtrlRegs.GPAQSEL2.bit.GPIO25 = 2;          // 6 个采样点
GpioCtrlRegs.GPAQSEL2.bit.GPIO26 = 2;          // 6 个采样点
GpioCtrlRegs.GPAMUX2.bit.GPIO25 = 0;           // GPIO25 = GPIO
GpioCtrlRegs.GPADIR.bit.GPIO25 = 0;            // GPIO25 输入
GPIO_SetupXINT1Gpio(25);                       // XINT1 连接 GPIO25
GpioCtrlRegs.GPAMUX2.bit.GPIO26 = 0;           // GPIO26 = GPIO
GpioCtrlRegs.GPADIR.bit.GPIO26 = 0;            // GPIO26 输入
GPIO_SetupXINT2Gpio(26);                       // XINT2 连接 GPIO26
GpioCtrlRegs.GPAMUX2.bit.GPIO27 = 0;           // GPIO27 = GPIO
GpioCtrlRegs.GPADIR.bit.GPIO27 = 0;            // GPIO27 输入
CpuSysRegs.GPIOLPMSEL0.bit.GPIO27 = 1;         // GPIO27 具有唤醒功能
CpuSysRegs.LPMCR.bit.QUALSTDBY = 2;
GpioCtrlRegs.GPAPUD.bit.GPIO28 = 0;            // 使能 GPIO28 上拉
GpioCtrlRegs.GPAQSEL2.bit.GPIO28 = 3;          // 异步输入
GpioCtrlRegs.GPAMUX2.bit.GPIO28 = 1;           // GPIO28 = SCIRXDA
GpioCtrlRegs.GPAPUD.bit.GPIO29 = 0;            // 使能 GPIO29 上拉
GpioCtrlRegs.GPAMUX2.bit.GPIO29 = 1;           // GPIO29 = SCITXDA
GpioCtrlRegs.GPAPUD.bit.GPIO30 = 0;            // 使能 GPIO30 上拉
GpioCtrlRegs.GPAMUX2.bit.GPIO30 = 1;           // GPIO30 = CANTXA
GpioCtrlRegs.GPAPUD.bit.GPIO31 = 0;            // 使能 GPIO31 上拉
GpioCtrlRegs.GPAQSEL2.bit.GPIO31 = 3;          // 异步输入
GpioCtrlRegs.GPAMUX2.bit.GPIO31 = 1;           // GPIO31 = CANRXA
```

```
        GpioCtrlRegs.GPBPUD.bit.GPIO32 = 0;          // 使能 GPIO32 上拉
        GpioCtrlRegs.GPBMUX1.bit.GPIO32 = 1;         // GPIO32 = SDAA
        GpioCtrlRegs.GPBQSEL1.bit.GPIO33 = 3;        // 异步输入
        GpioCtrlRegs.GPBPUD.bit.GPIO33 = 0;          // 使能 GPIO33 上拉
        GpioCtrlRegs.GPBQSEL1.bit.GPIO33 = 3;        // 异步输入
        GpioCtrlRegs.GPBMUX1.bit.GPIO33 = 1;         // GPIO33 = SCLA
        GpioCtrlRegs.GPBPUD.bit.GPIO34 = 0;          // 使能 GPIO34 上拉
        GpioCtrlRegs.GPBMUX1.bit.GPIO34 = 0;         // GPIO34 = GPIO34
        GpioCtrlRegs.GPBDIR.bit.GPIO34 = 0;          // GPIO34 = input
    EDIS;
}
void Gpio_setup2(void)
{
    … …
    EALLOW;
    GpioCtrlRegs.GPAPUD.bit.GPIO22 = 0;              // 使能 GPIO12 上拉（SPISIMOB）
    GpioCtrlRegs.GPAPUD.bit.GPIO22 = 0;              // 使能 GPIO13 上拉（SPISOMIB）
    GpioCtrlRegs.GPAPUD.bit.GPIO24 = 0;              // 使能 GPIO14 上拉（SPICLKB）
    GpioCtrlRegs.GPAPUD.bit.GPIO25 = 0;              // 使能 GPIO15 上拉（SPISTEB）
    GpioCtrlRegs.GPAQSEL2.bit.GPIO22 = 3;            // 异步输入
    GpioCtrlRegs.GPAQSEL2.bit.GPIO23 = 3;            // 异步输入
    GpioCtrlRegs.GPAQSEL2.bit.GPIO24 = 3;            // 异步输入
    GpioCtrlRegs.GPAQSEL2.bit.GPIO25 = 3;            // 异步输入
    GpioCtrlRegs.GPAGMUX2.bit.GPIO22 = 1;
    GpioCtrlRegs.GPAGMUX2.bit.GPIO23 = 1;
    GpioCtrlRegs.GPAGMUX2.bit.GPIO24 = 1;
    GpioCtrlRegs.GPAGMUX2.bit.GPIO25 = 1;
    GpioCtrlRegs.GPAMUX2.bit.GPIO22 = 2;             // GPIO22 = SPICLKB
    GpioCtrlRegs.GPAMUX2.bit.GPIO23 = 2;             // GPIO23 = SPISTEB
    GpioCtrlRegs.GPAMUX2.bit.GPIO24 = 2;             // GPIO24 = SPISIMOB
    GpioCtrlRegs.GPAMUX2.bit.GPIO25 = 2;             // GPIO25 = SPISOMIB
    GpioCtrlRegs.GPAPUD.bit.GPIO16 = 0;              // 使能 GPIO16 上拉（SPICLKA）
    GpioCtrlRegs.GPAPUD.bit.GPIO17 = 0;              // 设置 GPIO17 上拉（SPISOMIA）
    GpioCtrlRegs.GPAPUD.bit.GPIO18 = 0;              // 设置 GPIO18 上拉（SPICLKA）
    GpioCtrlRegs.GPAPUD.bit.GPIO19 = 0;              // 设置 GPIO19 上拉（SPISTEA）
    GpioCtrlRegs.GPAQSEL2.bit.GPIO16 = 3;            // 异步输入
    GpioCtrlRegs.GPAQSEL2.bit.GPIO17 = 3;            // 异步输入
    GpioCtrlRegs.GPAQSEL2.bit.GPIO18 = 3;            // 异步输入
    GpioCtrlRegs.GPAQSEL2.bit.GPIO19 = 3;            // 异步输入
    GpioCtrlRegs.GPAMUX2.bit.GPIO16 = 1;             // GPIO16 = SPICLKA
    GpioCtrlRegs.GPAMUX2.bit.GPIO17 = 1;             // GPIO17 = SPISOMIA
    GpioCtrlRegs.GPAMUX2.bit.GPIO18 = 1;             // GPIO18 = SPICLKA
    GpioCtrlRegs.GPAMUX2.bit.GPIO19 = 1;             // GPIO19 = SPISTEA
    GpioCtrlRegs.GPAPUD.bit.GPIO24 = 0;              // 使能 GPIO24 上拉（ECAP1）
    GpioCtrlRegs.GPAQSEL2.bit.GPIO24 = 0;            // 与 SYSCLKOUT 同步
    InputXbarRegs.INPUT7SELECT = 24;                 // GPIO24 = ECAP1
    GpioCtrlRegs.GPACTRL.bit.QUALPRD3 = 1;           // 限定周期 = SYSCLKOUT/2
    GpioCtrlRegs.GPAQSEL2.bit.GPIO25 = 2;            // 6 个采样点
    GpioCtrlRegs.GPAQSEL2.bit.GPIO26 = 1;            // 3 个采样点
```

```
                //将 GPIO25 配置为 XINT1 输入
                GpioCtrlRegs.GPAMUX2.bit.GPIO25 = 0;          // GPIO25 = GPIO
                GpioCtrlRegs.GPADIR.bit.GPIO25 = 0;           // GPIO25 输入
                EDIS;
                … …
        }
```

【例 5 - 2】 对 GPIO 数据寄存器的基本设置如下：

```
void delay_loop(void);
void Gpio_select(void);
void Gpio_example1(void);
void Gpio_example2(void);
void main(void)
{
    InitSysCtrl();
    Gpio_select();
    DINT;
    InitPieCtrl();
    IER = 0x0000;
    IFR = 0x0000;
    InitPieVectTable();
    Gpio_example1();
    Gpio_example2();
}
void delay_loop()
{
    short       i;
    for (i = 0; i < 1000; i + + ) {}
}
void Gpio_example1(void)
{
    for(;;)
    {
        GpioDataRegs.GPADAT.all      = 0xAAAAAAAA;
        GpioDataRegs.GPBDAT.all      = 0x00000AAA;
        delay_loop();       //使用 DAT 寄存器对同一位设置时,必须加入延时
        GpioDataRegs.GPADAT.all      = 0x55555555;
        GpioDataRegs.GPBDAT.all      = 0x00001555;
        delay_loop();       //使用 DAT 寄存器对同一位设置是,必须加入延时
    }
}
void Gpio_example2(void)
{
    GpioDataRegs.GPASET.all      = 0xAAAAAAAA;
    GpioDataRegs.GPACLEAR.all    = 0x55555555;
    GpioDataRegs.GPBSET.all      = 0x00000AAA;
    GpioDataRegs.GPBCLEAR.all    = 0x00001555;
    for(;;)
```

```
    {
        GpioDataRegs.GPATOGGLE.all = 0xFFFFFFFF;
        GpioDataRegs.GPBTOGGLE.all = 0x00001FFF;
        delay_loop();
    }
}
void Gpio_select(void)
{
    EALLOW;
    GpioCtrlRegs.GPAMUX1.all = 0x00000000;        // All GPIO
    GpioCtrlRegs.GPAMUX2.all = 0x00000000;        // All GPIO
    GpioCtrlRegs.GPBMUX1.all = 0x00000000;        // All GPIO
    GpioCtrlRegs.GPADIR.all = 0xFFFFFFFF;         // All outputs
    GpioCtrlRegs.GPBDIR.all = 0x00001FFF;         // All outputs
    EDIS;
}
```

第 **6** 章

F28075 的复位及中断系统

6.1 复位及程序引导过程

6.1.1 F28075 的复位源

F28075 配有一个片上稳压器,用于产生内核电压。F28075 有 5 种复位源,如图 6.1 所示:

- ➤ 看门狗定时器复位;
- ➤ 在上电条件下产生器件复位;
- ➤ 休眠复位;
- ➤ XRS 引脚本身电平变化而引起的外部复位;
- ➤ 丢失时钟检测复位。

其中,丢失时钟检测复位仅仅复位芯片本身及外设,并不会在 XRS 的引脚上产生电平,其他的复位会在 XRS 的引脚上产生电平;RESC 寄存器(Reset Cause Register)会记录最后一次复位的复位源。

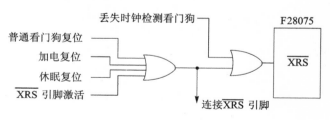

图 6.1　F28075 复位源

6.1.2 引导加载程序

图 6.2 为系统复位后系统引导总流程图。

复位后,系统将禁用 PIE 块以及全局中断线路。系统将从引导 ROM 获取复位向量,并启动引导加载程序过程。然后引导加载程序通过检查 JTAG 测试复位线路来确认仿真器是否连接,从而确定 DSP 进入仿真模式还是独立引导模式(该检测只是查看 JTAG 上 TRST 引脚电平的高低,高电平表示仿真模式,低电平表示独立模式)。

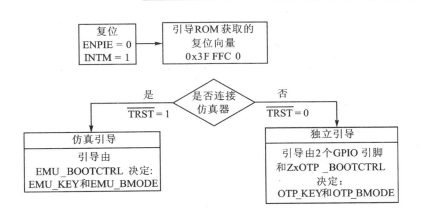

图 6.2　系统复位后系统引导总流程图

　　若仿真器连接,则进入仿真引导模式。之后引导将由 EMU_BOOTCTRL 寄存器中名为 EMU_Key 和 EMU_BMODE 的两个位域决定,这两个位域位于 PIE 块中。如果未连接仿真器,则进入独立引导模式。之后,引导由两个 GPIO 引脚和 Zx-OTP_BOOTCTRL 寄存器中名为 OTP_KEY 和 OTP_BMODE 的位域决定,这两个位域位于 OTP 中。

1. 仿真引导模式

　　仿真引导模式下的引导流程如图 6.3 所示。

　　在仿真引导模式中,Boot 会查看 EMU_BOOTCTRL 中 EMU_KEY 寄存器的位是否为 0x5A,若不是则进入等待模式。若 EMU_KEY 寄存器的位是 0x5A,则继续查看 EMU_BOOTCTRL 中 EMU_BMODE 寄存器的位是否为 0xFE,若是,则根据 GPIO72 和 GPIO84 引脚电平状态决定系统的引导;若 EMU_BMODE 的值不是 0xFE,则继续查看 EMU_BMODE 是否为 0xFF,若是则表明用户更改了默认的 GPIO Boot 引脚及引导模式,否则继续查看 EMU_BMODE 的值,根据不同的组合决定引导到内存或 SCI、SPI、I2C、CAN、USB 等通信外设。

　　注意,当 EMU_BMODE＝0x03 时进入 GetMode 模式,这时还需要进一步查看 OTP_KEY 的值。若该值等于 0x5A,则引导至 Flash,否则继续查看 OTP_BMODE 的值以选择引导模式。

117

118

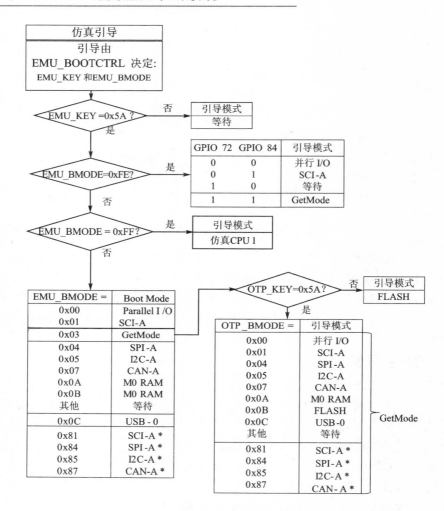

图 6.3　仿真引导模式下的引导流程

2. 独立引导模式

在独立引导模式中,GPIO72 和 GPIO84 决定引导模式是并行 I/O 模式、SCI 模式还是等待模式。默认情况下,这两个引脚未连接,则引导模式设为 GetMode。在 GetMode 中首先检查 Z1OTP_BOOTCTRL 寄存器中 OTP_KEY 位域的值是否为 0x5A,然后检查 Z2OTP_BOOTCTRL 寄存器中 OTP_KEY 位域的值是否为 0x5A。

正常情况下,未编程的 OTP 将设为 Flash 引导模式。如果 Z1OTP_BOOTC-TRL 或 Z2OTP_BOOTCTRL 寄存器中 OTP_KEY 位域的值为 0x5A,则 OTP_BM-ODE 寄存器中的十六进制值将决定引导模式。引导模式包括并行 I/O、SCI、SPI、I2C、CAN、Flash 和 USB 引导,如图 6.4 所示。

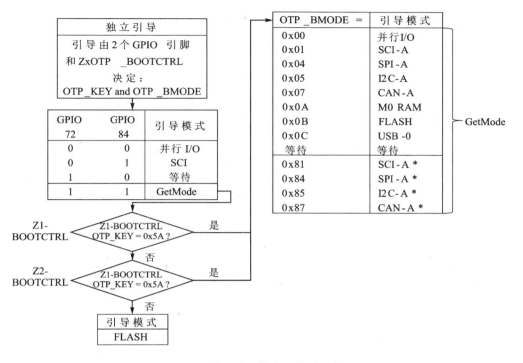

图 6.4　独立引导模式下的引导流程

6.1.3　复位代码流

　　F28075 复位后,CPU 将从内部 BootROM 的 0x3F FFC0 处读取复位向量,该向量指向内部 BootROM 中的引导程序入口。CPU 从这个地址开始执行初始化引导函数 InitBoot。然后通过仿真引导模式或独立引导模式确定执行入口。可选的引导模式包括 M0SARAM、OTP、FLASH 等其他以及引导加载。

　　复位后,如何运行主函数? 这是我们常会遇到的一个问题,简单来说,我们需要定义一个 codestart 段,在这个段中需要执行子程序_c_int00。TI 公司提供的汇编语言源程序 F2807x_CodeStartBranch.asm 中可以找到 codestart 段定义的内容,汇编代码段及相关解释如下:

```
WD_DISABLE.set1        ;置 1 禁止看门狗
       .ref _c_int00
       .global code_start
       .sect "codestart"
       code_start:
.if WD_DISABLE == 1
    LB wd_disable     ;跳转置 wd_disable 代码段
.else
    LB _c_int00       ;跳转置 RTS 库中的 boot.asm
```

```
        .endif
;禁止看门狗定时器
    .if WD_DISABLE == 1
    .text
        wd_disable:
    SETC OBJMODE              ; OBJMODE = 1
    EALLOW
    MOVZ DP, #7029h>>6        ; WDCR 看门狗控制寄存器
    MOV @7029h, #0068h        ; WDCR = 0x0068h,禁止看门狗
    EDIS
    LB _c_int00               ;跳转置 RTS 库中的 boot.asm
    .endif
.end
```

其中,_c_int00 是 TI 公司 RTS 文件(rts2800_fpu32.lib 或 rts2800_ml.lib)中提供的系统启动子程序。它的主要作用是建立编译环境、建立 C 语言运行环境及内存清理等工作。在完成这些工作后,会自动调用 main()函数。

F28335 复位时的启动过程如图 6.5 所示(这里仅示出了跳转到 Flash 方式,其他启动方式参见 TI 公司相关手册)。

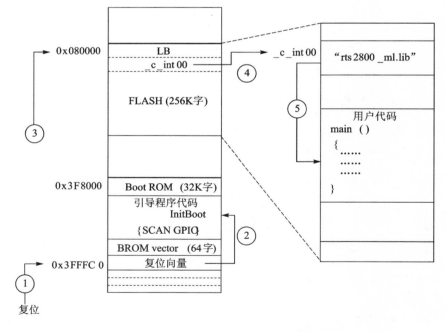

图 6.5　F28335 的复位启动过程

6.2　中断系统的结构

中断是 CPU 与外设之间数据传送的一种控制方式。利用中断控制方式可以方

便地实现应用系统的实时控制。F28075 的中断可以由硬件(外中断引脚、片内外设)或软件(INTR、TRAP 及对 IFR 操作的指令)触发。发生中断后,CPU 会暂停当前执行的程序,转去执行中断服务子程序(ISR)。如果同一时刻有多个中断触发,则 CPU 要按照事先设置好的中断优先级来响应中断。

　　F28075 芯片具有多种片上外设,每种外设通常具有多个中断的申请能力。为了有效地管理这些外设产生的中断,F28075 中断系统配置了高效的 PIE(Peripheral Interrupt Expansion,即外设中断扩展)管理模块。

6.2.1　F28075 中断管理机制

1. F28075 的中断源

　　如图 6.6 所示的 F28075 内部中断源包括通用定时器 0、1 和 2 及器件上的所有外设。外部中断源包括 3 个外部中断线路、触发区和外部复位引脚。内核中共有 14 个中断线路。显而易见,中断源的数量超过了内核中断线路的数量。PIE(外设中断扩展)块与内核中断线路 1～12 相连。该块管理并扩展 12 条内核中断线路,最多可支持 192 个中断源。为了实现对众多外设中断的有效管理,F28075 的中断系统采用了外设级、PIE 级和 CPU 级的 3 级管理机制。

(1) 外设级

　　外设级中断是指 F28075 片上各种外设产生的中断。F28075 片上的外设有多种,每种外设可以产生多种中断。目前,这些中断包括外设中断、看门狗与低功耗模式唤醒共享的中断、外部中断(XINT1～XINT5)及定时器 0 中断。这些中断的屏蔽和使能由各自的中断控制寄存器的相应控制位来实现。

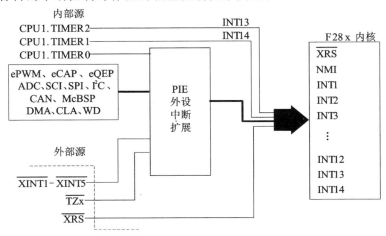

图 6.6　3 级中断管理机制

(2) PIE 级

PIE 模块将 192 个外设中断分成 INT1～INT12 共 12 组,以分组的形式向 CPU 申请中断,每组占用一个 CPU 级中断。例如,第一组占用 INT1 中断,第 2 组占用 INT2 中断,…,第 12 组组占用 INT12 中断(注意,定时器 T1 和 T2 的中断、非屏蔽中断 NMI 及复位中断 XRS 直接连到了 CPU 级,没有经 PIE 模块的管理)。具体的外设中断分组如表 6.1 所列。

表 6.1　F28075 外设中断分组

CPU	PIE 中断 低位							
中断	INTx.8	INTx.7	INTx.6	INTx.5	INTx.4	INTx.3	INTx.2	INTx.1
INT1	WAKEINT	TINT0	ADCD1	XINT2	XINT1	保留	ADCB1	ADCA1
INT2	PWM8_TZ	PWM7_TZ	PWM6_TZ	PWM5_TZ	PWM4_TZ	PWM3_TZ	PWM2_TZ	PWM1_TZ
INT3	PWM8_INT	PWM7_INT	PWM6_INT	PWM5_INT	PWM4_INT	PWM3_INT	PWM2_INT	PWM1_INT
INT4	保留	保留	ECAP6_INT	ECAP5_INT	ECAP4_INT	ECAP3_INT	ECAP2_INT	ECAP1_INT
INT5	保留	保留	保留	保留	保留	EQEP3_INT	EQEP2_INT	EQEP1_INT
INT6	MCBSPBTX	MCBSPBRX	MCBSPATX	MCBSPARX	SPIB_TX	SPIB_RX	SPIA_TX	SPIA_RX
INT7	保留	保留	DMA_CH6	DMA_CH5	DMA_CH4	DMA_CH3	DMA_CH2	DMA_CH1
INT8	SCID_TX	SCID_RX	SCIC_TX	SCIC_RX	I2CB_FIFO	I2CB	I2CA_FIFO	I2CA
INT9	DCANB_2	DCANB_1	DCANA_2	DCANA_1	SCIB_TX	SCIB_RX	SCIA_TX	SCIA_RX
INT10	ADCB4	ADCB3	ADCB2	ADCB_EVT	ADCA4	ADCA3	ADCA2	ADCA_EVT
INT11	CLA1_8	CLA1_7	CLA1_6	CLA1_5	CLA1_4	CLA1_3	CLA1_2	CLA1_1
INT12	FPU_UF	FPU_OF	VCU	保留	保留	XINT5	XINT4	XINT3

CPU	PIE 中断 高位							
中断	INTx.16	INTx.15	INTx.14	INTx.13	INTx.12	INTx.11	INTx.10	INTx.9
INT1	保留	保留	保留	保留	保留	保留	保留	保留
INT2	保留	保留	保留	保留	PWM12_TZ	PWM11_TZ	PWM10_TZ	PWM9_TZ
INT3	保留	保留	保留	保留	PWM12_INT	PWM11_INT	PWM10_INT	PWM9_INT
INT4	保留	保留	保留	保留	保留	保留	保留	保留
INT5	保留	保留	保留	保留	保留	保留	SD1	SD2
INT6	保留	保留	保留	保留	保留	保留	SPIC_TX	SPIC_RX
INT7	保留	保留	保留	保留	保留	保留	保留	保留
INT8	保留	UPPA	保留	保留	保留	保留	保留	保留

续表 6.1

CPU 中断	PIE 中断 高位							
	INTx. 16	INTx. 15	INTx. 14	INTx. 13	INTx. 12	INTx. 11	INTx. 10	INTx. 9
INT9	保留	USBA	保留	保留	保留	保留	保留	保留
INT10	ADCD4	ADCD3	ADCD2	ADCD_EVT	保留	保留	保留	保留
INT11	保留	保留	保留	保留	保留	保留	保留	保留
INT12	CLA_UF	CLA_OF	AUX_PLL_SLIP	SYS_PLL_SLIP	RAM_ACC_VIOLAT	FLASH_C_ERROR	RAM_C_ERROR	EMIF_ERROR

(3) CPU 级

F28075 的中断主要是可屏蔽中断,它们包括通用中断 INT1～INT14,另外还有 2 个为仿真而设计的中断(数据标志中断 DLOGINT 和实时操作系统中断 TOSINT),这 16 个中断组成了可屏蔽中断。可屏蔽中断能够用软件加以屏蔽或使能。除可屏蔽中断外,F28075 还配置了非屏蔽中断,包括硬件中断 NMI 和软件中断。非屏蔽中断不能用软件进行屏蔽,发生中断时 CPU 会立即响应并转入相应的服务子程序。

2. CPU 中断向量

① CPU 中断向量是 22 位的地址,它是各中断服务程序的入口地址。F28075 支持 32 个 CPU 中断向量(包括复位向量)。每个 CPU 中断向量占 2 个连续的存储器单元。低地址单元保存中断向量的低 16 位,高地址单元保存中断向量的高 6 位。当一个中断被确定后,其 22 位(高 10 位忽略)的中断向量会被取出并送往 PC。表 6.2 为 F28075 的中断向量及优先级。

表 6.2　F28075 的 CPU 中断向量和优先级

向　量	绝对地址		硬件优先级	说　明
	VMAP＝0	VMAP＝1		
RESET	00 0D00	3F FFC0	1(最高)	复位
INT1	00 0D02	3F FFC2	5	可屏蔽中断 1
INT2	00 0D04	3F FFC4	6	可屏蔽中断 2
INT3	00 0D06	3F FFC6	7	可屏蔽中断 3
INT4	00 0D08	3F FFC8	8	可屏蔽中断 4
INT5	00 0D0A	3F FFCA	9	可屏蔽中断 5
INT6	00 0D0C	3F FFCC	10	可屏蔽中断 6
INT7	00 0D0E	3F FFCE	11	可屏蔽中断 7
INT8	00 0D10	3F FFD0	12	可屏蔽中断 8
INT9	00 0D12	3F FFD2	13	可屏蔽中断 9

续表 6.2

向　量	绝对地址		硬件优先级	说　明
	VMAP＝0	VMAP＝1		
INT10	00 0D14	3F FFD4	14	可屏蔽中断 10
INT11	00 0D16	3F FFD6	15	可屏蔽中断 11
INT12	00 0D18	3F FFD8	16	可屏蔽中断 12
INT13	00 0D1A	3F FFDA	17	可屏蔽中断 13
INT14	00 0D1C	3F FFDC	18	可屏蔽中断 14
DLOGINT	00 0D1E	3F FFDE	19(最低)	可屏蔽数据标志中断
RTOSINT	00 0D20	3F FFE0	4	可屏蔽实时操作系统中断
保留	00 0D22	3F FFE2	2	保留
NMI	00 0D24	3F FFE4	3	非屏蔽中断
ILLEGAL	00 0D26	3F FFE6		非法指令捕获
USER1	00 0D28	3F FFE8		用户定义软中断
…	…	…		…
USER12	00 0D3E	3F FFFE		用户定义软中断

② 32 个 CPU 中断向量占据的 64 个连续的存储单元,形成了 CPU 中断向量表。CPU 中断向量表可以映射到存储空间的 4 个不同的位置,但用户只使用 PIE 向量表。CPU 中断向量和优先级如表 6.2 所列。

向量表的映射由以下几个模式控制位/信号进行控制:

➢ VMAP,状态寄存器 ST1 的 bit3,复位值默认为 1。该位可以由"SETC VMAP"指令置 1,由"CLRC VMAP"指令清 0。

➢ M0M1MAP,状态寄存器 ST1 的 bit11,复位值默认为 1。可以由"SETC M0M1MAP"指令置 1,由"CLRC M0M1MAP"指令清 0。

➢ ENPIE,PIECTRL 寄存器的 bit0,复位值默认为 0,即 PIE 处于禁止状态。该位在复位后可以由写 PIECTRL 寄存器(地址 00 0CE0H)修改。

③ 由于复位时 ENPIE 的状态为 0,所以复位向量总是取自 BROM 向量表(实际上该区仅用到了复位向量)。

④ 由于 F28075 要用 PIE 模块进行外设的中断管理,复位后用户程序要完成初始化 PIE 中断向量表,并对 PIE 中断向量表完成使能。中断发生后,系统会从 PIE 中断向量表获取中断向量,PIE 向量表的起始地址为 0x00 0D00。

3. 可屏蔽中断处理

图 6.7 为可屏蔽中断的流程示意图,按从内核向外到中断源的顺序更容易解释中断处理流程。INTM 是主中断开关,其必须闭合才能使中断传播至内核。再往外一层是中断使能寄存器,相应的中断线路开关必须闭合才能使中断通过。中断发生

时,中断标志寄存器置位。一旦内核开始处理中断,则 INTM 打开以避免嵌套中断,同时该标志清零。内核中断寄存器由中断标志寄存器、中断使能寄存器和中断全局掩码位组成。注意,中断全局掩码位启用时为 0,禁用时为 1。中断使能寄存器通过对掩码值执行"或"运算和"与"运算来管理。而中断全局掩码位则通过内嵌汇编进行管理。

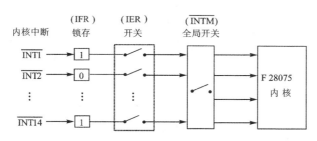

注1: 特定中断行上的有效信号触发锁存,将在相应位显示"1"。
注2: 若单个开关或全局开关打开,则中断将到达内核。

图 6.7　可屏蔽中断的流程示意图

4. CPU 级中断相关寄存器

CPU 级中断设置有中断标志寄存器 IFR、中断使能寄存器 IER 和调试中断使能寄存器 DBGIER。

当某外设中断请求通过 PIE 模块发送到 CPU 级时,IFR 中与该中断相关的标志位 INTx 就会被置位(比如 T0 周期中断 TINT0 的请求到达 CPU 级时,IFR 中的标志位 INT1 就会被置位)。此时 CPU 并不马上进行中断服务,而是要判断 IER 寄存器允许位 INT1 是否已经使能(为 1 时使能),并且 CPU 寄存器 ST1 中的全局中断屏蔽位 INTM 也要处于非禁止状态(INTM 为 0)。如果 IER 中的允许位 INT1 被置位,并且 INTM 的值为 0,则该中断申请就会被 CPU 响应。

调试中断使能寄存器 DEBIER 用于实时仿真(仿真运行时实时访问存储器和寄存器)模式时的可屏蔽中断的使能和禁止。ST1 中设有类似 INTM 功能的 DEBM 屏蔽控制位。

IFR、IER 和 DBGIER 寄存器格式类似,如图 6.8 所示。

D15	D14	D13	D12		D 0
RTOSINT	DLOGINT	INT14	INT13	...	INT1
RW-0	RW-0	RW-0	RW-0		RW-0

图 6.8　IFR、IER 和 DBGIER 寄存器格式

中断标志寄存器(IFR)IFR 寄存器的某位为 1,表示对应的外设中断请求产生,CPU 确认中断及复位时,相应的 IFR 清零;IER 寄存器的某位为 1,表示对应的外设中断使能;DBGIER 寄存器的某位为 1,表示对应的外设中断的调试中断使能。

常用如下方式进行寄存器的置位和清零:

```
IFR | = 0x0008;          //将 IFR 中第 4 位置位
IFR & = 0xFFF7;          //将 IFR 中第 4 位清零
IER | = 0x0008;          //将 IER 中第 4 位置位,即使能 INT4 中断
IER & = 0xFFF7;          //将 IER 中第 4 位清零,即屏蔽 INT4 中断
```

ST1 寄存器格式如图 6.9 所示。

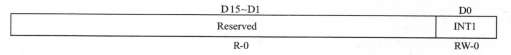

图 6.9　ST1 寄存器格式

INTM 用于在全局范围使能/屏蔽中断,且仅能通过汇编代码来修改 INTM:

```
asm("    CLRC   INTM");          ;使能全局中断
asm("    SETC   INTM");          ;禁止全局中断
```

6.2.2　PIE 外设中断扩展模块

1. PIE 模块的结构

F28075 片内含有丰富的外设,每种外设根据不同的事件可以产生一个或多个不同优先级的外设级中断请求。F28075 设置了一个专门对外设中断进行分组管理的 PIE 模块,该模块的结构如图 6.10 所示。

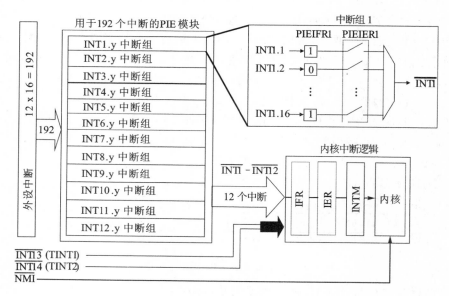

图 6.10　PIE 模块结构图

外设中断一共分为 12 组,每组支持 16 个中断,如此扩展以后一共支持 196 个中

断。每组内的每个中断都有自己的使能位和标志位,如第一组为 PIEIFR1 和 PIE-IER1。只有标志位置位且使能位开通时,才会进入后面的 IER 和 IFR 等待响应。

2. PIE 中断向量表映射

由附录中的 PIE 中断向量表存储器定位可以看到,PIE 中断向量表存储于地址 0x000D00～0x00DFF 所在的数据存储区中。为了使这段存储器与中断向量表相对应,需要完成以下工作:

(1) 定义函数型指针变量

一个函数会占据一定的程序存储空间,这个空间的起始地址是用函数名来表示的,称为函数的入口地址。可以用指针指向这个入口地址,并通过该指针变量来调用这个函数。这种指针变量称为函数型指针变量,其一般形式为:

数据类型标识符　(∗指针变量)();

例如:int　(∗f)();

这里定义了指针 f,它指向的函数返回整型数据。注意,(∗f)中的括弧不可缺少,标识 f 先与 ∗ 结合,是指针变量,然后再与后面的()结合,表示此指针指向函数。

TI 提供的 F2807x_PieVect.h 文件中先定义 PINT 为指向中断函数型指针,然后利用结构体建立中断向量表类型 PIE_VECT_TABLE,即:

```
typedef  interrupt  void (∗PINT)(void);
```

其中,定义指针 PINT 为指向 interrupt 型函数的指针。因为使用 interrupt 时函数应被定义成返回 void,且无参数调用,所以在(∗PINT)的后面加上(void),表示 PINT 是指向函数的指针变量,且属于无参数调用。(∗PINT)前面加 interrupt void,表示 PINT 指向中断函数。

这样,在描述 PIE 中断矢量表时,可以定义如下的结构:

```
struct  PIE_VECT_TABLE {
    PINT  PIE1_RESERVED;
    … … … … … … … ;
    PINT  LUF;                // Latched underflow
}
```

即该结构体的元素为函数指针类型 ,而 PIE_VECT_TABLE 是一个结构类型,结构体中所有成员均为中断函数的首地址(即指向中断函数的指针)。因此,在定义其成员(比如 PIE1_RESERVED 等)时,要在其前面加 PINT,表示 PIE1_RESERVED 是 PINT 类型的变量,即指向中断函数的指针。

下面是 PIE_VECT_TABLE 定义的完整内容:

```
typedef interrupt void(∗PINT)(void);
// Define Vector Table:
struct PIE_VECT_TABLE {
    PINT  PIE1_RESERVED_INT;
    PINT  PIE2_RESERVED_INT;
    … … … …
    PINT  PIE13_RESERVED_INT;
```

```
    PINT    TIMER1_INT;                 // CPU Timer 1 Interrupt
    PINT    TIMER2_INT;                 // CPU Timer 2 Interrupt
    PINT    DATALOG_INT;                // Datalogging Interrupt
    PINT    RTOS_INT;                   // RTOS Interrupt
    PINT    EMU_INT;                    // Emulation Interrupt
    PINT    NMI_INT;                    // Non - Maskable Interrupt
    PINT    ILLEGAL_INT;                // Illegal Operation Trap
    PINT    USER1_INT;                  // User Defined Trap 1
    PINT    USER2_INT;                  // User Defined Trap 2
    ...
    PINT    USER12_INT;                 // User Defined Trap 12
    //Group 1 PIE Peripheral Vectors:
    PINT    ADCA1_INT;                  // 1.1  -  ADCA Interrupt 1
    PINT    ADCB1_INT;                  // 1.2  -  ADCB Interrupt 1
    PINT    PIE14_RESERVED_INT;         // 1.3  -  Reserved
    PINT    XINT1_INT;                  // 1.4  -  XINT1 Interrupt
    PINT    XINT2_INT;                  // 1.5  -  XINT2 Interrupt
    PINT    ADCD1_INT;                  // 1.6  -  ADCD Interrupt 1
    PINT    TIMER0_INT;                 // 1.7  -  Timer 0 Interrupt
    PINT    WAKE_INT;                   // 1.8  -  Standby and Halt Wakeup Interrupt
    PINT    PIE_RESERVED_INT;           // 1.9  -  Reserved
    ...
    PINT    PIE_RESERVED_INT;           // 1.16 -  Reserved
    //Group 2 PIE Peripheral Vectors:
    PINT    EPWM1_TZ_INT;               // 2.1  -  ePWM1 Trip Zone Interrupt
    PINT    EPWM2_TZ_INT;               // 2.2  -  ePWM2 Trip Zone Interrupt
    PINT    EPWM3_TZ_INT;               // 2.3  -  ePWM3 Trip Zone Interrupt
    PINT    EPWM4_TZ_INT;               // 2.4  -  ePWM4 Trip Zone Interrupt
    PINT    EPWM5_TZ_INT;               // 2.5  -  ePWM5 Trip Zone Interrupt
    PINT    EPWM6_TZ_INT;               // 2.6  -  ePWM6 Trip Zone Interrupt
    PINT    EPWM7_TZ_INT;               // 2.7  -  ePWM7 Trip Zone Interrupt
    PINT    EPWM8_TZ_INT;               // 2.8  -  ePWM8 Trip Zone Interrupt
    PINT    EPWM9_TZ_INT;               // 2.9  -  ePWM9 Trip Zone Interrupt
    PINT    EPWM10_TZ_INT;              // 2.10 -  ePWM10 Trip Zone Interrupt
    PINT    EPWM11_TZ_INT;              // 2.12 -  ePWM12 Trip Zone Interrupt
    PINT    PIE_RESERVED_INT;           // 2.13 -  Reserved
    PINT    PIE_RESERVED_INT;           // 2.14 -  Reserved
    PINT    PIE_RESERVED_INT;           // 2.15 -  Reserved
    PINT    PIE_RESERVED_INT;           // 2.16 -  Reserved
    //Group 3 PIE Peripheral Vectors:
    ...
    //Group 12 PIE Peripheral Vectors:
    PINT    XINT3_INT;                  // 12.1 -  XINT3 Interrupt
    PINT    XINT4_INT;                  // 12.2 -  XINT4 Interrupt
    PINT    XINT5_INT;                  // 12.3 -  XINT5 Interrupt
    PINT    PIE_RESERVED_INT;           // 12.4 -  Reserved
    PINT    PIE_RESERVED_INT;           // 12.5 -  Reserved
    PINT    VCU_INT;                    // 12.6 -  VCU Interrupt
    PINT    FPU_OVERFLOW_INT;           // 12.7 -  FPU Overflow Interrupt
```

```
    PINT   FPU_UNDERFLOW_INT;                // 12.8 - FPU Underflow Interrupt
    PINT   EMIF_ERROR_INT;                   // 12.9 - EMIF Error Interrupt
    // 12.10 - RAM Correctable Error Interrupt
    PINT   RAM_CORRECTABLE_ERROR_INT;
    // 12.11 - Flash Correctable Error Interrupt
    PINT   FLASH_CORRECTABLE_ERROR_INT;
    // 12.12 - RAM Access Violation Interrupt
    PINT   RAM_ACCESS_VIOLATION_INT;
    PINT   SYS_PLL_SLIP_INT;                 // 12.13 - System PLL Slip Interrupt
    PINT   AUX_PLL_SLIP_INT;                 // 12.14 - Auxiliary PLL Slip Interrupt
    PINT   CLA_OVERFLOW_INT;                 // 12.15 - CLA Overflow Interrupt
    PINT   CLA_UNDERFLOW_INT;                // 12.16 - CLA Underflow Interrupt
};
```

实际的 PIE 中断向量表在存储器中的定位见附录。

(2) 定义 PIE 中断向量表类型变量并分配地址

TI 提供的 F2807x_GlobalVariableDefs.c 文件中定义了中断向量表类型变量 PieVectTable，并通过该变量定义在数据空间的段名 PieVectTableFile。

```
struct  PIE_VECT_TABLE  PieVectTable;
# pragma DATA_SECTION(PieVectTable,"PieVectTableFile");
…
```

在编译命令文件 F2807x_Headers_nonBIOS.cmd 中，为中断向量表确定存储空间：

```
MEMORY
{
    PAGE 1:      /* Data Memory */
    … …
        /* PIE Vector Table */
        PIE_VECT : origin = 0x000D00, length = 0x000200
    … …
}
SECTIONS
{
    UNION run = PIE_VECT, PAGE = 1
    {
        PieVectTableFile
        GROUP
        {
            EmuKeyVar
            EmuBModeVar
            FlashCallbackVar
            FlashScalingVar
        }
    }
    …
}
```

(3) 定义 PIE 中断向量表变量并初始化

TI 提供的 F2807x_PieVect.c 文件中有如下内容,其中定义的 PieVectTableInit 的内容参见附录 B。

```c
void InitPieVectTable(void)
{
    int16i;
    Uint32  * Source = (void * ) &PieVectTableInit;
    volatile Uint32 * Dest = (void * ) &PieVectTable;
    Source  =   Source  +  3;
    Dest  =   Dest  +  3;
    EALLOW;
    for(i = 0; i < 221; i+ +)
    {
        * Dest + + = * Source + + ;
    }
    EDIS;
    // Enable the PIE Vector Table
    PieCtrlRegs. PIECTRL. bit. ENPIE = 1;
}
```

(4) 编写中断服务程序

TI 提供的 F2807x_DefaultISR.c 文件中有如下内容:

```c
// INT1.4
interrupt void  TIMER1 _ISR(void)
{
// Insert ISR Code here
// Next two lines for debug only to halt the processor here
// Remove after inserting ISR Code
  asm ("        ESTOP0");
  for(;;);
}
// INT1.7
interrupt void  TIMER2_ISR(void)
{
// Insert ISR Code here
// Next two lines for debug only to halt the processor here
// Remove after inserting ISR Code
  asm ("    ESTOP0");
  for(;;);
}
… …
interrupt void NOTUSED_ISR(void)
{
    asm ("        ESTOP0");
    for(;;);
}
```

3. PIE 配置和控制寄存器

PIE 配置和控制寄存器有 26 个,其中包含 12 个 PIE 中断标志寄存器 PIEIFRx (x=1~12)、12 个 PIE 中断允许寄存器 PIEIERx(x=1~12)、一个 PIE 控制寄存器 PIECTRL、一个 PIE 响应寄存器 PIEACK。PIE 模块控制寄存器如表 6.3 所列。

表 6.3　PIE 模块寄存器

寄存器	长度(x16)	说　　明
PIECTRL	1	PIE 控制寄存器
PIEACK	1	PIE 中断响应寄存器
PIEIER1	1	PIE,INT1 组中断使能寄存器
PIEIFR1	1	PIE,INT1 组中断标志寄存器
PIEIER2	1	PIE,INT2 组中断使能寄存器
PIEIFR2	1	PIE,INT2 组中断标志寄存器
PIEIER3	1	PIE,INT3 组中断使能寄存器
PIEIFR3	1	PIE,INT3 组中断标志寄存器
PIEIER4	1	PIE,INT4 组中断使能寄存器
PIEIFR4	1	PIE,INT4 组中断标志寄存器
PIEIER5	1	PIE,INT5 组中断使能寄存器
PIEIFR5	1	PIE,INT5 组中断标志寄存器
PIEIER6	1	PIE,INT6 组中断使能寄存器
PIEIFR6	1	PIE,INT6 组中断标志寄存器
PIEIER7	1	PIE,INT7 组中断使能寄存器
PIEIFR7	1	PIE,INT7 组中断标志寄存器
PIEIER8	1	PIE,INT8 组中断使能寄存器
PIEIFR8	1	PIE,INT8 组中断标志寄存器
PIEIER9	1	PIE,INT9 组中断使能寄存器
PIEIFR9	1	PIE,INT9 组中断标志寄存器
PIEIER10	1	PIE,INT10 组中断使能寄存器
PIEIFR10	1	PIE,INT10 组中断标志寄存器
PIEIER11	1	PIE,INT11 组中断使能寄存器
PIEIFR11	1	PIE,INT11 组中断标志寄存器
PIEIER12	1	PIE,INT12 组中断使能寄存器
PIEIFR12	1	PIE,INT12 组中断标志寄存器

注:PIE 配置和控制寄存器未受 EALLOW 保护。

(1) PIE 控制寄存器 PIECTRL

PIE 控制寄存器 PIECTRL 的位定义如图 6.11 所示。

D15～D1		D0
PIEVECT		ENPIE
R-0		RW-0

图 6.11　PIE 控制寄存器 PIECTRL 位定义

PIEVECT:该寄存器的高 15 位(位 15～位 1)表示 PIE 向量表中的中断向量地址(忽略最低位)。读 PIECTRL 寄存器,再把最低位置 0,就可以判断是哪个中断发生了。

ENPIE:PIE 中断向量表的使能位。该位为 0 时,PIE 模块被禁止,中断向量从 CPU 向量表(位于 BootROM)中读取;该位如果置 1,发生中断时,CPU 会从 PIE 中断向量表中读取中断向量。

(2) PIE 响应寄存器 PIEACK

PIE 响应寄存器 PIEACK 的位定义如图 6.12 所示。

D15～D12	D11～D0
Reserved	PIEACKx
R-0	RW1C-0

图 6.12　PIE 中断响应寄存器 PIEACK 位定义

PIEACKx:该寄存器的低 12 位(位 11～位 0)分别对应 12 组 CPU 中断(INT12～INT1)。当 CPU 响应某个中断时,该寄存器的对应位自动置为 1,从而阻止了本组其他中断申请向 CPU 的传递。在中断服务程序中,通过对该位清 0 才能开放本组后续的中断申请。

PIE 模块设置的 PIEACK 寄存器使得同组同一时间只能放一个 PIE 中断过去,只有等到这个中断被响应,给 PIEACK 写 1,才能让同组的下一个中断过去。

(3) PIE 标志寄存器 PIEIFRx 和使能寄存器 PIEIERx

PIEIFRx(x=1～12)和 PIEIERx(x=1～12)的位定义相同,如图 6.13 所示。

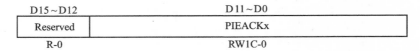

D15	D14	D13	D12	D11	D10	D9	D8
INTx.16	INTx.15	INTx.14	INTx.13	INTx.12	INTx.11	INTx.10	INTx.9
RW-0	RW-0	RW-0	RW-0	RW-0	RW-0	RW-0	RW-0

D7	D6	D5	D4	D3	D2	D1	D0
INTx.8	INTx.7	INTx.6	INTx.5	INTx.4	INTx.3	INTx.2	INTx.1
RW-0	RW-0	RW-0	RW-0	RW-0	RW-0	RW-0	RW-0

图 6.13　PIEIFRx 及 PIEIERx 位定义

INTx.y(y=1～16):对于 PIEIFRx,外设产生中断事件时,相应的中断标志置位。当该中断响应后,相应位会自动清 0,也可以用程序清 0。对于 PIEIERx,某位为 1 表示相应的中断请求被使能,某位为 0 表示相应的中断请求被屏蔽,中断响应后该位被自动清 0。

4. PIE 模块寄存器的程序操作

(1) PIE 控制寄存器的位结构描述

在 TI 提供的文件 F2807x_PieCtrl.h 中有如下定义：

```
// PIE Control Register Bit Definitions:
// PIECTRL: Register bit definitions:
struct PIECTRL_BITS {   // bits description
    Uint16   ENPIE:1;               // 0     Enable PIE block
    Uint16   PIEVECT:15;            // 15:1 Fetched vector address
};
union PIECTRL_REG {
    Uint16               all;
    struct PIECTRL_BITS  bit;
};
// PIEIER: Register bit definitions:
struct PIEIER_BITS {                // bits description
    Uint16 INTx1:1;                 // 0     INTx.1
    Uint16 INTx2:1;                 // 1     INTx.2
    ... ... ... ...
    Uint16 INTx16:1;                // 15      INTx.16
};
union PIEIER_REG {
    Uint16               all;
    struct PIEIER_BITS   bit;
};
// PIEIFR: Register bit definitions:
struct PIEIFR_BITS {                // bits description
    Uint16 INTx1:1;                 // 0     INTx.1
    Uint16 INTx2:1;                 // 1     INTx.2
    ... ... ... ...
    Uint16 INTx16:1;                // 15      INTx.16
};
union PIEIFR_REG {
    Uint16               all;
    struct PIEIFR_BITS   bit;
};
// PIEACK: Register bit definitions:
struct PIEACK_BITS {                // bits description
    Uint16 ACK1:1;                  // 0     Acknowledge PIE interrupt group 1
    Uint16 ACK2:1;                  // 1     Acknowledge PIE interrupt group 2
    ... ... ... ...
    Uint16 ACK12:1;                 // 11    Acknowledge PIE interrupt group 12
    Uint16 rsvd:4;                  // 15:12 reserved
};
union PIEACK_REG {
    Uint16               all;
    struct PIEACK_BITS   bit;
```

```
};
// PIE Control Register File:
struct PIE_CTRL_REGS {
    union PIECTRL_REG    PIECTRL;         // PIE control register
    union PIEACK_REG     PIEACK;          // PIE acknowledge
    union PIEIER_REG     PIEIER1;         // PIE int1 IER register
    union PIEIFR_REG     PIEIFR1;         // PIE int1 IFR register
    union PIEIER_REG     PIEIER2;         // PIE INT2 IER register
    union PIEIFR_REG     PIEIFR2;         // PIE INT2 IFR register
    … … … …
    union PIEIER_REG     PIEIER12;        // PIE int12 IER register
    union PIEIFR_REG     PIEIFR12;        // PIE int12 IFR register
};
# define PIEACK_GROUP1     0x0001
# define PIEACK_GROUP2     0x0002
# define PIEACK_GROUP3     0x0004
# define PIEACK_GROUP4     0x0008
# define PIEACK_GROUP5     0x0010
# define PIEACK_GROUP6     0x0020
# define PIEACK_GROUP7     0x0040
# define PIEACK_GROUP8     0x0080
# define PIEACK_GROUP9     0x0100
# define PIEACK_GROUP10    0x0200
# define PIEACK_GROUP11    0x0400
# define PIEACK_GROUP12    0x0800
// PIE Control Registers External References & Function Declarations:
extern volatile struct PIE_CTRL_REGS PieCtrlRegs;
```

(2) 定义 PIE 控制寄存器变量并分配地址

TI 提供的文件 F2807x_GlobalVariableDefs.c 文件中定义了 PIE 控制寄存器类型变量 PieCtrlRegs,并通过该变量定义在数据空间的段名 PieCtrlRegsFile。

```
# pragma DATA_SECTION(PieCtrlRegs,"PieCtrlRegsFile");
volatile  struct  PIE_CTRL_REGS  PieCtrlRegs;
```

然后,在编译命令文件 F2807x_Headers_nonBIOS.cmd 中,为 PIE 控制寄存器确定存储空间:

```
MEMORY
{
   PAGE 1:    /* Data Memory */
      /* PIE control registers */
      PIE_CTRL : origin = 0x000CE0, length = 0x000020
      …   …
}
SECTIONS
{
    PieCtrlRegsFile  : > PIE_CTRL,    PAGE = 1
    …   …
}
```

(3) PIE 控制寄存器初始化

TI 提供的文件 F2807x_PieCtrl.c 中有如下函数：

```
void  InitPieCtrl(void)
{
    // Disable Interrupts at the CPU level：
    DINT；
    // Disable the PIE
    PieCtrlRegs.PIECRTL.bit.ENPIE = 0；
    // Clear all PIEIER registers：
    PieCtrlRegs.PIEIER1.all = 0；
    PieCtrlRegs.PIEIER2.all = 0；
    … …
    PieCtrlRegs.PIEIER12.all = 0；
    // Clear all PIEIFR registers：
    PieCtrlRegs.PIEIFR1.all = 0；
    PieCtrlRegs.PIEIFR2.all = 0；
    … …
    PieCtrlRegs.PIEIFR12.all = 0；
}
// EnableInterrupts：
//This function enables the PIE module and CPU interrupts
void  EnableInterrupts()
{
    PieCtrlRegs.PIECRTL.bit.ENPIE = 1； // Enable the PIE
    // Enables PIE to drive a pulse into the CPU
    PieCtrlRegs.PIEACK.all = 0xFFFF；
    EINT； // Enable Interrupts at the CPU level
}
```

6.2.3　PIE 初始化及中断响应

1. PIE 的初始化流程

中断向量表(如 PIE 中断分配表中的映射)位于 PieVect.c 文件中，主函数初始化期间，将对 PieCtrl.c 进行函数调用。在该文件中，内存复制函数 memcopy() 会将中断向量表复制到 PIE RAM 运行，然后将 ENPIE 置为 1，从而启用 PIE 块。执行该过程的目的是设置中断向量，具体流程如图 6.14 所示。

将 DSP 的复位过程与本节讨论的 PIE 中断相结合，可将 PIE 初始化代码流总结成如图 6.15 所示形式。

DSP 复位并执行引导代码后，所选引导选项将决定代码入口点。图 6.15 中显示了两个不同的入口点。左侧的入口点用于存储块 M0，右侧的用于闪存 Flash。这两种情况下，CodeStartBranch.asm 都有一个指向运行时支持库入口点的长分支。运行时，支持库执行完毕后将调用主函数。在主函数中，通过函数调用初始化中断过程并启用 PIE 块。当发生中断时，PIE 块包含一个指向 DefaultIsr.c 中的中断服务例程的向量。

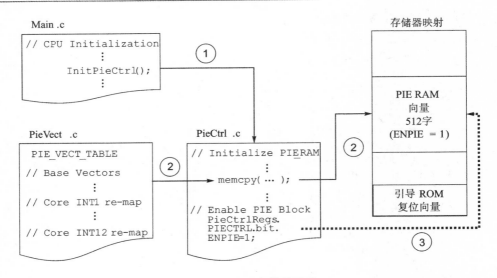

图 6.14　PIE 初始化流程

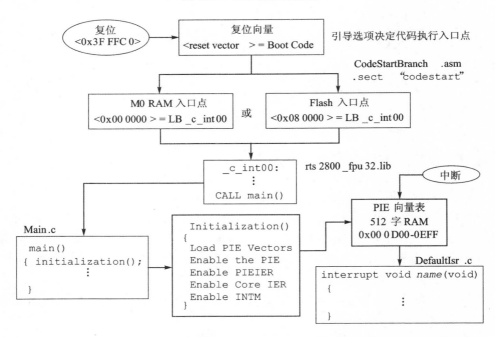

图 6.15　上电复位后 PIE 初始化流程

2. 中断响应的过程

中断过程将发生以下步骤(如图 6.16 所示)：

① 外设生成中断,对应的 INTx.y 会置位 PIEIFRx；

② 若对应的 PIEIERx 被使能,则内核 IFR 将被置位；

③ 若对应的 IER 被使能,则开始检查全局中断掩码 INTM 是否被启用;

④ 若 INTM 被使能,则 PIE 根据 INTx.y 查找对应的中断向量表,然后响应相应的中断函数。

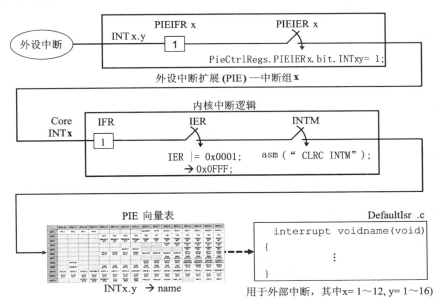

图 6.16　中断响应的过程

在 DSP 执行中断前,DSP 会如下的操作:

① 将 CPU 的状态寄存器入栈,以保存 14 个寄存器字,即 T、ST0、AH、AL、PH、PL、AR1、AR0、DP、ST1、DBSTAT、IER、PC(msw)、PC(lsw);

② 将相应的 IFR 和 IER 位清 0;

③ 禁止全局中断(INTM)及调试事件(DBGM);

④ 程序指针 PC 加 1;

⑤ 将 LOOP、EALLOW、IDLESTAT 清 0。

6.2.4　不可屏蔽中断 NMI 原理解析

非屏蔽中断是指不能通过软件进行禁止和允许的中断,CPU 检测到有这类中断请求时,则将 NMIFLG 寄存器中的状态位置位并触发 NMI 看门狗计数器工作;该计数器采用 SYSCLK 频率,若 NMI 看门狗计数值达到 NMIWDPRD(NMI 看门狗周期值),则触发 NMIWDRS 中断。该中断将会立即响应,并转去执行相应的中断服务子程序。

F28075 的非屏蔽中断包括时钟丢失、Flash 及 RAM ECC 错误、非法指令中断 ILLEGAL 及硬件复位中断$\overline{\text{XRS}}$等。

1）时钟丢失

F28075 中存在时钟丢失检测电路,若 INTOSC2 时钟信号停止工作,则 PLL 即可被旁路,INTOSC1 作为替代的时钟输入源,此时会触发 NMI 中断。

2）非法指令中断

当 F28075 的 CPU 执行无效的指令时,则会触发非法指令中断。

3）Flash 及 RAM ECC 错误

RAM 执行读操作时出现单位奇偶校验错误、双位 ECC 数据错误及单位 ECC 地址错误,或在 Flash 执行读操作过程中出现双位 ECC 数据错误、单位 ECC 地址错误时会触发 NMI 中断。

4）硬件复位中断$\overline{\text{XRS}}$

硬件复位$\overline{\text{XRS}}$是 F28075 中优先级最高的中断。发生硬件复位时,CPU 会到 0x3F FFC0 地址去取复位向量,执行复位引导程序。

6.2.5　外部中断

1. 外部中断

外部中断有 XINT1、XINT2、XINT3、XINT4、XINT5 共 5 个外部中断信号,每个中断信号均可以通过 X - Bar 输入架构映射到任意 GPIO 引脚(第 5 章进行了介绍)。此外,XINT1、XINT2、XINT3 也分别配有一个自由运行的 16 位计数器 XINT1CTR、XINT2CTR、XINT3CTR,用于测量两次中断之间的间隔时间。

2. 如何配置外部中断

配置外部中断的过程分为两步:

① 使能中断并设置极性。

② 通过输入 X - Bar 选择 XINT1 - 5 GPIO 引脚,如表 6.4 所列。

表 6.4　XINT1 - 5 外部中断选择表

中　　断	引脚选择(输入 X - Bar)	配置寄存器	计数器寄存器
XINT1	X - Bar INPUT4	XINT1CR	XINT1CTR
XINT2	X - Bar INPUT5	XINT2CR	XINT2CTR
XINT3	X - Bar INPUT6	XINT3CR	XINT3CTR
XINT4	X - Bar INPUT13	XINT4CR	
XINT5	X - Bar INPUT14	XINT5CR	

其中,GPIO 引脚通过输入 X - Bar 选择 XINT1 - 5 的中断源(其中,XINT1 对应 INPUT4,XINT2 对应 INPUT5,XINT3 对应 INPUT6,XINT4 对应 INPUT13,XINT5 对应 INPUT14),并通过相关的寄存器配置来控制中断的使能/禁用状态和中断触发的极性。

3. 相关寄存器

(1) 外部中断配置寄存器 XINTxCR(x=1~5)

该寄存器用于配置对应外部中断是否使能及触发该中断的信号极性。这 5 个寄存器位定义及含义相同,如图 6.17 所示。

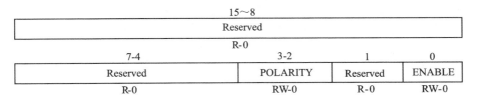

图 6.17　外部中断配置寄存器 XINTxCR 的位格式

外部中断配置寄存器 XINTxCR 的各位的含义如表 6.5 所列。

表 6.5　XINTxCR(x=1~5)各位的含义

位　号	名　称	说　明
15~4	Reserved	保留
3~2	POLARITY	触发极性选择位。 00:低电平边缘触发　　01:高电平边缘触发 10:低电平边缘触发　　11:高、低电平边缘均触发
1	Reserved	XTAL 晶振开通/关闭位。 0:XTAL 晶振开通(默认)　　1:XTAL 晶振关闭
0	ENABLE	中断使能位 0:中断禁止　　1:中断使能

(2) 外部中断计数器寄存器 XINTxCTR(x=1~3)

该计数器只为 XINT1、XINT2、XINT3 分配,这 3 个计数器是自由运行的 16 位计数器,用于测量两次中断之间的间隔时间。每次发生中断时,计数器会复位为零。这 3 个寄存器位定义及含义相同,如图 6.18 所示。

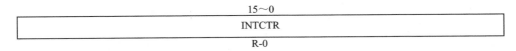

图 6.18　外部中断计数器寄存器 XINTxCTR 位格式

6.2.6　应用实例——如何创建中断服务程序

【例 6-1】　该例程为 XINT1 和 XINT2 外部中断的参考例程,分别使用 GPIO30 和 GPIO31 作为 XINT1 和 XINT2 的触发源。程序初始化时,需要按如下操作将 3 级中断使能,并将所需的 GPIO 进行配置:

```
# include "F28x_Project.h"
interrupt void xint1_isr(void);
interrupt void xint2_isr(void);
volatile Uint32 Xint1Count;
volatile Uint32 Xint2Count;
Uint32 LoopCount;
# define DELAY (CPU_RATE/1000 * 6 * 510)
void main(void)
{
    Uint32 TempX1Count;
    Uint32 TempX2Count;
    InitSysCtrl();
    DINT;
    InitPieCtrl();
    IER = 0x0000;
    IFR = 0x0000;
    InitPieVectTable();
    EALLOW;
    PieVectTable.XINT1_INT = &xint1_isr;
    PieVectTable.XINT2_INT = &xint2_isr;
    EDIS;
    //清除计数器
    Xint1Count = 0;
    Xint2Count = 0;
    LoopCount = 0;
    PieCtrlRegs.PIECTRL.bit.ENPIE = 1;              // 使能 PIE 模块
    PieCtrlRegs.PIEIER1.bit.INTx4 = 1;             // 使能组内的 INT4
    PieCtrlRegs.PIEIER1.bit.INTx5 = 1;             // 使能组内的 INT5
    IER |= M_INT1;                                  // 使能 PIE 1 组
    EINT;                                           // 使能全局中断
    // GPIO 初始化
    EALLOW;
    GpioDataRegs.GPASET.bit.GPIO30 = 1;             // GPIO30 = 1
    GpioCtrlRegs.GPAMUX2.bit.GPIO30 = 0;            // GPIO
    GpioCtrlRegs.GPADIR.bit.GPIO30 = 1;             // 输出
    GpioDataRegs.GPACLEAR.bit.GPIO31 = 1;           // GPIO31 = 0
    GpioCtrlRegs.GPAMUX2.bit.GPIO31 = 0;            // GPIO 功能
    GpioCtrlRegs.GPADIR.bit.GPIO31 = 1;             // 配置为输出
    GpioCtrlRegs.GPAMUX1.bit.GPIO0 = 0;             // GPIO 功能
    GpioCtrlRegs.GPADIR.bit.GPIO0 = 0;             // 配置为输入
    GpioCtrlRegs.GPAQSEL1.bit.GPIO0 = 0;           // XINT1 与 PLL 系统时钟同步
    GpioCtrlRegs.GPAMUX1.bit.GPIO1 = 0;            // GPIO 功能
    GpioCtrlRegs.GPADIR.bit.GPIO1 = 0;             // 配置为输入
    GpioCtrlRegs.GPAQSEL1.bit.GPIO1 = 2;           // 限定 6 个采样
    GpioCtrlRegs.GPACTRL.bit.QUALPRD0 = 0xFF;       // 采样窗 = 510 * SYSCLKOUT
    EDIS;
    // GPIO0 与 XINT1 相连，GPIO1 与 XINT2 相连
    GPIO_SetupXINT1Gpio(0);
    GPIO_SetupXINT2Gpio(1);
```

```
//配置外部中断
XintRegs.XINT1CR.bit.POLARITY = 0;              // XINT1 下降沿触发
XintRegs.XINT2CR.bit.POLARITY = 1;              // XINT2 上升沿触发
// Enable XINT1 and XINT2
XintRegs.XINT1CR.bit.ENABLE = 1;                // 使能 XINT1
XintRegs.XINT2CR.bit.ENABLE = 1;                // 使能 XINT2
for(;;)
{
    TempX1Count = Xint1Count;
    TempX2Count = Xint2Count;
    //XINT1、XINT2 触发
    // GPIO30 由高电平变为低电平时触发 XINT1
    GpioDataRegs.GPACLEAR.bit.GPIO30 = 1;
    while(Xint1Count == TempX1Count) {}
    DELAY_US(DELAY);
    // GPIO31 由低电平变为高电平时触发 XINT2
    GpioDataRegs.GPASET.bit.GPIO31 = 1;
    while(Xint2Count == TempX2Count) {}
    if((Xint1Count == TempX1Count + 1)&&(Xint2Count == TempX2Count + 1))
    {
        LoopCount + + ;
        GpioDataRegs.GPASET.bit.GPIO30 = 1;     // GPIO30 = 1
        GpioDataRegs.GPACLEAR.bit.GPIO31 = 1;   // GPIO31 = 0
    }
    else
    {
        asm("        ESTOP0"); // stop here
    }
}
}
//中断服务程序
interrupt void xint1_isr(void)
{
    Xint1Count + + ;
    PieCtrlRegs.PIEACK.all = PIEACK_GROUP1;      // PIE 组 1 应答
}
interrupt void xint2_isr(void)
{
    Xint2Count + + ;
    PieCtrlRegs.PIEACK.all = PIEACK_GROUP1;      // PIE 组 1 应答
}
```

第**7**章

F28075 的模拟子系统

　　F28075 的模拟子系统在性能方面具有很大的提升,它由模/数转换器(ADC)、比较器子系统(CMPSS)、数/模转换器(DAC)和 Δ－Σ 滤波器模块(SDFM)共同构成。该子系统将数字与模拟信号进行了归类的总和,本章将介绍各个子系统的工作和联系。

7.1　数/模转换器 ADC

　　图 7.1 为 F28075 的 ADC 子系统外部引脚连接框图,F28075 片上具有 3 组 ADC 模块,即 ADCA、ADCB 和 ADCD。其中,ADCA 的输入信号为 ADCINA0 ～ ADCINA5(复用引脚)、V_{REFLOA}、DACOUTA、TEMP SENSOR、ADCIN14 ～ ADCIN15;ADCB 的输入信号为 ADCINB0 ～ ADCINB3(复用引脚)、V_{REFLOB}、DA-

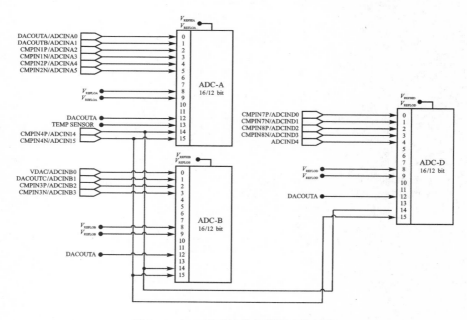

图 7.1　ADC 子系统外部引脚连接框图

COUTA、ADCIN14～ADCIN15；ADCD 的输入信号为 ADCIND0～ADCIND4（复用引脚）、V_{REFLOD}、DACOUTA、ADCIN14～ADCIN15。ADC 的 3 个模块通过各自的外部电源 V_{REFHIx} 和 V_{REFLOx}（x= A、B 或 D）提供 ADC 参考电源。

7.1.1 ADC 模块的构成

1. ADC 模块方框图

3 个 ADC 模块的功能配置完全相同，其基本 ADC 模块的方框图如图 7.2 所示。ADC 模块最多可配备 16 个输入通道和 16 个结果寄存器。SOC 配置寄存器用于选择触发源、转换通道和采集预分频窗口大小。触发源包括软件（通过选择某个位）、CPU 定时器 0、1 和 2，EPWMA/C 和 EPWMB/D，一个外部引脚。此外，ADCINT1 和 ADCINT2 可以反馈回来，以实现连续转换。可见，每个模块均具有如下特点：

> 12 位采样精度；
> 每个模块可支持 16 路采样通道；
> 每个模块有 16 种转换启动方式，可通过寄存器 TRIGSEL、CHSEL 和 AC-QPS 进行配置；
> 具有如下所示的多种触发方式：
> • 软件触发 S/W；
> • ePWM 模块触发方式；
> • GPIO XINT2 触发方式；
> • CPU 定时器 0/1/2 触发方式；
> • ADC 中断触发方式 ADCINT1/2；
> 每个模块可灵活配置 4 个 PIE 中断；
> 支持循环突发模式（Burst Mode）。

2. ADC SOCx 功能图

图 7.3 为一个 SOC 的功能框图（每个 ADC 模块共有 16 个与该图相同的 SOC 功能框）。

F28075 中的 ADC 触发和转换顺序是由 SOC 的配置来决定的。每个 SOC 通过对转换触发源寄存器、通道选择寄存器和采样窗寄存器的配置，从而完成对一个采样通道的数据转换。F28075 中的 ADC 模块可配置为顺序采样模式和同步采样模式，并依据配置的采样模式最多可产生 4 个中断。SOC0～SOC15 的寄存器将存储在寄存器 ADCRESULT0～ADCRESULT15。

以下通过举例的方式为读者说明 SOC 的工作原理，其中所涉及的寄存器为 TRIGSEL（转换触发源寄存器）、CHSEL（通道选择寄存器）和 ACQPS（采样窗寄存器），本章后续内容会对这 3 个寄存器的位域进行详细说明。

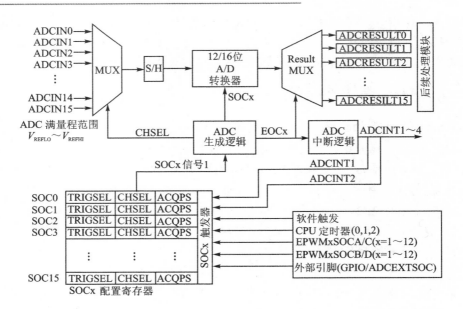

图 7.2　基本 ADC 模块的方框图

(1) 单通道触发

当 ePWM3 计数器的值与周期值相同时,则产生 SOC5 序列的触发源(ePWM3 SOCB/D),之后将 ADCA 模块的 ADCIN1 通道的数据进行转换。假设 CPU 的系统工作频率为 120 MHz,采样窗口为 100 ns,则配置程序如下:

```
AdcaRegs.ADCSOC5CTL.bit.CHSEL = 1;          // SOC5 转换 ADCINA1
AdcaRegs.ADCSOC5CTL.bit.ACQPS = 11;         // 100/8.333 = 11,则配置为 12 个 CPU 周期
AdcaRegs.ADCSOC5CTL.bit.TRIGSEL = 10;       // ePWM3 SOCB/D 作为 SOC5 的触发源
```

ADCINA1 的转换结果将存放在 ACRESULT5 中。

(2) 单通道循环触发

当 ePWM3 计数器的值与周期值相同时,则产生 SOC5、SOC6、SOC7、SOC8 序列的触发源(ePWM3 SOCB/D),每个序列均转换 ADCINA1 通道。若 ADC 当前空闲,则立刻开始转换 SOC5;否则,在 SOC5 获得优先转换权之后立刻开始 AD 转换。SOC5 转换结束后会依次转换 SOC6、SOC7、SOC8。假设 CPU 的系统工作频率为 120 MHz,采样窗口为 100 ns,则配置程序如下:

```
AdcaRegs.ADCSOC5CTL.bit.CHSEL = 1;          // SOC5 转换 ADCINA1
AdcaRegs.ADCSOC5CTL.bit.ACQPS = 11;         // 100/8.333 = 11,则为 12 个 CPU 周期
AdcaRegs.ADCSOC5CTL.bit.TRIGSEL = 10;       // ePWM3 SOCB/D 作为 SOC5 的触发源
AdcaRegs.ADCSOC6CTL.bit.CHSEL = 1;          // SOC6 转换 ADCINA1
AdcaRegs.ADCSOC6CTL.bit.ACQPS = 11;         // 100/8.333 = 11,则为 12 个 CPU 周期
AdcaRegs.ADCSOC6CTL.bit.TRIGSEL = 10;       // ePWM3 SOCB/D 作为 SOC5 的触发源
AdcaRegs.ADCSOC7CTL.bit.CHSEL = 1;          // SOC7 转换 ADCINA1
```

```
AdcaRegs.ADCSOC7CTL.bit.ACQPS = 11;        // 100/8.333 = 11,则为 12 个 CPU 周期
AdcaRegs.ADCSOC7CTL.bit.TRIGSEL = 10;      // ePWM3 SOCB/D 作为 SOC5 的触发源
AdcaRegs.ADCSOC8CTL.bit.CHSEL = 1;         // SOC8 转换 ADCINA1
AdcaRegs.ADCSOC8CTL.bit.ACQPS = 11;        // 100/8.333 = 11,则为 12 个 CPU 周期
AdcaRegs.ADCSOC8CTL.bit.TRIGSEL = 10;      // ePWM3 SOCB/D 作为 SOC5 的触发源
```

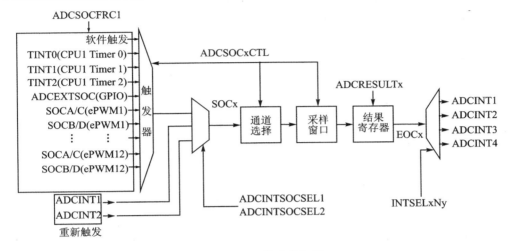

图 7.3　SOC 的功能框图

(3) 多通道触发

CPU 定时器 2 作为触发源,SOC0(ADCINA5)、SOC1(ADCINA0)、SOC2(AD-CINA3)、SOC3(ADCINA2)依次开始转换,假设 CPU 的系统工作频率为 120 MHz, SOC0 采样窗口为 200 ns,SOC0 采样窗口为 740 ns,SOC0 采样窗口为 183 ns, SOC0 采样窗口为 485 ns,则配置程序如下:

```
AdcaRegs.ADCSOC0CTL.bit.CHSEL = 5;         // SOC0 转换 ADCINA5
AdcaRegs.ADCSOC0CTL.bit.ACQPS = 23;        // 200/8.33 = 23,则为 24 个 CPU 周期
AdcaRegs.ADCSOC0CTL.bit.TRIGSEL = 3;       // CPU 定时器 2 作为 SOC0 触发源
AdcaRegs.ADCSOC1CTL.bit.CHSEL = 0;         // SOC1 转换 ADCINA0
AdcaRegs.ADCSOC1CTL.bit.ACQPS = 88;        // 740/8.33 = 88,则配置为 89 个周期
AdcaRegs.ADCSOC1CTL.bit.TRIGSEL = 3;       // CPU 定时器 2 作为 SOC1 触发源
AdcaRegs.ADCSOC2CTL.bit.CHSEL = 3;         // SOC2 转换 ADCINA3
AdcaRegs.ADCSOC2CTL.bit.ACQPS = 21;        // 183.33/8.33 = 21,则为 22 个周期
AdcaRegs.ADCSOC2CTL.bit.TRIGSEL = 3;       // CPU 定时器 2 作为 SOC2 触发源
AdcaRegs.ADCSOC3CTL.bit.CHSEL = 2;         // SOC3 转换 ADCINA2
AdcaRegs.ADCSOC3CTL.bit.ACQPS = 58;        // 485/8.33 = 58,则为 59 个 CPU 周期
AdcaRegs.ADCSOC3CTL.bit.TRIGSEL = 3;       // CPU 定时器 2 作为 SOC3 触发源
```

(4) 软件触发方式

无论这 16 个 SOC 是否配置触发信号,只要 ADC 转换序列强制触发寄存器 (ADCSOCFRC1)写入相应的值,则强制转换相应的 SOC。

```
AdcaRegs.ADCSOCFRC1.all = 0x000F;          // 将 SOC0 和 SOC3 转换表示置位
```

7.1.2　ADC 的触发及转换优先级

1. ADC 的触发

按照 SOC 基本工作原理,ADC 的触发顺序可基本分为 3 类:顺序触发、循环触发和交替触发。

(1) 顺序触发

图 7.4 为顺序触发,通道 A0、A2 和 A5 通过来自 EPWM1SOCB/D 的触发信号,按次序进行转换。A5 转换后将产生 ADCINT1。

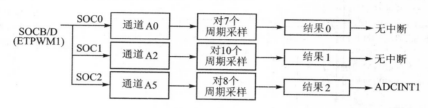

图 7.4　顺序触发

(2) 循环触发

图 7.5 为循环触发方式。A2、A4 和 A6 最初通过软件触发信号进行转换。A6 转换后将产生 ADCINT2,该信号作为触发信号反馈回来,以便再次启动这一过程。

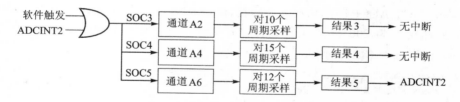

图 7.5　循环触发方式

(3) 交替触发

通道 B0～B5 最初由软件触发,并按顺序进行转换。前 3 个通道转换后产生 ADCINT1,后 3 个通道转换后产生 ADCINT2 并反馈回来,以再次启动这一过程。ADCINT1 和 ADCINT2 用作交替式中断,如图 7.6 所示。

2. 转换优先级功能原理

当多个 SOC 转换序列标志被置位时,须按照优先级决定它们的转换顺序。F28075 提供用户 3 种配置方式:

(1) 循环运行(Round Robin)优先级(默认)

该优先级具有如下特点:

➤ SOC 的固有优先级均不高于其他的 SOC;

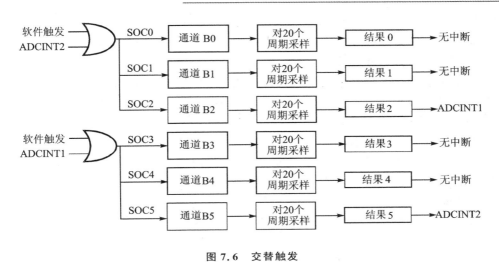

图 7.6　交替触发

➢ 优先级取决于循环运行的指针（ADCSOCPRIORITYCTL. RRPOINTER）。

（2）高优先级（High Priority）

该优先级具有如下特点：

➢ 高优先级 SOC 将在当前转换完成后中断循环的运行，并将其自身插入循环作为下一个转换；

➢ 转换完成后，循环运行将从中断处继续运行。

（3）循环运行突发模式（Burst Mode）

该优先级具有如下特点：

➢ 寄存器 ADCBURSTCTL. BURSTEN 置位则进入该模式；

➢ 允许单个触发在循环运行中转换一个或多个 SOC，由寄存器 ADCBURST-CTL. BURSTSIZE 设置；

➢ 针对所有循环运行 SOC（非高优先级），使用 BURSTTRIG 来替代 TRIG-SEL。

这 3 种优先级模式可综合，如图 7.7 所示，其中所涉及的寄存器及解释也在图中标明。

3. 转换优先级示例

（1）循环运行优先级示例

转换的优先级指针如图 7.8 所示步骤如下：

➢ 初始条件：SOCPRIORITY 配置为 0（配置为循环运行优先级），PRPOINTER 配置为 15，SOC0 具有最高的循环运行优先级；

➢ 接收到 SOC7 触发信号；

➢ 转换 SOC7：PRPOINTER 现在指向 SOC7，SOC8 此时具有最高循环运行优先级；

➤ 同时接收到 SOC2 和 SOC12 触发信号；

➤ 按循环运行原理开始转换 SOC12：PRPOINTER 现在指向 SOC12，SOC13 此时具有最高循环运行优先级；

➤ 最后转换 SOC2：PRPOINTER 现在指向 SOC2，SOC3 此时具有最高循环运行优先级。

（2）高优先级示例

其转换的优先级指针如图 7.9 所示，步骤如下：

➤ 初始条件：SOCPRIORITY 被配置为 4（配置 SOC0～SOC3 为高优先级），PRPOINTER 被配置为 15，SOC0 具有最高的循环运行优先级；

➤ 接收到 SOC7 触发信号；

➤ 转换 SOC7：PRPOINTER 现在指向 SOC7，SOC8 此时具有最高循环运行优先级；

➤ 同时接收到 SOC2 和 SOC12 触发信号；

➤ 按高优先级原理，循环运行中断并开始转换 SOC2：PRPOINTER 保持指向 SOC7；

➤ 转换 SOC12：PRPOINTER 现在指向 SOC12，SOC3 此时具有最高循环运行优先级。

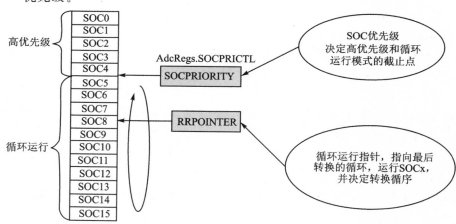

图 7.7 转换优先级功能框图

（3）具有高优先级的循环运行突发模式示例

突发模式由 ADCBURSTCTL 寄存器中 3 个位域所确定：AdcxRegs. ADCBURSTCTL. BURSTEN（突发启动）、AdcxRegs. ADCBURSTCTL. BURSTSIZE（SOC 突发大小，决定每次突发触发转换多少个 SOC）、AdcxRegs. ADCBURSTCTL. BURSTTRIGSEL（SOC 突发触发源选择，决定由哪一个触发启动突发转换序列）。

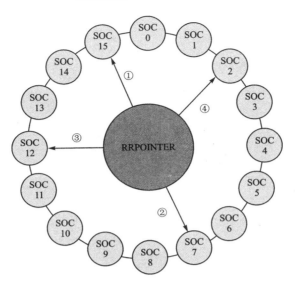

图 7.8　循环运行优先级

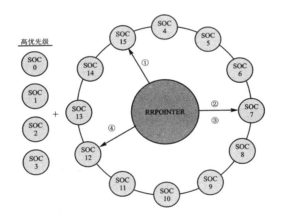

图 7.9　高优先级

具有高优先级指针如图 7.10 所示（其中，BURSTEN＝1，BURSTSIZE＝1），步骤如下：

- 初始条件：SOCPRIORITY 配置为 4（配置 SOC0～SOC3 为高优先级），PRPOINTER 配置为 15，SOC4 具有最高的循环运行优先级；
- 接收到 BURSTTRIG 触发信号；
- 转换 SOC4 和 SOC5：PRPOINTER 现在指向 SOC5，SOC6 此时具有最高循环运行优先级；
- 同时接收到 BURSTTRIG 和 SOC1 信号；
- 转换 SOC1：PRPOINTER 保持指向 SOC5；

> 转换 SOC6 和 SOC7:PRPOINTER 指向 SOC7,S 此时 OC8 具有最高循环运行优先级。

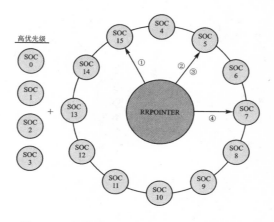

图 7.10　具有高优先级的循环运行突发模式

7.1.3　ADC 后续处理块

每个 ADC 模块包含 4 个后续处理块(PPB),如图 7.11 所示。每个后续处理块可与 16 个 ADCRESULTx 寄存器中的任意一个相关联(通过寄存器 ADCPPBx-CONFIG.CONFIG 的设置)。这 4 个后续处理块分别是:偏移校正、设定点误差计算、限制和零交叉检测及触发至采样延迟捕获。

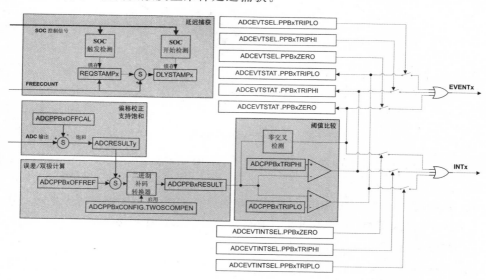

图 7.11　ADC 后续处理块框图

1. 偏移校正

消除可能由外部传感器和信号源造成的 ADCIN 通道相关的偏移,具有零开销和减少循环的特点。加入偏移校准,也就是说,ADC 提供了这么一个寄存器,将这个寄存器赋值之后,ADC 采样的结果会减去这个寄存器的值最终反应到结果中。这也就解决了之前 ADC 采样的时候我们需要在程序上做出固定偏移的功能(线性偏移不能解决)。

使用偏移校正时,参考步骤如下:

① 通用过寄存器 ADCPPBxCONFIG. CONFIG 配置期望的 SOC;

② 用户将校正值写入寄存器 ADCPPBxOFFCAL. OFFCAL,DSP 会自动将 OFFCAL 中的数值加上或减去原始转换的结果寄存器;

③ 经过饱和处理后(数值被限制在 0～4 095 之间)将结果保存在 ADCRESULT 寄存器中。

2. 设定点误差计算

从设定点或预期值中减去一个参考值,用于自动计算误差,这样可缩短采样到输出延迟并减少软件开销。

使用设定点误差计算时,参考步骤如下:

① 通过寄存器 ADCPPBxCONFIG. CONFIG 配置期望的 SOC;

② 用户将校正值写入寄存器 ADCPPBxOFFCAL. OFFREF,DSP 会自动将 OFFREF 中的数值从原始结果寄存器中减去,这个减法会产生负数;

③ 对寄存器 ADCPPBxCONFIG. TWOSCOMPEN 置位将计算结果取反,将结果保存在寄存器 ADCPPBxRESULT 中。

3. 限制和零交叉检测

自动执行上限、下限或零交叉检测,并可以生成 ePWM 触发或中断。简单来讲,我们也可将其理解为一个 ADC 的 SOC 事件。使用限制和零交叉检测时,参考步骤如下:

① 通过寄存器 ADCPPBxCONFIG. CONFIG 配置期望的 SOC;

② 将数据写入寄存器 ADCPPBxTRIPHI. LIMITHI 和 ADCPPBxTRIPLO. LIMITLO 中,作为 ADCPPBxRESULT 寄存器上下限阈值(零交叉检测无须设置这两个寄存器)。

将相关的寄存器设置完毕后产生如下逻辑:

① 若 ADCPPBxRESULT 中的数值超出寄存器 ADCPPBxTRIPHI. LIMITHI 和 ADCPPBxTRIPLO. LIMITLO 的数值,则寄存器 ADCEVTSTAT. PPBxTRIPHI 和 ADCEVTSTAT. PPBxTRIPLO 会被立刻置位;

② 若 ADCPPBxRESULT 中的数值符号发生改变,则寄存器 ADCEVTSTAT. PPBxZERO 会被立刻置位;

③ 将寄存器 ADCEVTCLR 中的对应位置位,则 ADCEVTSTAT 寄存器的相关位会被清除。

此外,限制和零交叉检测会产生如图 7.12 所示中断事件。

➤ 将寄存器 ADCEVTSEL 相关位置位,则产生 PWM 模块的事件信号;

➤ 将寄存器 ADCINTSEL 相关位置位,则产生 PIE 中断事件。

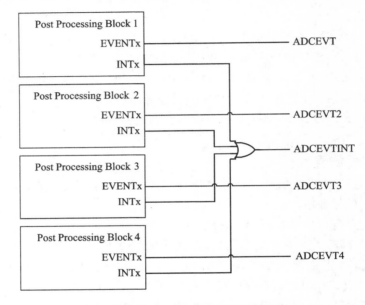

图 7.12　ADC 后续处理块的中断事件

4. 触发至采样延迟捕获

延时捕获模块能够记录从 SOC 触发到开始采样之间的延迟,允许通过软件方法减少延迟误差。例如,在 UPS 逆变器电感电流的采样中,我们希望的采样点与实际采样点之间的差别,可以通过这个功能实现。

触发至采样延迟捕获的工作原理如下:

① 每一个后续处理块均含有一个寄存器的域 ADCPPBxSTAMP.DLYS-TAMP,用于保存从 SOC 触发到开始采样之间的延迟(单位为 CPU 的系统主频)。

② 寄存器 ADCCOUNTER.FREECOUNT 是以 CPU 的系统主频为基准的 12 位 ADC 计数器。当 SOC 触发信号到来时,ADCCOUNTER.FREECOUNT 中的内容会保存在寄存器 ADCPPBxTRIPLO.REQSTAMP 中;当 SOC 真正的采样开始时,寄存器 ADCCOUNTER.FREECOUNT 值减去 ADCPPBxTRIPLO.REQS-TAMP 后将结果保存在寄存器 ADCPPBxSTAMP.DLYSTAMP 中。

7.1.4　ADC 的时钟流

ADC 模块相关的时钟如图 7.13 所示,内部时钟信号选用 OSC1 为输入,通过

SYSPLLMULT 倍频器后经 SYSCLKDIVSEL 分频器得到 CPU 系统时钟 SY-SCLK,这部分内容详见第 3 章。如果此时 PCLKCR13 寄存器中的 ADC_A 位置 1,则系统时钟 SYSCLK 就能引入到 ADC 模块中。通过 ADCTRL2 的 PRESCALE 预定标寄存器对系统时钟 SYSCLK 进一步分频,从而得到 ADC 核时钟信号,再经 ADCSOCxTRL1 中 ACQPS 进一步分频就可以得到采样窗口。

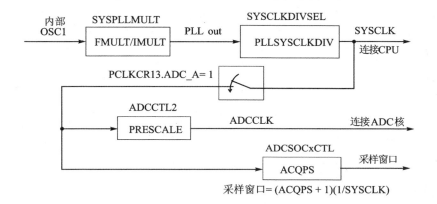

图 7.13　ADC 模块相关的时钟流程图

7.1.5　校准参考及有符号电压处理

1. 内置 ADC 校准

　　TI 在保留的 OTP 空间包含校准程序,用来调节 ADC 的采样增益、ADC 硬件偏移量、修正 ADC 的线性度以及 DAC 的偏移量。

　　① 引导 ROM 包含一个 Device_cal() 例程,能够将校准数据复制到其对应的寄存器,因而必须运行 Device_cal() 才能够满足数据表中的技术规范;

　　➤ 引导加载程序自动调用 Device_cal(),这样用户通常就不需要执行任何操作;

　　➤ 若跳过引导加载程序(如在开发过程中),则应用程序调用方式如下所示:

```
#define Device_cal (void ( * )(void))0x70282
void main(void)
{
    ( * Device_cal)();    // call Device_cal()
}
```

　　② TI 在其提供的源代码中包含一个函数:AdcSetMode()。调用该函数一方面可以实现对 ADC 模块分辨率和信号模式的设置,另一方面,可以调节该 ADC 模块的线性度(CalAdcINL() 函数),并根据所设置的分辨率和信号模式,在函数 GetAd-cOffsetTrimOTP() 中进行索引,同时将该模式下的 ADC 偏移量置于相关寄存器。

```
void AdcSetMode(Uint16 adc, Uint16 resolution, Uint16 signalmode)
{
    Uint16 adcOffsetTrimOTPIndex;        // ADC 偏移量校正参数索引值
    Uint16 adcOffsetTrim;                // ADC 偏移量
    CalAdcINL(adc);//该函数将存放在 OTP 模块中,用于调节 ADC 模块的线性度
    if(0xFFFF != *((Uint16 *)GetAdcOffsetTrimOTP))
    {
        /* 偏移量调整函数 GetAdcOffsetTrimOTP()存放在 OTP 空间,需按程序所示方式进
        行调用;其目的是通过设定的 ADC 分辨率与信号模式后生成索引,并通过该索引在
        GetAdcOffsetTrimOTP( )中查询相依的偏移量参数,存入 adcOffsetTrim 暂时变
        量 */
        adcOffsetTrimOTPIndex = 4 * adc + 2 * resolution + 1 * signalmode;
        adcOffsetTrim = ( * GetAdcOffsetTrimOTP)(adcOffsetTrimOTPIndex);
    }
    else
    {
        adcOffsetTrim = 0;
    }
    //用于对 ADC_A、ADC_B、ADC_D 相应的寄存器设置模块分辨率、信号模式和偏移量
    switch(adc)
    {
    case ADC_ADCA:
        AdcaRegs.ADCCTL2.bit.RESOLUTION = resolution;
        AdcaRegs.ADCCTL2.bit.SIGNALMODE = signalmode;
        AdcaRegs.ADCOFFTRIM.all = adcOffsetTrim;
        if(ADC_RESOLUTION_12BIT == resolution)
        {
        AdcaRegs.ADCINLTRIM1 &= 0xFFFF0000;
        AdcaRegs.ADCINLTRIM2 &= 0xFFFF0000;
        AdcaRegs.ADCINLTRIM4 &= 0xFFFF0000;
        AdcaRegs.ADCINLTRIM5 &= 0xFFFF0000;
        }
        break;
    case ADC_ADCB:
        AdcbRegs.ADCCTL2.bit.RESOLUTION = resolution;
        AdcbRegs.ADCCTL2.bit.SIGNALMODE = signalmode;
        AdcbRegs.ADCOFFTRIM.all = adcOffsetTrim;
        if(ADC_RESOLUTION_12BIT == resolution)
        {
            AdcbRegs.ADCINLTRIM1 &= 0xFFFF0000;
            AdcbRegs.ADCINLTRIM2 &= 0xFFFF0000;
            AdcbRegs.ADCINLTRIM4 &= 0xFFFF0000;
            AdcbRegs.ADCINLTRIM5 &= 0xFFFF0000;
        }
        break;
        case ADC_ADCD:
            AdcdRegs.ADCCTL2.bit.RESOLUTION = resolution;
```

```
            AdcdRegs.ADCCTL2.bit.SIGNALMODE = signalmode;
            AdcdRegs.ADCOFFTRIM.all = adcOffsetTrim;
            if(ADC_RESOLUTION_12BIT == resolution)
            {
                AdcdRegs.ADCINLTRIM1 &= 0xFFFF0000;
                AdcdRegs.ADCINLTRIM2 &= 0xFFFF0000;
                AdcdRegs.ADCINLTRIM4 &= 0xFFFF0000;
                AdcdRegs.ADCINLTRIM5 &= 0xFFFF0000;
            }
            break;
    }
}
/* CalAdcINL()函数目的是将存放在 OTP 空间的线性度的值存入预设定的 ADC 模块
CalAdcINL()是 AdcSetMode()函数的一部分 */
void CalAdcINL(Uint16 adc)
{
    switch(adc)
    {
        case ADC_ADCA:
            if(0xFFFF != *((Uint16 *)CalAdcaINL))
            {
                (*CalAdcaINL)();// 线性度调整函数怎放在 OTP,须调用
            }
            else
            {

            }
        break;
          case ADC_ADCB:
            if(0xFFFF != *((Uint16 *)CalAdcbINL))
            {
                (*CalAdcbINL)();// 线性度调整函数怎放在 OTP,须调用
            }
            else
            {

            }
        break;
        case ADC_ADCD:
            if(0xFFFF != *((Uint16 *)CalAdcdINL))
            {
                (*CalAdcdINL)();// 线性度调整函数怎放在 OTP,须调用
            }
            else
            {

            }
        break;
    }
}
```

2. 手动 ADC 校准

若应用程序无法接受 TI 自带的数据表中的偏移和增益误差,或者还想对单板级误差(如传感器或放大器偏移)进行补偿,则还可以手动校准。

(1) 偏移误差操作方式

用户可通过 ADCOFFTRIM 寄存器的模拟信号进行补偿,将输入配置为 VRE-FLO,并将 ADCOFFTRIM 设置为最大偏移误差再获取读数,之后重新调整 AD-COFFTRIM 寄存器数值,使结果为零,如图 7.14 所示。

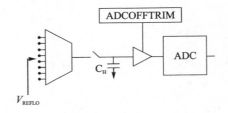

图 7.14　偏移误差操作方式

(2) 增益误差操作方式

软件补偿时需要使用另一个 ADC 输入引脚和该引脚上的上限参考电压,这部分内容可详见《嵌入式 DSP 的原理与应用——基于 TMS320F28335》,或参考 TI 文档 TMS320x280x and TMS320x2801x ADC 校准。

3. 模拟子系统外部参考

ADC 的参考电压需要精准且可靠,硬件上通过外部硬件电路提供参考电源,建议使用 3230、3225、3030 或 3025 等类似芯片。其芯片输出与 DSP 的硬件连接参考如图 7.15 所示。

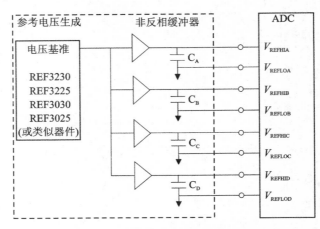

图 7.15　ADC 参考电源 DSP 的硬件连接参考

交流电压、交流电流须经模拟电路处理后送入 DSP 的 ADC 模块完成模拟量变为数字量的过程。由于 DSP 的 ADC 模块的输入电压在 0～3 V 之间,因此,传感器输出信号还需要进一步硬件转换,电路设计上可使用如图 7.16 所示的整流处理或如图 7.17 所示的偏置处理完成。

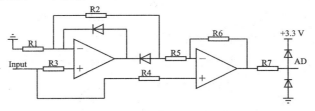

图 7.16　整流处理电路

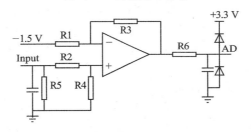

图 7.17　偏置处理电路

软件上,对于偏置电路需要做处理,即在数字的结果中减去 1.5 V,参考代码如下所示:

```
#define  offset  0x07FF
void main(void)
{
    int16 value;            // 有符号数
    value = AdcaResultRegs.ADCRESULT0 - offset;
}
```

7.1.6　ADC 相关寄存器

ADC 寄存器汇总如表 7.1 所列。

表 7.1　ADC 寄存器总汇

寄存器名称	说　明	寄存器名称	说　明
ADCCTRL1	控制 1 寄存器	SOCPRICTL	SOC 优先级控制寄存器
ADCCTRL2	控制 2 寄存器	ADCBURSTCTL	SOC 突发控制寄存器
ADCSOCxCTL	SOC0～SOC15 控制寄存器	ADCOFFTRIM	偏移微调寄存器
ADCINTSOCSELx	中断 SOC 选择 1 和选择 2 寄存器	ADCRESULTx	ADC 结果 0～15 寄存器
INTSELxNy	中断 x 和 y 选择寄存器		

(1) ADC 控制寄存器 1 AdcxRegs. ADCCTRL1,其中 x＝A、B、D

ADC 控制寄存器 1 ADCCTRL1 的位格式如图 7.18 所示,各位含义如表 7.2 所列。

D15	D14	D13	D12	D11	D10	D9	D8
Reserved		ADCBSY	Reserved		ADCBSYCHN		
R-0		R-0	R-0		R-0		

D7	D6	D5	D4	D3	D2	D1	D0
ADCPWDNZ		Reserved			INTPULSE POS	Reserved	
RW-0		R-0			RW-0	R-0	

图 7.18　ADC 控制寄存器 1 ADCCTRL1 的位格式

表 7.2　ADCCTRL1 寄存器各位含义

位　号	名　称	说　明
15～14	Reserved	保留
13	ADCBSY	ADC 是否空闲标志位。 0:ADC 空闲 1:当 ADC SOC 产生时,该标志置位,其他采样通道不能工作
12	Reserved	保留
11～8	ADCBSYCHN	ADC 采样通道忙碌标志位。 当 ADCBSY＝0,则 ADCBSYCHN 的值表示前一个转换的通道; 当 ADCBSY＝1,则 ADCBSYCHN 的值表示如下: 0h:ADCIN0 正在进行转换; 1h:ADCIN1 正在进行转换; … Bh:ADCIN11 正在进行转换
7	ADCPWDNZ	ADC 电源下电设置位(低电平有效),用来控制 ADC 核中的模拟电路的上电或下电。 置 0:ADC 核中所有模拟电路下电 置 1:ADC 核中所有模拟电路上电
6～3	Reserved	保留
2	INPULSEPOS	ADC 中断脉冲生成方式 置 0:ADC 的中断脉冲在采样窗结束后产生 置 1:ADC 的中断脉冲在 ADC 采样完全结束时,即在将结果锁存置结果寄存器的前一个 ADC 系统周期
1～0	Reserved	保留

(2) ADC 控制寄存器 2 AdcxRegs. ADCCTRL2,其中 x＝A、B、D

ADC 控制寄存器 2 ADCCTRL2 的位格式如图 7.19 所示,各位含义如表 7.3 所列。

D15	D14	D13	D12	D11	D10	D9	D8
Reserved							
R-0				R-0			

D7	D6	D5	D4	D3	D2	D1	D0
SIGNAL MODE	RESOLUTION	Reserved		PRESCALE			
RW-0	RW-0	R-0		RW-0			

图 7.19　ADC 控制寄存器 2 ADCCTRL2 的位格式

表 7.3　ADCCTRL2 寄存器各位含义

位　号	名　称	说　明
15～8	Reserved	保留
7	SIGNALMODE	SOC 信号模式选择位,由源代码中的 AdcSetMode() 函数配置。 0:单端输入　　1:差分输入
6	RESOLUTION	SOC 转换分辨率选择位,由源代码中的 AdcSetMode() 函数配置。 0:12 位分辨率　　1:16 位分辨率
5～4	Reserved	保留
3～0	PRESCALE	ADC 时钟预分频位。 0000:ADCCLK=输入时钟; 0001:无效; 0010:ADCCLK=输入时钟/2; 0011:ADCCLK=输入时钟/2.5; 0100:ADCCLK=输入时钟/3; … 1110:ADCCLK=输入时钟/8; 1111:ADCCLK=输入时钟/8.5

159

（3）ADC 突发模式控制寄存器 AdcxRegs. ADCBURSTCTL,其中 x＝A、B、D

ADC 突发模式控制寄存器 ADCBURSTCTL 的位定义如图 7.20 所示,各位含义如表 7.4 所列。

D15	D14	D13	D12	D11	D10	D9	D8
BURSTEN	Reserved			BURSTSIZE			
RW-0	R-0			RW-0			

D7	D6	D5	D4	D3	D2	D1	D0
Reserved		BURSTTRIGSEL					
R-0		RW-0					

图 7.20　ADC 突发模式控制寄存器 ADCBURSTCTL 的位格式

表 7.4　ADCBURSTCTRL 寄存器各位含义

位　号	名　称	说　明
15	BURSTEN	SOC 突发模式使能位 0:突发模式禁止　　1:突发模式使能
14～12	Reserved	保留
11～8	BURSTSIZE	SOC 突发大小选择位,用来决定每次突发触发转换多少个 SOC 0h:转换 1 个 SOC; 1h:转换 2 个 SOC; … Fh:转换 16 个 SOC
7～6	Reserved	保留
5～0	BURSTTRIGSEL	SOC 突发触发源选择位,配置触发信号,以启动突发转换序列 00h:BURSTTRIG0 — 软件触发; 01h:BURSTTRIG1 — CPU 定时器 0,TINT0n 02h:BURSTTRIG2 — CPU 定时器 1,TINT1n 03h:BURSTTRIG3 — CPU1 Timer 2,TINT2n 04h:BURSTTRIG4 — GPIO,ADCEXTSOC 05h:BURSTTRIG5 — ePWM1,ADCSOCA/C 06h:BURSTTRIG6 — ePWM1,ADCSOCB/D 07h:BURSTTRIG7 — ePWM2,ADCSOCA/C 08h:BURSTTRIG8 — ePWM2,ADCSOCB/D … 1Bh:BURSTTRIG27 — ePWM12,ADCSOCA/C 1Ch:BURSTTRIG28 — ePWM12,ADCSOCB/D 1Dh～1Fh:保留

(4) ADC SOC0～SOC15 控制寄存器 AdcxRegs. ADCSOCyCTL(y=0～15),其中 x=A、B、D

ADCSOCxCTL(x=0～15)的位格式义如图 7.21 所示,各位含义如表 7.5 所列。

D31	D30	D29	D28	D27	D26	D25	D24
Reserved							TRIGSEL
R-0							RW-0

D23	D22	D21	D20	D19	D18	D17	D16
TRIGSEL				Reserved	CHSEL		
RW-0				R-0	RW-0		

D15	D14	D13	D12	D11	D10	D9	D8
CHSEL	Reserved						ACQPS
RW-0	R-0						RW-0

D7	D6	D5	D4	D3	D2	D1	D0
ACQPS							
RW-0							

图 7.21　ADCSOCxCTL(x=0～15)的位格式

表 7.5　ADCSOCxCTL 寄存器各位含义

位　号	名　称	说　明
31～25	Reserved	保留
24～20	TRIGSEL	SOC 触发源选择位。当 ADCINTSOCSEL1 或 ADCINTSOCSEL2 寄存器的 SOC 位域被置位时,TRIGSEL 忽略;否则,TRIGSEL 决定 SOC 的触发源。 00h:ADCTRIG0 — 软件触发; 01h:ADCTRIG 1 - CPU 定时器 0,TINT0n 02h:ADCTRIG 2 — CPU 定时器 1,TINT1n 03h:ADCTRIG 3 — CPU1 Timer 2,TINT2n 04h:ADCTRIG 4 — GPIO,ADCEXTSOC 05h:ADCTRIG 5 — ePWM1,ADCSOCA/C 06h:ADCTRIG 6 — ePWM1,ADCSOCB/D 07h:ADCTRIG 7 — ePWM2,ADCSOCA/C 08h:ADCTRIG 8 — ePWM2,ADCSOCB/D … 1Bh:ADCTRIG 27 — ePWM12,ADCSOCA/C 1Ch:ADCTRIG 28 — ePWM12,ADCSOCB/D 1Dh ～1Fh:保留
19	Reserved	保留
18～15	CHSEL	SOC 转换通道选择位。若当前 SOC 的触发信号产生则所配置的 ADC 通道开始采样。 单端模式(SIGNALMODE＝0) 0h:ADCIN0;　　1h:ADCIN1; … Fh:ADCIN15 差分信号模式(SIGNALMODE＝1) 0h:ADCIN0(正相)/ADCIN1(反相);1h:ADCIN2(正相)/ADCIN3(反相); 2h:ADCIN4(正相)/ADCIN5(反相);3h:ADCIN6(正相)/ADCIN7(反相); 4h:ADCIN8(正相)/ADCIN9(反相);5h:ADCIN10(正相)/ADCIN11(反相); 6h:ADCIN12(正相)/ADCIN13(反相);7h:ADCIN14(正相)/ADCIN15(反相)
14～9	Reserved	保留
8～0	ACQPS	SOC 采样保持窗口预分频位。 000h:1 个 SYSCLK 周期; 001h:2 个 SYSCLK 周期; 002h:3 个 SYSCLK 周期; … 1FFh:512 个 SYSCLK 周期

(5) ADC 中断触发 SOC 选择寄存器 1 和 2，AdcxRegs. ADCINTSOCSELy(y=1、2)，其中 x=A、B、D

ADCINTSOCSELx（x=1、2）的位格式如图 7.22 和图 7.23 所示，该寄存器用于选择哪一个 ADCINT 触发 SOCx：

> 00：所有 ADCINT 均不触发 SOCx（TRIGSEL 字段决定 SOCx 触发）；
> 01：ADCINT1 将触发 SOCx（此时忽略 TRIGSEL 字段）；
> 10：ADCINT2 将触发 SOCx（此时忽略 TRIGSEL 字段）；
> 11：无效。

D15	D14	D13	D12	D11	D10	D9	D8
SOC 7		SOC 6		SOC 5		SOC 4	
RW-0		RW-0		RW-0		RW-0	

D7	D6	D5	D4	D3	D2	D1	D0
SOC 3		SOC 2		SOC 1		SOC 0	
RW-0		RW-0		RW-0		RW-0	

图 7.22　ADCINTSOCSEL1 的位格式

D15	D14	D13	D12	D11	D10	D9	D8
SOC 15		SOC 14		SOC 13		SOC 12	
RW-0		RW-0		RW-0		RW-0	

D7	D6	D5	D4	D3	D2	D1	D0
SOC 11		SOC 10		SOC 9		SOC 8	
RW-0		RW-0		RW-0		RW-0	

图 7.23　ADCINTSOCSEL2 的位格式

(6) SOC 优先级控制寄存器 AdcxRegs. SOCPRICTL，其中 x=A、B、D

SOCPRICTL 的位格式如图 7.24 所示，各位含义如表 7.6 所列。

D15	D14	D13	D12	D11	D10	D9	D8
Reserved						PRPOINTER	
R-0						RW-0	

D7	D6	D5	D4	D3	D2	D1	D0
PRPOINTER			SOCPRIORITY				
RW-0			RW-0				

图 7.24　SOCPRICTL 的位格式

表 7.6　SOCPRICTL 寄存器各位含义

位　号	名　称	说　明
15～10	Reserved	保留
9～5	RPPOINTER	循环运行指针，用于指向上一个转换的循环运行 SOCx 并决定转换顺序。 00h：SOC0 最后转换，SOC1 具有最高优先级； 01h：SOC1 最后转换，SOC2 具有最高优先级；

位　号	名　称	说　明
9～5	RPPOINTER	02h:SOC2 最后转换,SOC3 具有最高优先级; 03h:SOC3 最后转换,SOC4 具有最高优先级; 04h:SOC4 最后转换,SOC5 具有最高优先级; 05h:SOC5 最后转换,SOC6 具有最高优先级; 06h:SOC6 最后转换,SOC7 具有最高优先级; 07h:SOC7 最后转换,SOC8 具有最高优先级; 08h:SOC8 最后转换,SOC9 具有最高优先级; 09h:SOC9 最后转换,SOC10 具有最高优先级; 0Ah:SOC10 最后转换,SOC11 具有最高优先级; 0Bh:SOC11 最后转换,SOC12 具有最高优先级; 0Ch:SOC12 最后转换,SOC13 具有最高优先级; 0Dh:SOC13 最后转换,SOC14 具有最高优先级; 0Eh:SOC14 最后转换,SOC15 具有最高优先级; 0Fh:SOC15 最后转换,SOC0 具有最高优先级; 10h:复位值(未转换任何 SOC); 1xh:无效
4～0	SOCPRIORITY	SOC 优先级选择位。决定高优先级和循环运行模式的截止点。 00h:所有通道均为循环运行模式; 01h:SOC0 具有最高优先级,SOC1～15 循环运行; 02h:SOC0～1 具有最高优先级,SOC2～15 循环运行; 03h:SOC0～2 具有最高优先级,SOC3～15 循环运行; 04h:SOC0～3 具有最高优先级,SOC4～15 循环运行; 05h:SOC0～4 具有最高优先级,SOC5～15 循环运行; 06h:SOC0～5 具有最高优先级,SOC6～15 循环运行; 07h:SOC0～6 具有最高优先级,SOC7～15 循环运行; 08h:SOC0～7 具有最高优先级,SOC8～15 循环运行; 09h:SOC0～8 具有最高优先级,SOC9～15 循环运行; 0Ah:SOC0～9 具有最高优先级,SOC10～15 循环运行; 0Bh:SOC0～10 具有最高优先级,SOC11～15 循环运行; 0Ch:SOC0～11 具有最高优先级,SOC12～15 循环运行; 0Dh:SOC0～12 具有最高优先级,SOC13～15 循环运行; 0Eh:SOC0～13 具有最高优先级,SOC14～15 循环运行; 0Fh:SOC0～14 具有最高优先级,SOC15 循环运行; 10h:所有 SOC 具有高优先级(根据 SOC 的编号仲裁); 1xh:无效

（7）ADC 转换结果寄存器 AdcxResultRegs. ADCRESULTy（y=0～15），其中 x= A、B、D

12 位模式下，ADCRESULTy 的位格式如图 7.25 所示，高 4 位保留，12 位数据存放在结果寄存器的低 12 位。其中，bit11 为 MSB，bit0 为 LSB。

D15	D14	D13	D12	D11	D10	D9	D8
Reserved				RESULT			
R-0				RW-0			

D7	D6	D5	D4	D3	D2	D1	D0
RESULT							
RW-0							

图 7.25　12 位 ADCRESULT 的位格式

12 位结果存储方式主要采用单端输入，典型的 ADC 转换结果如表 7.7 所列。

表 7.7　SOCPRICTL 寄存器各位含义

ADCINx 电压/V	数字结果	AdcxResultRegs. ADCRESULTy
3.0	FFFh	0000 1111 1111 1111
1.5	7FFh	0000 0111 1111 1111
0.000 73	1h	0000 0000 0000 0001
0	0h	0000 0000 0000 0000

16 位模式下，ADCRESULTy 的位格式如图 7.26 所示；其中，bit15 为 MSB，bit0 为 LSB。

D15	D14	D13	D12	D11	D10	D9	D8
RESULT							
RW-0							

D7	D6	D5	D4	D3	D2	D1	D0
RESULT							
RW-0							

图 7.26　16 位 ADCRESULT 的位定义

16 位结果存储方式主要采用差分输入，硬件上采用两个输入引脚（ADCINxP 和 ADCINxN），输入电压为两个引脚电压之差，典型的 ADC 转换结果如表 7.8 所列。

表 7.8　SOCPRICTL 寄存器各位含义

ADCINxP 电压	ADCINxN 电压	数字结果	AdcxResultRegs. ADCRESULTy
3.0 V	0 V	FFFh	1111 1111 1111 1111
1.5 V	1.5 V	7FFh	0111 1111 1111 1111

ADCINxP 电压	ADCINxN 电压	数字结果	AdcxResultRegs. ADCRESULTy
45 μV	3.0 V～45 μV	1h	0000 0000 0000 0001
0 V	3.0 V	0 h	000 0000 0000

(8) ADC 中断 1 选择寄存器 ADCINTSEL1N2

ADC 中断 1 选择寄存器 ADCINTSEL1N2 的位格式如图 7.27 所示,其含义如表 7.9 所列。由于 ADC 中断 2 选择寄存器 ADCINTSEL3N4 的位格式、含义与 ADC 中断 1 选择寄存器相同,读者可自行参考数据手册完成。

D15	D14	D13	D12	D11	D10	D9	D8
Reserved	INT2CONT	INT2E	Reserved	INT2SEL			
R-0	RW-0	RW-0	R-0	RW-0			

D7	D6	D5	D4	D3	D2	D1	D0
Reserved	INT1CONT	INT1E	Reserved	INT1SEL			
R-0	RW-0	RW-0	R-0	RW-0			

图 7.27　ADCINTSEL1N2 的位格式

表 7.9　SOCPRICTL 寄存器各位含义

位　号	名　称	说　明
15	Reserved	保留
14	INT2CONT	ADCINT2 连续采样模式使能。 0:若 ADCINT2 标志位被清除,则 ADCINT2 触发不再生成; 1:无论 ADCINT2 标志位是否被清除,ADCINT2 触发依旧生成
13	INT2E	ADCINT2 中断使能位。 0:ADCINT2 被禁止;1:ADCINT2 被使能
12	Reserved	保留
11～8	INT2SEL	ADCINT2 触发源选择位。 0h:EOC0 作为 ADCINT2 触发源; 1h:EOC1 作为 ADCINT2 触发源; … Fh:EOC15 作为 ADCINT2 触发源
7	Reserved	保留
6	INT1CONT	ADCINT1 连续采样模式使能。 0:若 ADCINT1 标志位被清除,则 ADCINT1 触发不再生成; 1:无论 ADCINT1 标志位是否被清除,ADCINT1 触发依旧生成
5	INT1E	ADCINT1 中断使能位。 0:ADCINT1 被禁止;1:ADCINT1 被使能
4	Reserved	保留

位　号	名　称	说　明
3～0	INT1SEL	ADCINT1 触发源选择位。 0h:EOC0 作为 ADCINT1 触发源； 1h:EOC1 作为 ADCINT1 触发源； … Fh:EOC15 作为 ADCINT1 触发源

7.1.7　ADC 例程分析

本小节介绍了 ADC 的不同操作模式,希望读者能掌握 ADC 基本操作。

1. ADC 连续触发(adc_soc_continuous)

对某一通道连续采样,并将其采样结构保存在结果缓冲区;若结果缓冲区数据满则退出。

(1) 主函数程序

```
#define RESULTS_BUFFER_SIZE 256
Uint16AdcaResults[RESULTS_BUFFER_SIZE];
Uint16 resultsIndex;
void main(void)
{
    InitSysCtrl();                        // 系统初始化
    InitGpio();                           // GPIO 的初始化
    DINT;                                 // 禁止总中断
    InitPieCtrl();                        // PIE 中断控制寄存器初始化
    IER = 0x0000;                         // 禁止 CPU 级中断
    IFR = 0x0000;                         // 清除 CPU 级中断标志
    InitPieVectTable();                   // 使能 PIE 中断向量表
    ConfigureADC();                       // ADC 模块配置
    SetupADCContinuous(0);                // 设置 ADC 的通道 0 作为连续采样通道
    EINT;                                 // 使能全局中断
    //将 ADC 结果存储器数组清零
    for(resultsIndex = 0; resultsIndex < RESULTS_BUFFER_SIZE; resultsIndex++)
    {
        AdcaResults[resultsIndex] = 0;
    }
    resultsIndex = 0;                     // 数组指针初始化
    while(1)                              // 主函数循环
    {
        //使能 ADCINT1、ADCINT2
        AdcaRegs.ADCINTSEL1N2.bit.INT1E = 1;
        AdcaRegs.ADCINTSEL1N2.bit.INT2E = 1;
        AdcaRegs.ADCINTSEL3N4.bit.INT3E = 1;
        AdcaRegs.ADCINTSEL3N4.bit.INT4E = 1;
        AdcaRegs.ADCINTFLGCLR.all = 0x000F;
```

```
        //数组指针复位作为下一次循环起始
        resultsIndex = 0;
        //采用软件强制触发方式,启动 SOC0～SOC7
        AdcaRegs.ADCSOCFRC1.all = 0x00FF;
        // 持续采样直至结果缓冲区存满
        while(resultsIndex < RESULTS_BUFFER_SIZE)
        {
                //等待 SOC0～SOC7 转换完毕
                while(0 == AdcaRegs.ADCINTFLG.bit.ADCINT3);
                // 清除由 SOC0～SOC7 产生的 INT1 和 INT3 中断标志
                AdcaRegs.ADCINTFLGCLR.bit.ADCINT1 = 1;
                AdcaRegs.ADCINTFLGCLR.bit.ADCINT3 = 1;
                // 将前 8 个转换结果依次存储在数组中,其中 SOC6 转换结束后生成 ADCIN1
                AdcaResults[resultsIndex + +] = AdcaResultRegs.ADCRESULT0;
                AdcaResults[resultsIndex + +] = AdcaResultRegs.ADCRESULT1;
                AdcaResults[resultsIndex + +] = AdcaResultRegs.ADCRESULT2;
                AdcaResults[resultsIndex + +] = AdcaResultRegs.ADCRESULT3;
                AdcaResults[resultsIndex + +] = AdcaResultRegs.ADCRESULT4;
                AdcaResults[resultsIndex + +] = AdcaResultRegs.ADCRESULT5;
                AdcaResults[resultsIndex + +] = AdcaResultRegs.ADCRESULT6;
                AdcaResults[resultsIndex + +] = AdcaResultRegs.ADCRESULT7;
                //等待 SOC8～SOC15 转换完毕
                while(0 == AdcaRegs.ADCINTFLG.bit.ADCINT4);
                //清除由 SOC8～SOC15 产生的 INT2 和 INT4 中断标志
                AdcaRegs.ADCINTFLGCLR.bit.ADCINT2 = 1;
                AdcaRegs.ADCINTFLGCLR.bit.ADCINT4 = 1;
                // 将前 8 个转换结果依次存储在数组中,SOC14 转换结束后生成 ADCIN2 标志
                AdcaResults[resultsIndex + +] = AdcaResultRegs.ADCRESULT8;
                AdcaResults[resultsIndex + +] = AdcaResultRegs.ADCRESULT9;
                AdcaResults[resultsIndex + +] = AdcaResultRegs.ADCRESULT10;
                AdcaResults[resultsIndex + +] = AdcaResultRegs.ADCRESULT11;
                AdcaResults[resultsIndex + +] = AdcaResultRegs.ADCRESULT12;
                AdcaResults[resultsIndex + +] = AdcaResultRegs.ADCRESULT13;
                AdcaResults[resultsIndex + +] = AdcaResultRegs.ADCRESULT14;
                AdcaResults[resultsIndex + +] = AdcaResultRegs.ADCRESULT15;
        }

        // 禁止所有的 ADCINT 标志位使之停止采样
        //此时 SOC0～SOC15,16 次采样数据存放在结果寄存器中
        AdcaRegs.ADCINTSEL1N2.bit.INT1E = 0;
        AdcaRegs.ADCINTSEL1N2.bit.INT2E = 0;
    }
}
```

(2) 设置 ADC 模块的时钟等配置信息子函数

```
void ConfigureADC(void)
{
    EALLOW;
    AdcaRegs.ADCCTL2.bit.PRESCALE = 6;                    // ADCCLK 时钟预分频位:/4
    AdcSetMode(ADC_ADCA, ADC_RESOLUTION_12BIT, ADC_SIGNALMODE_SINGLE);
                                                         // ADC 校准模式设定
```

```
    AdcaRegs.ADCCTL1.bit.INTPULSEPOS = 1;
    AdcaRegs.ADCCTL1.bit.ADCPWDNZ = 1;              // ADC 内部模拟电路上电
    DELAY_US(6000);                                  // 延迟,等待 ADC 模块上电结束
    EDIS;
}
```

(3) 设置通道连续转换子函数。实现对同一通道的 16 次连续采样

```
void SetupADCContinuous(Uint16 channel)
{
    Uint16 acqps;
    // 设定 ADC 的采样窗口
    if(ADC_RESOLUTION_12BIT == AdcaRegs.ADCCTL2.bit.RESOLUTION)
    {
        acqps = 12;      // 12 位分辨率下为 75 ns,该数值通过 ADCCLK 时钟确定
    }
    else
    {
        acqps = 50;      // 16 位分辨率下为 320 ns,该数值通过 ADCCLK 时钟确定
    }
    EALLOW;
    // SOC 通道选择
    AdcaRegs.ADCSOC0CTL.bit.CHSEL   = channel;
    AdcaRegs.ADCSOC1CTL.bit.CHSEL   = channel;
    AdcaRegs.ADCSOC2CTL.bit.CHSEL   = channel;
    AdcaRegs.ADCSOC3CTL.bit.CHSEL   = channel;
    AdcaRegs.ADCSOC4CTL.bit.CHSEL   = channel;
    AdcaRegs.ADCSOC5CTL.bit.CHSEL   = channel;
    AdcaRegs.ADCSOC6CTL.bit.CHSEL   = channel;
    AdcaRegs.ADCSOC7CTL.bit.CHSEL   = channel;
    AdcaRegs.ADCSOC8CTL.bit.CHSEL   = channel;
    AdcaRegs.ADCSOC9CTL.bit.CHSEL   = channel;
    AdcaRegs.ADCSOC10CTL.bit.CHSEL = channel;
    AdcaRegs.ADCSOC11CTL.bit.CHSEL = channel;
    AdcaRegs.ADCSOC12CTL.bit.CHSEL = channel;
    AdcaRegs.ADCSOC13CTL.bit.CHSEL = channel;
    AdcaRegs.ADCSOC14CTL.bit.CHSEL = channel;
    AdcaRegs.ADCSOC15CTL.bit.CHSEL = channel;
    //采样窗口 = acqps + 1 SYSCLK 周期
    AdcaRegs.ADCSOC0CTL.bit.ACQPS = acqps;
    AdcaRegs.ADCSOC1CTL.bit.ACQPS = acqps;
    AdcaRegs.ADCSOC2CTL.bit.ACQPS = acqps;
    AdcaRegs.ADCSOC3CTL.bit.ACQPS = acqps;
    AdcaRegs.ADCSOC4CTL.bit.ACQPS = acqps;
    AdcaRegs.ADCSOC5CTL.bit.ACQPS = acqps;
    AdcaRegs.ADCSOC6CTL.bit.ACQPS = acqps;
    AdcaRegs.ADCSOC7CTL.bit.ACQPS = acqps;
    AdcaRegs.ADCSOC9CTL.bit.ACQPS = acqps;
    AdcaRegs.ADCSOC10CTL.bit.ACQPS = acqps;
    AdcaRegs.ADCSOC11CTL.bit.ACQPS = acqps;
    AdcaRegs.ADCSOC12CTL.bit.ACQPS = acqps;
```

```
    AdcaRegs.ADCSOC13CTL.bit.ACQPS = acqps;
    AdcaRegs.ADCSOC14CTL.bit.ACQPS = acqps;
    AdcaRegs.ADCSOC15CTL.bit.ACQPS = acqps;
    AdcaRegs.ADCINTSEL1N2.bit.INT1E = 0;        //disable INT1 flag
    AdcaRegs.ADCINTSEL1N2.bit.INT2E = 0;        //disable INT2 flag
    AdcaRegs.ADCINTSEL1N2.bit.INT1E = 0;        //disable INT1 flag
    AdcaRegs.ADCINTSEL1N2.bit.INT2E = 0;        //disable INT2 flag
    AdcaRegs.ADCINTSEL1N2.bit.INT1CONT = 0;
    AdcaRegs.ADCINTSEL1N2.bit.INT2CONT = 0;
    AdcaRegs.ADCINTSEL1N2.bit.INT1CONT = 0;
    AdcaRegs.ADCINTSEL1N2.bit.INT2CONT = 0;
    AdcaRegs.ADCINTSEL1N2.bit.INT1SEL = 6;      // SOC6 转换结束将 INT1 置位
    AdcaRegs.ADCINTSEL1N2.bit.INT2SEL = 14;     // SOC14 转换结束将 INT2 置位
    AdcaRegs.ADCINTSEL1N2.bit.INT3SEL = 7;      // SOC7 转换结束将 INT3 置位
    AdcaRegs.ADCINTSEL1N2.bit.INT4SEL = 15;     // SOC15 转换结束将 INT4 置位
    // ADCINT2 触发前 8 个 SOC(SOC0~SOC7)
    AdcaRegs.ADCINTSOCSEL1.bit.SOC0 = 2;
    AdcaRegs.ADCINTSOCSEL1.bit.SOC1 = 2;
    AdcaRegs.ADCINTSOCSEL1.bit.SOC2 = 2;
    AdcaRegs.ADCINTSOCSEL1.bit.SOC3 = 2;
    AdcaRegs.ADCINTSOCSEL1.bit.SOC4 = 2;
    AdcaRegs.ADCINTSOCSEL1.bit.SOC5 = 2;
    AdcaRegs.ADCINTSOCSEL1.bit.SOC6 = 2;
    AdcaRegs.ADCINTSOCSEL1.bit.SOC7 = 2;
    // ADCINT1 触发后 8 个 SOC(SOC8~SOC15)
    AdcaRegs.ADCINTSOCSEL2.bit.SOC8 = 1;
    AdcaRegs.ADCINTSOCSEL2.bit.SOC9 = 1;
    AdcaRegs.ADCINTSOCSEL2.bit.SOC10 = 1;
    AdcaRegs.ADCINTSOCSEL2.bit.SOC11 = 1;
    AdcaRegs.ADCINTSOCSEL2.bit.SOC12 = 1;
    AdcaRegs.ADCINTSOCSEL2.bit.SOC13 = 1;
    AdcaRegs.ADCINTSOCSEL2.bit.SOC14 = 1;
    AdcaRegs.ADCINTSOCSEL2.bit.SOC15 = 1;
}
```

2. ADC 软件触发(adc_soc_software)

```
//对某一通道连续采样,并将其采样结构保存在结果缓冲区;若结果缓冲区数据满则退出
//本例采用软件触发的方式,对 ADCA 和 ADCB 模块的端口进行采样
```

(1) 主函数

```
Uint16 AdcaResult0;
Uint16 AdcaResult1;
Uint16 AdcbResult0;
Uint16 AdcbResult1;
void main(void)
{
    InitSysCtrl();              // 系统初始化(时钟等)
    InitGpio();                 // GPIO 初始化
```

DSP 原理与应用——基于TMS320F28075

170

```
DINT;                          // 关闭总中断
InitPieCtrl();                 // PIE 中断控制寄存器
IER = 0x0000;                  // 禁止 CPU 级中断使能位
IFR = 0x0000;                  // 清除 CPU 级中断标志位
InitPieVectTable();            // 初始化 PIE 中断向量表
EINT;                          // 开总中断
ConfigureADC();                // ADC 模块配置子函数
SetupADCSoftware();            // ADC 模式设置子函数
while(1)
{
    //软件触发 ADC_A 模块,采样 SOC0 和 SOC1
    AdcaRegs.ADCSOCFRC1.all = 0x0003;
    AdcbRegs.ADCSOCFRC1.all = 0x0003; //软件触发 ADC_B 模块,采样 SOC0 和 SOC1
    // 等待 ADC_A 模块的 ADCINT1 转换完毕后,清除 ADCINT1 标志
    while(AdcaRegs.ADCINTFLG.bit.ADCINT1 == 0);
    AdcaRegs.ADCINTFLGCLR.bit.ADCINT1 = 1;
    // 等待 ADC_B 模块的 ADCINT1 转换完毕后,清除 ADCINT1 标志
    while(AdcbRegs.ADCINTFLG.bit.ADCINT1 == 0);
    AdcbRegs.ADCINTFLGCLR.bit.ADCINT1 = 1;
    // 转换结果存储
    AdcaResult0 = AdcaResultRegs.ADCRESULT0;
    AdcaResult1 = AdcaResultRegs.ADCRESULT1;
    AdcbResult0 = AdcbResultRegs.ADCRESULT0;
    AdcbResult1 = AdcbResultRegs.ADCRESULT1;
}
}
```

(2) ADC 配置子函数

```
void ConfigureADC(void)
{
    EALLOW;
    AdcaRegs.ADCCTL2.bit.PRESCALE = 6; //ADC_A 模块时钟配置,ADCCLK = SYSCLK/4
    AdcbRegs.ADCCTL2.bit.PRESCALE = 6; //ADC_B 模块时钟配置,ADCCLK = SYSCLK/4
    AdcSetMode(ADC_ADCA, ADC_RESOLUTION_12BIT, ADC_SIGNALMODE_SINGLE);
    AdcSetMode(ADC_ADCB, ADC_RESOLUTION_12BIT, ADC_SIGNALMODE_SINGLE);
    AdcaRegs.ADCCTL1.bit.INTPULSEPOS = 1;
    AdcbRegs.ADCCTL1.bit.INTPULSEPOS = 1;
    //对 ADC_A 和 ADC_B 上电
    AdcaRegs.ADCCTL1.bit.ADCPWDNZ = 1;
    AdcbRegs.ADCCTL1.bit.ADCPWDNZ = 1;
    DELAY_US(6000); // 延时等待模块上电结束
    EDIS;
}
```

(3) ADC 模式设置子函数

```
void SetupADCSoftware(void)
{
    Uint16 acqps;
    //设定 ADC 的采样窗口
    if(ADC_RESOLUTION_12BIT == AdcaRegs.ADCCTL2.bit.RESOLUTION)
```

```
{
    acqps = 12;  // 12 位分辨率下为 75 ns,该数值通过 ADCCLK 时钟确定
}
else
{
    acqps = 50;  // 16 位分辨率下为 320 ns,该数值通过 ADCCLK 时钟确定
}
// ADC_A 模块工作模式设置
EALLOW;
AdcaRegs.ADCSOC0CTL.bit.CHSEL = 0;              // 配置 SOC0 采样通道 A0
// SOC0 采样窗口 = acqps + 1 SYSCLK 周期
AdcaRegs.ADCSOC0CTL.bit.ACQPS = acqps;
AdcaRegs.ADCSOC1CTL.bit.CHSEL = 1;              // 配置 SOC1 采样通道 A1
// SOC1 采样窗口 = acqps + 1 SYSCLK 周期
AdcaRegs.ADCSOC1CTL.bit.ACQPS = acqps;
AdcaRegs.ADCINTSEL1N2.bit.INT1SEL = 1;          // SOC1 采样结束将 INT1 置位
AdcaRegs.ADCINTSEL1N2.bit.INT1E = 1;            // 使能 INT1 中断标志
AdcaRegs.ADCINTFLGCLR.bit.ADCINT1 = 1;          // INT11 标志清除
// ADC_B 模块工作模式设置
AdcbRegs.ADCSOC0CTL.bit.CHSEL = 0;              // 配置 SOC0 采样通道 B0
// SOC0 采样窗口 = acqps + 1 SYSCLK 周期
AdcbRegs.ADCSOC0CTL.bit.ACQPS = acqps;
AdcbRegs.ADCSOC1CTL.bit.CHSEL = 1;              // 配置 SOC1 采样通道 B1
// SOC1 采样窗口 = acqps + 1 SYSCLK 周期
AdcbRegs.ADCSOC1CTL.bit.ACQPS = acqps;
AdcbRegs.ADCINTSEL1N2.bit.INT1SEL = 1;          // SOC1 采样结束将 INT1 置位
AdcbRegs.ADCINTSEL1N2.bit.INT1E = 1;            // 使能 INT1 中断标志
AdcbRegs.ADCINTFLGCLR.bit.ADCINT1 = 1;          // INT11 标志清除
}
```

3. ADC 后续处理模块软件例程(adc_ppb_limits)

本例使用 ePWM 模块产生的周期中断标志去触发 ADC 采样,如果 ADC 的采样结果超出了设定范围,则后续处理模块将产生中断。其中,V_{REFHI} 为 3.3 V,若 ADC 采样电压低于 0.8 V 或高于 2.4 V,按照 ADC 的 12 位精度计算,则经转换的数字量在[1 000,3 000]范围内,后续处理模块不会产生中断。

```
void ConfigureADC(void);
void ConfigureEPWM(void);
void ConfigurePPB1Limits(Uint16 soc, Uint16 limitHigh, Uint16 limitLow);
void SetupADCEpwm(Uint16 channel);
interrupt void adca_ppb_isr(void);
```

(1) 主函数

```
void main(void)
{
    InitSysCtrl();              // 系统初始化(时钟等)
    InitGpio();                 // GPIO 初始化
    DINT;                       // 关闭总中断
```

```
    InitPieCtrl();                                    // PIE 中断控制寄存器
    IER = 0x0000;                                     // 禁止 CPU 级中断使能位
    IFR = 0x0000;                                     // 清除 CPU 级中断标志位
    InitPieVectTable();                               // 初始化 PIE 中断向量表
    EALLOW;
                                                      // adca_ppb_isr 中断入口地址
    PieVectTable.ADCA_EVT_INT = &adca_ppb_isr;
    EDIS;
    ConfigureADC();                                   // ADC 模块配置子函数
    ConfigureEPWM();                                  // ePWM
    SetupADCEpwm(0);                                  // ePWM 触发 ADC 模块通道 0
    ConfigurePPB1Limits(0,3000,1000);                 // 设定 SOC0 采样后续处理门限值
    IER |= M_INT10;                                   // 使能 PIE 第 10 组
    EINT;                                             // 使能全局中断
    PieCtrlRegs.PIEIER10.bit.INTx1 = 1;               // 使能 INT10.1
    //启动 ePWM
    EALLOW;
    CpuSysRegs.PCLKCR0.bit.TBCLKSYNC = 1;
    EPwm1Regs.ETSEL.bit.SOCAEN = 1;                   // 使能 SOCA
    EPwm1Regs.TBCTL.bit.CTRMODE = 0;
    while(1);                                          // 等待中断
    {
    }
}
```

(2) ADC 配置子函数

```
void ConfigureADC(void)
{
    EALLOW;                          //ADC_A 模块时钟配置,ADCCLK = SYSCLK/4
    AdcaRegs.ADCCTL2.bit.PRESCALE = 6;
    AdcSetMode(ADC_ADCA, ADC_RESOLUTION_12BIT, ADC_SIGNALMODE_SINGLE);
    AdcbRegs.ADCCTL1.bit.INTPULSEPOS = 1;
                                     //对 ADC_A 和 ADC_B 上电
    AdcaRegs.ADCCTL1.bit.ADCPWDNZ = 1;
    DELAY_US(6000);                  // 延时等待模块上电结束
    EDIS;
}
```

(3) ePWM 配置子函数

```
void ConfigureEPWM(void)
{
    EALLOW;
    //ePWM 模块时钟在系统初始化子函数中使能
    EPwm1Regs.ETSEL.bit.SOCAEN = 0;            // 禁止 ePWM 触发 ADC_A SOC
    //EPWMxSOCA 信号在时钟上升沿时产生的比较
    EPwm1Regs.ETSEL.bit.SOCASEL = 4;
    EPwm1Regs.ETPS.bit.SOCAPRD = 1;            // 比较产生一次即生成触发
    EPwm1Regs.CMPA.bit.CMPA = 0x0800;          // 比较值为 2048
    EPwm1Regs.TBPRD = 0x1000;                  // 周期值为 4096
```

```
    EPwm1Regs.TBCTL.bit.CTRMODE = 3;
    EDIS;
}
```

（4）后续处理模块上下限配置子函数

```
void ConfigurePPB1Limits(Uint16 soc，Uint16 limitHigh，Uint16 limitLow)
{
    EALLOW;
    // 将形参 SOC 配置为 ADC_A 的 PPB1
    AdcaRegs.ADCPPB1CONFIG.bit.CONFIG = soc;
    // 设置上下限
    AdcaRegs.ADCPPB1TRIPHI.bit.LIMITHI = limitHigh;
    AdcaRegs.ADCPPB1TRIPLO.bit.LIMITLO = limitLow;
    // 使能双极比较并使能中断
    AdcaRegs.ADCEVTINTSEL.bit.PPB1TRIPHI = 1;
    AdcaRegs.ADCEVTINTSEL.bit.PPB1TRIPLO = 1;
}
```

（5）后续处理模块上下限配置子函数

```
void SetupADCEpwm(Uint16 channel)
{
    Uint16 acqps;
    // 设定 ADC 的采样窗口
    if(ADC_RESOLUTION_12BIT == AdcaRegs.ADCCTL2.bit.RESOLUTION)
    {
        acqps = 12; // 12 位分辨率下为 75 ns,该数值通过 ADCCLK 时钟确定
    }
    else
    {
        acqps = 50; // 16 位分辨率下为 320 ns,该数值通过 ADCCLK 时钟确定
    }
    //ADCA
    EALLOW;
    AdcaRegs.ADCSOC0CTL.bit.CHSEL = channel;      // 配置 SOC0 的采样通道
    AdcaRegs.ADCSOC0CTL.bit.ACQPS = acqps;        // 配置采样窗口
    // 配置 SOC0 触发源:ePWM1 SOCA/C
    AdcaRegs.ADCSOC0CTL.bit.TRIGSEL = 5;
    // SOC0 转换结束后置 INT1 标志位
    AdcaRegs.ADCINTSEL1N2.bit.INT1SEL = 0;
    AdcaRegs.ADCINTSEL1N2.bit.INT1E = 1;          // 使能 ADCINT1 中断
    AdcaRegs.ADCINTFLGCLR.bit.ADCINT1 = 1;        // 确保 ADCINT1 标志位清零
}
```

（6）后续处理模块中断服务程序

```
interrupt void adca_ppb_isr(void)
{
    if(AdcaRegs.ADCEVTSTAT.bit.PPB1TRIPHI)// 若超出 PPB 的上限
    {
        AdcaRegs.ADCEVTCLR.bit.PPB1TRIPHI = 1;// 清除 PPB1TRIPHI 标志位
    }
```

```
    if(AdcaRegs.ADCEVTSTAT.bit.PPB1TRIPLO)//若超出 PPB 的下限
    {
        AdcaRegs.ADCEVTCLR.bit.PPB1TRIPLO = 1;// 清除 PPB1TRIPLO 标志位
    }
    … …
    // PIE 应答位清零,以便接收组内中断
    PieCtrlRegs.PIEACK.all = PIEACK_GROUP10;
}
```

7.2　比较器子系统 CMPSS

7.2.1　CMPSS 概述

　　在数字电源和电机控制中,数字比较器非常重要。正是由于 F28075 具有内部的 CMPSS 模块,因而在硬件上可以省略这部分设计。图 7.28 为 F28075 包含的比较子系统 CMPSS。

　　CMPSS 的输入为 AIO(模拟引脚),通过内部的基准将引脚的电平转化为比较值。此外,CMPSS 具有数字滤波模块,该模块是数字低通滤波器。当 CMPSS 的前级产生高频干扰触发时,则有可能对 PWM 误动作产生保护。为了避免这一情况,CMPSS 设置了相应的寄存器来调节这个滤波器。F28035 也具备这种功能,但之前的寄存器为 8 位,而 F28075 之后的产品会做到 16 位,也就是说,之后产品中 CMPSS 低通滤波器的带宽会变宽,以滤除更高频率的干扰。

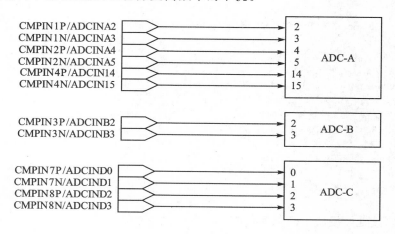

图 7.28　CMPSS 信号连接示意图

　　CMPSS 子系统能够与 PWMSYNC 实现事件同步,每个子系统包含如下模块:
➢ 两个模拟比较器;
➢ 两个可编程 12 位 DAC;

➢ 两个数字滤波器:用于消除杂散触发信号(多数票决);
➢ 一个斜坡发生器:用于峰值电流模式控制。

7.2.2　CMPSS 功能原理

CMPSS 功能框图如图 7.29 所示。外部有两个输入信号 CMPINxP 和 CMPI-NxN。其中,CMPINxP 直接送入 CMPSS 内部两个比较器的正端,CMPINxN 与内部的可编程 DAC 输出信号进行选择,之后作为内部比较器的负端。就内部的两个比较器而言,比较器的正端信号来自于外部引脚(CMPINxP),比较器的负端可来自外部引脚(CMPINxN)或来自内部可编程 12 位 DAC 的输出。

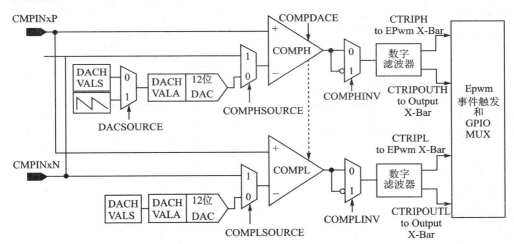

图 7.29　CMPSS 功能框图

每个比较器的输出通过后端的可编程数字滤波器滤除杂散触发信号后生成最终的 4 个触发信号:CTRIPH、CTRIPOUTH、CTRIPL、CTRIPOUTL。其中,CTRIPH 和 CTRIPL 信号与 ePWM - Xbar 相连作为 ePWM 模块 TZ 模块的触发,CTRIPOUTH 和 CTRIPOUTL 信号与 GPIO - Xbar 相连最为外部信号。

(1) 内部比较模块

CMPSS 内部包含两个比较子模块,满足如下比较逻辑:若正端电压高于负端电压,则比较器输出高电平;否则,输出低电平。

(2) 内部 DAC

每一个 DAC 模块可通过寄存器 CMPCTL. COMPHSOURCE 和 CMPCTL. COMPLSOURCE 的配置,将 DAC 输出配置为比较器的负端输入。每个 DAC 模块提供一组 DACxVAL 寄存器:DACxVALA 和 DACxVALS。其中,DACxVALS 为影子寄存器,可在下一个 PWMSYNC 同步事件到来时将 DACxVALS 数据存入 DACxVALA。

（3）斜坡发生器

斜坡发生器的逻辑过程如图 7.30 所示。在这种模式下，斜坡发生器输出的 12 位递减的 RAMPSTS 参考计数信号送入寄存器 DACHVALA，经 DAC 转换后作为比较器的负端输入。

当斜坡发生器收到 PWMSYNC 同步信号时，RAMPSTS 被赋值为当前斜坡发生器的最大值 RAMPMAXREFS。CPU 系统时钟（SYSCLK）经斜坡延时寄存器 RAMPD-LYA 分频后，得到斜坡发生器的基准时钟。按此频率，RAMPSTS 会减去寄存器 RAMPDECVALA 的数值，直到 RAMPSTS 等于比较器正端输入信号 CMPINxP 为止。此后，COMPSTS. COMPHSTS 置位，RAMPSTS 再次被赋值为当前 RAMPMAXREFS 并保持不变，COMPSTS. COMPHSTS 清零，待斜坡发生器收到 PWMSYNC 同步信号时，RAMPSTS 会被赋值为新的 RAMPMAXREFS，重复上述过程。

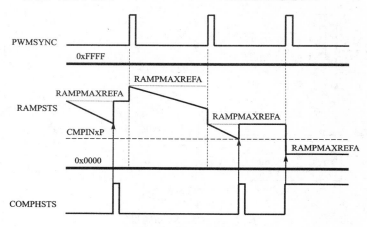

图 7.30　斜坡发生器控制逻辑

7.2.3　CMPSS 相关寄存器

CMPSS 模块的寄存器总汇如表 7.10 所列。

表 7.10　CMPSS 寄存器

寄存器名称	说　明
COMPCTL	CMPSS 比较控制寄存器
COMPDACCTL	CMPSS DAC 控制寄存器
DACHVALS	CMPSS 高 DAC 数据（影子）寄存器
DACHVALA	CMPSS 高 DAC 数据（有效）寄存器
RAMPMAXREFA	CMPSS 斜坡峰值（有效）寄存器
RAMPMAXREFS	CMPSS 斜坡峰值（影子）寄存器
RAMPDECVALA	CMPSS 减数有效寄存器

续表 7.10

寄存器名称	说　明
RAMPDECVALS	CMPSS 减数影子寄存器
DACLVALS	CMPSS 低 DAC 数据影子寄存器
DACLVALA	CMPSS 低 DAC 数据有效寄存器
RAMPDLYA	CMPSS 预分频有效寄存器
RAMPDLYS	CMPSS 预分频影子寄存器

1. CMPSS 比较控制寄存器 COMPCTL

COMPCTL 的位格式如图 7.31 所示,各位含义如表 7.11 所列。

D15	D14	D13	D12	D11	D10	D9	D8
COMPDACE	ASYNCLEN	CTRIPOUTLSEL		CTRIPLSEL		COMPL INV	COMPL SOURCE
RW-0	RW-0	RW-0		RW-0		RW-0	RW-0

D7	D6	D5	D4	D3	D2	D1	D0
Reserved	ASYNCHEN	CTRIPOUTHSEL		CTRIPHSEL		COMPH INV	COMPH SOURCE
R-0	RW-0	RW-0		RW-0		RW-0	RW-0

图 7.31　COMPCTL 的位格式

表 7.11　COMPCTL 寄存器各位含义

位　号	名　称	说　明
15	COMPDACE	比较器/DAC 使能位。 0:比较器/DAC 禁止;1:比较器/DAC 使能
14	ASYNCLEN	低比较器异步输出通道使能位。 0:异步比较器输出未送入带数字滤波锁存的与门; 1:异步比较器输出送入带数字滤波锁存的与门
13～12	CTRIPOUTLSEL	低比较器输出 CTRIPOUTL 信号源选择位。 0:异步比较器输出驱动;1:同步比较器输出驱动; 10:数字滤波器输出驱动;3:带锁存的数字滤波器输出驱动
11～10	CTRIPLSEL	低比较器输出 CTRIPL 信号源选择位。 0:异步比较器输出驱动;1:同步比较器输出驱动; 10:数字滤波器输出驱动;3:带锁存的数字滤波器输出驱动
9	COMPLINV	低比较器输出反向位。 0:比较器输出不反向;1:比较器输出反向

位　号	名　称	说　明
8	COMPLSOURCE	低比较器输入源选择位。 0:选择 12 位 DACL 输出 1:选择外部引脚 COMPINxN
7	Reserved	保留
6	ASYNCHEN	高比较器异步输出通道使能位。 0:异步比较器输出未送入带数字滤波锁存的与门; 1:异步比较器输出送入带数字滤波锁存的与门
5～4	CTRIPOUTHSEL	高比较器输出 CTRIPOUTL 信号源选择位。 0:异步比较器输出驱动;1:同步比较器输出驱动; 10:数字滤波器输出驱动;3:带锁存的数字滤波器输出驱动
3～2	CTRIPHSEL	高比较器输出 CTRIPL 信号源选择位。 0:异步比较器输出驱动;1:同步比较器输出驱动; 10:数字滤波器输出驱动;3:带锁存的数字滤波器输出驱动
1	COMPHINV	高比较器输出反向位。 0:比较器输出不反向;1:比较器输出反向
0	COMPHSOURCE	高比较器输入源选择位。 0:选择 12 位 DACL 输出;1:选择外部引脚 COMPINxN

2. COMPSS DAC 控制寄存器 COMPDACCTL

COMPDACCTL 的位格式如图 7.32 所示,各位含义如表 7.12 所列。

D15	D14	D13	D12	D11	D10	D9	D8
FREESOST		Reserved					
RW-0		R-0					

D7	D6	D5	D4	D3	D2	D1	D0
SWLOAD SEL	RAMPLOAD SEL	SELREF	RAMPSOURCE				DACSOURCE
RW-0	RW-0	RW-0	RW-0				RW-0

图 7.32　COMPDACCTLL 的位格式

表 7.12　COMPDACCTL 寄存器各位含义

位　号	名　称	说　明
15～14	FREESOFT	软件仿真停止、运行设置位。 00:仿真挂起时,斜坡发生器会即可停止工作; 01:仿真挂起时,斜坡发生器完成当前的递减操作,收到下一个 PWMSYNC 同步信号后停止工作; 1x:斜坡发生器将自由运行
13～8	Reserved	保留

位　号	名　称	说　明
7	SWLOADSEL	DACxVALA 数据装载设置位。 0:系统时钟 SYSCLK 脉冲时,将影子寄存器 DACxVALS 的数据装载至 DACxVALA; 1:收到 PWMSYNC 同步信号时,将影子寄存器 DACxVALS 的数据装载至 DACxVALA
6	RAMPLOADSEL	斜坡转载选择位。 0:RAMPSTS 的数据由 RAMPMAXREFA 装载; 1:RAMPSTS 的数据由 RAMPMAXREFS 装载
5	SELREF	DAC 参考电压选择位。 0:VDDA 作为 CMPSS 内部 DAC 的参考电压; 1:VDAC 作为 CMPSS 内部 DAC 的参考电压
4～1	RAMPSOURCE	斜坡发生器同步信号源选择位。 0:选择 PWMSYNC1;1:选择 PWMSYNC2…　…n−1:选择 PWMSYNCn
0	DACSOURCE	内部 DAC 输出源选择位。 0:高 DAC 有效数据 DACHVALA 来自 DACHVALS 1:高 DAC 有效数据 DACHVALA 来自斜坡发生器的输出

3. CMPSS 高 DAC 数据(影子)寄存器 DACHVALA、CMPSS 高 DAC 数据(有效)寄存器 DACHVALS

DACHVALA、DACHVALS 的位格式如图 7.33 所示,通过 COMPDACCTL. SWLOADSEL 设置数据有效寄存器的加载方式。

D15	D14	D13	D12	D11	D10	D9	D8
Reserved				DACVAL			
R0-0				RW-0			

D7	D6	D5	D4	D3	D2	D1	D0
DACVAL							
RW-0							

图 7.33　DACHVALA 和 DACHVALS 的位格式

4. CMPSS 斜坡峰值(有效)寄存器 RAMPMAXREFA、CMPSS 斜坡峰值(影子)寄存器 RAMPMAXREFS

RAMPMAXREFA、RAMPMAXREFS 的位格式如图 7.34 所示,通过影子寄存器 RAMPMAXREFS 将数据载入有效 RAMPMAXREFA 中。

RAMPDECVALA、RAMPDECVALS、DACLVALS、DACLVALA 和 RAMP-DLYS 相关寄存器位格式和相关的定义相对简单,读者可参考 F28075 数据手册学习。

D15	D14	D13	D12	D11	D10	D9	D8
RAMPMAXREF							
RW-0							

D7	D6	D5	D4	D3	D2	D1	D0
RAMPMAXREF							
RW-0							

图 7.34　RAMPMAXREFA 和 RAMPMAXREFS 的位格式

7.2.4　CMPSS 应用例程

使能 CMPSS1 模块内部的 COMPH 比较器,COMPH 输出通过其内部的滤波器后由 GPIO14/OUTPUTXBAR3 引脚输出。

```
//定义内部 DAC 参考电压
#define REFERENCE_VDDA          0
#define REFERENCE_VDAC          1
//定义 COMPH 输入引脚选择(来自 DAC 输出或外部引脚)
#define NEGIN_DAC               0
#define NEGIN_PIN               1
//定义 CTRIPH/CTRIPOUTH 输出选择
#define CTRIP_ASYNCH            0
#define CTRIP_SYNCH             1
#define CTRIP_FILTER            2
#define CTRIP_LATCH             3
//定义输出引脚选择
#define GPIO_PIN_NUM            14 //OUTPUTXBAR3 is muxd with GPIO14
#define GPIO_PER_NUM            6 //OUTPUTXBAR3 is peripheral option 6 for GPIO14
void main(void)
{
    InitSysCtrl();              // 系统初始化(时钟等)
    InitGpio();                 // GPIO 初始化
    DINT;                       // 关闭总中断
    InitPieCtrl();              // PIE 中断控制寄存器
    IER = 0x0000;               // 禁止 CPU 级中断使能位
    IFR = 0x0000;               // 清除 CPU 级中断标志位
    InitCMPSS();                // 配置 COMP1H,正端来自外部引脚,负端来自 DAC 输出
    //将 GPIO14 配置为 CTRIPOUT1H
    GPIO_SetupPinMux(GPIO_PIN_NUM, GPIO_MUX_CPU1, GPIO_PER_NUM);
    while(1);
}
void InitCMPSS(void)
{
    EALLOW;
    //使能 CMPSS
```

```
    Cmpss1Regs.COMPCTL.bit.COMPDACE = 1;
    //负端信号来自 DAC 输出
    Cmpss1Regs.COMPCTL.bit.COMPHSOURCE = NEGIN_DAC;
    // DAC 的参考电源为 VDDA
    Cmpss1Regs.COMPDACCTL.bit.SELREF = REFERENCE_VDDA;
    // 2048 对应模拟电压的 1.5v
    Cmpss1Regs.DACHVALS.bit.DACVAL = 2048;
    //配置数字滤波器
    //配置采样点之间的间隔最大
    Cmpss1Regs.CTRIPHFILCLKCTL.bit.CLKPRESCALE = 0x3FF;
    //配置最大数目的采样点
    Cmpss1Regs.CTRIPHFILCTL.bit.SAMPWIN  = 0x1F;
    // THRESH＞SAMPWIN/2
    Cmpss1Regs.CTRIPHFILCTL.bit.THRESH   = 0x1F;
    //重启滤波器逻辑
    Cmpss1Regs.CTRIPHFILCTL.bit.FILINIT  = 1;
    //配置 CTRIPOUT 路径
    Cmpss1Regs.COMPCTL.bit.CTRIPHSEL = CTRIP_FILTER;
    Cmpss1Regs.COMPCTL.bit.CTRIPOUTHSEL = CTRIP_FILTER;
    //配置 CTRIPOUTH 输出引脚
    //配置 OUTPUTXBAR3 的信号源为 CTRIPOUT1H(OUTPUTXBAR3 的 Mux0)
    OutputXbarRegs.OUTPUT3MUX0TO15CFG.all & = ～((Uint32)1);
    //使能 OUTPUTXBAR3 输出(OUTPUTXBAR3 的 Mux0)
    OutputXbarRegs.OUTPUT3MUXENABLE.all   | = (Uint32)1;
    EDIS;
}
```

7.3 　 数 /模转换模块 DAC

7.3.1 　 DAC 的功能原理

　　本节所介绍的 DAC 模块与 CMPSS 内部的 DAC 不同,它是 F28075 模拟子系统的组成部分。F28075 中有 3 个 DAC 模块,每个 DAC 模块中包含数/模转换器和模拟缓冲器,并在模拟缓冲器的输出端接下拉电阻来驱动外部负载,并保证在模拟缓冲器不使能时,输出引脚为固定电平。此外,软件写入 DAC 寄存器值可立即更新或产生 PWMSYNC 同步信号事件时更新。综上,F28075 的 DAC 模块具有如下特点:

> 具有 3 个 12 位的缓冲 DAC;
> 可提供可编程参考输出电压;
> 能够驱动外部负载;
> 能够与 PWMSYNC 事件提供同步;
> 可选择参考电压。

F28075 的 DAC 功能框图如图 7.35 所示。DAC 数据影子寄存器 DACVALS 的数据按同步触发模式或立即模式载入 DAC 数据有效寄存器 DACVALA。之后，DAC 转换器按照设定的参考电源将寄存器 DACVALA 中的数字量转换为模拟量 V_{DACOUT}（如下式所示），若输出使能（DACOUTEN），则 DAC 最终由外部引脚输出。

$$V_{\text{DACOUT}} = \frac{\text{DACVALA} \cdot \text{DACREF}}{4\,096}$$

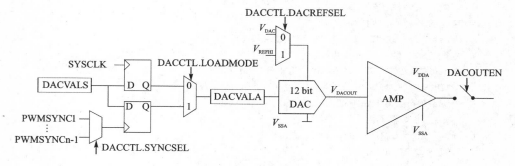

图 7.35　DAC 功能框图

7.3.2　DAC 相关寄存器

1. DAC 控制寄存器 DACCTL

DACCTL 的位格式如图 7.36 所示，其相关位含义如表 7.13 所列。

D15	D14	D13	D12	D11	D10	D9	D8
Reserved							
R-0							

D7	D6	D5	D4	D3	D2	D1	D0
SYNCSEL				Reserved	LOADMODE	Reserved	DACREFSEL
RW-0				R-0	RW-0	R-0	RW-0

图 7.36　DACCTL 的位格式

表 7.13　DACCTL 寄存器各位含义

位 号	名 称	说 明
15～8	Reserved	保留
7～4	SYNCSEL	DAC PWMSYNC 同步信号选择位。 0:PWMSYNC1,1:PWMSYNC2,…,n−1:PWMSYNCn−1
3	Reserved	保留

位 号	名　称	说　明
2	LOADMODE	DACCALA 数据装载模式位,该位决定 DACCALS 数据按何时载入 DAC-CALA。 0:在下一个 SYSCLK 时钟载入; 1:在下一个 PWMSYNC 同步信号时载入
1	Reserved	保留
0	DACREFSEL	DAC 参考电压选择位。 0:VDAC/VSSA 作为参考电压;1:ADC VREFHI/VREFLO 作为参考电压

2. DAC 数据(有效)寄存器 DACVALA、DAC 数据(影子)寄存器 DACVALS

DACHVALA、DACHVALS 的位格式如图 7.37 所示,通过 DACCTL. RAM-PLOADSEL 设置数据的加载方式。

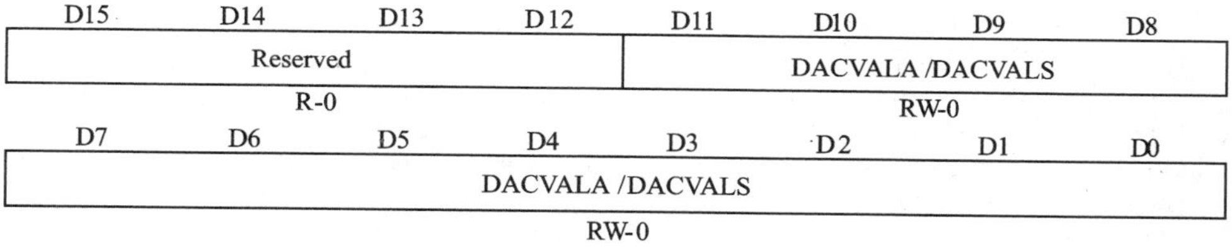

图 7.37　DACHVALA 和 DACHVALS 的位定义

3. DAC 输出使能寄存器 DACOUTEN

DACOUTEN 的位格式如图 7.38 所示,将 DACOUTEN 置位则使能 DAC 输出,否则禁止输出。

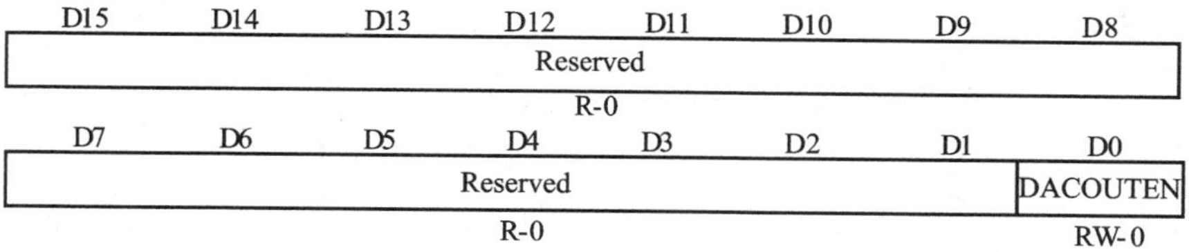

图 7.38　DACOUTEN 的位定义

7.3.3　DAC 应用例程

```
# include "sgen. h"        // 需要信号生成头文件,该文件在 ControlSUIT 中
//定义数据缓冲区
# define DLOG_SIZE1024
Uint16DataLog[DLOG_SIZE];
# pragma DATA_SECTION(DataLog, "DLOG");
```

```
//初始化 DAC 指针
volatile struct DAC_REGS * DAC_PTR[4] = {0x0,&DacaRegs,&DacbRegs,&DaccRegs};
//定义 DAC 参考电压
#define REFERENCE_VDAC                0
#define REFERENCE_VREF                1
//宏定义
#define LOW_THD_SINE                  0
#define HIGH_PRECISION_SINE           1
#define DACA                          1
#define DACB                          2
#define DACC                          3
#define SINEWAVE_TYPE                 LOW_THD_SINE
#define REFERENCEREFE                 RENCE_VDAC
#define CPUFREQ_MHZ                   120
#define DAC_NUM                       DACA
Uint32 samplingFreq_hz = 200000;
Uint32 outputFreq_hz = 1000;
Uint32 maxOutputFreq_hz = 5000;
float waveformGain = 0.8003;          // 范围 0.0～1.0
float waveformOffset = 0;             // 范围 -1.0～1.0
//初始化正弦波分辨率
#if SINEWAVE_TYPE == LOW_THD_SINE
SGENTI_1 sgen = SGENTI_1_DEFAULTS;
#elif SINEWAVE_TYPE == HIGH_PRECISION_SINE
SGENHP_1 sgen = SGENHP_1_DEFAULTS;
#endif
//子函数定义
static inline void dlog(Uint16 value);
static inline void setFreq(void);
static inline void setGain(void);
static inline void setOffset(void);
static inline Uint16 getMax(void);
static inline Uint16 getMin(void);
void configureDAC(Uint16 dac_num);
void configureWaveform(void);
interrupt void cpu_timer0_isr(void);

Uint16 sgen_out = 0;
Uint16 ndx = 0;
float freqResolution_hz = 0;
float interruptDuration_us = 0;
float samplingPeriod_us = 0;
Uint16 maxOutput_lsb = 0;
Uint16 minOutput_lsb = 0;
Uint16 pk_to_pk_lsb = 0;
void main(void)
{
    InitSysCtrl();                    // 系统初始化
    DINT;                             // 禁止总中断
```

```
        InitPieCtrl();                    // PIE 初始化
        IER = 0x0000;                     // 禁止 CPU 中断
        IFR = 0x0000;                     // 清除 CPU 中断标志
        InitPieVectTable();               // PIE 中断向量表初始化
        // CPU 定时器 0 中断服务程序指向 PIE 中断向量表
        EALLOW;
        PieVectTable.TIMER0_INT = &cpu_timer0_isr;
        EDIS;
        //变量初始化
        cpuPeriod_us = (1.0/CPUFREQ_MHZ);
        samplingPeriod_us = (1000000.0/samplingFreq_hz);
        //数据缓冲区清零
        for(ndx = 0; ndx<DLOG_SIZE; ndx + +) DataLog[ndx] = 0;
        ndx = 0;
        configureDAC(DAC_NUM);            // DAC 配置
        configureWaveform();              // 输出波形配置
        InitCpuTimers();                  // 初始化 CPU 定时器 0
        //配置 CPU 定时器 0
        ConfigCpuTimer(&CpuTimer0, CPUFREQ_MHZ, 1000000.0/samplingFreq_hz);
        CpuTimer0Regs.TCR.all = 0x4000;   // 启动 CPU 定时器 0
        //使能 PIE 中断第一组中第 7 个
        IER | = M_INT1;
        PieCtrlRegs.PIEIER1.bit.INTx7 = 1;
        EINT;
        while(1)
        {
            setFreq();        // 设置波形的频率
            setGain();        // 设置波形的幅值
            setOffset();      // 设置波形的偏移量
            maxOutput_lsb = getMax();
            minOutput_lsb = getMin();
            pk_to_pk_lsb = maxOutput_lsb - minOutput_lsb;
        }
}
//数据循环保存至 DataLog[]
static inline void dlog(Uint16 value)
{
    DataLog[ndx] = value;
    if( + + ndx == DLOG_SIZE) ndx = 0;
}
static inline void setFreq(void)
{
    # if SINEWAVE_TYPE == LOW_THD_SINE
        sgen.step_max = (maxOutputFreq_hz * 0x10000)/samplingFreq_hz;
        sgen.freq = ((float)outputFreq_hz/maxOutputFreq_hz) * 0x8000;
    # endif
        freqResolution_hz = (float)maxOutputFreq_hz/sgen.step_max;
}
static inline void setGain(void)
```

```
{
    sgen. gain = waveformGain * 0x7FFF;            // Q15 数据限幅 0x0000～0x7FFF
}
static inline void setOffset(void)
{
    sgen. offset = waveformOffset * 0x7FFF;        // Q15 数据限幅 0x0000～0x7FFF
}
//获取 DataLog[]中数据最大值
static inline Uint16 getMax(void)
{
    Uint16 index = 0;
    Uint16 tempMax = 0;
    for( index = 1;index<DLOG_SIZE;index + + )
    {
        if(tempMax<DataLog[index]) tempMax = DataLog[index];
    }
    return tempMax;
}
//获取 DataLog[]中数据最小值
static inline Uint16 getMin(void)
{
    Uint16 index = 0;
    Uint16 tempMin = 0xFFFF;
    for( index = 1;index<DLOG_SIZE;index + + )
    {
        if(tempMin>DataLog[index]) tempMin = DataLog[index];
    }
    return tempMin;
}
void configureDAC(Uint16 dac_num)
{
    EALLOW;
    DAC_PTR[dac_num] - >DACCTL. bit. DACREFSEL = REFERENCE;
    DAC_PTR[dac_num] - >DACOUTEN. bit. DACOUTEN = 1;
    DAC_PTR[dac_num] - >DACVALS. all = 0;
    DELAY_US(10);// 等待 DAC 内部上电
    EDIS;
}
//波形配置
void configureWaveform(void)
{
    sgen. alpha = 0;
    setFreq();
    setGain();
    setOffset();
}
//中断服务程序
interrupt void cpu_timer0_isr(void)
```

```
    {
        DAC_PTR[DAC_NUM] - >DACVALS.all = sgen_out;        //将当前采样点数据写入 DAC
        dlog(sgen_out);            // 将前一次正弦信号采样点 sgen_out 存入 DataLog[]
        sgen.calc(&sgen);          // 计算下一次正弦信号采样值 sgen_out
        sgen_out = (sgen.out + 32768)>>4;// 正弦量定标
        // PIE 第 1 组应答寄存器写 1 清零,以便接收本组的其他中断
        PieCtrlRegs.PIEACK.all = PIEACK_GROUP1;
    }
;其中 sgen.calc()函数在 TI 给定的 SGT1C.asm 文件中,其作用是查询 SINTB360.asm 文件中
;正弦表生成正弦波信号
; SINTB360.asm 中的正弦表数据详见附录 D
; Module definition for external referance
    .def    _SGENT_1_calc
    .ref    SINTAB_360


_SGENT_1_calc:
    SETC    SXM,OVM         ; XAR4 - >freq

    ; Obtain the step value in pro - rata with the freq input
    MOV     T, * XAR4 + + ; XAR4 - >step_max, T = freq
    MPY     ACC,T, * XAR4 + +  ; XAR4 - >alpha, ACC = freq * step_max (Q15)
    MOVH    AL,ACC<<1
    ; Increment the angle "alpha" by step value
    ADD     AL, * XAR4; AL = (freq * step_max) + alpha  (Q0)
    MOV     * XAR4,AL    ; XAR4 - >alpha, alpha = alpha + step (Unsigned 8.8 format)
    ; Obtain the SIN of the angle "X = alpha" using direct Look - up Table
    MOVL    XAR5, #SINTAB_360
    MOVB    XAR0, #0
    MOVB    AR0,AL.MSB      ; AR0 = indice (alpha/2^8)
    MOV     T, * + XAR5[AR0]  ; T = Y = * (SINTAB_360 + indice)
    ; Scale the SIN output with the gain and add offset
    MPY     ACC,T, * + XAR4[1]
    LSL     ACC, #1         ; ACC = Y * gain (Q31)
    ADD     ACC, * + XAR4[2]<<16 ; ACC = Y * gain + offset
    MOV     * + XAR4[3],AH    ; out = Y * gain + offset
    CLRCOVM
    LRETR
```

7.4　Delta - Segma 滤波器模块 SDFM

　　F28075 包含两个 SDFM 模块,专门用于电动机控制应用中的电流测量和旋转变压器的位置解码。图 7.39 为 SDFM 基本控制框图。

　　其中,F28075 包含每个通道可接收一个独立的调制器位流,各个位流由 4 个单独可编程的数字抽取滤波器处理。滤波器包含一个快速比较器,可即时比较数字阈值,从而实现过流监测。滤波器旁路模式可用于支持数据记录、分析和自定义滤波。此外,SDFM 具有如下特点:

DSP原理与应用——基于TMS320F28075

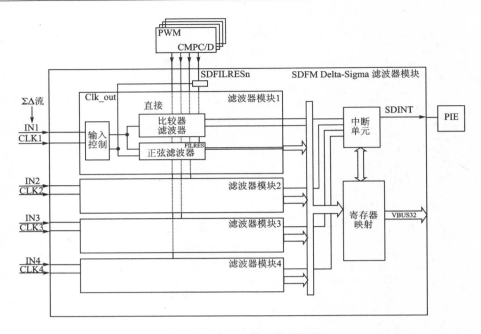

图 7.39　SDFM 基本控制框图

➢ 每个 SDFM 模块包含 8 个外部引脚,其中包含 4 个数据引脚及 4 个时钟输入引脚;

➢ 按照传输速率可配置成 4 个不同的工作模式:数据速率等于时钟速率、数据速率等于时钟速率两倍、时钟速率等于数据速率的两倍及时钟信号忽略;

➢ 4 个独立的、可配置的比较单元具有 4 种滤波类型选择:Sinc1、Sinc2、Sincfast 和 Sinc3,并能实现数据的阈值检测;

➢ 4 个滤波器之间可实现同步;

➢ 滤波后数据类型可为 16 位或 32 位;

➢ PWM 输出可用于 SDFM 模块的时钟信号。

每个 SDFM 是一个 4 通道数字滤波器,这 4 个滤波器功能相同,也可以被独立配置。按照信号流向,每个滤波器可分为输入控制单元、数据滤波单元及比较单元。该模块原理简单,读者可参考数据手册自学。

第 8 章

F28075 片上控制外设

8.1 增强型脉宽调制模块 ePWM

脉宽调制（Pulse Width Modulation，PWM）是一种以数字近似值表示模拟信号的方法。PWM 信号由一组脉宽可变、振幅恒定的脉冲组成，这些脉冲所含的总能量与原始模拟信号相同。这种特性在数字电机控制领域非常有用，可以通过施加到电源转换器的 PWM 信号将正弦电流（能量）传输给电机。尽管能量通过离散的数据包输入到电机，但转子的机械惯性可以起到平滑滤波器的作用，因此动态的电机运动类似于直接施加正弦电流。除此之外，ePWM 也广泛应用于开关电源、UPS（不间断供电电源）、光伏等其他的电能转换领域。

8.1.1 ePWM 原理概述

1. ePWM 的信号和连接

图 8.1 为 ePWM(enhanced Pulse Width Moducation)模块的信号说明，它不仅可以与相邻的 ePWM 模块信号同步，而且生成的 PWM 波形可以作为 GPIO 引脚的输出。另外，ePWM 模块可以产生 ADC 启动器转换信号和 PIE 模块的中断信号。比较器的输出信号还可用作 ePWM X - Bar 的输入信号。

F28075 中的 ePWM 模块都由两个 PWM 输出组成，即 ePWMxA 和 ePWMxB。每个 PWM 有如下特点：

> 精确的 16 位时间基准计数器，控制输出周期和频率；
> 两个 PWM 输出，可配置如下方式：两个独立单边操作的 PWM 输出，两个独立双边对称操作的 PWM 输出，一个独立的双边不对称操作 PWM 输出；
> 与其他 ePWM 模块有关的可编程相位超前和滞后控制；
> 硬件锁定同步相位及双边沿延时的死区控制；
> 用于周期循环控制和单次控制的可编程控制故障区；
> PWM 输出强制为高、低或高阻逻辑电平的控制条件；
> 所有的事件都可以触发 CPU 中断和 ADC 开始转换信号；
> 用于脉冲变换器门驱动的高频 PWM 斩波。

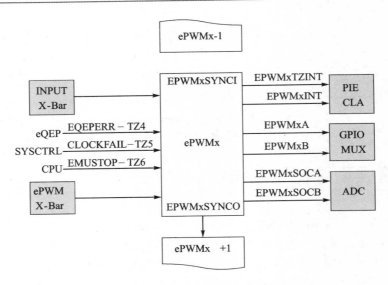

图 8.1 ePWM 模块的信号连接

2．ePWM 模块的内部结构

ePWM 模块总共有 7 个子模块，图 8.2 为其内部结构图。这 7 个模块分别是时间基准模块 TB、计数器比较模块 CC、动作限定模块 AQ、死区控制模块 DB、PWM 斩波模块 PC、事件触发模块 ET、触发区 TZ 和数字比较模块 DC。

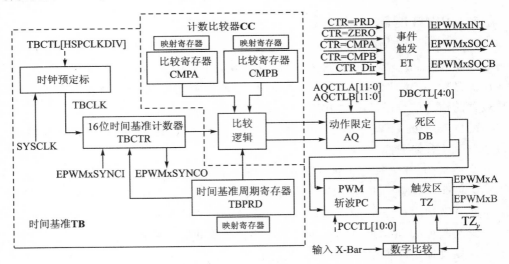

图 8.2 ePWM 的内部结构图

从图 8.2 可以看出,F28075 将系统时钟信号 SYSCLK 预定标处理后,将作为 16 位时间基准计数器(TB)的时钟脉冲信号 TBCLK。时间基准子模块的同步输入信号 EPWMxSYNCI 和同步信号输出 EPWMxSYNCO 用于将各个 ePWM 模块通道同步化处理。时间基准计数器(TBCTR)的计数值在累计过程中不停地与周期寄存器(TBPRD)的值进行比较,产生周期匹配(CTR＝PRD)事件或者下溢事件(CTR＝ZERO)。

同时,时间基准计数器(TBCTR)的计数值还要与两个比较计数子模块(CC)的比较寄存器(CMPA 与 CMPB)进行比较,由此产生两个比较匹配事件(CTR＝CMPA 和 CTR＝CMPB)。

将以上 4 种比较匹配事件(CTR＝PRD、CTR＝ZERO、CTR＝CMPA 和 CTR＝CMPB)送入动作限定子模块(AQ),从而决定两路 PWM 信号线 EPWMxA 和 EPWMxB 的初始工作状态(置高、置低、翻转和无动作)。

将两路经动作限定子模块(AQ)得到的 PWM 初始信号送入死区控制子模块(DB)中,从而生成两路具有可编程死区和极性关系的 PWM 波形。

PWM 斩波子模块(PC)和触发区模块(TZ)是两个可供用户自主选择并配置的模块,实际应用中大多不启用。PWM 斩波子模块使用时,可以加入在死区控制后的 PWM 波形的有效高电平时间内,斩控调制出高频 PWM 脉波。而错误控制子模块(TZ)可在系统故障时,使两路 PWM 信号强制为高、低、高阻或者无响应状态,从而满足系统要求。其中,$\overline{TZy}$(y＝1～6)为错误事件标号。

事件触发子模块(ET)用于设定图 8.2 中所示的 4 种触发事件(CTR＝CMPA 和 CTR＝CMPB 受计数方向限定)中哪些可以用来产生中断请求(EPWMxINT 信号)或者 ADC 转换启动信号(EPWMxSOCA 和 EPWMxSOCB)。

8.1.2　时间基准子模块原理及应用

时间基准子模块相关寄存器及信号连接如图 8.3 所示。

寄存器 TBCTL[HSPCLKDIV]和 TBCTL[CLKDIV]预分频位将 CPU 系统时钟 SYSCLK 分频成希望的时基时钟 TBCLK。TBCLK 作为计数器的基准时钟,按照 TBCTL[CTRMODE]设定的工作模式 TBCTR 开始计数,其计数范围是[0, TRPRD]。TRPRD 为时基周期计数器,具有一个影子寄存器,通过 TBCTL[PRDLD]位设定影子寄存器的加载方式。如果使能了相位同步功能,则计数器会进一步按照系统设定(TBCTR＝0x0000 或 TBCTR＝CMPRB 或采用 EPWMxSYNCI 同步信号)产生同步脉冲 EPWMxSYNCO;该脉冲的作用是将 TBPHS 寄存器中数值直接送入 TBCTR 中计数。

1. 时间基准计数器计数模式

在时基子模块中,时钟预分频器将器件内核系统时钟进行分频,从而得到 16 位时基计数器的时钟。时间基准计数器 TB 有 3 种计数模式,如图 8.4 所示,包括递增

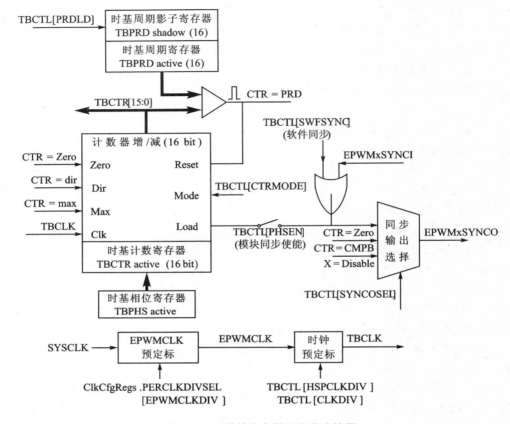

图 8.3　TB 模块寄存器及信号连接图

计数模式、递减计数模式、递增/递减计数模式。

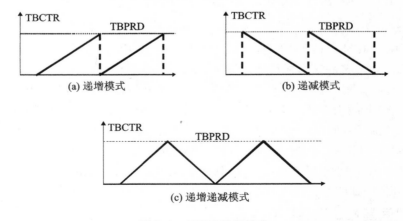

图 8.4　ePWM 计数模式

① 递增模式(Up - Count Mode):时基计数器从零开始增加,直到达到周期寄存器值(TBPRD)。然后时基计数器复位到零,重复上述过程,产生非对称波形。

② 递减模式(Down - Count Mode):时基计数器从周期值开始减小,直到达到零。当达到零时,时基计数器复位到周期值,重复上述过程,产生非对称波形。

③ 递增增减模式(Up - Down - Count Mode):时基计数器从零开始增加,直到达到周期值,然后开始减小直到达到零。然后计数器重复上述工作模式,产生对称波形。

2. 时间基准计数器的同步原理

F28075 的 ePWM 模块采用一种新的模块同步机制以增加同步的灵活性。如图 8.5 所示,同步机制有两个外部同步信号源 EXTSYNC1 和 EXTSYNC2,分别通过 INPUTXBAR5 和 INPUTXBAR6 配置成任意一个 GPIO 引脚。以 EPWM1～EPWM3 所构成的同步链为例说明这种同步机制的原理:EPWM1 作为主模块产生同步输出信号 EPWM1SYNCOUT,一方面作为本级 EPWM2 和 EPWM3 的同步信号;另一方面作为下一级同步链的选择输入(EPWM4～EPWM7);最后作为 DSP 系统

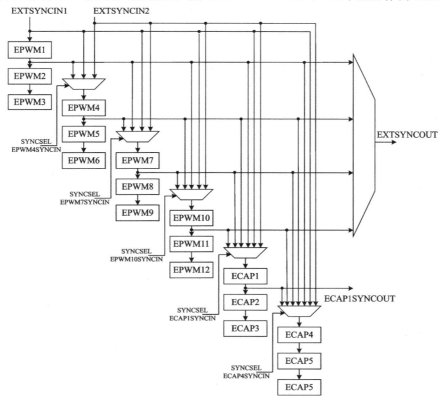

图 8.5　ePWM 同步机制

外部同步输出信号(EXTSYNCOUT)的选择源。其他同步链也具有相同原理,不同的是下级同步链除将 EXTSYNC1 和 EXTSYNC2 作为同步信号外,也将上一级同步链的输出作为本级的同步信号。

每个 ePWM 模块都有一个同步输入 EPWMxSYNCI 和一个同步输出 EPWMx-SYNCO。每个 ePWM 模块可单独设置成使用或忽略同步脉冲输入。若 TBCTL[PHSEN]置位,则当具备下列条件之一时,ePWM 模块的时基计数器将自动装入相位寄存器(TBPHS)的内容:

> 同步输入脉冲 EPWMxSYNCI:当检测到输入同步脉冲时,相位寄存器值装入计数寄存器(TBPHS→TBCNT)。这种操作发生在下一个有效时基时钟沿。

> 软件强制同步脉冲:向 TBCTL[SWFSYNC]控制位写 1 产生一个软件强制同步。该方式与同步输入信号具有同样的效果。

> DCAEVT1 和 DCAEVT2 数字比较事件也可配置成与 EPWMxSYNCI 功能相同的同步信号。

3 种计数模式中,递增计数和递减计数同步事件发生后,不改变原计数方向;递增/递减计数模式时要考虑 TBCTL[PHSDIR]的当前值,为 1 则同步后进行递增计数,为 0 则同步后进行递减计数。递增/递减计数模式下的同步关系如图 8.6 所示。

另外,波形可以根据应用场合,通过写入时基相位寄存器 TBPHS 相应的数据来实现相移。在如图 8.7 所示的 ePWM 三相相位同步图中,EPWM1、EPWM2 和 EP-WM3 分别以相差 120°的技术模式驱动 IGBT,这种配置方式在同步 Buck 和 Boost 电路应用广泛。

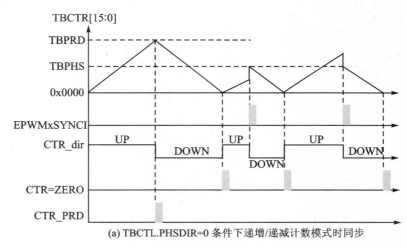

(a) TBCTL.PHSDIR=0 条件下递增/递减计数模式时同步

图 8.6　递增/递减计数模式下的同步关系图

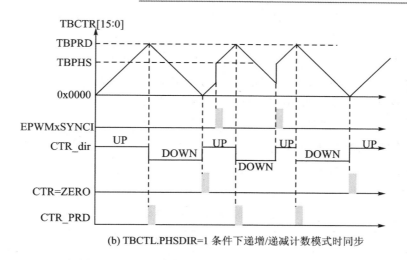

(b) TBCTL.PHSDIR=1 条件下递增/递减计数模式时同步

图 8.6　递增/递减计数模式下的同步关系图(续)

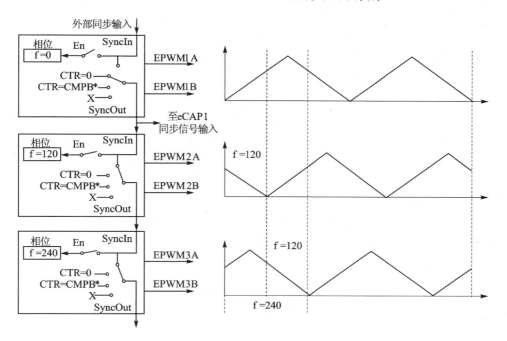

图 8.7　ePWM 相位同步图

3. 多模块时基时钟锁相

TBCLKSYNC 位可以用于全局同步所有 ePWM 模块的时基时钟。当 TB-CLKSYNC=0 时,所有的 ePWM 模块时基时钟停止;当 TBCLKSYNC=1 时,在 TBCLK 信号的上升沿所有的 ePWM 时基时钟模块开始工作。为了精确同步时基

时钟 TBCLK,TBCTL[CLKDIV]位必须设置相同,正确的 ePWM 时钟使能过程如下:

- ➢ 分别使能各个 ePWM 模块时钟;
- ➢ 设置 TBCLKSYNC＝0,停止所有 ePWM 模块的时基;
- ➢ 设置 TBCTL[CLKDIV]和期望的 ePWM 模块;
- ➢ 设置 TBCLKSYNC＝1,使能期望 ePWM 模块的时基。

4. 时间基准子模块寄存器

时间基准子模块相关的寄存器如表 8.1 所列,只有周期寄存器具备对应的影子寄存器。

表 8.1　时间基准模块寄存器总汇

寄存器名称	说　明	寄存器名称	说　明
TBCTL	时基控制寄存器	TBPHS	时基相位寄存器
TBCTL2	时基控制寄存器 2	TBCTR	时基计数寄存器
TBSTS	时基状态寄存器	TBPRD	时基周期寄存器

(1) 时基控制寄存器 TBCTL

TBCTL 寄存器的位格式如图 8.8 所示。位域含义如表 8.2 所列。

D15	D14	D13	D12	D11	D10	D9	D8
FREE_SOFT		PHSDIR	CLKDIV			HSPCLKDIV	
RW-0		R-0	RW-0			RW-1	

D7	D6	D5	D4	D3	D2	D1	D0
HSPCLKDIV	SWFSYNC	SYNCOSEL		PRDLD	PHSEN	CTRMODE	
RW-1	RW-0	RW-0		R-0	RW-0	RW-0	

图 8.8　TBCTL 的位格式

表 8.2　时基控制寄存器 TBCTL 功能说明

位　号	名　称	说　明
15～14	FREE_SOFT	仿真控制位。00:一旦仿真挂起,立即停止。01:一旦仿真挂起,在当前周期结束后停止。0X:操作不受仿真影响
13	PHSDIR	相位方向位。0:同步脉冲后减计数;1:同步脉冲后增计数
12～10	CLKDIV	定时器时间分频系数。 TBCLK=SYSCLKOUT/(HSPCLKDIV·CLKDIV) 000:/1(默认),001:/2,010:/4,011:/8 100:/16,101:/32,110:/64, 111:/128
9～7	HSPCLKDIV	高速外设时钟分频系数。 TBCLK=SYSCLKOUT/(HSPCLKDIV·CLKDIV) 000:/1,001:/2(默认),010:/4,011:/6 100:/8,101:/10,110:/12, 111:/14

位 号	名 称	说 明
6	SWFSYNC	软件强迫生成同步脉冲位。0:无作用;1:强迫生成一次同步脉冲。当 SYN-COSEL＝00 时此位有效
5～4	SYNCOSEL	EPWMxSYNCO 信号源选择位。00:EPWMxSYNCI;01:定时器 计数值 TBCTR＝0;10:当 TBCTR＝CMPB;11:禁止 EPWMxSYNCO 信号
3	PRDLD	定时器周期寄存器装载条件位。0:当计数器值 TBCTR＝0,从阴影寄存器装载;1:立即装载,不使用阴影寄存器
2	PHSEN	相位寄存器装载使能位。0:TBCTR 不从 TBPHS 寄存器装载;1:当 EP-WMxSYNCI 有输入信号,或者由 SWFSYNC 位生成软件同步时,TBCTR 从 TBPHS 装载
1～0	CTRMODE	定时器计数模式位。00:连续增模式;01:连续减模式;10:连续增减模式;11:停止/保持模式

(2) 时基控制寄存器 2 TBCTL2

TBCTL2 寄存器的位格式如图 8.9 所示,位域含义如表 8.3 所列。

D15	D14	D13	D12	D11	D10	D9	D8
PRDLDSYNC		SYNCOSELX		RESERVED			
RW-0		RW-0		R-0			

D7	D6	D5	D4	D3	D2	D1	D0
OSHTSYNC	OSHTSYNC MODE	SELFCLRTRR EM	RESERVED				
RW-0	RW-0	RW-0	R-0				

图 8.9　TBCTL2 的位格式

表 8.3　时基控制寄存器 TBCTL2 功能说明

位 号	名 称	说 明
15～14	PRDLDSYNC	周期寄存器 TBRD 装载同步控制位。 00:当 TBCTR＝0 时,周期寄存器 TBRD 的数据由其影子寄存器装载; 01:当 TBCTR＝0 且收到 SYNC 同步信号时,周期寄存器 TBRD 的数据由其影子寄存器装载; 10:收到 SYNC 同步信号时,周期寄存器 TBRD 的数据由其影子寄存器装载; 11:保留
13～12	SYNCOSELX	SYNCOUT 信号扩展选择位。 00:禁止 EPWMxSYNCO 同步信号;　01:EPWMxSYNCO=CMPC; 10:EPWMxSYNCO=CMPD　11:保留
11～8	Reserved	保留
7	OSHTSYNC	单次触发同步位。写 0 无效;1:允许产生一个触发脉冲
6	OSHTSYNCMODE	单次触发同步使能位。0:禁止;1:使能

位　号	名　称	说　明
5	SELFCLRTRREM	循环同步脉冲使能自触发操作位。 0:禁止;1:使能
4～0	Reserved	保留

(3) 时基状态寄存器 TBSTS

TBSTS 时基状态寄存器的位格式如图 8.10 所示,位域含义如表 8.4 所列。

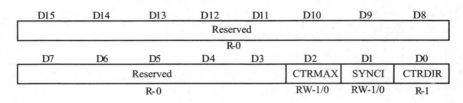

图 8.10　TBSTS 时基状态寄存器的位格式

表 8.4　时基状态寄存器 TBSTS 功能说明

位　号	名　称	说　明
15～3	Reserved	保留
2	CTRMAX	时基计数器最大值状态位。 读 0:表示时基计数器的值从未达到其最大值 0xFFFF,写 0 无效; 读 1:表示时基计数器的值达到其最大值 0xFFFF,写 1 清除
1	SYNCI	输入同步状态位。 读 0:无外部同步事件产生,写 0 无效; 读 1:外部同步事件产生(EPWMxSYNCI),写 1 清除
0	CTRDIR	时基计数方向状态位。 0:计数器正在进行减计数;　1:计数器正在进行加计数

(4) 时基相位寄存器

TBPHS 时基相位寄存器的位格式如图 8.11 所示,位域含义如表 8.5 所列。

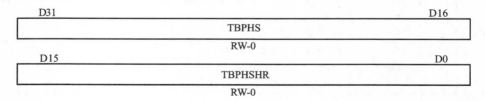

图 8.11　TBPHS 时基相位寄存器的位格式

表 8.5　时基相位寄存器 TBPHS 功能说明

位　号	名　称	说　明
31～16	TBPHS	时基相位寄存器 若 TBCTL[PHSEN]＝0,该数值无效; 若 TBCTL[PHSEN]＝1,当同步事件发生时,TBPHS 的数值会被直接载入到时基计数器 TBCTR 中,数值范围[0,0xFFFF]
15～0	TBPHSHR	时基相位(高分辨率)寄存器

(5) 时基周期寄存器 TBPRD

TBPRD 时基周期寄存器的位格式如图 8.12 所示,位域含义如表 8.6 所列。

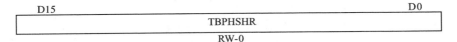

图 8.12　TBPRD 时基周期寄存器的位格式

表 8.6　时基周期寄存器 TBPRD 功能说明

位　号	名　称	说　明
15～0	TBPRD	确定定时器的周期,设置 PWM 频率。 若 TBCTL[PRDLD]＝0,使能阴影寄存器。在时基计数器为零时,定时器的周期值会从其影子寄存器加载; 若 TBCTL[PRDLD]＝1,禁止阴影寄存器

8.1.3　计数器比较子模块原理及应用

时间基准模块的输出 TBCTR 与比较寄存器 A、比较寄存器 B、比较寄存器 C 和比较寄存器 D 中的数值进行比较,当 TBCTR 的数值与比较寄存器的值相同时,则产生比较事件。图 8.13 为该模块的寄存器及信号连接示意图。

比较寄存器 A、B 具有相应的影子寄存器,通过寄存器 CMPCTL. SHD-WAMODE 位和 CMPCTL. SHDBMODE 位来选择立即加载或映射模式,默认情况下采用映射模式。比较寄存器 C、D 也具有相应的影子寄存器,通过寄存器 CMPCTL2. SHDWCMODE 位和 CMPCTL2. SHDWDMODE 位来选择立即加载或映射模式,默认情况下均采用映射模式。

若选定映射模式,比较寄存器 A、寄存器 B 分别通过寄存器 CMPCTL. LOADA-SYNC 位和寄存器 CMPCTL. LOADBSYNC 位来决定其加载方式,比较寄存器 C、寄存器 D 分别通过寄存器 CMPCTL2. LOADCSYNC 位和寄存器 CMPCTL2. LOADDSYNC 位来决定其加载方式。F28075 提供如下 5 种加载方式:

> TBCTR＝TBPRD,即计数器等于周期值时;
> TBCTR＝0,即计数器等于零时;
> TBCTR＝0 或 TBCTR＝TBPRD,即计数器等于周期值或计数器等于零时;
> 由 DCAEVT1、DCBEVT1、EPWMxSYNCI 或 TBCTL. SWFSYNC 产生的同步事件;
> 由同步事件或 LOADxMODE(x＝A、B、C、D)产生时。

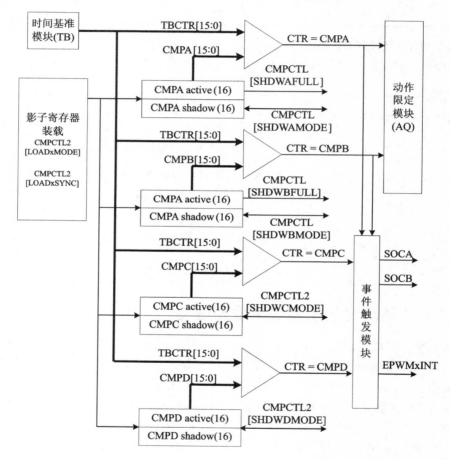

图 8.13　CC 模块的寄存器及信号连接示意图

1. 计数器比较操作

计数比较子模块产生比较事件有以下 3 种模式:
> 递增模式:用于产生不对称 PWM 波形,每个周期每个事件仅发生一次;
> 递减模式:用于产生不对称 PWM 波形,每个周期每个事件仅发生一次;
> 递增递减模式:用于产生对称 PWM 波形,如果比较值位于 0～TBPRD 之间,则每个周期每个事件发生两次。

具有两个独立的主比较事件,比较信号的输出会直接送入动作限定 AQ 子模块:

> CTR=CMPA:时间基准计数器等于有效计数比较器 A 的值;
> CTR=CMPB:时间基准计数器等于有效计数比较器 B 的值。

具有两个独立的附加比较事件,附加比较输出连同主比较输出直接送入事件触发 ET 子模块:

> CTR=CMPC:时间基准计数器等于有效计数比较器 A 的值;
> CTR=CMPD:时间基准计数器等于有效计数比较器 B 的值。

图 8.14 为计数器 3 种工作模式下 CMPA 与 CMPB 的比较操作(CMPA 和 CMPB 直接送入动作限定子模块,CMPC 和 CMPD 直接送入事件触发子模块)。

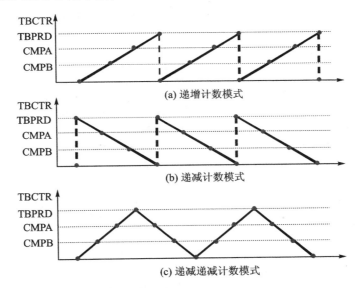

图 8.14　计数器 3 种工作模式下 CMPA 与 CMPB 的比较操作

2. 计数器比较子模块相关寄存器

表 8.7 为计数器比较子模块寄存器总汇,除 CMPCTL 外,其他都包含对应的影子寄存器。

表 8.7　计数器比较子模块寄存器总汇

寄存器名称	说　明	寄存器名称	说　明
CMPCTL	计数器比较控制寄存器	CMPB	计数器比较寄存器 B
CMPCTL2	计数器比较控制寄存器 2	CMPC	计数器比较寄存器 C
CMPA	计数器比较寄存器 A	CMPD	计数器比较寄存器 D

（1）计数器比较控制寄存器 CMPCTL

CMPCTL 计数器比较控制寄存器的位格式如图 8.15 所示，位域含义如表 8.8 所列。

D15	D14	D13	D12	D11	D10	D9	D8
Reserved		LOADBSYNC		LOADASYNC		SHDWBFULL	SHDWAFULL
R-0		R-0		R-0		R-0	R-0

D7	D6	D5	D4	D3	D2	D1	D0
Reserved	SHDWB MODE	Reserved	SHDWA MODE	LOADBMODE		LOADAMODE	
R-0	RW-0	R-0	RW-0	RW-0		RW-0	

图 8.15　CMPCTL 计数器比较控制寄存器的位格式

表 8.8　计数器比较控制寄存器 CMPCTL 功能描述

位　号	名　称	说　明
15～14	Reserved	保留
13～12	LOADBSYNC	CMPB 映射寄存器装载触发选择位。 00:CMPB 从映射寄存器装载由 LOADBMODE 决定； 01:CMPB 从映射寄存器装载由 LOADBMODE 和 SYNC 同步信号共同决定； 10:CMPB 从映射寄存器装载由 SYNC 同步信号决定； 11:保留
11～10	LOADASYNC	CMPA 映射寄存器装载触发选择位。 00:CMPA 从映射寄存器装载由 LOADAMODE 决定； 01:CMPA 从映射寄存器装载由 LOADAMODE 和 SYNC 同步信号共同决定； 10:CMPA 从映射寄存器装载由 SYNC 同步信号决定； 11:保留
9	SHDWBFULL	CMPB 的映射寄存器数据满标志位。0:CMPB 映射寄存器数据未满；1:CMPB 的映射寄存器数据已满。当 CPU 继续写入时，则将覆盖当前映射寄存器的值
8	SHDWAFULL	CMPA 的映射寄存器数据满标志位。0:CMPA 映射寄存器数据未满；1:CMPA 的映射寄存器数据已满。当 CPU 继续写入时，则将覆盖当前映射寄存器的值
7	Reserved	保留
6	SHDWBMODE	CMPB 寄存器操作模式位。0:映射模式，双缓存，所有的值通过映射寄存器写入。1:立即模式，所有的值立即写入比较寄存器
5	Reserved	保留
4	SHDWAMODE	CMPA 寄存器操作模式位。0:映射模式，双缓存，所有的值通过映射寄存器写入。1:立即模式，所有的值立即写入比较寄存器

位　号	名　　称	说　　明
3~2	LOADBMODE	CMPB 寄存器装载模式位。CMPCTL[SHDWBMODE]=1 时,该位无效。00:TBCTR = 0x0000;01:TBCTR = TBPRD;10:TBCTR = 0x0000 或者 TBCTR=TBPRD;11:保留
1~0	LOADAMODE	CMPA 寄存器装载模式位。CMPCTL[SHDWBMODE]=1 时,该位无效。00:TBCTR = 0x0000;01:TBCTR = TBPRD;10:TBCTR = 0x0000 或者 TBCTR=TBPRD;11:保留

（2）计数器比较控制寄存器 CMPCTL2

CMPCTL2 计数器比较控制寄存器的位格式如图 8.16 所示,位域含义如表 8.9 所列。

D15	D14	D13	D12	D11	D10	D9	D8
Reserved		LOADDSYNC		LOADCSYNC		SHDWDFULL	SHDWCFULL
R-0		R-0		R-0		R-0	R-0

D7	D6	D5	D4	D3	D2	D1	D0
Reserved	SHDWD MODE	Reserved	SHDWC MODE	LOADDMODE		LOADCMODE	
R-0	RW-0	R-0	RW-0	RW-0		RW-0	

图 8.16　CMPCTL2 计数器比较控制寄存器的位格式

表 8.9　计数器比较控制寄存器 CMPCTL2 功能描述

位　号	名　　称	说　　明
15~14	Reserved	保留
13~12	LOADDSYNC	CMPD 映射寄存器装载触发选择位。00:CMPD 从映射寄存器装载由 LOADDMODE 决定;01:CMPD 从映射寄存器装载由 LOADDMODE 和 SYNC 同步信号共同决定;10:CMPD 从映射寄存器装载由 SYNC 同步信号决定;11:保留
11~10	LOADCSYNC	CMPC 映射寄存器装载触发选择位。00:CMPC 从映射寄存器装载由 LOADCMODE 决定;01:CMPC 从映射寄存器装载由 LOADCMODE 和 SYNC 同步信号共同决定;10:CMPC 从映射寄存器装载由 SYNC 同步信号决定;11:保留
9	SHDWDFULL	CMPD 的映射寄存器数据满标志位。0:CMPD 映射寄存器数据未满;1:CMPD 的映射寄存器数据已满。当 CPU 继续写入时,则将覆盖当前映射寄存器的值
8	SHDWCFULL	CMPC 的映射寄存器数据满标志位。0:CMPC 映射寄存器数据未满;1:CMPC 的映射寄存器数据已满。当 CPU 继续写入时,则将覆盖当前映射寄存器的值

续表 8.9

位　号	名　称	说　明
7	Reserved	保留
6	SHDWDMODE	CMPD 寄存器操作模式位。0:映射模式,双缓存,所有的值通过映射寄存器写入。1:立即模式,所有的值立即写入比较寄存器
5	Reserved	保留
4	SHDWCMODE	CMPC 寄存器操作模式位。0:映射模式,双缓存,所有的值通过映射寄存器写入。1:立即模式,所有的值立即写入比较寄存器
3~2	LOADDMODE	CMPD 寄存器装载模式位。CMPCTL[SHDWDMODE]=1 时,该位无效。00:TBCTR = 0x0000;01:TBCTR = TBPRD;10:TBCTR = 0x0000 或者 TBCTR=TBPRD;11:保留
1~0	LOADCMODE	CMPC 寄存器装载模式位。CMPCTL[SHDWCMODE]=1 时,该位无效。00:TBCTR = 0x0000;01:TBCTR = TBPRD;10:TBCTR = 0x0000 或者 TBCTR=TBPRD;11:保留

（3）计数器比较寄存器 A、B、C、D(CMPA、CMPB、CMPC、CMPD)

计数器比较寄存器的位格式如图 8.17 所示。

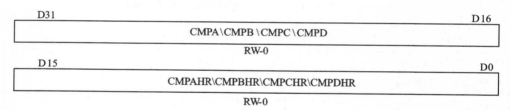

图 8.17　计数器比较寄存器的位格式

8.1.4　动作限定子模块原理及应用

动作限定子模块使用来自比较逻辑和时基计数器的输入信号,针对输出引脚产生不同的操作。前两个模块是用于产生基本 PWM 波形的主要组件,换句话说,动作限定子模块在波形构造过程中具有重要作用,其决定着事件转换的各种动作类型,从而在 EPWMxA 和 EPWMxB 引脚上输出要求的波形。

1. 动作限定子模块主要实现的功能

时间基准子模块 TB 和计数比较子模块 CC 产生的 4 种比较匹配事件(CTR=PRD、CTR=ZERO、CTR=CMPA 和 CTR=CMPB)送入动作限定子模块 AQ,并基于以下事件来决定两路 PWM 信号线 EPWMxA 和 EPWMxB 的电平状态产生相应操作(置1、清零、反转)。触发方式如下:

　　➤ 软件触发;
　　➤ CTR=PRD:时基计数器等于周期(TBCTR=TBPRD);

> CTR＝Zero：时基计数器等于零（TBCTR＝0x0000）；
> CTR＝CMPA：时基计数器等于比较计数器 A（TBCTR＝CMPA）；
> CTR＝CMPB：时基计数器等于比较计数器 B（TBCTR＝CMPB）；
> 基于比较器输出或同步事件的 T1、T2 触发。该触发方式实际上是数字比较子模块 DC 输出信号 DCAEVT1、DCAEVT2 和触发区输出信号 TZ1～TZ3 通过寄存器 AQTSRCSEL 的配置，最终作为 T1、T2 的触发。

由于触发事件较多，当同时发生时，DSP 硬件会进行事件的优先级管理。计数器 3 种工作模式下（递增、递减、递增递减）优先级的规则是：软件优先级最高；根据 TBCTR 的计数方向，后发生的事件具有较高优先级。以递增递减计数为例，触发源的优先级如表 8.10 所列。

表 8.10　触发源的优先级

优先级	TBCTR 递增计数（0→TBPRD）	TBCTR 递减计数（TBPRD→0）
1	软件强制触发	软件强制触发
2	增计数时 T1 触发	减计数时 T1 触发
3	增计数时 T2 触发	减计数时 T2 触发
4	增计数时 TBCTR＝CMPB 触发	减计数时 TBCTR＝CMPB 触发
5	增计数时 TBCTR＝CMPA 触发	减计数时 TBCTR＝CMPA 触发
6	TBCTR＝0 触发	TBCTR＝TBPRD 触发
7	减计数时 T1 触发	增计数时 T1 触发
8	减计数时 T2 触发	增计数时 T2 触发
9	减计数时 TBCTR＝CMPB 触发	增计数时 TBCTR＝CMPB 触发
10	减计数时 TBCTR＝CMPA 触发	增计数时 TBCTR＝CMPA 触发

根据上述的原理介绍，我们可以用表 8.11 来说明动作限定子模块对输出信号 EPWMxA 和 EPWMxB 的调整。

表 8.11　动作限定子模块对输出信号 EPWMxA 和 EPWMxB 的调整

软件强制	时基计数器 =				触发事件		EPWM 输出动作
	零	CMPA	CMPB	TBPRD	T1	T2	
SW X	Z X	CA X	CB X	P X	T1 X	T2 X	无动作
SW L	Z L	CA L	CB L	P L	T1 L	T2 L	置低
SW H	Z H	CA H	CB H	P H	T1 H	T2 H	置高

续表 8.11

软件强制	时基计数器 =				触发事件		EPWM 输出动作
	零	CMPA	CMPB	TBPRD	T1	T2	
SW T	Z T	CA T	CB T	P T	T1 T	T2 T	反转

2. 动作限定子模块产生的 PWM 波形图

图 8.18 为动作限定子模块 AQ 产生的不同 PWM 波形。

在图 8.18(a) 中 EPWMA 和 EPWMB 的输出引脚完全相互独立。其中,在 EP-WMxA 输出端出现零匹配事件时,波形置为高电平;出现比较 A 匹配事件时,波形清零为低电平。在 EPWMxB 输出端出现零匹配事件时,波形置为高电平;出现比较 B 匹配事件时,波形清零为低电平。

图 8.18(b) 为在 EPWMxA/B 上独立调制的递增递减对称的波形图,可见,可以通过单个寄存器进行递增和递减计数来执行不同的动作。因此,在 EPWMxA 和 EPWMxB 输出端出现比较 A 和 B 递增计数匹配事件时,置为高电平;在出现比较 A 和 B 递减计数匹配事件时,清零为低电平。

可见,通过调整计数比较寄存器 CMPA、CMPB 的值或者时间基准周期寄存器 TBPRD 的值,便可以改变 PWM 波形的占空比。

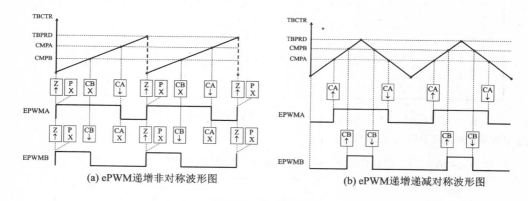

(a) ePWM 递增非对称波形图　　　　(b) ePWM 递增递减对称波形图

图 8.18　动作限定子模块波形示意图

3. 动作限定子模块相关寄存器

表 8.12 为动作限定子模块寄存器汇总。

表 8.12　动作限定子模块寄存器汇总

寄存器名称	说　明	寄存器名称	说　明
AQCTL	AQ 控制寄存器	AQCTLB2	AQ 控制输出 B 寄存器 2
AQCTLA	AQ 控制输出 A 寄存器	AQTSRCSEL	AQ 触发事件源选择寄存器

续表 8.12

寄存器名称	说　明	寄存器名称	说　明
AQCTLA2	AQ 控制输出 A 寄存器 2	AQSFRC	AQ 控制软件强制触发寄存器
AQCTLB	AQ 控制输出 B 寄存器	AQSCFRC	AQ 控制软件强制连续触发寄存器

（1）AQ 控制寄存器 AQCTL

AQ 控制寄存器的位格式如图 8.19 所示，位域含义如表 8.13 所列。

图 8.19　AQ 控制寄存器的位格式

表 8.13　AQ 控制寄存器的位域含义

位　号	名　称	说　明
15～12	Reserved	保留
11～10	LDAQBSYNC	AQCTLB 映射寄存器装载同步选择位，仅当 AQCTLR.SHDWAQBMODE＝1 有效。 00：AQCTLB 从映射寄存器装载，由 LDAQBMODE 决定； 01：AQCTLB 从映射寄存器装载，由 LDAQBMODE 和 SYNC 同步信号共同决定； 10：AQCTLB 从映射寄存器装载，由 SYNC 同步信号决定； 11：保留
9～8	LDAQASYNC	AQCTLA 映射寄存器装载同步选择位，仅当 AQCTLR.SHDWAQAMODE＝1 有效。 00：AQCTLA 从映射寄存器装载，由 LDAQAMODE 决定； 01：AQCTLA 从映射寄存器装载，由 LDAQAMODE 和 SYNC 同步信号共同决定； 10：AQCTLA 从映射寄存器装载，由 SYNC 同步信号决定； 11：保留
7	Reserved	保留
6	SHDWAQBMODE	动作限定 B 寄存器操作模式位。 0：映射模式 1：立即装在模式
5	Reserved	保留
4	SHDWAQAMODE	动作限定 A 寄存器操作模式位。 0：映射模式 1：立即装在模式

位　号	名　称	说　明
3～2	LDAQBMODE	动作限定 B 装载映射选择模式位。 00：TBCTR＝0 时装载；01：TBCTR＝PRD 时装载 10：TBCTR＝0 或 TBCTR＝PRD 时装载；11：冻结(无装载可能)
1～0	LDAQAMODE	动作限定 A 装载映射选择模式位。 00：TBCTR＝0 时装载；01：TBCTR＝PRD 时装载 10：TBCTR＝0 或 TBCTR＝PRD 时装载；11：冻结(无装载可能)

（2）输出 A 比较方式控制寄存器 AQCTLA

AQ 控制寄存器的位格式如图 8.20 所示。

D15　D14　D13　D12	D11　D10	D9　D8
Reserved	CBD	CBU
R-0	RW-0	RW-0

D7　D6	D5　D4	D3　D2	D1　D0
CAD	CAU	PRD	ZRO
RW-0	RW-0	RW-0	RW-0

图 8.20　AQ 控制寄存器的位格式

表 8.14 为输出 A 比较方式控制寄存器 AQCTLA 的功能描述。

表 8.14　输出 A 比较方式控制寄存器 AQCTLA 功能描述

位　号	名　称	说　明
15～12	Reserved	保留
11～10	CBD	当 TBCTR＝CMPB 且定时器在递减计数时，00：禁止动作；01：清零，使得 EPWMxA 输出为低电平；10：置位，使得 EPWMxA 输出为高电平；11：EPWMxA 翻转输出
9～8	CBU	当 TBCTR＝CMPB 且定时器在递增计数时，00：禁止动作；01：清零，使得 EPWMxA 输出为低电平；10：置位，使得 EPWMxA 输出为高电平；11：EPWMxA 翻转输出
7～6	CAD	当 TBCTR＝CMPA 且定时器在递减计数时，00：禁止动作；01：清零，使得 EPWMxA 输出为低电平；10：置位，使得 EPWMxA 输出为高电平；11：EPWMxA 翻转输出
5～4	CAU	当 TBCTR＝CMPA 且定时器在递增计数时，00：禁止动作；01：清零，使得 EPWMxA 输出为低电平；10：置位，使得 EPWMxA 输出为高电平；11：EPWMxA 翻转输出
3～2	PRD	当 TBCTR＝TBPRD 时，00：禁止动作；01：清零，使得 EPWMxA 输出为低电平；10：置位，使得 EPWMxA 输出为高电平；11：EPWMxA 翻转输出
1～0	ZRO	当 TBCTR＝0 时，00：禁止动作；01：清零，使得 EPWMxA 输出为低电平；10：置位，使得 EPWMxA 输出为高电平；11：EPWMxA 翻转输出

(3) 输出 A 比较方式控制寄存器 AQCTLA2

AQ 控制寄存器 2 的位格式如图 8.21 所示。

D15	D14	D13	D12	D11	D10	D9	D8
Reserved							
R-0							

D7	D6	D5	D4	D3	D2	D1	D0
T2D		T2U		T1D		T1U	
RW-0		RW-0		RW-0		RW-0	

图 8.21　AQ 控制寄存器 2 的位格式

表 8.15 为输出 A 比较方式控制寄存器 AQCTLA2 的功能描述。

表 8.15　输出 A 比较方式控制寄存器 2 功能描述

位　号	名　　称	说　　明
15～8	Reserved	保留
7～6	T2D	减计数时 T2 事件触发。 00:无动作;01:EPWMxA 强制置低;10:EPWMxA 强制置高;11:EPWMxA 翻转
5～4	T2U	增计数时 T2 事件触发。 00:无动作;01:EPWMxA 强制置低;10:EPWMxA 强制置高;11:EPWMxA 翻转
3～2	T1D	减计数时 T1 事件触发。 00:无动作;01:EPWMxA 强制置低;10:EPWMxA 强制置高;11:EPWMxA 翻转
1～0	T1U	增计数时 T1 事件触发。 00:无动作;01:EPWMxA 强制置低;10:EPWMxA 强制置高;11:EPWMxA 翻转

(4) 输出 B 比较方式控制寄存器 AQCTLB

AQ 控制寄存器的位格式如图 8.22 所示。

D15	D14	D13	D12	D11	D10	D9	D8
Reserved				CBD		CBU	
R-0				RW-0		RW-0	

D7	D6	D5	D4	D3	D2	D1	D0
CAD		CAU		PRD		ZRO	
RW-0		RW-0		RW-0		RW-0	

图 8.22　AQ 控制寄存器的位格式

表 8.16 为输出 B 比较方式控制寄存器 AQCTLB 的功能描述。

表 8.16　输出 B 比较方式控制寄存器 AQCTLB 功能描述

位　号	名　称	说　明
15～12	Reserved	保留
11～10	CBD	当 TBCTR＝CMPB 且定时器在递减计数时，00：禁止动作；01：清零，使得 EPWMxB 输出为低电平；10：置位，使得 EPWMxB 输出为高电平；11：EP-WMxB 翻转输出
9～8	CBU	当 TBCTR＝CMPB 且定时器在递增计数时，00：禁止动作；01：清零，使得 EPWMxB 输出为低电平；10：置位，使得 EPWMxB 输出为高电平；11：EP-WMxB 翻转输出
7～6	CAD	当 TBCTR＝CMPA 且定时器在递减计数时，00：禁止动作；01：清零，使得 EPWMxB 输出为低电平；10：置位，使得 EPWMxB 输出为高电平；11：EP-WMxB 翻转输出
5～4	CAU	当 TBCTR＝CMPA 且定时器在递增计数时，00：禁止动作；01：清零，使得 EPWMxB 输出为低电平；10：置位，使得 EPWMxB 输出为高电平；11：EP-WMxB 翻转输出
3～2	PRD	当 TBCTR＝TBPRD 时，00：禁止动作；01：清零，使得 EPWMxB 输出为低电平；10：置位，使得 EPWMxB 输出为高电平；11：EPWMxB 翻转输出
1～0	ZRO	当 TBCTR＝0 时，00：禁止动作；01：清零，使得 EPWMxB 输出为低电平；10：置位，使得 EPWMxB 输出为高电平；11：EPWMxB 翻转输出

（5）输出 B 比较方式控制寄存器 AQCTLB2

AQ 控制寄存器 2 的位格式如图 8.23 所示。

D15	D14	D13	D12	D11	D10	D9	D8
Reserved							
R-0							

D7		D6	D5		D4	D3		D2	D1		D0
T2D			T2U			T1D			T1U		
RW-0			RW-0			RW-0			RW-0		

图 8.23　AQ 控制寄存器 2 的位格式

表 8.17 为输出 B 比较方式控制寄存器 AQCTLB2 的功能描述。

表 8.17　输出 B 比较方式控制寄存器 2 功能描述

位　号	名　称	说　明
15～8	Reserved	保留
7～6	T2D	减计数时 T2 事件触发。00：无动作；01：EPWMxB 强制置低；10：EPWMxB 强制置高；11：EPWMxB 翻转

续表 8.17

位　号	名　称	说　明
5～4	T2U	增计数时 T2 事件触发。 00:无动作;01:EPWMxB 强制置低;10:EPWMxB 强制置高;11:EPWMxB 翻转
3～2	T1D	减计数时 T1 事件触发。 00:无动作;01:EPWMxB 强制置低;10:EPWMxB 强制置高;11:EPWMxB 翻转
1～0	T1U	增计数时 T1 事件触发。 00:无动作;01:EPWMxB 强制置低;10:EPWMxB 强制置高;11:EPWMxB 翻转

(6) 软件强制控制寄存器 AQSFRC

软件强制控制寄存器 AQSFRC 的位格式如图 8.24 所示。

D15	D14	D13	D12	D11	D10	D9	D8
Reserved							
R-0							

D7	D6	D5	D4	D3	D2	D1	D0
RLDCSF		OTSFB	ACTSFB		OTSFA	ACTSFA	
RW-0		RW-0/1-0	RW-0		RW-0/1-0	RW-0	

图 8.24　软件强制控制寄存器 AQSFRC 的位格式

表 8.18 为软件强制控制寄存器 AQSFRC 的功能描述。

表 8.18　软件强制控制寄存器 AQSFRC 功能描述

位　号	名　称	说　明
15～8	Reserved	保留
7～6	RLDCSF	AQCSFRC 寄存器重载条件位。00:TBCTR=0;01:TBCTR=TBPRD;10:TBCTR=0 或 TBCTR=TBPRD;11:立即装载
5	OTSFB	EPWMxB 单次软件强迫事件初始化。0:写入 0 没有效果;1:初始化一个 s/w 信号强迫事件
4～3	ACTSFB	EPWMxB 单次软件强迫事件的动作。00:禁止动作;01:清零,使得 EPWMxB 输出为低电平;10:置位,使得 EPWMxB 输出为高电平;11:EPWMxB 翻转输出
2	OTSFA	EPWMxA 单次软件强迫事件初始化。0:写入 0 没有效果;1:初始化一个信号软件强迫事件
1～0	ACTSFA	EPWMxA 单次软件强迫事件的动作。00:禁止动作;01:清零,使得 EPWMxA 输出为低电平;10:置位,使得 EPWMxA 输出为高电平;11:EPWMxA 翻转输出

（7）软件连续强制控制寄存器 AQCSFRC

软件连续强制控制寄存器 AQCSFRC 位格式如图 8.25 所示。

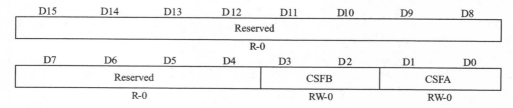

图 8.25　软件连续强制控制寄存器 AQCSFRC 的位格式

表 8.19 为软件连续强制控制寄存器 AQCSFRC 的功能描述。

表 8.19　软件连续强制控制寄存器 AQCSFRC 功能描述

位　号	名　称	说　明
15～4	Reserved	保留
3～2	CSFB	EPWMxB 连续软件强制位。在立即模式时,连续强制作用在下一个 TB-CLK 时钟边缘;在映射寄存器模式时,连续强制作用在下一个 TBCLK 时钟边缘,且映射寄存器已经装载到了主寄存器。使用 AQSFRC[RLDCSF]位来配置映射寄存器模式,00:被禁止,没有作用;01:清零,使得 EPWMxB 输出为连续低电平;10:置位,使得 EPWMxB 输出为连续高电平;11:软件强制被禁止,无作用
1～0	CSFA	EPWMxA 的连续软件强制位。在立即模式时,连续强制作用在下一个 TB-CLK 时钟边缘;在映射寄存器模式时,连续强制作用在下一个 TBCLK 时钟边缘,且映射寄存器已经装载到了主寄存器。使用 AQSFRC[RLDCSF]位来配置映射寄存器模式。00:被禁止,没有作用;01:清零,使得 EPWMxA 输出为连续低电平;10:置位,使得 EPWMxA 输出为连续高电平;11:软件强制被禁止,无作用

（8）动作限定子模块触发事件源选择寄存器 AQTSRCSEL

动作限定子模块触发事件源选择寄存器 AQTSRCSEL 的位格式如图 8.26 所示。

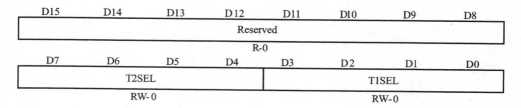

图 8.26　动作限定子模块触发事件源选择寄存器 AQTSRCSEL 的位格式

表 8.20 为动作限定子模块的触发事件源选择寄存器功能描述。

表 8.20　动作限定子模块的触发事件源选择寄存器

位　号	名　称	说　明
15～8	Reserved	保留
7～4	T2SEL	T2 事件源选择位。 0000：DCAEVT1；0001：DCAEVT2；0010：DCBEVT1；0011：DCBEVT2； 0100：TZ1；0101：TZ2；0110：TZ3；0111：EPWMxSYNCIN
3～0	T1SEL	T1 事件源选择位。 0000：DCAEVT1；0001：DCAEVT2；0010：DCBEVT1；0011：DCBEVT2； 0100：TZ1；0101：TZ2；0110：TZ3；0111：EPWMxSYNCIN

8.1.5　ePWM 计算实例——如何产生对称及非对称波形

要得到 PWM 波形，首先要知道 PWM 的开关频率以及分辨率和占空比，然后计算出相应的 TBPRD 和 CMPA 的初始值。接下来将详细向读者说明如何产生对称和非对称波形。

1. PWM 的开关频率

PWM 载波频率由时基周期寄存器中的值和时钟信号的频率决定。周期寄存器中所需的值为：

➢ 非对称 PWM：周期寄存器 $= \dfrac{\text{开关周期}}{\text{定时器周期}} - 1$。

➢ 对称 PWM：周期寄存器 $= \dfrac{\text{开关周期}}{2 \times \text{定时器周期}}$。

2. PWM 的分辨率

PWM 比较功能分辨率可以在确定周期寄存器值之后计算得出，确定小于（或接近）周期值的 2 的最大幂。例如，如果非对称波形周期值为 1 000，对称波形周期值为 500，则：

➢ 非对称 PWM：约 10 位的分辨率，$2^{10} = 1\,024 \approx 1\,000$；

➢ 对称 PWM：约 9 位的分辨率，$2^9 = 512 \approx 500$。

3. PWM 的占空比

占空比计算只须记住一点，在任何特定的定时器周期中，PWM 信号初始时均处于不活动状态，在（第一个）比较匹配事件发生后变为活动状态。定时器比较寄存器应装载的值如下：

➢ 非对称 PWM：TxCMPR = (100% − 占空比) × TxPR；

➢ 对称 PWM：TxCMPR = (100% − 占空比) × (TxPR + 1) − 1。

注意,对于对称 PWM,只有比较寄存器在时基周期的递增计数比较部分和递减计数比较部分均包含该计算值时,才会达到所需的占空比。

4. PWM 计算示例

【例 8 - 1】对称 PWM 计算示例:一个开关频率为 100 MHz、定时器的时基时钟频率为 100 kHz、占空比为 25% 的对称 PWM 的波形如图 8.27(a)所示,求其 TB-PRD 和 CMPA。

$$TBPRD = \frac{1}{2} \times \frac{F_{TBCLK}}{F_{PWM}} = \frac{1}{2} \times \frac{100 \text{ MHz}}{100 \text{ kHz}} = 500$$

$$CMPA = (100\% - 占空比) \times TBPRD = 0.75 \times 500 = 375$$

【例 8 - 2】非对称 PWM 计算示例:一个开关频率为 100 MHz、定时器的时基时钟频率为 100 kHz、占空比为 25% 的非对称 PWM 的波形如图 8.27(b)所示,求其 TBPRD 和 CMPA。

$$TBPRD = \frac{F_{TBCLK}}{F_{PWM}} - 1 = \frac{100 \text{ MHz}}{100 \text{ kHz}} - 1 = 999$$

$$CMPA = (100\% - 占空比) \times (TBPRD + 1) - 1 = 0.75 \times (999 + 1) - 1 = 749$$

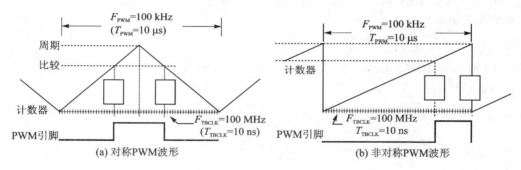

(a) 对称PWM波形　　　　　　(b) 非对称PWM波形

图 8.27　PWM 波形示意图

8.1.6　死区控制子模块原理及应用

前面讨论的动作限定子模块 AQ 的目的是进行 ePWM 高低电平的切换,但这种切换并未考虑电平跳变时刻的延时。为避免同一桥臂上下两个开关管的直通,这种延时在电力电子桥式电路的控制中尤为重要,也是死区控制模块讨论的内容。

1. 死区的作用及意义

典型的桥式电路如图 8.28 所示。开关器件的导通速度比关断速度快,因此若不加死区控制就会发生同时导通现象从而造成短路。因此,死区子模块的作用是使栅极信号的开关时间延迟,从而使栅极有时间关闭并防止短路。

死区控制可以方便地解决功率转换器中的电流击穿问题。当开关转换器同一相位的上栅极和下栅极同时开路时,将会发生击穿。这种情况会使电源短接,从而导致出现大的流耗。由于晶体管的开启速度快于关断速度,并且功率转换器的高侧和低侧栅极通常以互补的方式开关,所以会发生击穿。在 PWM 循环(即常闭栅极最终关闭)期间,尽管击穿电流路径的持续时间有限,但即使持续时间很短的短路情况也会使功率转换器和电源发生过热和过载。

2. 解决方案

控制击穿有两个基本的方法:调整晶体管或调整用于控制晶体管的 PWM 栅极信号。

① 增加一组无源元件。

例如,与晶体管栅极串联的电阻和二极管,如图 8.29 所示。

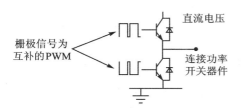

图 8.28　单桥臂电路示意图　　　图 8.29　晶体管栅极串联的电阻和二极管

晶体管开启期间,电阻将限制通向栅极的电流升高速率,从而延长开路时间。但当关闭晶体管时,电流通过旁路二极管从栅极流出而未受到阻碍,因此关闭时间不受影响。尽管这种无源方式是一种经济且不影响控制微处理器的解决方案,但它不够精确,必须为功率转换器单独定制元件参数,并且不能适应变化的系统条件。

② 将固定周期内互补 PWM 信号上的转换进行隔离,这称为死区。

尽管可以通过软件方式实现,但 C28x 提供了该用途的片上硬件而无需额外的 CPU 开销。与无源方式相比,死区可以更为精确地对栅极时序要求进行控制。另外,死区时间通常通过一个程序变量来指定,该变量可以轻松地针对不同的功率转换器进行修改或者在线调整。

3. F28075 死区控制 DB 子模块

图 8.30 为 DB 模块的内部结构。

① 输入源选择:死区模块的输入信号来自动作限定控制的输出信号 EPWMxA 和 EPWMxB。使用 DBCTL(IN_MODE)控制位可以选择每个延时的信号源。

② 死区双边 B 模式控制位(S8 开关):决定输入上升/下降沿延迟单元的信号。

③ 极性选择位:决定上升沿或下降沿延时信号在送出死区子模块之前是否取反。

④ 输出模式控制:输出模式由 DBCTL[OUT_MODE]位决定是下降沿延时、上升沿延时、不延时或者都延时。

⑤ 具有两个寄存器,分别是上升沿和下降沿延迟寄存器。这两个寄存器是 14

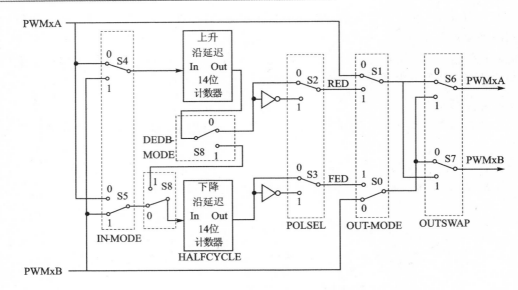

图 8.30　DB 模块内部结构

位,计数频率以 TBCLK 或两倍的 TBCLK 计数频率为基准,并各自具有映射寄存器,可按需求选择寄存器装载模式。

若 INMODE 置为 0,则 PWMxA 作为输入源信号送入上升/下降沿延迟环节;若 DEDBMODE 置为 0,则延迟环节的输出会依次送入 A/B 通道。POLSEL 极性选择为 0、OUTMODE 选择 1(上升/下降延迟有效)且信号不反转(OUTSWAP＝0)时,输出 PWMxA 和 PWMxB 的波形如图 8.31 所示。

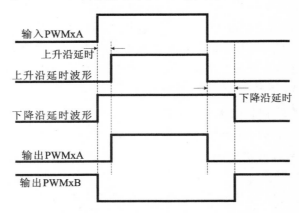

图 8.31　死区控制输出互补的 PWM 典型波形

4. 死区控制模块相关寄存器

表 8.21 为死区控制模块相关寄存器总汇。

表 8.21 死区控制模块相关寄存器总汇

寄存器名称	说 明	寄存器名称	说 明
DBCTL	死区控制寄存器	DBRED	14 位上升沿延时寄存器
DBCTL2	死区控制寄存器 2	DBFED	14 位下降沿延时寄存器

（1）死区发生器控制寄存器 DBCTL

死区发生器控制寄存器 DBCTL 的位格式如图 8.32 所示,功能描述如表 8.22 所列。

D15	D14	D13	D12	D11	D10	D9	D8
HALFCYCLE	DEDB_MODE	OUTSWAP		SHDWDBFE DMODE	SHDWDBRE DMODE	LOADFEDMODE	
RW-0	RW-0	RW-0		RW-0	RW-0	RW-0	

D7	D6	D5	D4	D3	D2	D1	D0
LOADREDMODE		IN_MODE		POLSEL		OUT_MODE	
RW-0		RW-0		RW-0		RW-0	

图 8.32 死区发生器控制寄存器 DBCTL 的位格式

表 8.22 死区发生器控制寄存器 DBCTL 功能描述

位 号	名 称	说 明
15	HALFCYCLE	半周期时钟使能位。 0:死区时间按 TBCLK 周期计算; 1:死区时间按 2·TBCLK 周期计算
14	DEDB_MODE	死区双边 B 模式控制位(图中开关 S8)。 0:上升沿延时只由 INMODE 位和 A 信号传输通道确定,下降沿延时只由 INMODE 位和 B 信号传输通道确定; 1:上升及下降沿延时均由 INMODE 位和 B 信号传输通道确定
13～12	OUTSWAP	死区输出置换控制位(bit13、bit12 分别控制图中 S7、S6)。 bit12=0,bit13=0:A 信号输出由 OUTMODE 位 S1 决定,B 信号输出由 OUTMODE 位 S0 决定; bit12=0,bit13=1:A 和 B 的信号输出由 OUTMODE 位 S1 决定; bit12=1,bit13=0:A 和 B 的信号输出由 OUTMODE 位 S0 决定; bit12=1,bit13=1:A 信号输出由 OUTMODE 位 S0 决定,B 信号输出由 OUTMODE 位 S1 决定
11	SHDWDBFEDMODE	下降沿死区寄存器装载模式选择位。 0:立即装载;1:映射装载
10	SHDWDBREDMODE	上升沿死区寄存器装载模式选择位。 0:立即装载;1:映射装载

续表 8.22

位　号	名　称	说　明
9～8	LOADFEDMODE	下降沿映射寄存器装载触发选择,立即装载模式下该位无效。 00:计数器＝0 时装载;01:计数器＝周期值时装载; 10:计数器＝0 或计数器＝周期值时装载;11:无装载可能
7～6	LOADREDMODE	上升沿映射寄存器装载触发选择,立即装载模式下该位无效。 00:计数器＝0 时装载;01:计数器＝周期值时装载; 10:计数器＝0 或计数器＝周期值时装载;11:无装载可能
5～4	IN_MODE	死区输入模式控制位。 00:EPWMxA 作为下降沿和上升沿延时的信号源; 01:EPWMxA 作为下降沿延时的信号源,EPWMxB 作为上升沿延时的信号源; 10:EPWMxA 作为上升沿延时的信号源,EPWMxB 作为下降沿延时的信号源; 11:EPWMxB 作为下降沿和上升沿延时的信号源
3～2	POLSEL	极性选择控制位。 00:高电平有效模式,EPWMxA 和 EPWMxB 都不翻转; 01:低补偿模式,EPWMxA 反转; 10:高补偿模式,EPWMxB 反转; 11:低有效模式,EPWMxA 和 EPWMxB 都反转
1～0	OUT_MODE	死区输出模式控制位。 00:死区发生器被旁路,EPWMxA 和 EPWMxB 都直接输出,在这种模式时,POLSEL 和 IN_MODE 位都不起作用; 01:禁止上升沿延时,EPWMxA 信号直接传输给 PWM-chopper,下降沿延时信号在 EPWMxB 输出; 10:禁止下降沿延时,EPWMxB 信号直接传输给 PWM-chopper,上升沿延时信号在 EPWMxA 输出; 11:死区使能 EPWMxA 的上升沿延时输出,以及 EPWMxB 的下降沿延时输出

(2) 死区发生器控制寄存器 DBCTL2

死区发生器控制寄存器 DBCTL2 的位格式如图 8.33 所示,功能描述如表 8.23 所列。

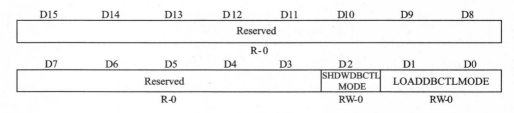

图 8.33　死区发生器控制寄存器 DBCTL2 的位格式

表 8.23　死区发生器控制寄存器 DBCTL2 功能描述

位　号	名　称	说　明
15～3	Reserved	保留
2	SHDWDBCTLMODE	DBCTL 寄存器装载模式。0:立即装载;1:映射装载
1～0	LOADDBCTLMODE	DBCTL 映射寄存器装载触发选择,立即装载模式下该位无效。00:计数器=0 时装载;01:计数器=周期值时装载;10:计数器=0 或计数器=周期值时装载;11:无装载可能

8.1.7　数字比较及触发区子模块的原理及应用

触发区和数字比较子模块是 F28075 在之前 DSP 触发区模块基础上的补充和进化。简单来说,触发区和数字比较子模块为整个电路提供了一种较复杂的保护机制,能够防止输出引脚出现异常情况,例如,过压、过流和温升过高。TI 文档将其分为两部分做介绍,即触发区 TZ 子模块和数字比较 DC 子模块,但由于 F28075 中存在 X-Bar,考虑到为系统提供保护时很难将这两个模块分开讨论,因此本书将用于 ePWM 保护的这两个部分合二为一,统称触发区和数字比较子模块。

图 8.34 为触发区和数字比较子模块的输入,由 GPIO X-Bar、ePWM X-Bar 构成。本小节重点介绍触发区和数字比较子模块的工作原理及相关应用。

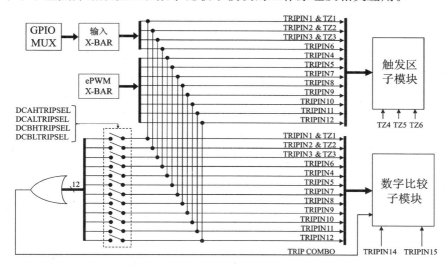

图 8.34　触发区和数字比较信号输入

1. ePWM X-Bar 原理

图 8.35 为 ePWM X-Bar 的信号连接关系。X-Bar 在第 5 章讨论 GPIO 的时候已经介绍过了,相同的是 ePWM X-Bar 同 GPIO 的输入输出 X-Bar 一样将选定某些特定的信号选定作为输出,不同的是 ePWM 的 X-Bar 的输出直接作用于所有

的ePWM模块,通过对诸如ADC事件信号、eCAP模块输出信号、CMPSS模块的比较输出信号、EXSYNCOUT同步信及输入X-Bar的信号进行选择后,产生TRIPIN4~TRIPIN12这8路触发信号,直接作用于所有的ePWM模块,提供必要的保护。

由图8.35可知,由于ePWM X-Bar输入信号较多,但只有一个信号作用于输出TRIPINx(x=4~12),因而同GPIO X-Bar相同,在硬件和软件上ePWM X-Bar提供一种类似于PIE的信号管理机制,如图8.36所示。每一个TRIPINx引脚最多可支持4×32=128个触发信号。

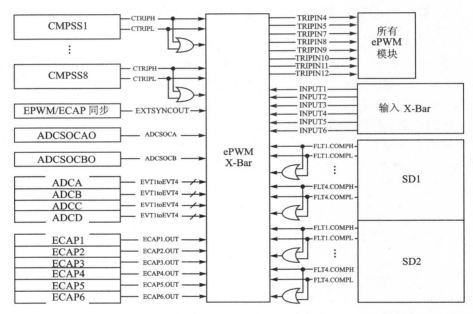

图8.35　ePWM X-Bar信号连接

128个内部信号首先被分为32组(Mux0~Mux31),每组有4种信号选择,这个是通过两个寄存器TRIPxMUX0TO15CFG和TRIPxMUX16TO31CFG(x=4~12)来设置的;然后通过TRIPxMUXENABLE(x=4~12)选择这32组中的哪一组(Mux0~Mux31)信号作为有效输出;最后可通过TRIPOUTPUTINV选定信号是否需要反转,最终作用于TRIPINx。当然,对于一个完整的ePWM X-Bar,应包含8个与图8.36完全相同的信号连接。

2. 触发区工作原理

(1) 触发区子模块特性

触发区具有一个快速而且不依赖时钟的逻辑路径,可将EPWMxA/B输出引脚的输出信号配置为高阻态。图8.37为触发区特性结构图。

触发区TZ是ePWM单元的一个选用模块,但其在大多数应用场合的重要性却

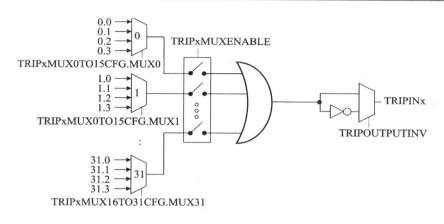

图 8.36　ePWM X - Bar 信号生成示意图

超过其他子模块,这是因为它提供了一种安全的功率驱动保护。这种保护有助于系统(比如功率转换器和电机驱动器)实现安全运行,可用来将电机驱动器异常状况(比如过压、过流和温升过高)通知给监控程序。如果功率驱动保护中断未被屏蔽,则 PWM 输出引脚将在被驱动为低电平后立刻进入高阻抗状态,同时还将产生中断。

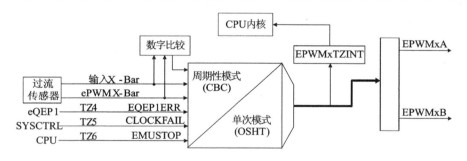

图 8.37　触发区特性结构

触发区支持两种动作:

➤ 针对于严重短路或过流状况的单次触发(OSHT),一旦出现故障,则 PWM 输出一直保持封锁状态;

➤ 针对限流操作的周期性触发(CBC),通过触发引脚的信号边缘自动限制 PWM 信号的单一脉冲长度,即故障出现则 PWM 封锁,故障消失则 PWM 恢复。

(2) 触发区子模块工作流程

图 8.38 所示为触发区子模块的基本连接示意图。

TZ1～TZ6(触发区信号)及 DCAEVT1/2、DCBEVT1/2 强制触发信号(数字比较信号)可配置为不同的 ePWM 模块使用,并通过寄存器 TZSEL 为该 PWM 模块使能有效信号。当 TZ1～TZ6 某一个引脚变为低电平且保持 3×TBCLK 时间长度或

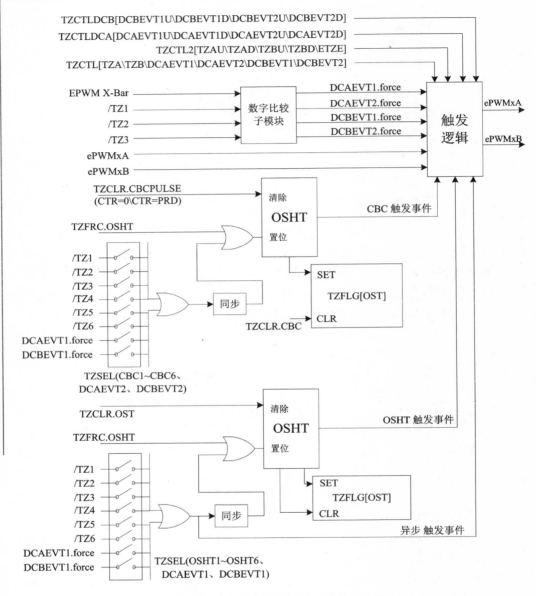

图 8.38 触发区子模块的基本连接示意图

由 TZDCSEL 寄存器选择的 DCAEVT1/2、DCBEVT1/2 作为强制触发信号发生时，表明一个触发事件已经发生。该信号可以与系统时钟同步或不同步，而且可以通过 GPIO MUX 模块进行数字滤波处理。

每个 ePWM 模块的 TZn 输入可以单独配置来提供周期循环或单次事件，分别由 TZSEL[CBCn]和 TZSEL[OSHTn]控制位决定。通过对寄存器 TZSEL[DCAE-VT1/2]、TZSEL［DCBEVT1/2]、TZSEL［CBCn]和 TZSEL［OSHTn]的配置，

DCAEVT1 和 DCBEVT1 可直接作用于 ePWM 模块或提供单次事件,DCAEVT2 和 DCBEVT2 可直接作用于 ePWM 模块或提供周期循环事件。

1)周期循环触发事件 Cycle‐by‐Cycle(CBC)

TZCTL 寄存器中 TZA 和 TZB 所配置指定动作立刻作用于 EPWMxA 和 EP-WMxB 输出,周期循环标志位 TZFLG[CBC]置 1 且寄存器 TZCBCFLG 相应位也会置位。当寄存器 TZCTL2.ETZE 置位时,TZCTL2 寄存器配置的动作生效。若 TZEINT[CBC]置位且使能相应的 PIE 中断,则将产生 EPWMx_TZINT 中断。

TZCLR[CBCPULSE]配置的 CBC 事件清除生效(TBCTR=0x0000 时或 TBC-TR=周期值等),引脚上的条件将自动清除。但 TZFLG[CBC]标志位和 TZCBC-FLG 相应位须手动写 1 清零。若在标志位被清除时周期循环事件出现,则它将再次被置位。

2)单次触发事件 One‐Shot(OSHT)

TZCTL 寄存器中 TZA 和 TZB 配置的指定动作立刻作用于 EPWMxA 和 EP-WMxB 输出,TZFLG[OST]和寄存器 TZOSTFLG 相应位置 1。若 TZEINT[OST]置位,则产生 EPWMx_TZINT 中断。单触发事件清除必须对寄存器 TZCLR[OST]写 1 清零。

3)数字比较事件(DCAEVT1/2、DCBEVT1/2)

寄存器 TZDCSEL 相应位选择 DCAH/DCAL、DCBH/DCBL 信号以何种电平作为 DCAEVT1/2、DCBEVT1/2 的触发源。

当事件产生时,TZCTL 寄存器中 DCAEVT1/2 和 DCBEVT1/2 所配置的指定动作立刻作用于 EPWMxA 和 EPWMxB 输出,相应的数字比较标志位 TZFLG[DCAEVT1/2]或 TZFLG[DCBEVT1/2]置位。若 TZEINT 相应标志位置位,则将产生 EPWMx_TZINT 中断。

此外,若数字比较事件消失,则引脚 EPWMxA 和 EPWMxB 动作也会立刻消失。但寄存器 TZFLG[DCAEVT1/2]和 TZFLG[DCBEVT1/2]标志位的清除需手动对寄存器 TZCLR[DCAEVT1/2]和 TZCLR[DCBEVT1/2]写 1 清零。若在标志位被清除时周期循环事件出现,则它们再次被置位。

3. 数字比较子模块的工作原理

图 8.39 所示为数字信号子模块信号图。

数字比较子模块的输入来自于输入 X‐Bar 和 ePWM X‐Bar。该模块将产生比较事件,这些事件可以产生 PWM 同步、产生 ADC 转换开始事件、触发 PWM 输出,并且可以产生触发中断。可选的消隐用于根据 PWM 开关状态暂时禁用比较动作,从而消除噪声影响。

由图 8.39 所示的信号连接关系可知:

① 通过设置寄存器 DCTRIPSEL 中的位 DCAHCOMPSEL、DCALCOMPSEL、DCBHCOMPSEL 和 DCBLCOMPSEL(设置范围为 0~14),用户可分别为 DCAH、

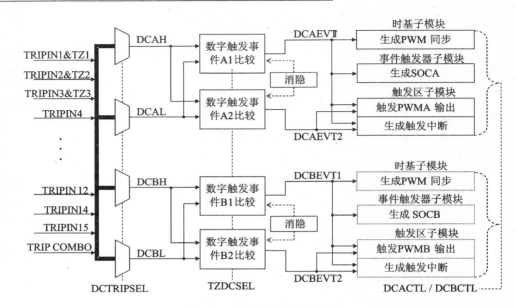

图 8.39 数字信号子模块信号

DCAL、DCBH 和 DCBL 选择 TRIPIN1~ TRIPIN15 作为单触发源。若被设置为 15,则被选择为触发组合状态。在触发组合状态模式下,F28075 提供 4 个寄存器 DCAHTRIPSEL、DCALTRIPSEL、DCBHTRIPSEL 和 DCBLTRIPSEL,可将输入信号 TRIPIN1~ TRIPIN15 进行"或"运算而作为组合触发。

② 通过寄存器 TZDCSEL,用户从如表 8.24 所列的选项中选择触发各个比较的信号状态,继而得到 DCAEVT1、DCAEVT2、DCBEVT1 和 DCBEVT2 的输出事件信号。其中,x=A 或 B。

③ 通过寄存器 DCACTL 和 DCBCTL 的配置,模块所产生的比较事件有 PWM 同步、ADC 转换开始事件、触发 PWM 输出以中断触发信号。

表 8.24 寄存器 TZDCSEL 功能描述

TZDCSEL 数据设置	信号状态
0	触发事件禁止
1	DCxH 为低电平;DCxL 无关
2	DCxH 为高电平;DCxL 无关
3	DCxL 为低电平;DCxH 无关
4	DCxL 为高电平;DCxH 无关
5	DCxL 为高电平;DCxH 为低电平

4. ePWM 数字比较和触发区子模块寄存器

表 8.25 为数字比较和触发区模块寄存器总汇。

表 8.25　数字比较和触发区模块寄存器总汇

寄存器名称	说　明	寄存器名称	说　明
DCACTL	数字比较 A 输出控制寄存器	DCBLTRIPSEL	数字比较 BL 或输入选择寄存器
DCBCTL	数字比较 B 输出控制寄存器	TZDCSEL	数字比较输出电平选择寄存器
DCTRIPSEL	数字比较触发源选择寄存器	TZCTL	触发区控制寄存器
DCAHTRIPSEL	数字比较 AH 或输入选择寄存器	TZSEL	触发区选择寄存器
DCALTRIPSEL	数字比较 AL 或输入选择寄存器	TZEINT	中断使能寄存器
DCBHTRIPSEL	数字比较 BH 或输入选择寄存器		

（1）ePWM 数字比较触发选择寄存器 DCTRIPSEL

ePWM 数字比较触发选择寄存器的位格式,如图 8.40 所示,功能描述如表 8.26 所列。

D15	D14	D13	D12	D11	D10	D9	D8
DCBLCOMPSEL				DCBHCOMPSEL			
RW-0				RW-0			
D7	D6	D5	D4	D3	D2	D1	D0
DCALCOMPSEL				DCAHCOMPSEL			
RW-0				RW-0			

图 8.40　ePWM 数字比较触发选择寄存器 DCTRIPSEL 的位格式

225

表 8.26　DCTRIPSEL 功能描述

位　号	名　称	说　明
15～12	DCBLCOMPSEL	数字比较 BL 输入信号选择位。 0000:TRIPIN1 和(TZ1);0001:TRIPIN2 和(TZ2); 0010:TRIPIN3 和(TZ3);0011:TRIPIN4;0100:TRIPIN5; … 1110:TRIPIN15;1111:触发组合信号模式(由寄存器 DCBLTRIPSEL 配置)
11～8	DCBHCOMPSEL	数字比较 BH 输入信号选择位。 0000:TRIPIN1 和(TZ1);0001:TRIPIN2 和(TZ2); 0010:TRIPIN3 和(TZ3);0011:TRIPIN4;0100:TRIPIN5; … 1110:TRIPIN15;1111:触发组合信号模式(由寄存器 DCBHTRIPSEL 配置)
7～4	DCALCOMPSEL	数字比较 A L 输入信号选择位。 0000:TRIPIN1 和(TZ1);0001:TRIPIN2 和(TZ2); 0010:TRIPIN3 和(TZ3);0011:TRIPIN4;0100:TRIPIN5; … 1110:TRIPIN15;1111:触发组合信号模式(由寄存器 DCALTRIPSEL 配置)

位　号	名　称	说　明
3～0	DCAHCOMPSEL	数字比较 AH 输入信号选择位。 0000：TRIPIN1 和（TZ1）；0001：TRIPIN2 和（TZ2）； 0010：TRIPIN3 和（TZ3）；0011：TRIPIN4；0100：TRIPIN5； … 1110：TRIPIN15；1111：触发组合信号模式（由寄存器 DCAHTRIPSEL 配置）

（2）数字比较 A\B 输出控制寄存器 DCxCTL（x＝A、B）

数字比较 A\B 输出控制寄存器 DCxCTL 的位格式，如图 8.41 所示，功能描述如表 8.27 所列。

D15	D14	D13	D12	D11	D10	D9	D8
Reserved						EVT2FRC SYNCSEL	EVT2SRC SEL
R-0						RW-0	RW-0

D7	D6	D5	D4	D3	D2	D1	D0
Reserved				EVT1SYNCE	EVT1 SOCE	EVT1FRC SYNCSEL	EVT1SRC SEL
R-0				R-0	RW-0	RW-0	RW-0

图 8.41　数字比较 A\B 输出控制寄存器 DCxCTL 的位格式

表 8.27　DCxCTL 功能描述（x＝A、B）

位　号	名　称	说　明
15～10	Reserved	保留
9	EVT2FRCSYNCSEL	DCxEVT2 强制同步信号选择位。 0：同步信号；1：异步信号
8	EVT2SRCSEL	DCxEVT2 信号源选择位。 0：信号源为 DCxEVT2；1：信号源为 DCxEVTFILT（滤波后的信号）
7～4	Reserved	保留
3	EVT1SYNCE	DCxEVT1 同步信号生成使能位（PWM 同步信号）。 0：SYNC 信号生成禁止；1：SYNC 信号生成使能
2	EVT1SOCE	DCxEVT1 SOCx 生成使能位。 0：SOC 信号生成禁止；1：SOC 信号生成使能
1	EVT1FRCSYNCSEL	DCxEVT1 强制同步信号选择位。 0：同步信号；1：异步信号
0	EVT1SRCSEL	DCxEVT1 信号源选择位。 0：信号源为 DCxEVT1；1：信号源为 DCxEVTFILT（滤波后的信号）

（3）数字比较输出电平选择寄存器 TZDCSEL

数字比较输出电平选择寄存器 TZDCSEL 如图 8.42 所示，功能描述如表 8.28

所列。

D15	D14	D13	D12	D11	D10	D9	D8
Reserved				DCBEVT 2			DCBEVT 1
R-0				RW-0			RW-0

D7	D6	D5	D4	D3	D2	D1	D0
DCBEVT 1		DCAEVT 2			DCAEVT 1		
RW-0		RW-0			RW-0		

图 8.42　数字比较输出电平选择寄存器 TZDCSEL

表 8.28　数字比较输出电平选择寄存器 TZDCSEL 的功能描述

位　号	名　称	说　明
15~12	Reserved	保留
11~9	DCBEVT2	数字比较 B 输出事件 2 作用选择位
8~6	DCBEVT1	数字比较 B 输出事件 1 作用选择位
5~3	DCAEVT2	数字比较 A 输出事件 2 作用选择位
2~0	DCAEVT1	数字比较 A 输出事件 1 作用选择位

（4）ePWM 触发区控制寄存器 TZCTL

触发区控制寄存器 TZCTL 的位格式如图 8.43 所示,功能描述如表 8.29 所列。

D15	D14	D13	D12	D11	D10	D9	D8
Reserved				DCBEVT 2		DCBEVT 1	
R-0				RW-0		RW-0	

D7	D6	D5	D4	D3	D2	D1	D0
DCAEVT 2		DCAEVT 1		TZB		TZA	
RW-0		RW-0		RW-0		RW-0	

图 8.43　触发区控制寄存器 TZCTL 的位格式

表 8.29　TZCTL 的功能描述

位　号	名　称	说　明
15~12	Reserved	保留
11~10	DCBEVT2	EPWMxB 上的数字比较输出事件 2 动作。 00:高阻态;01:强制高电平;10:强制低电平;11:无任何动作
9~8	DCBEVT1	EPWMxB 上的数字比较输出事件 1 动作。 相关设置同上
7~6	DCAEVT2	EPWMxA 上的数字比较输出事件 2 动作。 相关设置同上

续表 8.29

位　号	名　称	说　明
5~4	DCAEVT1	EPWMxA 上的数字比较输出事件 1 动作。 相关设置同上
3~2	TZB	EPWMxB 上的 TZ1 到 TZ6 动作。 相关设置同上
1~0	TZA	EPWMxA 上的 TZ1~TZ6 动作。 相关设置同上

(5) ePWM 触发区选择寄存器 TZSEL

触发区选择寄存器 TZSEL 的位格式如图 8.44 所示。

D15	D14	D13	D12	D11	D10	D9	D8
DCBEVT 1	DCAEVT 1	OSHT 6	OSHT 5	OSHT 4	OSHT 3	OSHT 2	OSHT 1
RW-0	RW-0	RW-0	RW-0	R-0	RW-0	R-0	RW-0

D7	D6	D5	D4	D3	D2	D1	D0
DCBEVT 2	DCAEVT 2	CBC 6	CBC 5	CBC 4	CBC 3	CBC 2	CBC 1
RW-0	RW-0	RW-0	RW-0	R-0	RW-0	R-0	RW-0

图 8.44　触发区选择寄存器 TZSEL 的位格式

bit0~bit7:为周期性触发区,写 0 表示禁止其作为触发源,写 1 表示允许其作为触发源。当 CTR=0 时事件清零,即每个 PWM 周期清零一次。

bit8~bit15:为单次触发区,写 0 表示禁止其作为触发源,写 1 表示允许其作为触发源。事件仅可通过软件清零。

(6) ePWM 触发区使能中断寄存器 TZEINT

触发区使能中断寄存器 TZEINT 的位格式如图 8.45 所示,功能描述如表 8.30 所列。

D15	D14	D13	D12	D11	D10	D9	D8
Reserved							
R-0							

D7	D6	D5	D4	D3	D2	D1	D0
Reserved	DCBEVT 2	DCBEVT 1	DCAEVT 2	DCAEVT 1	OST	CBC	Reserved
R-0	RW-0	RW-0	RW-0	RW-0	RW-0	RW-0	R-0

图 8.45　触发区使能中断寄存器 TZEINT 的位格式

表 8.30　TZEINT 的功能描述

位　号	名　称	说　明
15~7	Reserved	保留
6	DCBEVT2	数字比较输出 B 事件 2 中断使能。0:禁止;1:使能

位 号	名　称	说　明
5	DCBEVT1	数字比较输出 B 事件 1 中断使能。0:禁止;1:使能
4	DCAEVT2	数字比较输出 A 事件 2 中断使能。0:禁止;1:使能
3	DCAEVT1	数字比较输出 A 事件 1 中断使能。0:禁止;1:使能
2	OST	单次中断使能。0:禁止;1:使能
1	CBC	周期性中断使能。0:禁止;1:使能
0	Reserved	保留

8.1.8　事件触发子模块原理及应用

1. 事件触发子模块原理及作用

事件触发器子模块用于为中断和 ADC 转换开始提供触发信号。图 8.46 为事件触发子模块的输入/输出信号流图。

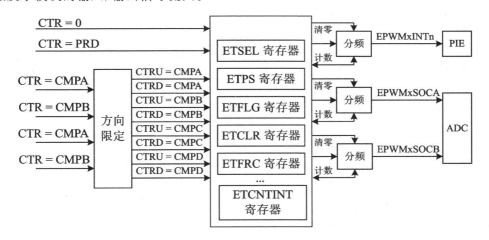

图 8.46　事件触发子模块的输入/输出信号流图

可见,事件触发子模块具备如下作用:

➤ 接收时间基准模块和计数比较模块的事件输入;
➤ 使用时间基准方向信息确定递增/递减计数;
➤ 使用预定逻辑来确定中断请求信号和 ADC 转换启动信号;
➤ 通过事件计数器和事件标志提供事件产生标识;
➤ 允许软件强制中断和 ADC 转换启动。

图 8.47 为事件触发器中断和 AD 启动转换图。事件触发子模块由时间基准子模块和计数比较模块组成,当某个选择的事件发生时,向 CPU 产生中断或启动 ADC 转换,图 8.47 中所示的箭头为触发事件。

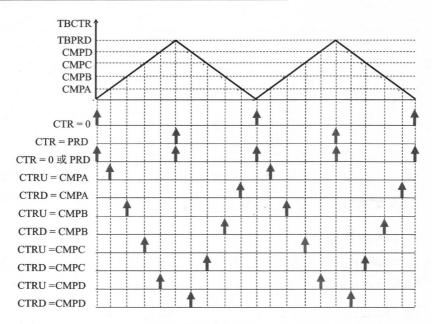

图 8.47　事件触发器中断和 SOC

2. 事件触发子模块寄存器

表 8.31 为事件触发子模块寄存器总汇。

表 8.31　事件触发子模块寄存器总汇

寄存器名称	说　明	寄存器名称	说　明
ETSEL	事件触发器选择寄存器	ETCLR	事件触发器清零寄存器
ETPS	事件触发器预分频寄存器	ETFRC	事件触发器强制寄存器
ETFLG	时间触发器标志寄存器		

(1) 事件触发器选择寄存器 ETSEL

事件触发器选择寄存器 ETSEL 的位格式如图 8.48 所示,功能描述如表 8.32 所列。

D15	D14	D13	D12	D11	D10	D9	D8
SOCBEN	SOCBSEL			SOCAEN	SOCASEL		
RW-0	RW-0			RW-0	RW-0		

D7	D6	D5	D4	D3	D2	D1	D0
Reserved				INTEN	INTSEL		
R-0				RW-0	RW-0		

图 8.48　事件触发器选择寄存器 ETSEL 的位格式

表 8.32　事件触发器选择寄存器功能描述

位　号	名　称	说　明
15	SOCBEN	EPWMxSCOB 启动 ADC 转换使能位。 0：禁止 EPWMxSCOB 启动；1：使能 EPWMxSCOB 启动
14～12	SOCBSEL	EPWMxSCOB 产生选择位，该位决定 EPWMxSCOB 产生的条件。 000：DCBEVT1 事件；001：TBCTR=0；010：TBCTR=PRD； 011：TBCTR=0 或 TBCTR=周期值（用于递增递减计数模式）； 100：CTRU=CMPA；101：CTRD=CMPA； 110：CTRU=CMPB；111：CTRD=CMPB
11	SOCAEN	EPWMxSCOA 启动 ADC 转换使能位。 0：禁止 EPWMxSCOA 启动；1：使能 EPWMxSCOA 启动
10～8	SOCASEL	EPWMxSCOA 产生选择位，该位决定 EPWMxSCOA 产生的条件。 000：DCAEVT1 事件；001：TBCTR=0；010：TBCTR=周期值； 011：TBCTR=0 或 TBCTR=周期值（用于递增递减计数模式）； 100：CTRU=CMPA；101：CTRD=CMPA； 110：CTRU=CMPB；111：CTRD=CMPB
7～4	Reserved	保留
3	INTEN	EPWMxINT 中断使能位。0：禁止；1：使能
2～0	INTSEL	EPWMxINT 中断产生选择位，该位决定 EPWMxINT 产生的条件。 000：保留；001：TBCTR=0；010：TBCTR=周期值； 011：TBCTR=0 或 TBCTR=周期值（用于递增递减计数模式）； 100：CTRU=CMPA；101：CTRD=CMPA； 110：CTRU=CMPB；111：CTRD=CMPB

（2）事件触发预分频寄存器 ETPS

事件触发预分频寄存器 ETPS 的位格式如图 8.49 所示，功能描述如表 8.33 所列。

D15	D14	D13	D12	D11	D10	D9	D8
SOCBCNT		SOCBPRD		SOCACNT		SOCAPRD	
R-0		RW-0		R-0		RW-0	

D7	D6	D5	D4	D3	D2	D1	D0
Reserved		SOCPSSEL	INTPSSEL	INTCNT		INTPRD	
RW-0		RW-0	RW-0	R-0		RW-0	

图 8.49　事件触发预分频寄存器 ETPS 的位格式

表 8.33　事件触发预分频寄存器 ETPS 功能描述

位　号	名　称	说　明
15～14	SOCBCNT	EPWMxSCOB 计数器(只读),记录触发事件已发生的数量。 00:无事件;01:一个事件;10:2 个事件;11:3 个事件
13～12	SOCBPRD	EPWMxSCOB 周期设置位,表示 EPWMxSCOB 产生前事件的个数。 00:禁用;01:一个事件后产生 EPWMxSCOB;10:2 个事件后产生 EPWMx-SCOB;11:3 个事件后产生 EPWMxSCOB
11～10	SOCACNT	EPWMxSCOA 计数器(只读),记录该事件已发生的数量。 00:无事件;01:一个事件;10:2 个事件;11:3 个事件
9～8	SOCAPRD	EPWMxSCOA 周期设置位,表示 EPWMxSCOA 产生前事件的个数。 00:禁用;01:一个事件后产生 EPWMxSCOA;10:2 个事件后产生 EPWMx-SCOA;11:3 个事件后产生 EPWMxSCOA
7～6	Reserved	保留
5	SOCPSSEL	EPWMxSOC A/B 预分频选择位。 0:ETPS[SOCACNT/SOCBCNT]和 ETPS[SOCAPRD/SOCBPRD]决定事件频率(0～3); 1:ETSOCPS[SOCACNT2/SOCBCNT2]和 ETSOCPS[SOCAPRD2/SOCBPRD2]决定事件频率(0～15)
4	INTPSSEL	EPWMxINTn 预分频选择位。 0:ETPS[INTCNT]和 ETPS[INTPRD]决定事件频率(0～3); 1:ETINTPS[INTCNT2]和 ETINTPS[INTPRD2]决定事件频率(0～15)
3～2	INTCNT	EPWMxINT 计数器(只读),记录该事件已发生的数量。 00:无事件;01:一个事件;10:2 个事件;11:3 个事件
1～0	INTPRD	EPWMxINT 周期设置位,表示 EPWMxINT 产生前事件的个数。 00:禁用;01:一个事件后产生 EPWMxINT;10:2 个事件后产生 EP-WMxINT;11:3 个事件后产生 EPWMxINT

8.1.9　ePWM 模块应用实例

1. 掌握 EPWM 模块的基本操作

```
typedef struct
{
    volatile struct EPWM_REGS * EPwmRegHandle;
    Uint16 EPwm_CMPA_Direction;
    Uint16 EPwm_CMPB_Direction;
    Uint16 EPwmTimerIntCount;
    Uint16 EPwmMaxCMPA;
    Uint16 EPwmMinCMPA;
    Uint16 EPwmMaxCMPB;
```

```
    Uint16 EPwmMinCMPB;
}EPWM_INFO;

void InitEPwm1Example(void);
_interrupt void epwm1_isr(void);
void update_compare(EPWM_INFO * );
//定义全局变量
EPWM_INFO epwm1_info;
//周期等相关寄存器
# define EPWM1_TIMER_TBPRD    2000
# define EPWM1_MAX_CMPA       1950
# define EPWM1_MIN_CMPA         50
# define EPWM1_MAX_CMPB       1950
# define EPWM1_MIN_CMPB         50
# define EPWM_CMP_UP    1
# define EPWM_CMP_DOWN 0
//主函数
void main(void)
{
    InitSysCtrl();                              // 系统控制初始化
    CpuSysRegs.PCLKCR2.bit.EPWM1 = 1;           // 使能 EPWM1 时钟
    InitEPwm1Gpio();                            // EPwm1 引脚配置
    DINT;
    InitPieCtrl();                              // PIE 使能
    IER = 0x0000;
    IFR = 0x0000;
    InitPieVectTable();                         // 使能 PIE 中断向量表
    EALLOW;
    PieVectTable.EPWM1_INT = &epwm1_isr;        // EPWM 中断服务程序入口
    EDIS;
    EALLOW;
    CpuSysRegs.PCLKCR0.bit.TBCLKSYNC = 0;
    EDIS;
    InitEPwm1Example();
    EALLOW;
    CpuSysRegs.PCLKCR0.bit.TBCLKSYNC = 1;
    EDIS;
    IER | = M_INT3;                             // CPU 级中断 INT3 使能
    PieCtrlRegs.PIEIER3.bit.INTx1 = 1;          // PIE 第 3 组中的第一个
    EINT;                                       // 使能 INTM 全局中断
    for(;;)
    {
    }
}
//中断函数
__interrupt void epwm1_isr(void)
{
    update_compare(&epwm1_info);                //更新 CMPA 和 CMPB 数据
    EPwm1Regs.ETCLR.bit.INT = 1;                //清除中断标志位
```

```
        PieCtrlRegs.PIEACK.all = PIEACK_GROUP3;
}
// EPWM 模块初始化
void InitEPwm1Example()
{

    //配置 TBCLK
    EPwm1Regs.TBPRD = EPWM1_TIMER_TBPRD;                // 设置 TBPRD
    EPwm1Regs.TBPHS.bit.TBPHS = 0x0000;                 // 移相寄存器的值为 0
    EPwm1Regs.TBCTR = 0x0000;                           // 定时器清零
    //配置比较值
    EPwm1Regs.CMPA.bit.CMPA = EPWM1_MIN_CMPA;
    EPwm1Regs.CMPB.bit.CMPB = EPWM1_MAX_CMPB;
    //配置技术模式
    EPwm1Regs.TBCTL.bit.CTRMODE = TB_COUNT_UPDOWN;     // 递增递减模式
    EPwm1Regs.TBCTL.bit.PHSEN = TB_DISABLE;
    EPwm1Regs.TBCTL.bit.HSPCLKDIV = TB_DIV1;
    EPwm1Regs.TBCTL.bit.CLKDIV = TB_DIV1;
    //配置映射模式,在 CTR = 0 时映射装载
    EPwm1Regs.CMPCTL.bit.SHDWAMODE = CC_SHADOW;
    EPwm1Regs.CMPCTL.bit.SHDWBMODE = CC_SHADOW;
    EPwm1Regs.CMPCTL.bit.LOADAMODE = CC_CTR_ZERO;
    EPwm1Regs.CMPCTL.bit.LOADBMODE = CC_CTR_ZERO;
    //配置动作限定寄存器
    EPwm1Regs.AQCTLA.bit.CAU = AQ_SET;
    EPwm1Regs.AQCTLA.bit.CAD = AQ_CLEAR;
    EPwm1Regs.AQCTLB.bit.CBD = AQ_CLEAR;
    //配置中断相关寄存器
    EPwm1Regs.ETSEL.bit.INTSEL = ET_CTR_ZERO;          // CTR = 0 时中断事件发生
    EPwm1Regs.ETSEL.bit.INTEN = 1;                     // 中断使能
    EPwm1Regs.ETPS.bit.INTPRD = ET_3RD;                // 产生 3 个事件后,中断发生
    epwm1_info.EPwm_CMPA_Direction = EPWM_CMP_UP;          // 初始化时 CMPA 递增
    epwm1_info.EPwm_CMPB_Direction = EPWM_CMP_DOWN;        //初始化时 CMPB 递减
    epwm1_info.EPwmTimerIntCount = 0;
    epwm1_info.EPwmRegHandle = &EPwm1Regs;
    epwm1_info.EPwmMaxCMPA = EPWM1_MAX_CMPA;
    epwm1_info.EPwmMinCMPA = EPWM1_MIN_CMPA;
    epwm1_info.EPwmMaxCMPB = EPWM1_MAX_CMPB;
    epwm1_info.EPwmMinCMPB = EPWM1_MIN_CMPB;
}
// EPWM 比较寄存器 CMPA/CMPB 数据改变
void update_compare(EPWM_INFO * epwm_info)
{   //每 20 个中断,改变 CMPA/CMPB 数据
    if(epwm_info - >EPwmTimerIntCount == 20)
    {
        epwm_info - >EPwmTimerIntCount = 0;
        // CMPA 在规定的最大值 EPwmMaxCMPA 和最小值 EPwmMinCMPA 进行递增和递减
        if(epwm_info - >EPwm_CMPA_Direction == EPWM_CMP_UP)
```

```
    {
        if(epwm_info - >EPwmRegHandle - >CMPA.bit.CMPA <
            epwm_info - >EPwmMaxCMPA)
        {
            epwm_info - >EPwmRegHandle - >CMPA.bit.CMPA ++ ;
        }
        else
        {
            epwm_info - >EPwm_CMPA_Direction = EPWM_CMP_DOWN;
            epwm_info - >EPwmRegHandle - >CMPA.bit.CMPA -- ;
        }
    }
    else
    {
        if(epwm_info - >EPwmRegHandle - >CMPA.bit.CMPA ==
            epwm_info - >EPwmMinCMPA)
        {
        epwm_info - >EPwm_CMPA_Direction = EPWM_CMP_UP;
        epwm_info - >EPwmRegHandle - >CMPA.bit.CMPA ++ ;
        }
        else
        {
            epwm_info - >EPwmRegHandle - >CMPA.bit.CMPA -- ;
        }
    }
}
// CMPB 在其规定的最大值 EPwmMaxCMPB 和最小值 EPwmMinCMPB 进行递增和递减
if(epwm_info - >EPwm_CMPB_Direction = = EPWM_CMP_UP)
    {
        if(epwm_info - >EPwmRegHandle - >CMPB.bit.CMPB <
            epwm_info - >EPwmMaxCMPB)
        {
            epwm_info - >EPwmRegHandle - >CMPB.bit.CMPB ++ ;
        }
        else
        {
            epwm_info - >EPwm_CMPB_Direction = EPWM_CMP_DOWN;
            epwm_info - >EPwmRegHandle - >CMPB.bit.CMPB -- ;
        }
    }
    else
    {
    if(epwm_info - >EPwmRegHandle - >CMPB.bit.CMPB ==
        epwm_info - >EPwmMinCMPB)
        {
            epwm_info - >EPwm_CMPB_Direction = EPWM_CMP_UP;
            epwm_info - >EPwmRegHandle - >CMPB.bit.CMPB ++ ;
        }
        else
```

DSP原理与应用——基于TMS320F28075

```
                {
                    epwm_info->EPwmRegHandle->CMPB.bit.CMPB--;
                }
            }
        }
        else
        {
            epwm_info->EPwmTimerIntCount++;
        }
        return;
}
// EPWM 引脚初始化
void InitEPwm1Gpio(void)
{
    EALLOW;
    GpioCtrlRegs.GPAPUD.bit.GPIO0 = 1;          //禁止 GPIO0 内部上拉(EPWM1A)
    GpioCtrlRegs.GPAPUD.bit.GPIO1 = 1;          //禁止 GPIO1 内部上拉（EPWM1B）
    GpioCtrlRegs.GPAMUX1.bit.GPIO0 = 1;         //配置 GPIO0 作为 EPWM1A
    GpioCtrlRegs.GPAMUX1.bit.GPIO1 = 1;         //配置 GPIO1 作为 EPWM1B
    EDIS;
}
```

2. EPWM 的触发区操作

① ePWM1（GPIO0 的复用）作为 TZ1 单次 OSHT 触发源，ePWM2（GPIO2 的复用）作为 TZ1 循环 CBC 触发源；

② GPIO12 作为外部触发源通过 输入 X—Bar 链接 TZ1；

③ TZ 触发事件定义 EPWM1A 为单次触发方式，EPWM2A 作为 CBC 触发方式。

```
void InitEPwm1Example(void);
void InitEPwm2Example(void);
void InitTzGpio(void);
__interrupt void epwm1_tzint_isr(void);
__interrupt void epwm2_tzint_isr(void);
void InitEPwmGpio_TZ(void);
//定义本例全局变量
Uint32   EPwm1TZIntCount;
Uint32   EPwm2TZIntCount;
//主函数
void main(void)
{
    InitSysCtrl();                              // 系统初始化
    CpuSysRegs.PCLKCR2.bit.EPWM1 = 1;           // 使能 EPWM1 时钟
    CpuSysRegs.PCLKCR2.bit.EPWM2 = 1;           // 使能 EPWM2 时钟
    InitEPwmGpio_TZ();
    InitTzGpio();
    DINT;
```

```
    InitPieCtrl();              // 使能 PIE 中断
    IER = 0x0000;
    IFR = 0x0000;
    InitPieVectTable();         // 使能 PIE 中断向量表
    //中断函数指向 PIE 中断向量表
    EALLOW;
    PieVectTable.EPWM1_TZ_INT = &epwm1_tzint_isr;
    PieVectTable.EPWM2_TZ_INT = &epwm2_tzint_isr;
    EDIS;
    EALLOW;
    CpuSysRegs.PCLKCR0.bit.TBCLKSYNC = 0;
    EDIS;
    InitEPwm1Example();         // EPWM1 相关功能初始化
    InitEPwm2Example();         // EPWM2 相关功能初始化
    EALLOW;
    CpuSysRegs.PCLKCR0.bit.TBCLKSYNC = 1;
    EDIS;
    EPwm1TZIntCount = 0;
    EPwm2TZIntCount = 0;
    IER |= M_INT2;// 使能 CPU 第 2 组中断
    PieCtrlRegs.PIEIER2.bit.INTx1 = 1;    // 使能第 2 组中第一个中断
    PieCtrlRegs.PIEIER2.bit.INTx2 = 1;    // 使能第 2 组中第一个中断
    EINT;   //使能 INTM 全局中断
    for(;;)
    {
    }
}
//epwm1 中断函数
__interrupt void epwm1_tzint_isr(void)
{
    EPwm1TZIntCount ++ ;
    EALLOW;
    EPwm1Regs.TZCLR.bit.OST = 1;
    EPwm1Regs.TZCLR.bit.INT = 1;
    EDIS;
    PieCtrlRegs.PIEACK.all = PIEACK_GROUP2;//PIE 第 2 组中断应答
}
//epwm1 中断函数
__interrupt void epwm2_tzint_isr(void)
{
    GpioDataRegs.GPATOGGLE.bit.GPIO11 = 1;
    EPwm2TZIntCount ++ ;
    //清除标志位,当 TZ 引脚置高则再次进入中断
    EALLOW;
    EPwm2Regs.TZCLR.bit.CBC = 1;
    EPwm2Regs.TZCLR.bit.INT = 1;
    EDIS;
    PieCtrlRegs.PIEACK.all = PIEACK_GROUP2;       //PIE 第 2 组中断应答
}
```

```
//epwm1 模块初始化
void InitEPwm1Example()
{
    EALLOW;
    EPwm1Regs.TZSEL.bit.OSHT1 = 1;              // 使能单次(OSHT)触发方式
    EPwm1Regs.TZCTL.bit.TZA = TZ_FORCE_HI;
    EPwm1Regs.TZEINT.bit.OST = 1;               // 使能 TZ 中断
    EDIS;
    EPwm1Regs.TBPRD = 12000;                    // 设置周期值
    EPwm1Regs.TBPHS.bit.TBPHS = 0x0000;         // 移相寄存器的值为 0
    EPwm1Regs.TBCTR = 0x0000;                   // 定时器清零

    // Setup TBCLK
    EPwm1Regs.TBCTL.bit.CTRMODE = TB_COUNT_UPDOWN;   // 递增递减计数模式
    EPwm1Regs.TBCTL.bit.PHSEN = TB_DISABLE;          // 禁止移相装载
    EPwm1Regs.TBCTL.bit.HSPCLKDIV = 0x02;
    EPwm1Regs.TBCTL.bit.CLKDIV = 0x02;
    //使能映射模式,在 CTR = 0 时装载
    EPwm1Regs.CMPCTL.bit.SHDWAMODE = CC_SHADOW;
    EPwm1Regs.CMPCTL.bit.LOADAMODE = CC_CTR_ZERO;
    EPwm1Regs.CMPA.bit.CMPA = 6000;             // 设置比较值
    //动作限定寄存器设置
    EPwm1Regs.AQCTLA.bit.CAU = AQ_SET;          // 上升沿计数时 置位
    EPwm1Regs.AQCTLA.bit.CAD = AQ_CLEAR;        // 下降沿计数时 清零
}
//epwm2 模块初始化
void InitEPwm2Example()
{
    EALLOW;
    EPwm2Regs.TZSEL.bit.CBC1 = 1;               // TZ1 作为 CBC 触发源
    EPwm2Regs.TZCTL.bit.TZA = TZ_FORCE_HI;      // TZ1 将信号强制置为高电平
    EPwm2Regs.TZEINT.bit.CBC = 1;               // 使能 TZ 中断
    EDIS;
    EPwm2Regs.TBPRD = 6000;                     // 设置周期值
    EPwm2Regs.TBPHS.bit.TBPHS = 0x0000;         // 移相寄存器的值为 0
    EPwm2Regs.TBCTR = 0x0000;                   // 定时器清零
    // TBCLK 设置
    EPwm2Regs.TBCTL.bit.CTRMODE = TB_COUNT_UPDOWN;   // 递增递减计数模式
    EPwm2Regs.TBCTL.bit.PHSEN = TB_DISABLE;          // 禁止移相装载
    EPwm2Regs.TBCTL.bit.HSPCLKDIV = 0x02;
    EPwm2Regs.TBCTL.bit.CLKDIV = 0x02;
    EPwm2Regs.CMPA.bit.CMPA = 3000;             // 比较值设定
    //动作限定寄存器设置
    EPwm2Regs.AQCTLA.bit.CAU = AQ_SET;          // 上升沿计数时 置位
    EPwm2Regs.AQCTLA.bit.CAD = AQ_CLEAR;        // 下降沿计数时 清零
}

void InitTzGpio(void)
```

```
{
    // GPIO12 作为触发区的触发信号
    GpioCtrlRegs.GPAPUD.bit.GPIO12 = 0;        //使能 GPIO12 内部上拉(TZ1)
    GpioCtrlRegs.GPAQSEL1.bit.GPIO12 = 3;
    EALLOW;
    InputXbarRegs.INPUT1SELECT = 12;
    EDIS;
}

void InitEPwmGpio_TZ(void)
{
    EALLOW;
    GpioCtrlRegs.GPAPUD.bit.GPIO0 = 1;// 禁止 GPIO0 内部上拉(EPWM1A)
    GpioCtrlRegs.GPAMUX1.bit.GPIO0 = 1;// 配置 GPIO0 作为 EPWM1A
    GpioCtrlRegs.GPAPUD.bit.GPIO2 = 1;// 禁止 GPIO2 内部上拉(EPWM2A)
    GpioCtrlRegs.GPAMUX1.bit.GPIO2 = 1;// 配置 GPIO2 作为 EPWM2A
    EDIS;
}
```

8.2　高分辨率增强型脉宽调制模块 HRPWM

高分辨率 PWM(HRPWM)功能可显著提升传统 PWM 的分辨率。HRPWM 将时钟周期分为较小的步长,称为微步,微步大约为 150 ps。该功能通常在 PWM 分辨率降至约 9 或 10 位以下时使用,这种情况发生在使用 100 MHz 的系统时钟而控制频率大于 200 kHz 时。图 8.50 所示为 HRPWM,其特性如下:

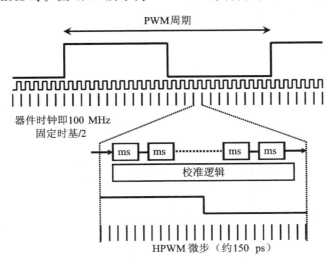

图 8.50　高分辨率 PWM(HRPWM)

➢ 显著提升了传统 PWM 的分辨率;
➢ 可工作在占空比和相位匹配的控制方式下;

➤ 运用其 8 位寄存器的扩展功能能够得到高分辨率的边沿定位控制；

➤ 能够使 ePWMxA 输出高分辨率的周期，从而控制 ePWM 的模式；

➤ 并非所有的 ePWM 输出均支持 HRPWM；

➤ 能够检测 MEP(微边沿定位)逻辑是否工作在最佳状态。

8.2.1　HRPWM 的操作方式

高分辨率增强型脉宽调制(HRPWM)基于微边沿定位(MEP)技术，它通过细分一个传统的 PWM 发生器的系统时钟来精确地定位边沿，并通过其自带的自检软件来诊断 MEP 是否工作在正常状态。图 8.51 表示了 MEP 步长与系统时钟、边沿定位的关系，通过计算 CMPAHR 的一个 8 位字段来设置。对于 HRPWM 的操作分为两大部分：功能控制和参数配置。

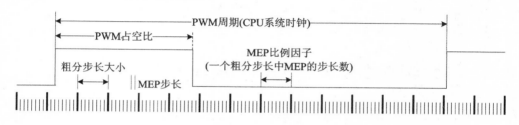

图 8.51　MEP 步长与系统时钟和边沿定位关系

那么相关寄存器的赋值为：

CMPA 寄存器值＝粗分步长数＝取整(PWM 占空比×PWM 周期)

CMPAHR 寄存器值 ＝(MEP 步长数)<<8＝[取余(PWM 占空比×PWM 周期)×MEP 比例因子＋0.5]<<8

1. 高分辨率增强型脉宽调制功能控制

HRPWM 的 MEP 由 3 个 8 位高分辨率寄存器控制：TBPHSHR(时基相位高分辨率寄存器)、CMPAHR(计数比较 A 高分辨率寄存器)、TBPRDHR(时基周期寄存器高分辨率寄存器)。这些高分辨率寄存器与 TBPHS(16 位时基相位寄存器)、TB-PRD(时基周期寄存器)和 CMPA(计数比较 A 寄存器)配合控制 PWM 操作。

HRPWM 功能由模块 A 的 PWM 信号控制，通过对 HRCNFG(高分辨率配置寄存器)合理配置也可以用模块 B 信号来控制。

2. 配置高分辨率增强型脉宽调制模块

在芯片运行过程中，如果想 ePWM 配置 PWM 的频率和极性后，就可以通过 HRCNFG 来编程配置 HRPWM，其具体配置选项如下：

(1) 控制模式

MEP 通过对 CMPAHR 的占空比或 TBPHSHR 的相位编程进行控制。上升沿 RE 和下降沿 FE 模式下使用 CMPAHR，双向沿 BE 模式使用 TBPHSHR。因此，

DSP 原理与应用——基于 TMS320F28075

RE 和 FE 常用于需要进行占空比调制的电源控制中,BE 常用于移相全桥电源控制中。

(2) 屏蔽模式

此模式与普通 PWM 的屏蔽模式具有相同的选项,即仅使用 CMPAHT 和 TB-PRDHR 操作,并且能被选择为 CMPA 的常规选项时有效。如果 TBPHSHR 正在使用,则此模式无效。

(3) 高分辨率 B 信号控制

ePWM 的通道 B 信号能够通过变换 A、B 输出(高分辨率信号将会出现在 ePWMxB 而非 ePWMxA)或者通过输出一个高分辨率的 ePWMxA 信号(此信号是 PWMxB 引脚的反相)输出。

(4) 自动转换模式

此模式需要和比例因子优化软件配合使用。如果使能自动转换,则 CMPAHR＝取小数(PWM 占空比×PWM 周期)<< 8;如果禁止转换,则 CMPAHR＝(取小数(PWM 占空比×PWM 周期)×MEP 比例因子＋0.5)<< 8。该模式所有计算都需要使用用户代码实现,并忽略 HRMSTEP。在高分辨率周期自动转换中,自动转换必须一直使能。

(5) 边沿定位

电源控制回路中,控制器最终发出的数据通常用百分比表示。

假设系统的 PWM 频率为 1.25 MHz,希望的占空比是 40.50%。实际操作时,用 PWM 发生器产生 100 MHz 的时钟频率,而占空比的选择只能在 40.50%。如表 8.34 所列的第 32 个数据 40.00%,此时边沿定位为 320 ns,并非理想的 324 ns。

采用微边沿定位 MEP 能够定位理想的边沿。表 8.34 为 CMPA 与占空比和 CMPA:CMPAHR 与占空比相比较的相关数据,微边沿定位 MEP 的第 22 个步长将会定位边沿于 323.96 ns,产生的误差几乎为零。

表 8.34　CMPA 与占空比(左侧)和 CMPA:CMPAHR 与占空比(右侧)相比较的相关数据

CMPA (计数值)[1]	占空比%	高精度时间/ns	CMPA (计数值)	CMPAHR (计数值)	占空比%	高精度时间/ns
28	35%	280	32	18	40.405%	323.24
29	36.3%	290	32	19	40.428%	323.42
30	37.50%	300	32	20	40.450%	323.60
31	38.8%	310	32	21	40.473%	323.78
32	40.00%	320	32	22	40.495%	323.96
33	41.3%	330	32	23	40.518%	324.14
34	42.5%	340	32	24	40.540%	324.32
			32	25	40.563%	324.50

DSP 原理与应用——基于 TMS320F28075

续表 8.34

CMPA (计数值)[1]	占空比%	高精度时间(ns)	CMPA (计数值)	CMPAHR (计数值)	占空比%	高精度时间 (ns)
需求值			32	26	40.585%	324.68
32.4	40.50%	324	32	27	40.608%	324.86

注[1]:系统时钟 PLLSYS=TBCLK=100 MHz;

PWM 周期寄存器(值为 80),PWM 周期=80×10 ns=800 ns,PWM 频率=1.25 MHz。

MEP 步长为 180 μs。

本例相关参数设置如下,假设:

➤ SYSPLL=100 MHz(10ns);

➤ PWM 频率=1.25 MHz(1/800 ns);

➤ 期望的 PWM 占空比=0.405;

➤ 粗分步长 PWM 周期=80(800 ns/10 ns=80);

➤ 粗分步长比例因子 MEP_SF=55(10 ns/180 ps=55)。

CMPAHR 的取值范围 1~255,若(PWM 占空比×PWM 周期×MEP_SF)0.5,则取值为 1。

计算步骤:

① 对 CMPA 寄存器的百分数转换成整数:

CMPA 寄存器的值=取整(PWM 占空比×PWM 周期)=取整(0.405×80(CMPA 寄存器值))=取整(32.4)=32(0x20H);

② 对 CMPAHR 的小数进行变换:

CMPAHR 的值=(取小数(PWM 占空比×PWM 周期)×MEP_SF+0.5)<<8

=(取小数(32.4)×55+0.5)<<8   ;将数据 CMPAHR 转移到高字节

=(0.4×55+0.5)<<8

=(22.5+0.5)<<8   ;左移 8 位相当于乘以 256

=5760(0x1680H)

最后 CMPAHR 取值 0x1680H   ;忽略低 8 位

若 HRCNFG6 的 AUTOCONV 置位,且 MEP_SF 保存在 HRMSTEP 的寄存器中,那么以上的计算步骤将由硬件自动执行,否则就只能由软件执行。

以上的操作 C 语言和汇编语言均可以实现,但建议使用汇编语言,因为汇编语言可优化函数,能将 Q15 的格式数据作为输入并写入"CMPA:CMPAHR"。

8.2.2　高分辨率周期控制

本小节将向读者进一步说明高分辨率周期控制的具体内容,其高分辨率的周期控制的占空比程序跟 ePWM 的程序一样,但是其不支持 ePWMxB 模块。

一般来说,高分辨率的周期控制分如下两个步骤:

① TBPRD 寄存器的整数周期值转换百分比:

➤ 整数周期值＝int(PWM 周期)·TTBCLK;

➤ 在上升沿计数模式下:TBPRD＝周期值－1;

➤ 在上下沿计数模式下:TBPRD＝周期值/2。

② TBPRDHR 进行小数变换:

➤ TBPRDHR＝(取小数(PWM 周期)·MEP_SF+0.5)(移动到 TBPRDHR 的高字节);

➤ HRMSTEP＝＝MEP_SF 值＝取小数(PWM 周期)$<< 8$;

➤ BPRDHR 的 MEP 延时由硬件决定;

➤ 周期 MEP 延时数＝0050h·MEP 步长。

依据上述步骤举例说明如下:

(1) 系统参数假设

➤ SYSPLL＝100 MHz(10 ns);

➤ PWM 频率＝175 kHz(周期为 571.428);

➤ 粗分步长比例因子 MEP_SF＝55(10 ns/180 ps＝55);

➤ 保持 TBPRDHR 的取值范围是 1~255,并且取小数为固定值(默认值)＝0.5 (Q8 模式下为 0x0080H)。

(2) 存在的问题

递增计数模式下:

➤ 若 TBPRD＝571,则 PWM 频率＝174.82 kHz(周期＝$(571+1) \times T_{TBCLK}$);

➤ 若 TBPRD＝570,则 PWM 频率＝175.13 kHz(周期＝$(570+1) \times T_{TBCLK}$)。

递增递减计数模式下:

➤ 若 TBPRD＝286,则 PWM 频率＝174.82 kHz(周期＝$(286 \times 2) \times T_{TBCLK}$);

➤ 若 TBPRD＝285,则 PWM 频率＝175.44 kHz(周期＝$(285 \times 2) \times T_{TBCLK}$)。

(3) 解决方案

当细分步长为 180 ps,粗分步长的微边沿定位 MEP 步数为 55,计算步骤如下

① 将 TBPRD 寄存器的整数周期值转换百分比:

整数周期值＝$571 T_{TBCLK}$＝ 取整(571.428)·T_{TBCLK}＝取整(PWM 周期)·T_{TBCLK}

递增计数模式下:TBPRD＝570＝0x023AH (TBPRD＝周期值 －1)

递增递减计数模式下:TBPRD＝285＝0x011DH(TBPRD＝周期值/2)

② 将时基周期高分辨率寄存器(TBPRDHR)进行小数转换:

TBPRDHR 寄存器值＝(取小数(PWM 周期)×MEP_SF+0.5)

HRMSTEP＝ 55 (MEP_SF 值)＝取小值(PWM 周期)$<< 8$

TBPRDHR 寄存器值＝取小值(571.428)$<< 8$＝0.428×256＝0x6D00h

BPRDHR 微边沿定位(MEP)延时由硬件决定＝((TBPRDHR(15:0) $>> 8$) ×

HRMSTEP ＋ 80h）＞＞8＝（0x006DH × 55 ＋ 80h）＞＞8＝（0x17EBH）＞＞8＝0x0017H

除上述计算数据之外,要实现高分辨周期功能,还须对 ePWMx 模块进行初始化:

① 使能 ePWMx 时钟;

② 禁止 TBCLKSYNC;

③ 配置 ePWMx 寄存器 AQ、TBPRD、CC;

- ePWMx 只允许上升沿和上下沿计数,在下降沿时不兼容
- TBCLK 必须等于 SYSCLKOUT
- TBPRD、CC 必须设置为映射装载方式:
  > 上升沿计数时,CMPCTL 中 LOADAMODE＝1（CTR＝PRD）;
  > 上下沿计数时,CMPCTL 中 LOADAMODE＝2（CTR＝PRD 或 CTR＝0）;

④ 配置 HRPWM 寄存器,即当 HRCNFG 中 HRLOAD＝2（加载 CTR＝PRD 或 CTR＝0）时,AUTOCONV＝1（使能自动切换）,EDGMODE＝3（MEP 在两个边沿控制）;

⑤ 设置 HRPCTL 中 TBPSHRLOADE＝1,TBCTL 中 PHSEN＝1,SWFSYNC＝1,HRPCTL 中的 HRPE＝1;

⑥ 使能时基同步信号 TBCLKSYNC;

⑦ 由于 HRMSTER 使能自动转换功能,其必须包含一个比例因子（MEP 的比例因子可以在 SFO（）函数得到）;

⑧ 除此之外还须将 TBPRDHR 和影子寄存器进行写入声明。

8.2.3　HRPWM 模块的寄存器

表 8.35 为 HRPWM 寄存器的总汇。

表 8.35　HRPWM 模块寄存器总汇

寄存器名称	说　明	寄存器名称	说　明
HRCNFG	高分辨率配置寄存器	TBPRDHR	时基周期高分辨率寄存器
CMPAHR	计数比较 A 高分辨率寄存器	HRPCTL	高分辨率周期控制寄存器
TBPHSHR	时基相位高分辨率寄存器	HRMSTEP	高分辨率微边沿定位寄存器

1. 高分辨配置寄存器 HRCNFG

高分辨配置寄存器 HRCNFG 的位格式如图 8.52 所示,相关位说明如表 8.36 所列。

D15	D14	D13	D12	D11	D10	D9	D8
			Reserved				
			R-0				

D7	D6	D5	D4	D3	D2	D1	D0
SWAPAB	AUTOCONV	SELOUTB	HRLOAD		CTLMODE	EDGMODE	
RW-0	RW-0	RW-0	RW-0		RW-0	RW-0	

图 8.52　高分辨配置寄存器 HRCNFG 的位格式

表 8.36　HRPWM 寄存器说明

位　号	名　称	说　明
15～8	Reserved	保留
7	SWAPAB	ePWMxA 与 ePWMxB 通道交换输出位 0：ePWMxA 与 ePWMxB 输出信号不变；1：ePWMxA 和 ePWMxB 端信号互换
6	AUTOCONV	自动转换延迟设定位 0：禁止 HRMSTEP 自动转换功能；1：使能 HRMSTEP 自动转换功能
5	SELOUTB	ePWMxB 输出选择位 0：ePWMxB 正常输出； 1：ePWMxB 输出与 ePWMxA 信号相反
4～3	HRLOAD	映射寄存器控制位 00：CTR＝0 加载，即 TBCTR＝0x0000； 01：CTR＝PRD 加载，即 TBCTR＝TBPRD； 10：CTR＝0 加载或 CTR＝PRD 加载；11：保留
2	CTLMODE	模式控制位 0：选择寄存器用于 MEP；1：CMPAHR 或 TBPRDHR 控制微边沿定位
1～0	EDGMODE	边沿模式位 00：禁止 HRPWM；01：MEP 控制上升沿 CMPAHR； 10：MEP 控制下降沿 CMPAHR； 11：MEP 控制上升沿或下降沿 TBPHSHR 或 TBPRDHR

2. 计数比较 A 高分辨率寄存器(CMPAHR)

用于微边沿定位步长控制计算比较 A 高分辨率寄存器，包括计数比较 A 高分辨率的值。该寄存器具有相应的映射寄存器，图 8.53 为其位格式。

3. 时基相位高分辨率寄存器(TBPHSHR)

时基相位高分辨率寄存器用于高分辨率周期控制，包含高分辨率周期值。该寄存器不受时基控制器 TBCLK 中时基周期装载使能位 PRDLD 的影响。该寄存器具有相应的映射寄存器，图 8.54 为其位格式。

D15	D14	D13	D12	D11	D10	D9	D8
CMPAHR							
RW-0							

D7	D6	D5	D4	D3	D2	D1	D0
Reserved							
RW-0							

图 8.53　计数比较 A 高分辨率寄存器的位格式

D15	D14	D13	D12	D11	D10	D9	D8
TBPRDHR							
RW-0							

D7	D6	D5	D4	D3	D2	D1	D0
Reserved							
RW-0							

图 8.54　时基相位高分辨率寄存器的位格式

4. 高分辨率周期控制寄存器(HRPCTL)

高分辨率周期控制寄存器(HRPCTL)的位格式如图 8.55 所示,位说明如表 8.37 所列。

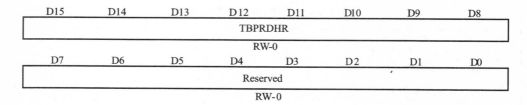

图 8.55　高分辨率周期控制寄存器的位格式

表 8.37　高分辨率周期控制寄存器

位　号	名　称	说　明
15～3	Reserved	保留
2	TBPHSHR	加载使能位 0:禁止 SYNCIN,时基控制寄存器 TBCTL 的位 SWFSYNC 或数字比较输出事件时的高分辨率相位同步; 1:使能 SYNCIN,相位使用 TBPHSHR 的内容来同步发生
1	Reserved	保留

位　号	名　称	说　明
0	HRPE	高分辨率周期使能位 0：禁止高分辨率周期功能； 1：使能高分辨率周期功能，HRPWM 模块可控制占空比与频率。当使能高分辨率周期时，不支持时基控制寄存器 TBCTL 的下降沿计数模式

5. 高分辨率边沿定位寄存器（HRMSTEP）

当自动转换功能使能后，配置寄存器 HRCNFG. AUTOCONV＝1，该位包含由硬件控制的 MEP 比例因子，用来把 CMPAHR、TBPHSHR 或 TBPRDHR 的值在高分辨率 ePWM 的输出转换成比例的微边沿延时。该数值通过 SFO 校准软件在每个校准过程后写入，图 8.56 为 HRMSTEP 的位格式。

D15	D14	D13	D12	D11	D10	D9	D8
			Reserved				
			R-0				

D7	D6	D5	D4	D3	D2	D1	D0
			HRMSTEP				
			RW-0				

图 8.56　高分辨率边沿定位寄存器的位格式

6. 高分辨率功率寄存器（HRPWR）

校准关闭控制位（MEP OFF）：HRPWM 不使用 MEP 校准时，该位全都置为 1，可禁止 MEP 校准逻辑，降低功率损耗。图 8.57 为 HRPWR 的位格式。

D15	D14	D13	D12	D11	D10	D9	D8
		Reserved				MEP OFF	
		R-0				RW-0	

D7	D6	D5	D4	D3	D2	D1	D0
MEP OFF				Reserved			
RW-0				R-0			

图 8.57　高分辨率功率寄存器的位格式

8.2.4　HRPWM 应用实例

1. 实现一个简单的 BUCK 转换器功能

图 8.58 为 BUCK 电路的基本拓扑及所需的 PWM 波形。除了 MEP 选项外，ePWM 模块的配置与通常情况下的配置相同。

假设：

系统主频＝100 MHz；

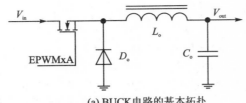

(a) BUCK电路的基本拓扑

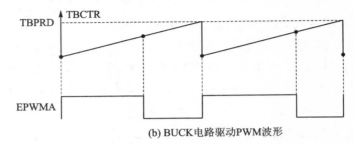

(b) BUCK电路驱动PWM波形

图 8.58　BUCK 电路基本拓扑及 PWM 驱动波形

PWM 频率＝1 MHz(即 TBPRD＝100)；

PWM 模式＝非对称递增计数方式；

分辨率＝12.7 位(MEP 微边沿定位步长大小为 150 ps)。

(1) 高分辨率 HRPWM 相关头文件定义

```
# define HR_Disable 0x0
# define HR_REP 0x1              // 上升沿位置
# define HR_FEP 0x2              // 下降沿位置
# define HR_BEP 0x3              // 上升及下降沿位置
# define HR_CMP 0x0              // CMPAHR 控制
# define HR_PHS 0x1              // TBPHSHR 控制
# define HR_CTR_ZERO 0x0         // CTR = 0 事件
# define HR_CTR_PRD 0x1          // CTR = 周期事件
# define HR_CTR_ZERO_PRD 0x2     // CTR = 0 或 CTR = 周期事件
# define HR_NORM_B 0x0           // 正常 ePWMxB 输出
# define HR_INVERT_B 0x1         // ePWMxB 反相 ePWMxA 输出
```

(2) HRPWM 的初始化代码(配置传统的 PWM 和高分辨率 HRPWM 资源)

```
EPWM1_BASE .set 0x6800
CMPAHR1 .set EPWM1_BASE + 0x8
HRBUCK_DRV                  ; 可在 ISR 期间执行
MOVW DP, # _HRBUCK_In
MOVL XAR2,@_HRBUCK_In       ; 指向输入 Q15 格式的占空比（XAR2）
MOVL XAR3, # CMPAHR1        ; 指向 CMPA 寄存器（XAR3）
; EPWM1A(HRPWM)输出
MOV T, * XAR2               ; T < = 占空比
MPYU ACC,T,@_hrbuck_period
MOV T,@_MEP_ScaleFactor     ; MEP 比例因子优化
MPYU P,T,@AL                ; P < = T * AL 优化尺度
```

```
MOVH @AL,P                    ; AL < = P 结果返回 ACC
ADD ACC, #0x080               ; MEP 的范围及四舍五入调整
MOVL * XAR3,ACC               ; CMPA:CMPAHR(31:8) < = ACC
MOV * + XAR3[2],AH            ; 存储 ACCH 到 CMPB
```

(3) HRPWM 运行代码

```
void HrBuckDrvCnf(void)
{
    //配置 PWM
    EPwm1Regs.TBCTL.bit.PRDLD = TB_IMMEDIATE;          // 立即装载
    EPwm1Regs.TBPRD = 100;                             // 周期为 1 000 kHz
    hrbuck_period = 200;                               // Q15 到 Q0 定标
    EPwm1Regs.TBCTL.bit.CTRMODE = TB_COUNT_UP;
    EPwm1Regs.TBCTL.bit.PHSEN = TB_DISABLE;            // EPWM1 为主寄存器
    EPwm1Regs.TBCTL.bit.SYNCOSEL = TB_SYNC_DISABLE;
    EPwm1Regs.TBCTL.bit.HSPCLKDIV = TB_DIV1;
    EPwm1Regs.TBCTL.bit.CLKDIV = TB_DIV1;
    // ChB 在此初始化的目的是了比较,并非必选项
    EPwm1Regs.CMPCTL.bit.LOADAMODE = CC_CTR_ZERO;
    EPwm1Regs.CMPCTL.bit.SHDWAMODE = CC_SHADOW;
    EPwm1Regs.CMPCTL.bit.LOADBMODE = CC_CTR_ZERO;      // 可选
    EPwm1Regs.CMPCTL.bit.SHDWBMODE = CC_SHADOW;        // 可选
    EPwm1Regs.AQCTLA.bit.ZRO = AQ_SET;
    EPwm1Regs.AQCTLA.bit.CAU = AQ_CLEAR;
    EPwm1Regs.AQCTLB.bit.ZRO = AQ_SET;                 // 可选
    EPwm1Regs.AQCTLB.bit.CBU = AQ_CLEAR;               // 可选
    //配置 HRPWM
    EALLOW;
    EPwm1Regs.HRCNFG.all = 0x0;                        // 所有位清零
    EPwm1Regs.HRCNFG.bit.EDGMODE = HR_FEP;             // 控制下降沿位置
    EPwm1Regs.HRCNFG.bit.CTLMODE = HR_CMP;             // CMPAHR 控制 MEP
    EPwm1Regs.HRCNFG.bit.HRLOAD = HR_CTR_ZERO;         // CTR = 0 时映射装载
    EDIS;
    //典型比例因子下启动,使用 SFO 功能需动态刷新 MRP_SF
    MEP_ScaleFactor = 66 * 256;
}
```

2. 修改 MEP 寄存器来验证各个模块中 EPWMA 和 EPWMB 输出 跳变沿的细微运动

```
#include "F28x_Project.h"
#define     PWM_CH      9
void HRPWM1_Config(int);
void HRPWM2_Config(int);
void HRPWM3_Config(int);
void HRPWM4_Config(int);
void HRPWM5_Config(int);
void HRPWM6_Config(int);
void HRPWM7_Config(int);
```

DSP 原理与应用——基于 TMS320F28075

250

```
void HRPWM8_Config(int);
// General System nets - Useful for debug
Uint16 i,j,    duty, DutyFine, n,update;
Uint32 temp;
volatile     Uint16       EPwmTZIntCount[9],Test_flag1,ph_dly;
volatile     struct       EPWM_REGS    * ePWM[10];
```

(1) 主函数

```
void main(void)
{
    EALLOW;
    InitSysCtrl();                   // 系统初始化
    EDIS;
    InitEPwmGpio();                  // 配置 EPWM1A and EPWM1B 所对应的 GPIO
    // PWM1～PWM8 地址映射
    ePWM[1] = &EPwm1Regs;
    ePWM[2] = &EPwm2Regs;
    ePWM[3] = &EPwm3Regs;
    ePWM[4] = &EPwm4Regs;
    ePWM[5] = &EPwm5Regs;
    ePWM[6] = &EPwm6Regs;
    ePWM[7] = &EPwm7Regs;
    ePWM[8] = &EPwm8Regs;
    ePWM[9] = &EPwm9Regs;
    DINT;
    InitPieCtrl();                   // PIE 初始化
    EALLOW;
    IER = 0x0000;
    IFR = 0x0000;
    InitPieVectTable();     // PIE 中断向量表初始化
    EALLOW;
    PieCtrlRegs.PIECTRL.bit.ENPIE  = 1;     // PIE 模块使能
    IER = 0x400;
    update = 1;
    DutyFine = 0;
    CpuSysRegs.PCLKCR0.bit.TBCLKSYNC = 0;
    EDIS;
    // EPwm and HRPWM register initialization
    HRPWM1_Config(30);             // EPwm1 设置，周期 = 30
    HRPWM2_Config(20);             // EPwm2 设置，周期 = 20
    HRPWM3_Config(20);             // EPwm3 设置，周期 = 20
    HRPWM4_Config(20);             // EPwm4 设置，周期 = 20
    HRPWM5_Config(20);             // EPwm5 设置，周期 = 20
    HRPWM6_Config(20);             // EPwm6 设置，周期 = 20
    HRPWM7_Config(20);             // EPwm7 设置，周期 = 20
    HRPWM8_Config(20);             // EPwm8 设置，周期 = 20
    EALLOW;
    CpuSysRegs.PCLKCR0.bit.TBCLKSYNC = 1;
```

```
        EDIS;
        while (update == 1)
        {
            //例如:写入 CMPA / CMPB 的延伸寄存器,左移 8 为将 DutyFine 写入 MSB
            EPwm1Regs.CMPA.bit.CMPAHR    = DutyFine << 8;
            EPwm1Regs.CMPB.all           = DutyFine << 8;
            EPwm2Regs.CMPA.bit.CMPAHR    = DutyFine << 8;
            EPwm2Regs.CMPB.all           = DutyFine << 8;
            //例如:将 32 位数据写入 CMPA:CMPAHR 寄存器
            EPwm3Regs.CMPA.all              = ((Uint32)EPwm3Regs.CMPA.bit.CMPA << 16) +
            (DutyFine << 8);
            EPwm3Regs.CMPB.all           = DutyFine << 8;
            EPwm4Regs.CMPB.all           = (DutyFine << 8);
            EPwm4Regs.CMPA.bit.CMPAHR    = DutyFine << 8;
            EPwm5Regs.CMPA.bit.CMPAHR    = DutyFine << 8;
            EPwm5Regs.CMPB.all           = DutyFine << 8;
            EPwm6Regs.CMPA.bit.CMPAHR    = DutyFine << 8;
            EPwm6Regs.CMPB.all           = DutyFine << 8;
            EPwm7Regs.CMPA.bit.CMPAHR    = DutyFine << 8;
            EPwm7Regs.CMPB.all           = DutyFine << 8;
            EPwm8Regs.CMPA.bit.CMPAHR    = DutyFine << 8;
            EPwm8Regs.CMPB.all           = DutyFine << 8;
        }
        EINT;      //使能全局中断
        for(;;)
        {  }
    }
```

（2）HRPWM 配置子函数

```
// HRPWM1_Config()~HRPWM8_Config()配置子函数相同,这里只给出 HRPWM1_Config()子函数内容
    void HRPWM1_Config(period)
    {
        // ePWM1 寄存器配置为 HRPWM
        // MEP 在下降沿作用于 PWM1A 和 PWM1B
        EPwm1Regs.TBCTL.bit.PRDLD = TB_IMMEDIATE;        // 立即装载
        EPwm1Regs.TBPRD = period - 1;
        EPwm1Regs.CMPB.bit.CMPB = period/2;              // 50% 占空比
        EPwm1Regs.CMPB.all |= (1 << 8);                  //初始化 HRPWM 值
        EPwm1Regs.CMPA.bit.CMPA = period / 2;            // 50% 占空比
        EPwm1Regs.CMPA.bit.CMPAHR = (1 << 8);
        EPwm1Regs.TBPHS.all = 0;
        EPwm1Regs.TBCTR = 0;
        EPwm1Regs.TBCTL.bit.CTRMODE = TB_COUNT_UP;
        EPwm1Regs.TBCTL.bit.PHSEN = TB_DISABLE;          // ePWM8 为主模块
        EPwm1Regs.TBCTL.bit.SYNCOSEL = TB_SYNC_DISABLE;
        EPwm1Regs.TBCTL.bit.HSPCLKDIV = TB_DIV1;
        EPwm1Regs.TBCTL.bit.CLKDIV = TB_DIV1;
        EPwm1Regs.CMPCTL.bit.LOADAMODE = CC_CTR_ZERO;    //CNT = 0 时从映射寄存器加载
        EPwm1Regs.CMPCTL.bit.LOADBMODE = CC_CTR_ZERO;
```

```
EPwm1Regs.CMPCTL.bit.SHDWAMODE = CC_SHADOW;          // 映射模式
EPwm1Regs.CMPCTL.bit.SHDWBMODE = CC_SHADOW;
EPwm1Regs.AQCTLA.bit.ZRO = AQ_SET;                   // PWM 翻转
EPwm1Regs.AQCTLA.bit.CAU = AQ_CLEAR;
EPwm1Regs.AQCTLB.bit.ZRO = AQ_SET;
EPwm1Regs.AQCTLB.bit.CBU = AQ_CLEAR;
EALLOW;
EPwm1Regs.HRCNFG.all = 0x0;
EPwm1Regs.HRCNFG.bit.EDGMODE = HR_FEP;               //MEP 在下降沿控制
EPwm1Regs.HRCNFG.bit.CTLMODE = HR_CMP;
EPwm1Regs.HRCNFG.bit.HRLOAD  = HR_CTR_ZERO;
EPwm1Regs.HRCNFG.bit.EDGMODEB = HR_FEP;              //MEP 在下降沿控制
EPwm1Regs.HRCNFG.bit.CTLMODEB = HR_CMP;
EPwm1Regs.HRCNFG.bit.HRLOADB  = HR_CTR_ZERO;
EDIS;
}
```

8.3　增强型捕获模块——eCAP

增强型脉冲捕获模块(eCAP)能够捕获外部 eCAP 引脚的上升沿或下降沿变化，也可配置成单通道输出的 PWM 信号模式，常用于电机转速测量、脉冲信号周期及占空比测量等外部事件精确定时捕获应用的场合。F28705 的 eCAP(Enhanced Capture Module)模块有 6 个独立的 eCAP 通道(eCAP1～eCAP6)，每个通道都有两种工作模式：捕获模式和 APWM 模式。

此外，eCAP 模块具有如下重要功能：

➤ 具有 32 位时基；

➤ 具有 4 个 32 位捕获寄存器 CAP1～CAP4；

➤ 与外部事件同步的 Mode4 计数器，能根据 eCAP 模块引脚的上升/下降沿触发来实现外部事件的同步；

➤ 输入信号可进行 2～62 次分频；

➤ 在 1～4 时间标记戳事件后，单稳态比较寄存器停止工作；

➤ 采用 4 级循环缓冲器来控制连续事件的捕获。

8.3.1　捕获操作模式及 APWM 操作模式

1. 捕获操作模式

捕获工作模式下可完成输入脉冲信号的捕捉和相关参数的测量，捕获功能结构框图如图 8.59 所示。

可见，信号从外部输入引脚 eCAPx 引入，经事件预分频子模块进行 $N(N=2～62)$分频，由控制寄存器 ECCTL1[CAPxPOL]选择信号上升沿或者下降沿触发捕获功能(x 表示 4 个捕获事件 CEVT1～CEVT4)，然后经事件选择控制(Mode4 计数

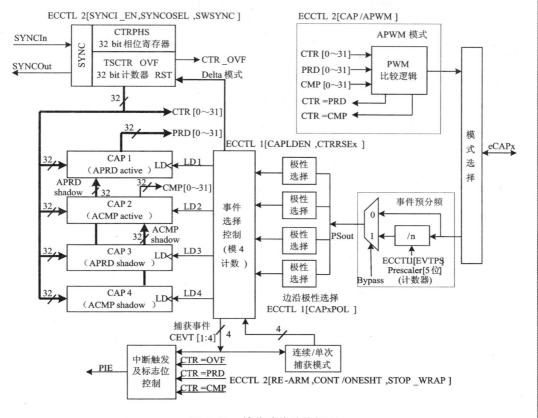

图 8.59　捕获功能结构框图

器)位 ECCTL1[CAPLDEN,CTRRSTx]来设定捕获事件发生时是否装载 CAP1～CAP4 的值及计数器复位与否。其中,TSCTR 计数器为捕获事件提供基准时钟,直接由系统时钟 SYSPLL 驱动;相位寄存器 CTRPHS 实现 eCAP 模块间计数器的同步(硬件或软件方式)。

捕获工作模式主要分为连续和单次控制两种方式。

(1) 单次捕获

Mode4 计数器的计数值与 2 位停止寄存器(ECCTL2[SOTP_WRAP])的设定值进行比较,如果相等,则停止 Mode4 计数器计数,并禁止装载 CAP1－CAP4 寄存器值,后续可以通过软件设置重新启动功能。

(2) 连续捕获

每来一个捕获触发事件,则模 4 计数器计数值增一,并能够按照 0→1→2→3→0 进行循环计数,捕获值连续装载入 CAP1～CAP4 寄存器。

2. APWM 操作模式

APWM(辅助脉宽调制)工作模式下,可实现一个单通道输出的 PWM 信号发生器,如图 8.60 所示。TSCTR 计数器工作在递增计数模式,CAP1、CAP2 寄存器分别作为周期动作寄存器和比较动作寄存器,CAP3、CAP4 寄存器分别作为周期映射寄存器和比较映射寄存器。

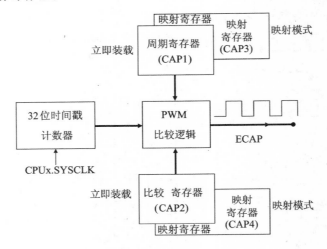

图 8.60　APWM 模块示意图

APWM 工作模式时生成的 PWM 波形图如图 8.61 所示,此时 APWM 运行在高有效模式(APWMPOL=0)。当计数器 TSCTR=CAP1,即发生周期匹配时(CTR=PRD),eCAPx 引脚输出高有效电平;当计数器 TSCTR=CAP2,即发生比较匹配时(CTR=CMP),eCAPx 引脚输出无效低电平;当调整寄存器 CAP2 的值时,即可改变输出 PWM 脉冲宽度。

捕获工作模式下的 4 种捕获事件 CEVT1～CEVT4、计数器溢出事件 CTR_OVF 和 APWM 工作模式下的周期匹配事件(CTR=PRD)、比较匹配事件(CTR=CMP)都会产生中断请求。

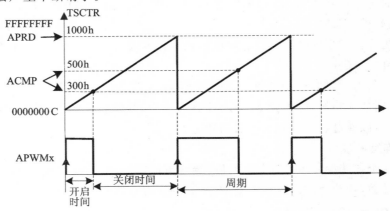

图 8.61　APWM 工作模式的 PWM 波形图

8.3.2　eCAP 模块的寄存器

增强型脉冲捕获模块(eCAP)相关寄存器分别为时间标志计数寄存器 TSCTR、计数相位控制寄存器 CTRPHS、捕获寄存器 CAP1、捕获寄存器 CAP2、捕获寄存器 CAP3、捕获寄存器 CAP4、控制寄存器 ECCTL1、控制寄存器 ECCTL2、中断使能寄存器 ECEINT、中断强制寄存器 ECFRC、中断标志寄存器 ECFLG 和中断清除寄存器 ECCLR,对应说明分别如图 8.62~图 8.66 和表 8.38~8.40 所示。

D31 ~ D0

TSCTR/CTRPHS/CAP1/CAP2/CAP3/CAP4
R/W-0

图 8.62　TSCTR/CTRPHS/CAP1/CAP2/CAP3/CAP4 寄存器位格式

表 8.38　TSCTR/CTRPHS/CAP1/CAP2/CAP3/CAP4 寄存器各位的含义

符　号	含　义
TSCTR	用于捕获时间基准的 32 位计数寄存器
CTRPHS	用来控制多个 eCAP 模块间的相位关系,在外部同步事件 SYNCI 或软件强制同步 S/W 时,CTRPHS 的值装载到 TSCTR 中
CAPx(x=1~4)	捕获模式:装载 TSCTR 值(时间标记戳); APWM 模式:CAP1 存放周期动作寄存器 APRD 的值,CAP2 存放比较动作寄存器 ACMP 的值,CAP3 存放周期映射寄存器 APRD 的值,CAP4 比较映射寄存器 ACMP 的值

D15 ~ D14	D13 ~ D9	D8
FREE/SOFT	PRESCALE	CAPLDEN
R/W-0	R/W-0	R/W-0

D7	D6	D5	D4	D3	D2	D1	D0
CTRRST4	CAP4 POL	CTRRST3	CAP3POL	CTRRST2	CAP2POL	CTRRST1	CAP1POL
R/W-0	R/W-0	R/W-0	R/W-0	R/W-0	R/W-0	R/W-11	R/W-0

图 8.63　ECCTL1 寄存器位格式

表 8.39　ECCTL1 寄存器各位的含义

位　号	名　称	说　明
15~14	FREE/SOFT	仿真控制位。00,仿真挂起;01,TSCTR 继续计数至 0 停止;1x,自由运行
13~9	PRESCALE	事件预分频控制位。00000,不分频;00001~11111(k),分频系数为 2k
8	CAPLDEN	捕获事件发生时,CAP1~CAP4 装载控制位。0,禁止装载;1,使能
7	CTRRST4	捕获事件 CEVT4 发生时,计数器复位控制位。0,无动作;1,复位计数器
6	CAP4POL	捕获事件 CEVT4 极性选择。0,上升沿触发;1,下降沿触发

续表 8.39

位　号	名　称	说　明
5	CTRRST3	捕获事件 CEVT3 发生时,计数器复位控制位。0,无动作;1,复位计数器
4	CAP3POL	捕获事件 CEVT3 极性选择。0,上升沿触发;1,下降沿触发
3	CTRRST2	捕获事件 CEVT2 发生时,计数器复位控制位。0,无动作;1,复位计数器
2	CAP2POL	捕获事件 CEVT2 极性选择。0,上升沿触发;1,下降沿触发
1	CTRRST1	捕获事件 CEVT1 发生时,计数器复位控制位。0,无动作;1,复位计数器
0	CAP1POL	捕获事件 CEVT1 极性选择。0,上升沿触发;1,下降沿触发

D15 ~ D11				D10	D9	D8
Reserved				APWMPOL	CAP/APWM	SWSYNC
R-0				R/W-0	R/W-0	R/W-0

D7 ~ D6	D5	D4	D3	D2 ~ D1	D0
SYNCO_SEL	SYNCI_EN	TSCTRSTOP	REARM	STOP_WRAP	CONT/ONESHT
R/W-0	R/W-0	R/W-0	R/W-0	R/W-1	R/W-1	R/W-0

图 8.64　ECCTL2 寄存器位格式

表 8.40　ECCTL2 寄存器各位的含义

位　号	名　称	说　明
15～11	Reserved	保留
10	APWMPOL	APWM 输出极性选择位。0,高电平有效;1,低电平有效
9	CAP/APWM	捕获/APWM 模式选择位。0,捕获模式;1,APWM 模式
8	SWSYNC	软件强制计数同步控制位。0,无影响;1,强制产生一次同步事件
7~6	SYNCO_SEL	同步输出选择位。00,同步输入 SYNC_IN 作为同步输出 SYNC_OUT 信号;01,选择 CTR=PRD 事件作为同步信号输出;1x,禁止同步信号输出
5	SYNCI_EN	计数器 TSCTR 同步使能位。0,禁止同步;1,当外部同步信号 SYNCI 输入或软件强制 S/W 事件发生时,TSCTR 装载 CTRPHS 的值
4	TSCTRSTOP	计数器 TSCTR 控制位。0,计数停止;1,运行
3	REARM	单次捕获模式重启控制位。0,无影响;1,重新启动
2~1	STOP_WRAP	单次捕获模式停止控制位。00,CEVT1 发生时停止;01,CEVT2 发生时停止;10,CEVT3 发生时停止;11,CEVT4 发生时停止
0	CONT/ONESHT	连续/单次捕获模式控制位。0,连续模式;1,单次模式

中断使能寄存器 ECEINT 中,各位含义分别为计数匹配 CTR＝CMP、周期匹配 CTR＝PRD、计数溢出 CTROVF、捕获 CEVT4 事件、捕获 CEVT3 事件、捕获 CEVT2 事件、捕获 CEVT1 事件中断使能位。将相应位置 0 则禁止中断,置 1 则使能中断。中断强制寄存器 ECFRC 与 ECEINT 寄存器各位信息一致,相应位置 1 时,

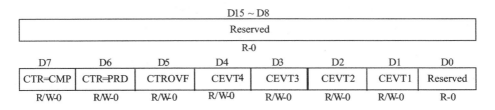

图 8.65　ECEINT/ECFRC 寄存器位格式

可强制该中断事件的发生。

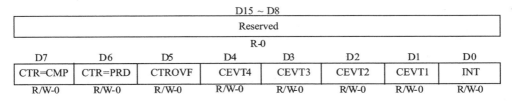

图 8.66　ECFLG/ECCLR 寄存器位格式

　　中断标志寄存器 ECFLG 中,各位含义与中断使能寄存器 ECEINT 类似,最低位为全局中断 INT 控制位,相应中断事件发生时,对应位置 1。中断清除寄存器 EC-CLR 与 ECFLG 寄存器各位信息一致,相应位置 1 时,可清除各位标志。

8.3.3　eCAP 程序例程

1. 捕获操作模式

程序相关头文件定义:

```
// ECCTL1 寄存器
# define EC_RISING          0x0       // CAPxPOL 位
# define EC_FALLING         0x1
# define EC_ABS_MODE        0x0       // CTRRSTx 位
# define EC_DELTA_MODE      0x1
# define EC_BYPASS          0x0       // PRESCALE 位
# define EC_DIV1            0x0
# define EC_DIV2            0x1
# define EC_DIV4            0x2
# define EC_DIV6            0x3
# define EC_DIV8            0x4
# define EC_DIV10           0x5
// ECCTL2 寄存器
# define EC_CONTINUOUS      0x0       // CONT/ONESHOT 位
# define EC_ONESHOT         0x1
# define EC_EVENT1          0x0       // STOPVALUE 位
# define EC_EVENT2          0x1
# define EC_EVENT3          0x2
```

```
#define EC_EVENT4          0x3
#define EC_ARM             0x1          // RE - ARM 位
#define EC_FREEZE          0x0          // TSCTRSTOP 位
#define EC_RUN             0x1
#define EC_SYNCIN          0x0          // SYNCO_SEL 位
#define EC_CTR_PRD         0x1
#define EC_SYNCO_DIS       0x2
#define EC_CAP_MODE        0x0          // CAP/APWM 模式位
#define EC_APWM_MODE       0x1
#define EC_ACTV_HI         0x0          // APWMPOL 位
#define EC_ACTV_LO         0x1
#define EC_DISABLE         0x0          // 通用方式
#define EC_ENABLE          0x1
#define EC_FORCE           0x1
```

(1) 上升沿触发捕获绝对时间事件

如图 8.67 所示,时间标记戳计数器 TSCTR 不复位,且只在上升沿捕获事件。在此事件中首先捕获时间标记戳计数器 TSCTR 的值,之后 Mode4 进入下一个状态。

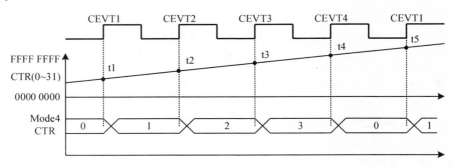

图 8.67　上升沿及下降沿触发捕获事件(差分时间捕获)

CAP 初始化程序段:

```
// ECAP 模块 1 初始化
ECap1Regs.ECCTL1.bit.CAP1POL = EC_RISING;
ECap1Regs.ECCTL1.bit.CAP2POL = EC_RISING;
ECap1Regs.ECCTL1.bit.CAP3POL = EC_RISING;
ECap1Regs.ECCTL1.bit.CAP4POL = EC_RISING;
ECap1Regs.ECCTL1.bit.CTRRST1 = EC_ABS_MODE;
ECap1Regs.ECCTL1.bit.CTRRST2 = EC_ABS_MODE;
ECap1Regs.ECCTL1.bit.CTRRST3 = EC_ABS_MODE;
ECap1Regs.ECCTL1.bit.CTRRST4 = EC_ABS_MODE;
ECap1Regs.ECCTL1.bit.CAPLDEN = EC_ENABLE;
ECap1Regs.ECCTL1.bit.PRESCALE = EC_DIV1;
ECap1Regs.ECCTL2.bit.CAP_APWM = EC_CAP_MODE;
ECap1Regs.ECCTL2.bit.CONT_ONESHT = EC_CONTINUOUS;
ECap1Regs.ECCTL2.bit.SYNCO_SEL = EC_SYNCO_DIS;
```

```
ECap1Regs.ECCTL2.bit.SYNCI_EN = EC_DISABLE;
ECap1Regs.ECCTL2.bit.TSCTRSTOP = EC_RUN;
//运行时间,CEVT4 触发 ISR 中断
TSt1 = ECap1Regs.CAP1;
TSt2 = ECap1Regs.CAP2;
TSt3 = ECap1Regs.CAP3;
TSt4 = ECap1Regs.CAP4;
Period1 = TSt2 - TSt1;          // 计算第一个周期
Period2 = TSt3 - TSt2;          // 计算第二个周期
Period3 = TSt4 - TSt3;          // 计算第三个周期
```

（2）上升沿触发捕获时间差分

本例采用连续捕获模式,如图 8.68 所示。

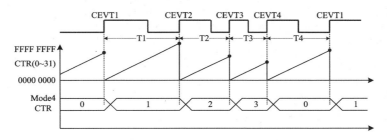

图 8.68　上升沿触发捕获事件（绝对时间捕获）

时间标记戳计数器 TSCTR 不复位。TSCTR 在每一个有效事件中复位为零,且只能是上升沿捕获事件。在此事件中首先捕获时间标记戳计数器 TSCTR 的值,之后 Mode4 进入下一个状态。

CAP 初始化程序段：

```
// ECAP 模块 1 初始化
ECap1Regs.ECCTL1.bit.CAP1POL = EC_RISING;
ECap1Regs.ECCTL1.bit.CAP2POL = EC_RISING;
ECap1Regs.ECCTL1.bit.CAP3POL = EC_RISING;
ECap1Regs.ECCTL1.bit.CAP4POL = EC_RISING;
ECap1Regs.ECCTL1.bit.CTRRST1 = EC_DELTA_MODE;
ECap1Regs.ECCTL1.bit.CTRRST2 = EC_DELTA_MODE;
ECap1Regs.ECCTL1.bit.CTRRST3 = EC_DELTA_MODE;
ECap1Regs.ECCTL1.bit.CTRRST4 = EC_DELTA_MODE;
ECap1Regs.ECCTL1.bit.CAPLDEN = EC_ENABLE;
ECap1Regs.ECCTL1.bit.PRESCALE = EC_DIV1;
ECap1Regs.ECCTL2.bit.CAP_APWM = EC_CAP_MODE;
ECap1Regs.ECCTL2.bit.CONT_ONESHT = EC_CONTINUOUS;
ECap1Regs.ECCTL2.bit.SYNCO_SEL = EC_SYNCO_DIS;
ECap1Regs.ECCTL2.bit.SYNCI_EN = EC_DISABLE;
ECap1Regs.ECCTL2.bit.TSCTRSTOP = EC_RUN;
//运行时间,CEVT4 触发 ISR 中断
```

```
Period4 = ECap1Regs.CAP1;            // 计算第四个周期
Period1 = ECap1Regs.CAP2;            // 计算第一个周期
Period2 = ECap1Regs.CAP3;            // 计算第二个周期
Period3 = ECap1Regs.CAP4;            // 计算第三个周期
```

2. APWM 工作模式 1 示例

APWM 工作模式下可实现一个单通道输出的 PWM 信号,如图 8.61 所示。由 APWMPOL 位的状态信息决定输出信号高/低电平有效,CAP2 为有效电平时长。

```
// ECAP 1 配置
ECap1Regs.CAP1 = 0x1000;                  // 设定 PWM 周期
ECap1Regs.CTRPHS = 0x0;                   // 清零相位寄存器
ECap1Regs.ECCTL2.bit.CAP_APWM = 0x1;      // 选择 APWM 工作模式
ECap1Regs.ECCTL2.bit.APWMPOL = 0x0;       // PWM 高电平有效
ECap1Regs.ECCTL2.bit.SYNCI_EN = 0x2;      // 禁止同步输出信号
ECap1Regs.ECCTL2.bit.SYNCO_SEL = 0x0;     // 禁止计数器同步功能
ECap1Regs.ECCTL2.bit.TSCTRSTOP = 0x1;     // 允许计数器启动
//运行时段,改变占空比
ECap1Regs.CAP2 = 0x300;
ECap1Regs.CAP2 = 0x500;
```

3. APWM 工作模式 2 示例

```
# include "F28x_Project.h"
Uint16 direction = 0;
void main(void)
{
    InitSysCtrl();
    InitAPwm1Gpio();
    DINT;
    InitPieCtrl();
    IER = 0x0000;
    IFR = 0x0000;
    InitPieVectTable();
    ECap1Regs.ECCTL2.bit.CAP_APWM = 1;        // 使能 APWM 模式
    ECap1Regs.CAP1 = 0x01312D00;              // 设置周期值
    ECap1Regs.CAP2 = 0x00989680;              // 设置比较值
    ECap1Regs.ECCLR.all = 0x0FF;              // 清除中断挂起
    ECap1Regs.ECEINT.bit.CTR_EQ_CMP = 1;      // 使能比较
    //开始计数
    ECap1Regs.ECCTL2.bit.TSCTRSTOP = 1;
    for(;;)
    {
        ECap1Regs.CAP4 = ECap1Regs.CAP1 >> 1; // 50% 占空比
        //改变频率
        if(ECap1Regs.CAP1 >= 0x01312D00)
        {
            direction = 0;
        }
        else if (ECap1Regs.CAP1 <= 0x00989680)
```

```
        {
            direction = 1;
        }
        if(direction = = 0)
        {
            ECap1Regs.CAP3 = ECap1Regs.CAP1 — 500000;
        }
        else
        {
            ECap1Regs.CAP3 = ECap1Regs.CAP1 + 500000;
        }
    }
}
```

4. eCAP 和 ePWM 的综合应用

硬件将 GPIO4 与 GPIO19 相连, ePWM3A 通过 GPIO4 产生 PWM 信号, eCAP1 捕获 GPIO19 的信号:

```
#include "F28x_Project.h"
__interrupt void ecap1_isr(void);
void InitECapture(void);
void InitEPwmTimer(void);
void Fail(void);
Uint32 ECap1IntCount;
Uint32 ECap1PassCount;
Uint32 EPwm3TimerDirection;
//宏定义
#define EPWM_TIMER_UP    1
#define EPWM_TIMER_DOWN  0
#define PWM3_TIMER_MIN       10
#define PWM3_TIMER_MAX       8000
//主函数
void main(void)
{
    InitSysCtrl();                  // 系统初始化
    InitEPwm3Gpio();
    InitECap1Gpio(19);
    GPIO_SetupPinOptions(19, GPIO_INPUT, GPIO_ASYNC);
    DINT;
    InitPieCtrl();                  // PIE 控制初始化
    IER = 0x0000;
    IFR = 0x0000;
    InitPieVectTable();             // PIE 中断向量表初始化
    EALLOW;
    PieVectTable.ECAP1_INT = &ecap1_isr;
    EDIS;
    InitEPwmTimer();                // EPWM 模块初始化
    InitECapture();                 // ECAP 模块初始化
    ECap1IntCount = 0;
```

```
    ECap1PassCount = 0;
    // 使能 CPU INT4 中断(用于 ECAP1 - 4 中断)
    IER |= M_INT4;
    //使能 PIE 第 4 组中的第一个中断
    PieCtrlRegs.PIEIER4.bit.INTx1 = 1;
    EINT;      // 使能全局中断
    for(;;)
    {
        asm("    NOP");
    }
}
// PWM 初始化
void InitEPwmTimer()
{
    EALLOW;
    CpuSysRegs.PCLKCR0.bit.TBCLKSYNC = 0;
    EDIS;
    EPwm3Regs.TBCTL.bit.CTRMODE = TB_COUNT_UP;      // 递增计数
    EPwm3Regs.TBPRD = PWM3_TIMER_MIN;
    EPwm3Regs.TBPHS.all = 0x00000000;
    EPwm3Regs.AQCTLA.bit.PRD = AQ_TOGGLE;
    // TBCLK = SYSCLKOUT
    EPwm3Regs.TBCTL.bit.HSPCLKDIV = 1;
    EPwm3Regs.TBCTL.bit.CLKDIV = 0;
    EPwm3TimerDirection = EPWM_TIMER_UP;
    EALLOW;
    CpuSysRegs.PCLKCR0.bit.TBCLKSYNC = 1;
    EDIS;
}
// CAP 初始化
void InitECapture()
{
    ECap1Regs.ECEINT.all = 0x0000;                 // 禁止所有 CAP 中断
    ECap1Regs.ECCLR.all = 0xFFFF;                  // 清除所有 CAP 中断标志位
    ECap1Regs.ECCTL1.bit.CAPLDEN = 0;              // 禁止 CAP1 - CAP4 寄存器装载
    ECap1Regs.ECCTL2.bit.TSCTRSTOP = 0;            // 保证计数器停止
    //配置外设寄存器
    ECap1Regs.ECCTL2.bit.CONT_ONESHT = 1;          // 单次触发
    ECap1Regs.ECCTL2.bit.STOP_WRAP = 3;            // 第 4 次事件后停止
    ECap1Regs.ECCTL1.bit.CAP1POL = 1;              // 下降沿
    ECap1Regs.ECCTL1.bit.CAP2POL = 0;              // 上升沿
    ECap1Regs.ECCTL1.bit.CAP3POL = 1;              //下降沿
    ECap1Regs.ECCTL1.bit.CAP4POL = 0;              // 上升沿
    ECap1Regs.ECCTL1.bit.CTRRST1 = 1;              // 差分模式
    ECap1Regs.ECCTL1.bit.CTRRST2 = 1;              // 差分模式
    ECap1Regs.ECCTL1.bit.CTRRST3 = 1;              // 差分模式
    ECap1Regs.ECCTL1.bit.CTRRST4 = 1;              // 差分模式
    ECap1Regs.ECCTL2.bit.SYNCI_EN = 1;             // 使能同步输入
    ECap1Regs.ECCTL2.bit.SYNCO_SEL = 0;
    ECap1Regs.ECCTL1.bit.CAPLDEN = 1;              // 使能捕获单元
```

```
    ECap1Regs.ECCTL2.bit.TSCTRSTOP = 1;          // 开始计数
    ECap1Regs.ECCTL2.bit.REARM = 1;
    ECap1Regs.ECCTL1.bit.CAPLDEN = 1;            // 使能 CAP1 - CAP4 寄存器装载
    ECap1Regs.ECEINT.bit.CEVT4 = 1;              // 事件 4 产生中断
}
// CAP1 中断服务程序
__interrupt void ecap1_isr(void)
{
    if((ECap1Regs.CAP2 > EPwm3Regs.TBPRD * 4 + 4)
    || (ECap1Regs.CAP2 < EPwm3Regs.TBPRD * 4 - 4))
    {
        Fail();
    }
    if((ECap1Regs.CAP3 > EPwm3Regs.TBPRD * 4 + 4)
    || (ECap1Regs.CAP3 < EPwm3Regs.TBPRD * 4 - 4))
    {
        Fail();
    }
    if((ECap1Regs.CAP4 > EPwm3Regs.TBPRD * 4 + 4)
    || (ECap1Regs.CAP4 < EPwm3Regs.TBPRD * 4 - 4))
    {
        Fail();
    }
    ECap1IntCount ++ ;
    if(EPwm3TimerDirection == EPWM_TIMER_UP)
    {
        if(EPwm3Regs.TBPRD < PWM3_TIMER_MAX)
        {
            EPwm3Regs.TBPRD ++ ;
        }
        else
        {
            EPwm3TimerDirection = EPWM_TIMER_DOWN;
            EPwm3Regs.TBPRD -- ;
        }
    }
    else
    {
        if(EPwm3Regs.TBPRD > PWM3_TIMER_MIN)
        {
            EPwm3Regs.TBPRD -- ;
        }
        else
        {
            EPwm3TimerDirection = EPWM_TIMER_UP;
```

```
            EPwm3Regs. TBPRD ++ ;
        }
    }
    ECap1PassCount ++ ;
    ECap1Regs. ECCLR. bit. CEVT4 = 1;
    ECap1Regs. ECCLR. bit. INT = 1;
    ECap1Regs. ECCTL2. bit. REARM = 1;
    // PIE 组 4 应答位清除
    PieCtrlRegs. PIEACK. all = PIEACK_GROUP4;
}
void Fail()
{
  asm("    ESTOP0");
}
```

第 **9** 章

控制率加速器 CLA 原理及应用

9.1 控制率加速器 CLA 概述

9.1.1 CLA 的功能原理

CLA 是一个完全可编程的独立 32 位浮点运算处理器,因而可以命名为 float32 型的浮点数。它可以单独执行各种算法,也可以与 CPU 同步处理。CLA 主要处理 CPU 中断时来不及处理算法,分担 CPU 的负载率。CLA 功能原理图如图 9.1 所示。

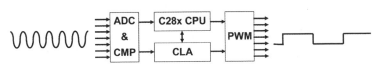

图 9.1 CLA 功能原理图

这种附加的同步处理功能扩展了 C28x CPU 的能力。CLA 可直接访问 ADC 结果寄存器。此外,CLA 可访问所有 ePWM、HRPWM、eCAP、eQEP、CMPSS、DAC、SDFM、SPI、McBSP 和 GPIO 数据寄存器。这使得 CLA 能够及时读取 ADC 样本,大大缩短了 ADC 样本输出延迟,从而实现更快的系统响应和更高的频率。CLA 可独立于 CPU 响应外设中断。利用 CLA 执行时间关键型任务可释放 CPU 空间,以便同时执行其他系统、诊断和通信功能。图 9.2 为 CLA 基本原理框图。

CLA 具有如下特点:

➢ 独立的、可编程的 32 位浮点协处理器;

➢ 运行频率与 CPU 一致,并具有独立的 8 级流水线;

➢ 12 位程序计数器(MPC);

➢ 4 个 32 位的结果寄存器(MR0 – MR3);

➢ 2 个 16 位的辅助寄存器(MAR0,MAR1);

➢ 支持断点调试;

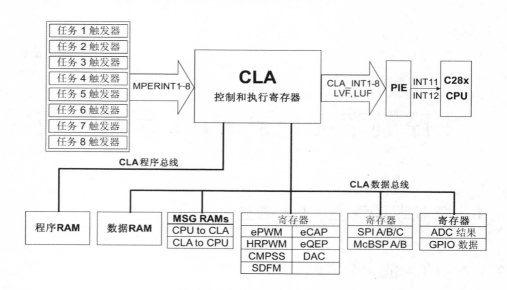

图 9.2　CLA 基本原理框图

➢ 支持 IEEE 单精度浮点运算；
  ● 单周期浮点加、减、乘法；
  ● 单周期浮点比较、取最大值、取最小值；
  ● 单周期 $1/x$、$1/sqrt(x)$ 估算；
  ● 数据类型转换；
  ● 条件分支和调用；
  ● 数据装载/存储操作。
➢ CLA 程序代码可以包含 8 个任务或中断服务程序：
  ● 每个任务的起始地址通过 MVECT 寄存器来设定；
  ● 任务的大小没有限制，只要求任务的大小在 CLA 程序存储空间的范围之内；
  ● 每个任务不能嵌套其他任务；
  ● 当任务完成时，特定的中断会在 PIE 中标识出来。
➢ 任务触发机制：
  ● C28x CPU 通过 IACK 指令来触发；
  ● Task1～Task8：最多支持 256 个中断的触发源。
➢ 存储器和共用外设：
  ● 2 个用于 CLA 和 CPU 通信使用的 Message RAM；
  ● CPU 可以将 CLA 程序和数据存储器映射到主 CPU 空间或 CLA 空间；
  ● CLA 可以直接访问 ePWM、HRPWM、比较器和 ADC 结果寄存器。在含有 CLA 的处理器中，CLA 可独立于 CPU 运行，自动控制外设的运作，达到更高的控制精度以及更好的实时性。

9.1.2 CLA 存储器及寄存器访问

1. CLA 存储器

CLA 可以访问 3 类存储器:程序、数据和信息 RAM。

(1) CLA 程序存储器

复位时用来存放 CLA 程序的存储器映射到 CPU 存储器中,被当作普通的存储块。当 CLA 程序存储器映射到 CPU 空间时,CPU 可将 CLA 程序代码复制到存储块中。在调试过程中,存储块也可以直接利用 CCS 来加载。一旦存储器被 CLA 代码初始化,CPU 可通过对寄存器 MMEMCFG.PROGE 位写 1 来将其映射到 CLA 程序空间。当存储块被映射到 CLA 程序空间时,CLA 只能对该存储器执行操作码提取操作。当 CLA 停止或空闲时,CPU 只能执行调试器访问;若 CLA 正在执行代码,则所有的调试器访问都被终止,读存储器返回为零。

(2) CLA 数据存储器

复位时,两个存储块都被映射到 CPU 存储空间,CPU 把它们当作普通的存储块来对待。当存储块被映射到 CPU 空间时,CPU 可以用数据表和系数将存储块初始化,以备 CLA 使用。一旦存储器被 CLA 数据初始化,则 CPU 就将其映射到 CLA 空间。两个存储块可以分别通过对寄存器 MMEMCFG.RAM0E 和 MMEMCFG. RAM1E 写 1 来映射。当存储块映射到 CLA 数据空间时,CLA 只能对它执行数据访问操作。在这种模式下,CPU 只能执行调试器访问。CLA 数据 RAM 受代码安全模块和仿真代码安全逻辑的保护。

(3) CLA 共用信息 RAM

CLA 共用信息 RAM 供 CLA 和 CPU 共享数据和通信使用,受代码安全模块保护;只允许对信息 RAM 执行数据访问,不能执行程序提取。

1) CLA 到 CPU 的信息 RAM

CLA 使用该存储块将数据传递给 CPU。CLA 可对该 RAM 进行读/写操作,但 CPU 对该 RAM 只能读操作。

2) CPU 到 CLA 的信息 RAM

CPU 使用该存储块将数据和信息传递给 CLA。CPU 可对该 RAM 进行读/写操作,但 CLA 对该 RAM 只能读操作。

2. CLA 的寄存器访问

CLA 可直接访问如图 9.3 所示的寄存器,CLA 或 DMA 均可访问外设 PF,但两者不可同时访问(通过 CPU.SECMSEL 寄存器设置)。

PF1		PF2	
寄存器		寄存器	寄存器
ePWM	eCAP	SPI A/B/C	ADC 结果
HRPWM	eQEP	McBSPA/B	GPIO 数据
CMPSS	DAC		
SDFM			

图 9.3　CLA 可直接访问的寄存器

3. 共用外设和 EALLOW 保护

CLA 和 CPU 都能访问 ePWM、HRPWM、比较器和 ADC 结果寄存器。当 CLA 和 CPU 都要访问这些结果寄存器时,需要对 CLA 和 CPU 进行仲裁。

EALLOW 保护机制可以保护几个外设控制寄存器,从而防止 CPU 和 CLA 对其执行虚假的写操作。CPU 状态寄存器 1(ST1)的 EALLOW 位指示了 CPU 的保护状态,CLA 状态寄存器(MSTF)的 MEALLOW 位指示了 CLA 写保护的状态。

"MEALLOW CLA"指令允许 CLA 写这些寄存器,MEDIS CLA 指令禁止 CLA 写这些寄存器。

9.2　CLA 的任务编程

9.2.1　什么是 CLA 的任务

图 9.4 为 CLA 任务处理原理框图。简言之,CLA 的任务与中断服务程序类似。CLA 支持 8 个任务(Task1~Task8,Task1 优先级最高,Task8 优先级最低),每个任务可以由外设中断或软件来请求,当触发发生时 CLA 在关联任务向量入口(MVECT1~8)处开始执行。注意,一旦任务开始执行,则该任务将被高优先级任务中断,因而在设计时需要考虑。任务的结束通过 MSTOP 指令来指示。

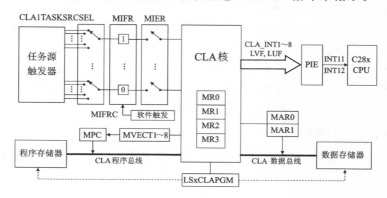

图 9.4　CLA 任务处理原理框图

1. 外设中断触发的任务

每个任务可支持 256 个外部中断源,用户可以通过对寄存器 DmaClaSrcSel-Regs.CLA1TASKSRCSELx[TASKx]写入合适的值来触发相应的任务。CLA 支持的中断触发源如表 9.1 所列。注意,表中未显示的值均保留。

表 9.1　CLA 所支持的中断触发源

标　号	中断源	标　号	中断源	标　号	中断源	标　号	中断源
0	软件中断	20	ADCDEVT	45	EPWM10INT	80	ECAP6INT
1	ADCAINT1	29	XINT1	46	EPWM11NT	83	EQEP1INT
2	ADCAINT2	30	XINT2	47	EPWM12INT	84	EQEP2INT
3	ADCAINT3	31	XINT3	68	TINT0	85	EQEP3INT
4	ADCAINT4	32	XINT4	69	TINT1	95	SD1INT
5	ADCAEVT	33	XINT5	70	TINT2	96	SD2INT
6	ADCBINT1	36	EPWM1INT	71	MXEVTA	109	SPITXINTA
7	ADCBINT2	37	EPWM2INT	72	MREVTA	110	SPIRXINTA
8	ADCBINT3	38	EPWM3INT	73	MXEVTB	111	SPITXINTB
9	ADCBINT4	39	EPWM4INT	74	MREVTB	112	SPIRXINTB
10	ADCBEVT	40	EPWM5INT	75	ECAP1INT	113	SPITXINTC
16	ADCDINT1	41	EPWM6INT	76	ECAP2INT	114	SPIRXINTC
17	ADCDINT2	42	EPWM7INT	77	ECAP3INT	—	—
18	ADCDINT3	43	EPWM8INT	78	ECAP4INT	—	—
19	ADCDINT4	44	EPWM9INT	79	ECAP5INT	—	—

2. 软件触发的任务

任务也可以通过主 CPU 软件写 MIFRC 寄存器或通过 IACK 指令来触发。使用 IACK 指令更高效,通过设置 MCTL[IACKE]位来使能。IACK 指令操作数的每个位对应一个任务。

例如:

```
IACK        #0x0001 /*设置 MIFR 寄存器位 0 来启动 Task 1*/
IACK        #0x0003 /*设置 MIFR 寄存器位 0 和位 1 来启动 Task 1 和 Task 2*/
```

9.2.2　CLA 的初始化

1. CLA 的初始化步骤

① 将 CLA 代码复制到 CLA 程序 RAM 中。CLA 代码源可以一开始位于 Flash 中,或者位于一个通信外设的数据流内,或者在 CPU 能访问它的任何地方。开发过程中也可以利用调试器将代码直接加载到 CLA 程序 RAM 中。

②初始化 CLA 数据 RAM，即将任何需要的数据系数或常数填充到 CLA 数据 RAM 中。

③ 配置 CLA 寄存器。配置 CLA 寄存器之前，中断必须禁能（MIER＝0），之后执行以下操作：

> 在 PCLKCR3 寄存器中使能 CLA 时钟；
> 填充 CLA 任务中断向量：MVECT1～MVECT8；
> 当 CLA 接收到相应的中断时，每个向量初始化成要执行任务的起始地址；这个地址是一个基于 CLA 程序存储器首个地址的偏移量；
> 选择所需的任务中断源（CLA1TASKSRCSELx 寄存器）；
> 如果需要，设置 Cla1Regs. MCTL. bit. IACKE＝1，允许 IACK 指令通过软件启动任务；
> 将 CLA 程序 RAM 和数据 RAM 映射到 CLA 空间。

通过对 MMEMCFG. RAM0E 写 1 和 MMEMCFG. RAM1E 写 1，将数据 RAM 映射到 CLA 空间。存储器映射到 CLA 空间之后，CPU 就不能对它进行访问；通过对 MMEMCFG. PROGE 写 1 将 CLA 程序 RAM 映射到 CLA 空间。存储器重新映射到 CLA 空间之后，CPU 只能对存储块进行调试访问。

④ 在 PIE 中配置所需的 CLA 任务完成中断后，当一个 CLA 任务结束时，PIE 相应的中断将被标识出来。

⑤ 在 MIER 寄存器中相应的位置 1 启动 CLA 任务触发器。

⑥ 初始化所需要的外设及触发 CLA 任务。

2. CLA 的任务执行

CLA 有自己的提取机制，可以独立运行与主 CPU 无关的任务。如果 CLA 空闲（无任务正在运行），则已经被标识出来（MIFR）且已使能（MIER）的最高优先级中断将启动，相关流程如下：

> 相应 MIRUN 置位，标志位 MIFR 被清除；
> CLA 开始从相应中断向量（MVECTx）指定的位置开始执行（MVECT 是基于起始程序存储器单元的偏移量）；
> CLA 执行指令，直至找到 MSTOP 指令，表明任务结束；
> MIRUN 位清除；
> 向 PIE 提交任务特定的中断，告知主 CPU 任务已经结束；
> CLA 返回到空闲状态；
> 下个优先级最高、挂起的任务将自动被服务，然后再重复上面这个过程。

3. CLA 操作相关寄存器

CLA 操作常见寄存器如表 9.2 所列。

表 9.2　CLA 常见操作寄存器

寄存器	说　明	寄存器	说　明
MCTL	控制寄存器	MIOVF	中断溢出标志寄存器
LSxMSEL	存储器选择 CPU/CLA 寄存器	MICLROVF	中断溢出标志清除寄存器
LSxCLAPGM	CLA 程序/数据存储器寄存器	MIRUN	中断运行状态寄存器
CLA1TASKSR CSELx	任务源选择寄存器(x=1、2)	MVECTx	任务 x 中断向量(x=1~8)
MIFR	中断标志寄存器	MPC	CLA 16 位程序计数器
MIER	中断使能寄存器	MARx	CLA 辅助寄存器(x=1、2)
MIFRC	中断强制寄存器	MRx	CLA 浮点 32 位结果寄存器 (x=0~3)
MICLR	中断标志清除寄存器	MSTF	CLA 浮点状态寄存器

(1) CLA 控制寄存器 MCTL

MCTL 寄存器的位格式如图 9.5 所示,位域含义如表 9.3 所列。

D15	D14	D13	D12	D11	D10	D9	D8
			Reserved				
			R-0				

D7	D6	D5	D4	D3	D2	D1	D0
		Reserved			IACKE	SOFTRESET	HARDRESET
		R-0			RW-0	RW-0	RW-0

图 9.5　MCTL 寄存器的位格式

表 9.3　MCTL 寄存器各位定义

位　号	名　称	说　明
15~3	Reserved	保留
2	IACKE	软件触发选择位。 0:CLA 忽略 IACK 指令(默认); 1:CPU 采用 IACK 指令触发任务,指令格式"IACK 　#16bit"
1	SOFTRESET	软件中断。 写 0:无动作; 写 1:造成 CLA 的软中断,它会停止当前的任务,清除 MIRUN 标志位和 MIER 寄存器的所有位。软中断之后,必须等待至少一个 CPU 的系统周期才能从新配置 MIER 寄存器
0	HARDRESET	硬件中断。 写 0:无动作; 写 1:造成 CLA 的硬中断,CLA 的所有寄存器会设置为默认状态

（2）存储器选择 CPU /CLA 寄存器 LSxMSEL

LSxMSEL 寄存器的位格式如图 9.6 所示,位域含义如表 9.4 所列。

D31	D30	D29	D28	D27	D26	D25	D24
			Reserved				
			R-0				

D23	D22	D21	D20	D19	D18	D17	D16
			Reserved				
			R-0				

D15	D14	D13	D12	D11	D10	D9	D8
Reserved				MSEL _ LS 5		MSEL _ LS 4	
R- 0				RW-0		RW-0	

D7	D6	D5	D4	D3	D2	D1	D0
MSEL _ LS 3		MSEL _ LS 2		MSEL _ LS 1		MSEL _ LS 0	
RW-0		RW-0		RW-0		RW-0	

图 9.6　LSxMSEL 寄存器的位格式

表 9.4　LSxMSEL 寄存器各位定义

位　号	名　称	说　明
31～12	Reserved	保留
11～10	MSEL_LS5	LS5 RAM 存储器主器件选择位 00:存储器专用于 CPU 01:存储器在 CPU 和 CLA 之间共享;1x:保留
9～8	MSEL_LS4	LS4 RAM 存储器主器件选择位 00:存储器专用于 CPU 01:存储器在 CPU 和 CLA 之间共享;1x:保留
7～6	MSEL_LS3	LS3 RAM 存储器主器件选择位 00:存储器专用于 CPU 01:存储器在 CPU 和 CLA 之间共享;1x:保留
5～4	MSEL_LS2	LS2 RAM 存储器主器件选择位 00:存储器专用于 CPU 01:存储器在 CPU 和 CLA 之间共享;1x:保留
3～2	MSEL_LS1	LS1 RAM 存储器主器件选择位 00:存储器专用于 CPU 01:存储器在 CPU 和 CLA 之间共享;1x:保留
1～0	MSEL_LS0	LS0 RAM 存储器主器件选择位 00:存储器专用于 CPU;01:存储器在 CPU 和 CLA 之间共享 1x:保留写 0:无动作; 写 1:造成 CLA 的硬中断,CLA 的所有寄存器会设置为默认状态

(3) CLA 程序/数据存储器寄存器 LSxCLAPGM

LSxCLAPGM 寄存器的位格式如图 9.7 所示,位域含义如表 9.5 所列。

D31~D6	D5	D4	D3	D2	D1	D0
Reserved	CLAPGM_LS5	CLAPGM_LS4	CLAPGM_LS3	CLAPGM_LS2	CLAPGM_LS1	CLAPGM_LS0
R-0	RW-0	RW-0	RW-0	RW-0	RW-0	RW-0

图 9.7　LSxCLAPGM 寄存器的位格式

表 9.5　LSxCLAPGM 寄存器各位定义

位　号	名　　称	说　　明
31~6	Reserved	保留
5	CLAPGM_LS5	LS5 RAM 存储器作为程序/数据 CLA 选择位 0:作为 CLA 数据存储器;1:作为 CLA 程序存储器
4	CLAPGM_LS4	LS4 RAM 存储器作为程序/数据 CLA 选择位 0:作为 CLA 数据存储器;1:作为 CLA 程序存储器
3	CLAPGM_LS3	LS3 RAM 存储器作为程序/数据 CLA 选择位 0:作为 CLA 数据存储器;1:作为 CLA 程序存储器
2	CLAPGM_LS2	LS2 RAM 存储器作为程序/数据 CLA 选择位 0:作为 CLA 数据存储器;1:作为 CLA 程序存储器
1	CLAPGM_LS1	LS1 RAM 存储器作为程序/数据 CLA 选择位 0:作为 CLA 数据存储器;1:作为 CLA 程序存储器
0	CLAPGM_LS0	LS0 RAM 存储器作为程序/数据 CLA 选择位 0:作为 CLA 数据存储器;1:作为 CLA 程序存储器

(4) CLA 任务选择寄存器 CLA1TASKSRCSELx(x=1、2)

CLA1TASKSRCSELx 寄存器的位格式如图 9.8 所示,查询如表 9.1 所列的 CLA 中断触发源,即可配置任务 1~任务 8 的触发。

D31~D24	D23~D16	D15~D8	D7~D0
TASK 4	TASK 3	TASK 2	TASK 1
RW-0	RW-0	RW-0	RW-0

(a)

D31~D24	D23~D16	D15~D8	D7~D0
TASK 8	TASK 7	TASK 6	TASK 5
RW-0	RW-0	RW-0	RW-0

(b)

图 9.8　CLA1TASKSRCSEL1 寄存器的位格式

273

对于 Task1(MVECT1)，希望 EPWMINT1 作为触发源，则代码可以写成：

```
//设置 EPWMINT 触发 CLA 任务 5 的条件：
DmaClaSrcSelRegs.CLA1TASKSRCSEL2.bit.TASK5 = 36;
```

(5) CLA 中断使能寄存器 MIER、中断标志寄存器 MIFR、中断标志清除寄存器 MICLR、中断溢出标志寄存器 MIOVF、中断溢出标志清除寄存器 MICLROVF、中断运行标志寄存器 MIRUN

这些寄存器的位格式相同，如图 9.9 所示。

D15	D14	D13	D12	D11	D10	D9	D8
Reserved							
R-0							

D15	D14	D13	D12	D11	D10	D9	D8
INT 8	INT 7	INT 6	INT 5	INT 4	INT 3	INT 2	INT 1
RW-0	RW-0	RW-0	RW-0	RW-0	RW-0	RW-0	RW-0

图 9.9　MIER、MIFR、MICLR、MIOVF、MICLROVF、MIRUN 寄存器

➤ MIER(读/写)对应位置 0 表示禁用任务中断，置 1 表示启动任务中断；

```
Cla1Regs.MIER.bit.INT2 = 1;    //使能任务 2 中断
Cla1Regs.MIER.all = 0x0028;    //使能任务 4 和任务 6 中断
```

➤ MIFR(只读)对应位为 0 表示中断未收到；为 1 表示中断收到且挂起，等待执行；

➤ MICLR(读/写) 对应位置 0 表示无作用，置 1 表示清除对应位的中断标志；

➤ MIOVF(只读)对应位为 0 表示未发生中断溢出；为 1 表示中断溢出发生，当 MIFR＝1 时，对应新的中断再次发生；

➤ MICLROVF(读/写) 对应位置 0 表示无作用，置 1 表示清除对应位的中断溢出标志；

➤ MIRUN(只读)对应位为 0 表示对应任务中断未执行，为 1 表示对应任务中断正在执行。

9.2.3　CLA 的编程语言

CLA 支持 C 语言和汇编代码编程，使用汇编代码为时间关键型任务编程实现最佳的性能。因而实际工程中，通常将汇编语言用于关键任务，将 C 语言应用于非关键任务。

1. CLA 的 C 语言的实现和限制

CLA 仅支持 C 语言，不支持 C++或 GCC 扩展语言。CLA 的架构是针对于 32 位数据类型设计的，因而有如下注意事项：

➤ 16 位计算会引发符号扩展；

> 16 位值主要用于 16 位外设寄存器的读/写;
> 没有针对 64 位整型或浮点型的软硬件支持。

因而,CLA 的数据类型的大小不同于 C28x 的 CPU 和 FPU,具体差异如表 9.6 所列。

表 9.6 F28075 C 语言常用数据类型

数据类型	字 长	
	CPU/FPU	CLA
字符	16 位	16 位
短整型	16 位	16 位
整型	16 位	32 位
长整型	32 位	32 位
浮点型	32 位	32 位
双精度浮点型	32 位	32 位
长双精度浮点型	64 位	32 位
指针	32 位	16 位

(1) C 语言的限制

尽管 CLA 在使用 C 语言编程时会提高开发效率,但使用时有如下限制:
> 不支持全局变量和局部变量的初始化,已初始化的全局变量应在.c 文件中声明,而不应该在.cla 文件中;对于已初始化的静态变量,最简单的解决方案是使用已初始化的全局变量,例如:

```
Int16_tx;          //有效
Int16_tx = 9;      //无效
```

> 没有递归函数调用;
> 不支持函数指针;
> 不支持某些基础的数学运算,如整数除法、取模及 32 位无符号整数比较:

```
Uint32 i;    if(i < 10) {…}// 无效
int32 i;     if(i < 10) {…}// 有效
Uint16 i;    if(i < 10) {…}// 有效
int16 i;     if(i < 10) {…}// 有效
float32 x;   if(x < 10) {…}// 有效
```

(2) CLA 编译器暂存存储器区域

在 cmd 文件定义的静态空间.scratchpad 及定义 Cla1Prog 来存放 CLA C 代码,用来保存局部变量和编译器生成的临时变量,不能使用堆栈空间。如下例所示:

DSP 原理与应用——基于 TMS320F28075

276

```
MEMORY
{
    PAGE 0:
    BEGIN_M0              : origin = 0x000000, length = 0x000002
    ... ...
    PAGE 1:
    RAMLS0               : origin = 0x008000, length = 0x000800
    ... ...
}
SECTIONS
{
    ... ...
    Cla1Prog             : > RAMLS4,              PAGE = 0
.scratchpad              : > RAMLS0,         PAGE = 1
    ... ...
}
```

(3) CLA 任务 C 代码示例

```
文件名 ClaTasks_C.cla;                              ;①
# include "Lab.h"
interrupt void Cla1Task1 (void)
{
    __mdebugstop();
    xDelay[0] = (float32)AdcaResultRegs.ADCRESULT0;   ;②
    Y = coeffs[4] * xDelay[4];
    xDelay[4] = xDelay[3];

    xDelay[1] = xDelay[0];
    Y = Y + coeffs[0] * xDelay[0];
    ClaFilteredOutput = (Uint16)Y;
}                                                  ;③
interrupt void Cla1Task2 (void)
{

}
```

说明:

➢ 代码中的①表示文件名必须是后缀为.cla 的扩展名,以告知 C2000 编译器调用 CLA 编译器;

➢ 该文件中的所有代码均放置在程序段 Cla1Prog 的存储空间;

➢ 对于 C 外设的寄存器头文件引用,如本例标号②所示的 AdcaResultRegs.ADCRESULT0,可以在 CLA C 和汇编代码中使用;

➢ 编译时,用 MSTOP 指令替换代码中③处的闭括号。

2. CLA 的汇编语言实现

CLA 的汇编指令格式与 CPU 和 FPU 相同,左侧为目标操作数,右侧为源操作数。助记符与 FPU 的助记符相同,前面有一个大写的字母 M。CPU、FPU 和 CLA

指令区别如下例所示：

```
CPU:    MPY     ACC, T, loc16
FPU:    MPYF32    R0H, R1H, R2H
CLA:    MMPYF32  MR0, MR1, MR2(MR1、MR2 为源操作数,MR0 为目标操作数)
```

(1) CLA 汇编指令概述

常用 CLA 汇编指令及解释如表 9.7 所列。

表 9.7　CLA 常用汇编指令

指令类型	实　例	计算周期(PLLSYS)
加载	MMOV32　　MRa,mem32{,CONDF}	1
存储	MMOV32　　　mem32,MRa	1
加载并移动数据	MMOVD32　　MRa,mem32	1
存储/加载 MSTF	MMOV32 MSTF,mem32	1
比较、最大(小)值	MCMPF32 MRa,MRb	1
绝对值、负值	MABSF32 MRa,MRb	1
无符号整数转换为浮点数	MUI16TOF32 MRa,mem16	1
有符号整数转换为浮点数	MI32TOF32　MRa,mem32	1
浮点数转换为整数并四舍五入	MF32TOI16R MRa,MRb	1
浮点数转换为整数	MF32TOI32 MRa,MRb	1
乘加、乘减	MMPYF32 MRa,MRb,MRc	1
1/X(16 位精度)	MEINVF32 MRa,MRb	1
1/Sqrt(X)(16 位精度)	MEISQRTF32 MRa,MRb	1
整数加载/存储	MMOV16 MRa,mem16	1
加载/存储辅助寄存器	MMOV16 MAR,mem16	1
分支/调用/返回	MBCNDD 16bitdest {,CNDF}	1—7
整数按位与、或、非	MAND32 MRa,MRb,MRc	1
整数加减	MSUB32 MRa,MRb,MRc	1
整数移位	MLSR32 MRa,♯SHIFT	1
写保护启动/禁用	MEALLOW、MEDIS	1
停止代码或结束任务	MSTOP	1
无操作	MNOP	1

(2) CLA 汇编并行指令

并行是 CLA 的内置指令,不能简单地合并两个如表 9.8 中所列的常规指令。但是操作方式与具有单一操作的单指令相同,也就是说,并行指令是单个周期内执行两次操作。并行指令通过双杠标识,如下例所示：

```
MADDF32 MR3, MR3, MR1
||MMOV32  @_Var, MR3
```

常用的并行指令如表 9.8 所列。

表 9.8　常用并行指令

指令	示例	计算周期(PLLSYS)
乘和并行加/减运算	MMPYF32 MRa，MRb，MRc ‖ MSUBF32 MRd，MRe，MRf	1
乘、加、减和并行存储	MADDF32 MRa，MRb，MRc ‖ MMOV32　mem32，MRe	1
乘、加、减、MAC 和并行加载	MADDF32 MRa，MRb，MRc ‖ MMOV32　MRe，mem32	1

(3) CLA 汇编寻址模式

CLA 的汇编寻址只有直接寻址和间接寻址两种。这两种模式只能访问存储器低 64 KB 以下位置：所有 CLA 数据空间、两个报文 RAM 空间及共享外设寄存器空间。

例：

➤ 直接寻址：使用变量的 16 位地址填充操作码字段：

```
MMOV32          MR1，@_VarA
MMOV32          MR1，@_EPwm1Regs.CMPA.all
```

➤ 间接寻址：使用 MAR0 或 MAR1 中地址访问存储器，执行读/写操作后 MAR0/MAR1 会增加，增量为一个 16 位有符号值：

```
MMOV32MR0， * MAR0[2] + +
MMOV32MR1， * MAR1[- 2] + +
```

(4) CLA 任务汇编代码示例

文件名 ClaTasks.asm：

```
    .cdecls "Lab.h"                                     ;①
    .sect "Cla1Prog"                                    ;②
_Cla1Task1：  ; FIR filter
    MUI16TOF32 MR2，@_AdcaResultRegs.ADCRESULT0          ;③
    MMPYF32     MR2，MR1，MR0

    MADDF32     MR3，MR3，MR2
    MF32TOUI16  MR2，MR3
MMOV16      @_ClaFilteredOutput，MR2
MSTOP         ; End of task                             ;④
; - - - - - - - - - - - - - - - - - - - - - - - - - - - - - -
_Cla1Task2：
MSTOP
; - - - - - - - - - - - - - - - - - - - - - - - - - - - - - -
_Cla1Task3：
  MSTOP
```

说明：

> ➤ 代码①中的 .cdecls 指令用于将 C 头文件包含在 CLA 汇编文件中;
> ➤ 代码②中的 .sect 指令用于将 CLA 汇编代码放置在自己的程序段中;
> ➤ 代码③中的 C 外设寄存器头文件引用可以在 CLA 汇编代码中使用;
> ➤ 代码④中 MSTOP 指令在任务结束处使用。

3. CLA 的基本调试

CLA 和 CPU 可通过相同的 JTAG 端口进行调试,可独立于 CPU 中止、单步执行和运行 CLA。注意,CLA 不支持与 CPU 类似的断点操作,但可由以下操作替代:

> ➤ 在代码中需要的位置插入 MDEBUGSTOP 指令,然后重新编译并加载;
> ➤ 在 C 代码中,可以使用固有的 mdebugstop()或 asm("MDEBUGSTOP");
> ➤ 在没有连接仿真器时,MDEBUGSTOP 的操作类似于 MNOP;
> ➤ 由于在主 CPU 中调试便利,因而在平时的开发过程中,我们可将 CLA 中的代码放置于主 CPU 中,调试完毕再将这部分代码放置 CLA 中运行。

9.3　CLA 的应用实例——浮点 FIR 滤波器设计

本例的目标是熟悉 CLA 的操作与编程,使用 CLA 过滤 ePWM1A 生成的 2 kHz、25% 占空比的对称 PWM 波形。CLA 将直接读取 ADC 结果寄存器,并执行一项任务来对采样的波形运行低通 FIR 滤波器。滤波后的结果将存储在循环存储器缓冲区中。CLA 与 CPU 同时运行,最后可借助 CCS 的绘图功能显示已过滤和未过滤的波形。

为权衡 C 语言编程的便利性和汇编语言的性能优势,下面将介绍两种最有可能在实际中使用的任务方案:

① 过滤和初始化任务都用 C 语言实现;
② 过滤任务用汇编语言实现,初始化任务用 C 语言实现。

1. 实验过程

① 单击项目(Project),单击 Import CCS Projects,导入 CCS Eclipse 项目(Import CCS EclipseProjects)窗口,然后单击"选择搜索目录(Select search-directory)"框旁的浏览(Browse 按钮),找到目标文件路径后单击"确定"(OK)按钮。

② 右击项目浏览器(Project Explorer)窗口中的 Lab9,并在弹出的级联菜单中选择"属性"(Properties),从而打开构建选项。在"C2000 编译器(C2000 Compiler)"下拉列表中选择"处理器选项(ProcessorOptions)"。注意,"指定 CLA 支持(Specify CLA support)"设置为 cla1。这是编译和汇编 CLA 代码时的必要设置。单击"确定"(OK)按钮关闭属性(Properties)窗口。

③ 打开 Lab_9.cmd。注意,名为 Cla1Prog 的程序段链接到 RAMLS4,该程序段将 CLA 程序任务链接到 CPU 存储空间;名为 Cla1Data1 和 Cla1Data2 的其他两

个程序段分别链接到 RAMLS1 和 RAMLS2（针对 CLA 数据），这些存储空间将在初始化期间映射到 CLA 存储空间。注意在 CPU 和 CLA 之间传递数据时所用的两个报文 RAM 程序段，我们将 CLA 代码直接链接到 CLA 程序 RAM，因为此时尚未使用闪存 CCS 将代码加载到 RAM，这样 CPU 无需将 CLA 代码复制到 CLA 程序 RAM。

④ CLA C 编译器使用名为 .scratchpad 的程序段存储本地和编译器生成的临时变量。该暂存存储器区域通过链接器命令文件进行分配。注意，.scratchpad 链接到 RAMLS0。

⑤ 打开 ClaTasks_C.cla，注意到任务 1 已配置为运行 FIR 滤波器。在此代码中，ADC 结果整数（即滤波器输入）首先转换为浮点数，最后浮点滤波器输出转换回整数。注意，任务 8 用于初始化滤波器延迟线。编译器将 .cla 扩展名识别为 CLA C 文件，并生成 CLA 特定代码。

⑥ 编辑 Cla_9.c 实现 CLA 操作。设置 RAMLS0、RAMLS1、RAMLS2 和 RAMLS4 存储块，使其在 CPU 与 CLA 之间共享。配置 RAMLS4 存储块，使其映射到 CLA 程序存储空间。配置 RAMLS0、RAMLS1 和 RAMLS2 存储块，使其映射到 CLA 数据存储空间。注意，RAMLS0 存储块将用于 CLA C 编译器暂存区。将任务 1 的外设中断源设为 ADCAINT1，将其他任务外设中断源输入设置为"软件"（即没有输入）。CLA 任务 1 中断。使用 IACK 指令来触发任务，然后启用任务 8 中断。

⑦ 打开 Main_9.c，并在 main() 中添加一行代码，用于调用 InitCla() 函数。该函数没有传递参数或返回值。只须在 main() 中的所需位置键入"InitCla();"。

⑧ 在 Main_9.c 中，注释掉 main() 中调用 InitDma() 函数的代码行，则 CLA 将直接访问 ADC RESULT0 寄存器。

⑨ 在 Adc.c 中注释掉在 PIE 组 1 中启用 ADCA1 中断的代码，则该中断便不再使用，将改为使用 CLA 中断。

⑩ 使用 PIE 中断分配表找到 CLA 任务 1 中断 CLA1_1 的位置，并配置 PIE 信息。

⑪ 修改 Cla_9.c 的结尾处，以执行以下操作：

➤ 在 PIE 中启用 CLA1_1 中断；

➤ 在 IER 寄存器中启用合适的内核中断。

⑫ 打开并检查 DefaultIsr.c。注意，该文件包含 CLA 中断服务例程。

⑬ 单击"构建（Build）"按钮。

⑭ 单击"调试（Debug）"按钮，启动调试会话（Launching Debug Session）窗口。选择 CPU1 来加载程序，然后单击"确定"（OK）按钮。

⑮ 选择"工具（Tools）→图形（Graph）→双时间（Dual Time）"菜单项，并设置如表 9.9 所列的设置值，然后观察波形。

将 ClaTasks.asm 添加到项目，并在此文件中使用汇编语言实现任务 1 中的 FIR 滤波器。（初始化任务用 C 语言实现。）

⑯ 打开 ClaTasks_C.cla，并在任务 1 的开始处将 ♯if 预处理指令从 1 更改为 0。此操作与注释掉这段代码的效果相同，我们需要执行此操作来避免与 ClaTask.asm 文件中的任务 1 发生冲突。

⑰ 添加（复制）ClaTasks.asm 到工程项目。

表 9.9　CCS 设置值

设置参数	设置量
采集缓冲器大小	50
DSP 数据类型	16 位无符号整数
采样率/kHz	50
起始地址 A	AdcBufFiltered
起始地址 B	AdcBuf
显示数据大小	50
时间显示单位	μs

⑱ 打开 ClaTasks.asm，可以注意到，.cdecls 指令用于将 C 头文件包括在 CLA 汇编文件中。因此，可以在 CLA 汇编代码中使用外设寄存器头文件引用，配置任务 1 来运行 FIR 滤波器。

⑲ 选择"工具（Tools）→图形（Graph）→双时间（Dual Time）"菜单项，并设置如表 9.9 所列的值，观察波形。

2. 关键代码分析

(1) CLA 初始化

```
void InitCla(void)
{
    asm(" EALLOW");
    //LSn 存储器配置,0 = CPU      1 = CPU 和 CLA
    MemCfgRegs.LSxMSEL.bit.MSEL_LS0 = 1;
    MemCfgRegs.LSxMSEL.bit.MSEL_LS1 = 1;
    MemCfgRegs.LSxMSEL.bit.MSEL_LS2 = 1;
    MemCfgRegs.LSxMSEL.bit.MSEL_LS3 = 0;
    MemCfgRegs.LSxMSEL.bit.MSEL_LS4 = 1;
    MemCfgRegs.LSxMSEL.bit.MSEL_LS5 = 0;
    // CLAPGM_LSn 存储器配置, 0 = CLA 数据空间      1 = CLA 程序空间
    MemCfgRegs.LSxCLAPGM.bit.CLAPGM_LS0 = 0;
    MemCfgRegs.LSxCLAPGM.bit.CLAPGM_LS1 = 0;
    MemCfgRegs.LSxCLAPGM.bit.CLAPGM_LS2 = 0;
    MemCfgRegs.LSxCLAPGM.bit.CLAPGM_LS3 = 0;
    MemCfgRegs.LSxCLAPGM.bit.CLAPGM_LS4 = 1;
    MemCfgRegs.LSxCLAPGM.bit.CLAPGM_LS5 = 0;
    // 初始化 CLA 中断向量
    Cla1Regs.MVECT1 = (uint16_t)(&Cla1Task1);
    Cla1Regs.MVECT2 = (uint16_t)(&Cla1Task2);
```

```
Cla1Regs.MVECT3 = (uint16_t)(&Cla1Task3);
Cla1Regs.MVECT4 = (uint16_t)(&Cla1Task4);
Cla1Regs.MVECT5 = (uint16_t)(&Cla1Task5);
Cla1Regs.MVECT6 = (uint16_t)(&Cla1Task6);
Cla1Regs.MVECT7 = (uint16_t)(&Cla1Task7);
Cla1Regs.MVECT8 = (uint16_t)(&Cla1Task8);
// CLA 任务触发源选择
DmaClaSrcSelRegs.CLA1TASKSRCSEL1.bit.TASK1 = 1;
DmaClaSrcSelRegs.CLA1TASKSRCSEL1.bit.TASK2 = 0;
DmaClaSrcSelRegs.CLA1TASKSRCSEL1.bit.TASK3 = 0;
DmaClaSrcSelRegs.CLA1TASKSRCSEL1.bit.TASK4 = 0;
DmaClaSrcSelRegs.CLA1TASKSRCSEL2.bit.TASK5 = 0;
DmaClaSrcSelRegs.CLA1TASKSRCSEL2.bit.TASK6 = 0;
DmaClaSrcSelRegs.CLA1TASKSRCSEL2.bit.TASK7 = 0;
DmaClaSrcSelRegs.CLA1TASKSRCSEL2.bit.TASK8 = 0;
// CLA1TASKSRCSELx 寄存器锁定 1
DmaClaSrcSelRegs.CLA1TASKSRCSELLOCK.bit.CLA1TASKSRCSEL1 = 0;
DmaClaSrcSelRegs.CLA1TASKSRCSELLOCK.bit.CLA1TASKSRCSEL2 = 0;
// 使能 IACKE 使用软件触发方式
Cla1Regs.MCTL.bit.IACKE = 1;
Cla1Regs.MIER.all = 0x0080;              // 使能 CLA 任务 8
asm("    IACK  #0x0080");                // IACK(CLA 软件触发)
asm("    RPT #3 || NOP");                // 等待 4 个周期
while(Cla1Regs.MIRUN.bit.INT8 == 1);     // 等待直至任务 8 完成
Cla1Regs.MIER.all = 0x0001;             //使能 CLA 任务 1,禁止 CLA 任务 8
asm(" EDIS");
PieCtrlRegs.PIEIER11.bit.INTx1 = 1;// 使能 PIE 第 11 组内 INT1
IER |= 0x0400;                           // 使能 PIE 第 11 组
}
```

(2) CLA 任务 1:C 语言实现数组的 4 次乘加运算,并将结构进行存储

```
interrupt void Cla1Task1 (void)
{
    float32 Y; //局部变量
    _mdebugstop();
    xDelay[0] = (float32)AdcaResultRegs.ADCRESULT0;          // 读取 ADC 结果
    Y = coeffs[4] * xDelay[4];
    xDelay[4] = xDelay[3];
    Y = Y + coeffs[3] * xDelay[3];
    xDelay[3] = xDelay[2];
    Y = Y + coeffs[2] * xDelay[2];
    xDelay[2] = xDelay[1];
    Y = Y + coeffs[1] * xDelay[1];
    xDelay[1] = xDelay[0];
    Y = Y + coeffs[0] * xDelay[0];
    ClaFilteredOutput = (Uint16)Y;                           // 结果存储
}
```

（3）CLA 任务 1：汇编语言实现数组的 4 次乘加运算，并将结构进行存储

```
        .sect"Cla1Prog"
        .align2;section even aligned - CLA instructions 32 - bit
_Cla1Task1:
        .if CLA_DEBUG == 1
        MDEBUGSTOP
        .endif
        ;在 ADC 转换结束后触发任务 1,ADC Result0 的结果即可被读取
        ;然后开始运行 FIR 函数,并将运算结果保存至 ClaFilter
        ;X 和 A 是定义的 32 位浮点数组
        _X4    .set _xDelay + 8
        _X3    .set _xDelay + 6
        _X2    .set _xDelay + 4
        _X1    .set _xDelay + 2
        _X0    .set _xDelay + 0

        _A4    .set _coeffs + 8
        _A3    .set _coeffs + 6
        _A2    .set _coeffs + 4
        _A1    .set _coeffs + 2
        _A0    .set _coeffs + 0
        ;运算过程
        ; Y = A4 * X4
        ; X4 = X3
        ; Y = Y + A3 * X3
        ; X3 = X2
        ; Y = Y + A2 * X2  .
        ; X2 = X1
        ; Y = Y + A1 * X1
        ; X1 = X0
        ; Y = Y = A0 * X0
        MMOV32     MR0,@_X4                              ;1 MR0 = X4
        MMOV32     MR1,@_A4;2 MR1 = A4
        MNOP                                             ;3 等待
        MNOP                                             ;4 等待
        MNOP                                             ;5 等待
        MNOP                                             ;6 等待
        MNOP                                             ;7 等待
        MUI16TOF32 MR2,  @_AdcaResultRegs.ADCRESULT0     ;8 读取 ADCRESULT0
        MMPYF32MR2, MR1, MR0               ; MR2 (Y) = MR1 (A4) * MR0 (X4)
        || MMOV32@_X0, MR2
        MMOVD32MR0,@_X3                    ; MR0 = X3, X4 = X3
        MMOV32MR1,@_A3                     ; MR1 = A3
        ; MR3 (Y) = MR1 (A3) * MR0 (X3)
        MMPYF32MR3, MR1, MR0
        || MMOV32     MR1,@_A2             ; MR1 = A2
        ; MR0 = X2, X3 = X2
        MMOVD32MR0,@_X2
```

```
MMACF32MR3, MR2, MR2, MR1, MR0        ; MR3 = A3 * X3 + A4 * X4
|| MMOV32    MR1,@_A1                 ; MR2 = MR1 (A2) * MR0 (X2)
MMOVD32MR0,@_X1                       ; Load MR0 with X1, Load X2 with X1
MMACF32MR3, MR2, MR2, MR1, MR0        ; MR3 = A2 * X2 + (A3 * X3 + A4 * X4)
|| MMOV32    MR1,@_A0                 ; MR2 = MR1 (A1) * MR0 (X1)
MMOVD32MR0,@_X0            ; Load MR0 with X0, Load X1 with X0
; MR3 = A1 * X1 + (A2 * X2 + A3 * X3 + A4 * X4)
MMACF32MR3, MR2, MR2, MR1, MR0
|| MMOV32    MR1,@_A0                 ; MR2 = MR1 (A0) * MR0 (X0)
; MR3 = A0 * X0 + (A1 * X1 + A2 * X2 + A3 * X3 + A4 * X4)
MADDF32MR3, MR3, MR2
MF32TOUI16MR2, MR3
MMOV16@_ClaFilteredOutput, MR2;输出结果
MSTOP                     ;任务结束
MNOP
MNOP
MNOP
```

第 **10** 章

F28075 系统设计

本章主要讨论系统设计的各个方面,包括仿真、分析块以及 JTAG 应用,并介绍了 Flash 编程的相关内容。

10.1　JTAG 仿真分析

图 10.1 是基于 IEEE1149.1 的 JTAG 仿真系统。用户通过仿真器将计算机与开发板相连,其硬件连接如图 10.2 所示。CCSv6 提供很多种仿真器,常用的有两种:

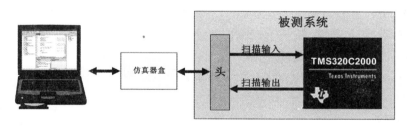

图 10.1　JTAG 仿真系统

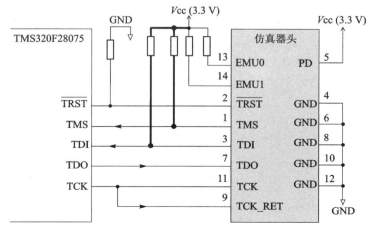

图 10.2　JTAG 硬件连接图

(1) XDS100 系列

这些仿真器成本很低,并且具有无限免费许可证,可与 CCS 配套使用,第一次配置的时候须选用 Free License。常用的仿真器有 BlackHawk USB100 和 Spectrum XDS100。

(2) XDS200 系列

这些仿真器不仅成本低,而且比 XDS100 系列的仿真器性能更佳。常见仿真器有 BlackHawk USB200 和 Spectrum XDS200。

若用户需要自行购买 License,由于 XDS510 系列仿真器已经过时,因此不建议该仿真器。尤其对 C2000 系列 DSP,也不建议 XDS560 系列仿真器,因为此类仿真器价格较贵并且性能不比 XDS200 系列更具优势。

10.2　Flash 配置及存储器性能

F28075 片上具有 256K 字的 Flash 空间,若将可执行代码载入片内 Flash 运行,除了需要在 cmd 文件做必要的更改外,还需要在主函数对 Flash 进行初始化。F28075 数据手册中发布的 Flash 操作内容较多,涉及的范围较广,往往看懂了数据手册但依旧对 Flash 的操作一筹莫展。为了使读者更好地理解这部分内容,本书先给出该初始化代码,然后进一步分析各部分的作用及配置的参数。

【例 10 - 1】　Flash 初始化代码。

```
#pragma CODE_SECTION(InitFlash,"ramfuncs");
void InitFlash(void)
{
    EALLOW;
    //Flash/OTP 功率模式
    Flash0CtrlRegs.FPAC1.bit.PMPPWR = 0x1;
    Flash0CtrlRegs.FBFALLBACK.bit.BNKPWR0 = 0x3;
    //禁止加速代码在 Flash/OTP 中的执行
    Flash0CtrlRegs.FRD_INTF_CTRL.bit.DATA_CACHE_EN = 0;
    Flash0CtrlRegs.FRD_INTF_CTRL.bit.PREFETCH_EN = 0;
    //设置访问等待状态数
    #if CPU_FRQ_200MHZ
    Flash0CtrlRegs.FRDCNTL.bit.RWAIT = 0x3;
    #endif
    #if CPU_FRQ_150MHZ
    Flash0CtrlRegs.FRDCNTL.bit.RWAIT = 0x2;
    #endif
    #if CPU_FRQ_120MHZ
    Flash0CtrlRegs.FRDCNTL.bit.RWAIT = 0x2;
    #endif
    //使能加速代码在 Flash/OTP 中的执行
    Flash0CtrlRegs.FRD_INTF_CTRL.bit.DATA_CACHE_EN = 1;
    Flash0CtrlRegs.FRD_INTF_CTRL.bit.PREFETCH_EN = 1;
```

```
        //错误修正码(ECC)保护
        Flash0EccRegs.ECC_ENABLE.bit.ENABLE = 0xA;
        EDIS;
_asm(" RPT #7 || NOP");
}
```

1. Flash /OTP 功率模式配置

注意事项如下：

① 功率配置将 Flash/OTP 置于休眠或待机模式以节省电能；

② 如果进行 Flash/OTP 访问，则闪存自动进入激活模式；

③ 复位时 Flash/OTP 处于休眠模式；

④ 在 3 种功率模式下工作，即休眠(最低功率)、待机(进入激活模式的过渡时间较短)、激活(最高功率)；

⑤ 访问后，Flash/OTP 可以自动降低功率进入待机或休眠模式(在用户可编辑计数器中设置主动宽限期)。

在例 10.1 中相关的代码如下：

```
//将 Flash 电荷泵回落功率模式设置为激活模式
Flash0CtrlRegs.FPAC1.bit.PMPPWR = 0x1;        //0:休眠;1:激活
//将回路功率模式设置为激活模式
Flash0CtrlRegs.FBFALLBACK.bit.BNKPWR0 = 0x3;  //0:休眠;1:待机
                                              //2:保留;3:激活
```

2. 设置访问等待状态数

由于 Flash/OTP 自身特点，读取数据前需要插入必要的等待时间，注意事项如下：

① 对 FlashFRDCNTL 寄存器中的 RWAIT 位字段指定随机访问等待状态数；

```
Flash0CtrlRegs.FRDCNTL.bit.RWAIT = 0x3;    //CPU 主频为 200 MHz
Flash0CtrlRegs.FRDCNTL.bit.RWAIT = 0x2;    //CPU 主频为 150 MHz 或 120 MHz
```

② OTP 读操作针对 10 种等待状态进行硬接线(RWAIT 对其操作没有影响)；

③ 需要指定 SYSCLK 周期等待状态数，复位默认值为最大值(15)；

④ 需要等待(RWAIT+1)个 SYSCLK 周期才能返回 Flash/OTP 的读取值；

⑤ Flash 配置代码不应从闪存中运行，而应将 InitFlash()函数调用至 RAM 中运行。完成这部分需要 3 步：

a. 在 cmd 文件中划分出 RAM 存储空间，用于保存 InitFlash()等需要在 RAM 中运行的代码，这部分的完整 cmd 代码如下：

```
MEMORY
{
    PAGE 0:    /* Program Memory */
        BEGIN        : origin = 0x080000, length = 0x000002
        RAMM0        : origin = 0x000122, length = 0x0002DE
        RAMD0        : origin = 0x00B000, length = 0x000800
```

287

```
        RAMLS03              : origin = 0x008000, length = 0x002000
        RAMLS4               : origin = 0x00A000, length = 0x000800
        RESET                : origin = 0x3FFFC0, length = 0x000002
        / * Flash sectors * /
        FLASHA               : origin = 0x080002, length = 0x001FFE
        FLASHB               : origin = 0x082000, length = 0x002000… …
        FLASHN               : origin = 0x0BE000, length = 0x002000
    PAGE 1 :    / * Data Memory * /
    BOOT_RSVD            : origin = 0x000002, length = 0x000120
        RAMM1               : origin = 0x000400, length = 0x000400
        RAMD1               : origin = 0x00B800, length = 0x000800
    RAMLS5        : origin = 0x00A800, length = 0x000800
        RAMGS0              : origin = 0x00C000, length = 0x001000
        RAMGS1              : origin = 0x00D000, length = 0x001000
        … …
        RAMGS7              : origin = 0x013000, length = 0x001000
}
SECTIONS
{
        .cinit            : > FLASHD                PAGE = 0
        .pinit            : > FLASHD,               PAGE = 0
        .text             : >> FLASHD | FLASHE   PAGE = 0
        codestart         : > BEGINPAGE = 0
    GROUP
    {
    ramfuncs
    { - l F021_API_F2837xD_FPU32.lib}
        }   LOAD = FLASHD,
        RUN   = RAMLS03,
        LOAD_START( _RamfuncsLoadStart),
        LOAD_SIZE( _RamfuncsLoadSize),
        LOAD_END( _RamfuncsLoadEnd),
        RUN_START( _RamfuncsRunStart),
        RUN_SIZE( _RamfuncsRunSize),
        RUN_END( _RamfuncsRunEnd),
        PAGE = 0
        / * Allocate uninitalized data sections; * /
        .stack     : > RAMM1          PAGE = 1
        .ebss      : >> RAMLS5 | RAMGS0 | RAMGS1      PAGE = 1
        .esysmem   : > RAMLS5                          PAGE = 1
        / * Initalized sections go in Flash * /
        .econst    : >> FLASHF | FLASHG              PAGE = 0
        .switch    : > FLASHD                         PAGE = 0
        .reset     : > RESET,      PAGE = 0, TYPE = DSECT
        / * Flash Programming Buffer * /
        BufferDataSection : > RAMD1, PAGE = 1, ALIGN(4)
}
```

b. InitFlash ( ) 之 前 加 入 " ♯ pragma CODE _ SECTION (InitFlash," ramfuncs");",详细如下所示:

```
#pragma CODE_SECTION(InitFlash,"ramfuncs");
void InitFlash(void)
{
    ... ...
}
```

c. 使用 memcpy()函数,将 Flash 中的代码复制至 cmd 文件中指定的 RAM 空间中运行。就本例而言,memcpy()函数如下所示:

```
memcpy(&RamfuncsRunStart, &RamfuncsLoadStart, (size_t)&RamfuncsLoadSize);
```

其中,RamfuncsLoadStart、RamfuncsLoadEnd 和 RamfuncsRunStart 是在例中 cmd 文件所定义的。

3. 加速 Flash /OTP 的执行速度

F28075 中 CPU 的执行可达到 120 MHz,而 Flash 的执行速度比较慢,因此,必须提高 Flash 执行速度来满足 CPU 的需求。C2000 中采用预取缓冲机制如图 10.3 所示,其是从 Flash/OTP 获取指令和读取数据的示意图。

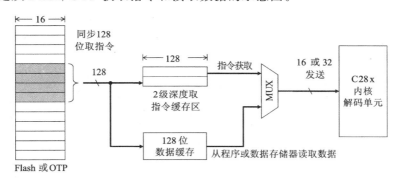

图 10.3　内存获取指令和读取数据示意图

该机制是指一次性从 Flash 中取出多个指令字节,如一次性取出 128 位的指令,之后将指令送入 2 级深度的指令缓冲区,最终发送给 CPU 的内核。由于指令缓冲区在 RAM 区、执行速度块,因此这种机制可提高执行速度;但对于数据,只有预取而没有缓冲的机制。

为了加速 Flash/OTP 的执行速度,可按照如下指令设置相关的寄存器:

```
//启用预取机制
Flash0CtrlRegs.FRD_INTF_CTRL.bit.DATA_CACHE_EN = 1;
//启用数据缓存
Flash0CtrlRegs.FRD_INTF_CTRL.bit.PREFETCH_EN = 1;
```

注意,在 Flash 配置基本操作之前须禁止 Flash/OTP 的加速执行。

4. 错误修正码(ECC)保护

ECC 原理、特点总结如下:

① ECC 能够筛选出 Flash/OTP 存储器故障(在复位时启用)。

② 具有单字节纠错双字节检测（SECDED）功能，即 Flash 或 OTP 中的数据出现单字节错误时，则 ECC 会将其更改；若出现两个及以上字节发生错误，则 ECC 会告警。ECC 基本流程如图 10.4 所示。

③ 对于 Flash/OTP 的每个 64 位，须计算 8 个 ECC 校验位并将其编程写入 ECC 存储器。

④ ECC 校验位与 Flash/OTP 数据一起编程写入。

⑤ 取指令或读数据期间，64 位数据和 8 位 ECC 均由 SECDED 处理，从而确定以下情况：

➢ 未发生错误；

➢ 发生的错误可纠正（单位数据错误）；

➢ 发生的错误不可纠正（双位数据错误或地址错误）。

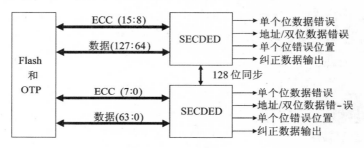

图 10.4　ECC 基本流程框图

用户可启用或禁止 ECC 功能，如以下代码所示：

```
Flash0EccRegs.ECC_ENABLE.bit.ENABLE = 0xA;        //0xA 启用;其他值禁用
```

10.3　Flash 编程

10.3.1　Flash 编程基础

1. Flash 编程的基础知识

在程序调试阶段，一般会将程序代码载入片上的 RAM 运行，但当程序开发完毕时需要将程序固化至 F28075 片上的 Flash，从而保证程序在下电时不丢失，其程序流图如图 10.5 所示。Flash 编程特点可总结如下：

① F28075 是通过 CPU 而并非 CLA 来执行闪存编程的；

② CPU 从 RAM 执行 Flash 实用程序代码，RAM 读取 Flash 数据将其写入 Flash；

③ F28075 除了可利用 JTAG 外，还提供了 SCI、SPI、I²C、CAN、USB 及 GPIO 等多种方式；利用 ROM 中的引导加载程序，将 Flash 实用程序代码和 Flash 数据写

入 RAM 空间。

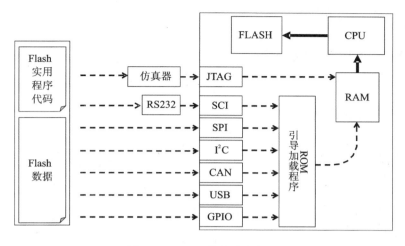

图 10.5　Flash 编程流程框图

2. Flash 编程步骤

Flash 编程按照擦除、编程、校验的顺序执行：

① 擦除：将所有的位置零，然后再置 1；

② 编程：将所选定的位设置为零；

③ 校验：验证 Flash 的内存。

尽管 Flash 编程步骤简单，但在具体操作时有以下注意事项：

① Flash 执行擦除的最小单位是一个扇区；

② Flash 执行编程的最小单位是一个位；

③ 执行 Flash 擦除操作时务必确保 DSP 不断电。

3. Flash 编程使用程序

Flash 编程使用程序实际上就是编程的 Kernel 文件，它是编程 Flash 的关键步骤，这个过程离不开 DSP 的 API 函数和严格的时序控制。Flash 的程序代码可依据其编程逻辑来将代码写入 Flash，当然 TI 为用户提供了很多基于 F28075 的 Flash 编程使用程序，如下：

(1) 基于 JTAG 仿真器

➤ CCS 片上闪存编程器（工具（Tools）→片上闪存（On - Chip Flash））；

➤ CCS UniFlash（TI 通用闪存实用程序）；

➤ BlackHawkFlash utilities（需要 Blackhawk 仿真器）；

➤ ElprotronicFlashPro2000；

➤ Spectrum Digital SDFlashJTAG（需要 SD 仿真器）。

(2) 基于 SCI 串行端口引导加载程序

➢ CodeSkinC2Prog；

➢ ElprotronicFlashPro2000。

(3) 基于生产测试/编程设备

➢ BP Microsystems 编程器；

➢ 数据 I/O 编程器。

(4) 构建量身定制的实用程序

➢ 可以使用任何 ROM 引导加载程序方法；

➢ 可以将闪存编程嵌入应用程序；

➢ TI 提供的闪存 API 算法。

10.3.2　Flash 操作代码分析

【例 10-2】　读者可在 CCSv6 中打本书提供的参考例程，由于篇幅有限，这里只介绍如何使用 Flash API 函数进行 Flash 的操作。API 函数的调用和相关代码以函数 Example_CallFlashAPI(void) 的形式给出。注意：该函数也需要在 RAM 中运行。

```c
#pragma CODE_SECTION(Example_CallFlashAPI, "ramfuncs");
void Example_CallFlashAPI(void)
{
    uint32 u32Index = 0;
    uint16 i = 0;
    Fapi_StatusTypeoReturnCheck;
    volatile Fapi_FlashStatusType        oFlashStatus;
    Fapi_FlashStatusWordTypeoFlashStatusWord;
    //Flash API 函数对 OTP 进行读操作为避免 ECC 错误,建议首先禁止 ECC
    EALLOW;
    Flash0EccRegs.ECC_ENABLE.bit.ENABLE = 0x0;
    EDIS;
    EALLOW;
    //初始化基于 F28075 的 Flash API 函数
    oReturnCheck = Fapi_initializeAPI(F021_CPU0_BASE_ADDRESS, 120);
    if(oReturnCheck ! = Fapi_Status_Success)
    {
        //若检测位不等于 0,则报错
        Example_Error(oReturnCheck);
    }
        // Fapi_setActiveFlashBank 函数配置需进行操作的 Flash 和 FMC
        // Flash operations to be performed on the bank
    oReturnCheck = Fapi_setActiveFlashBank(Fapi_FlashBank0);
    if(oReturnCheck ! = Fapi_Status_Success)
    {
        // 若检测位不等于 0,则报错
```

```
                Example_Error(oReturnCheck);
        }
        //擦除 Sector C
        oReturnCheck = Fapi_issueAsyncCommandWithAddress(Fapi_EraseSector,
                    (uint32 *)Bzero_SectorC_start);
        //等待 FSM 擦除完毕
        while (Fapi_checkFsmForReady() != Fapi_Status_FsmReady){}
        //校验 Sector C 是否擦除成功
        oReturnCheck = Fapi_doBlankCheck((uint32 *)Bzero_SectorC_start,
                    Bzero_16KSector_u32length,&oFlashStatusWord);
        if(oReturnCheck != Fapi_Status_Success)
        {
            //擦除不成功
            Example_Error(oReturnCheck);
        }
        // 擦除 Sector B
        oReturnCheck = Fapi_issueAsyncCommandWithAddress(Fapi_EraseSector,
                    (uint32 *)Bzero_SectorB_start);
        //等待 FSM 擦除完毕
        while (Fapi_checkFsmForReady() != Fapi_Status_FsmReady){}
        // 校验 Sector B 是否擦除成功
        oReturnCheck = Fapi_doBlankCheck((uint32 *)Bzero_SectorB_start,
                    Bzero_16KSector_u32length,&oFlashStatusWord);
        if(oReturnCheck != Fapi_Status_Success)
        {
            //擦除不成功
            Example_Error(oReturnCheck);
        }
        //编程:将 0xFF 个 8 位数据写入 Sector C,自动生成 ECC
        for(i=0;i<=WORDS_IN_FLASH_BUFFER;i++)
        {
            Buffer[i]=i;
        }
        for(i=0, u32Index=Bzero_SectorC_start;
            (u32Index<(Bzero_SectorC_start + WORDS_IN_FLASH_BUFFER))
            && (oReturnCheck == Fapi_Status_Success); i+=8, u32Index+=8)
        {
            oReturnCheck = Fapi_issueProgrammingCommand((uint32
    *)u32Index,Buffer+i,
                        8,
                        0,
                        0,
Fapi_AutoEccGeneration);
        //等待编程完成
```

293

```
while(Fapi_checkFsmForReady() = = Fapi_Status_FsmBusy);

if(oReturnCheck ! = Fapi_Status_Success)
        {
Example_Error(oReturnCheck);
        }
//通过读取 FMSTAT 寄存器的内容得知 FSM 的状态
oFlashStatus = Fapi_getFsmStatus();
//程序校验过程
oReturnCheck = Fapi_doVerify((uint32 * )u32Index,
4,
Buffer32 + (i/2),
&oFlashStatusWord);
if(oReturnCheck ! = Fapi_Status_Success)
{
    Example_Error(oReturnCheck);
}
}

//编程:将 0xFF 个 8 位数据写入 Sector B,并禁止 ECC
Flash0EccRegs.ECC_ENABLE.bit.ENABLE = 0x0;
for(i = 0, u32Index = Bzero_SectorB_start;
    (u32Index < (Bzero_SectorB_start + WORDS_IN_FLASH_BUFFER))
    && (oReturnCheck == Fapi_Status_Success); i += 8, u32Index += 8)
{
    oReturnCheck = Fapi_issueProgrammingCommand((uint32 * )u32Index,
                Buffer + i,
                8,
                0,
                0,
Fapi_DataOnly);
while(Fapi_checkFsmForReady() = = Fapi_Status_FsmBusy);

if(oReturnCheck ! = Fapi_Status_Success)
        {
        Example_Error(oReturnCheck);
        }
// 通过读取 FMSTAT 寄存器的内容得知 FSM 的状态
    oFlashStatus = Fapi_getFsmStatus();
// 程序校验过程
    oReturnCheck = Fapi_doVerify((uint32 * )u32Index,
                4,
                Buffer32 + (i/2),
                &oFlashStatusWord);
```

```
if(oReturnCheck ! = Fapi_Status_Success)
{
    Example_Error(oReturnCheck);
}
}
/* * * * * * * * * * * * * * * * * * * * * * * * * * * * * * * * * * * *
```
当然也可对先前写入 Sector B 和 Sector C 的内容擦除
```
* * * * * * * * * * * * * * * * * * * * * * * * * * * * * * * * * * */
//擦除 Sector C
oReturnCheck = Fapi_issueAsyncCommandWithAddress(Fapi_EraseSector,
            (uint32 * )Bzero_SectorC_start);
while (Fapi_checkFsmForReady() ! = Fapi_Status_FsmReady){}
    oReturnCheck = Fapi_doBlankCheck((uint32 * )Bzero_SectorC_start,
            Bzero_16KSector_u32length,
&oFlashStatusWord);
if(oReturnCheck ! = Fapi_Status_Success)
{
    Example_Error(oReturnCheck);
}

//擦除 Sector B
oReturnCheck = Fapi_issueAsyncCommandWithAddress(Fapi_EraseSector,
            (uint32 * )Bzero_SectorB_start);
while (Fapi_checkFsmForReady() ! = Fapi_Status_FsmReady){}
    oReturnCheck = Fapi_doBlankCheck((uint32 * )Bzero_SectorB_start,
            Bzero_16KSector_u32length,
&oFlashStatusWord);
if(oReturnCheck ! = Fapi_Status_Success)
    {
    Example_Error(oReturnCheck);
}
Flash0EccRegs.ECC_ENABLE.bit.ENABLE = 0xA; // 最后使能 ECC
EDIS;
}
```

其中,文件 Flash_programming_c28.h 中有如下宏定义:

```
# define Bzero_SectorN_start          0xBE000
# define Bzero_SectorN_End            0xBFFFF
# define Bzero_SectorM_start          0xBC000
# define Bzero_SectorM_End            0xBDFFF
# define Bzero_SectorL_start          0xBA000
# define Bzero_SectorL_End            0xBBFFF
# define Bzero_SectorK_start          0xB8000
# define Bzero_SectorK_End            0xB9FFF
# define Bzero_SectorJ_start          0xB0000
# define Bzero_SectorJ_End            0xB7FFF
# define Bzero_SectorI_start          0xA8000
# define Bzero_SectorI_End            0xAFFFF
# define Bzero_SectorH_start          0xA0000
# define Bzero_SectorH_End            0xA7FFF
```

```
# define Bzero_SectorG_start            0x98000
# define Bzero_SectorG_End              0x9FFFF
# define Bzero_SectorF_start            0x90000
# define Bzero_SectorF_End              0x97FFF
# define Bzero_SectorE_start            0x88000
# define Bzero_SectorE_End              0x8FFFF
# define Bzero_SectorD_start            0x86000
# define Bzero_SectorD_End              0x87FFF
# define Bzero_SectorC_start            0x84000
# define Bzero_SectorC_End              0x85FFF
# define Bzero_SectorB_start            0x82000
# define Bzero_SectorB_End              0x83FFF
# define Bzero_SectorA_start            0x80000
# define Bzero_SectorA_End              0x81FFF
# define Bzero_16KSector_u32length      0x1000
# define Bzero_64KSector_u32length      0x4000
```

第 **11** 章

F28075 片上串行通信单元

本章主要讨论 F28075 片上串行通信模块的设计及应用,这些模块包括 SCI、SPI、CAN、McBSP、I²C 及 USB。在此之前,有不少书籍已经将这几种模块分章介绍,读者有大量的资料可以参考。为了使读者能够快速掌握这几种通信的原理和 DSP 的使用方法,本书将对每种串行通信的应用特点进行总结,并给出每种通信的详细例程。

11.1　串行通信基本概念

TMS320C28x 通信系统有多种可能的实施方式,针对特定设计选择的方法应当能够以最低的成本达到所需的数据速率。

借助串行端口,系统可在器件之间实现简单、硬件效率高的高级别通信。与 GPIO 引脚相似,串行端口可以用的在独立系统或多重处理系统中。在多重处理系统中,若两台设备都有可用的串行端口并且对数据速率的要求相对较低,那么串行端口将是理想的选择。若器件的物理位置相距较远,则使用串行接口更加适宜,因为接线数较少的固有特性可以简化器件之间的互连。串行端口需要实施单独的线路,不会对处理器的数据和地址线造成任何干扰,所需要的开销仅是在接收/发送每个字时针对端口进行读取/写入新字。这一过程可作为简短的中断服务例程在硬件控制下执行,只需几个周期来维持。

图 11.1 为串行通信中的同步通信和异步通信连接示意图。

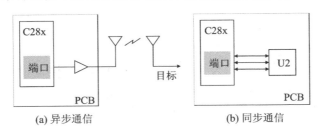

(a) 异步通信　　　　　　　　　　(b) 同步通信

图 11.1　异步通信和同步通信连接示意图

异步通信适合于较长距离的数据传输,因而数据传输速率较低(以 SPI 为同步通信为代表,异步通信的传输速率约为 SPI 的 1/8),在隐式时钟(时钟/数据混合)等场合应用较广,系统设计的性价比较高,常见的 SCI 通信属于异步通信。

　　同步通信的数据传输速率高、在短距离通信(板载)及时钟显示等领域应用较广,SPI 通信、I²C 通信属于同步通信。

11.2　SCI 通信模块及应用

　　SCI 模块是串行 I/O 端口,支持 C28x 与其他外设器件之间进行异步通信。SCI 发送和接收寄存器均为双缓冲寄存器,可避免数据冲突并高效利用 CPU。此外,C28x 中的 SCI 是全双工接口,可同时进行数据发送和接收。此外,奇偶检验和数据格式处理也设计为由端口硬件完成,从而进一步降低了软件开销。

　　F28075 提供了 65 000 多种不同的可编程波特率,实现 1~8 位数据字长度的可编程数据字格式,支持发送和接收 FIFO 功能,并提供了分别用于发送和接收的中断。

11.2.1　SCI 基本数据格式

　　数据的基本单位称为字符,其长度为 1~8 位。数据每个字符的格式均为一个起始位、一或 2 个停止位、一个可选奇偶校验位以及一个可选地址/数据位。数据字符连同其格式位称为帧。帧又划分为组(称为块)。如果 SCI 总线上存在两个以上的串行端口,则数据块通常以地址帧开始,该帧根据用户协议指定数据目标端口。

　　起始位是每个帧开始处的一个低位,标志着帧的开始。SCI 采用 NRZ(不归零)格式,这意味着在非活动状态下,SCIRX 和 SCITX 线将保持高电平。当 SCIRX 和 SCITX 线未接收或发送数据时,外设需要将其拉至高电平。图 11.2 为 NRZ(不归零)数据格式。

图 11.2　NRZ(不归零)数据格式

　　配置 SCICCR 时,SCI 端口应首先保持非活动状态。这通过 SCI 控制寄存器 1 的 SW RESET 位(SCICTL1.5)实现。将 0 写入该位后将初始化 SCI 状态机和工作标志,并将它们保持在复位状态。随后即可配置 SCICCR,SCICCR 的寄存器位格式如图 11.3 所示,相关位含义如表 11.1 所列。之后,通过将 1 写入 SW RESET 位来重新启用 SCI 端口。系统复位时,SW RESET 位等于 0。

D15	D14	D13	D12	D11	D10	D9	D8
Reserved							
R-0							

D7	D6	D5	D4	D3	D2	D1	D0
STOPBITS	PARITY	PARITYENA	LOOPBK ENA	ADDRIDLE _MODE	SCICHAR		
RW-0	RW-0	RW-0	RW-0	RW-0	RW-0		

图 11.3　SCICCR 寄存器位格式

表 11.1　SCICCR 寄存器各位含义

位　号	名　称	说　明
15～8	Reserved	保留
7	STOPBITS	停止位。 0:一个停止位;1:2 个停止位
6	PARITY	奇偶校验位。 0:奇校验;1:偶校验
5	PARITYENA	奇偶校验使能。 0:禁止;1:使能
4	LOOPBKENA	回路检测使能。Tx 引脚与内部的 Rx 引脚相连。 0:禁止;1:使能
3	ADDRIDLE_MODE	地址/空闲模式选择位。 0:空闲线模式;1:地址位模式
2～0	SCICHAR	数据位数(二进制数＋1) 0:1 个数据位;1:2 个数据位……110b:7 个数据位;111:8 个数据位

图 11.4 为 SCI 数据的时序。

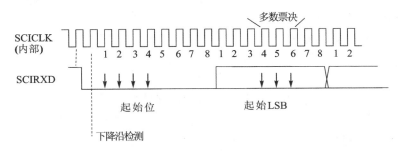

图 11.4　SCI 数据时序

　　每个数据位由 8 个 SCICLK 周期构成,若下降沿后出现 4 个连续零位的 SCI-CLK 周期,则认为起始位有效。然后在后续的 8 个 SCICLK 中检测第 4 个、第 5 个、第 6 个 SCICLK 周期,并采用多数票决的方式决定该数据位是 0 还是 1。

11.2.2　SCI 工作原理

1. 数据收发原理

图 11.5 为 SCI 模块启动 FIFO 功能下数据收发示意图。

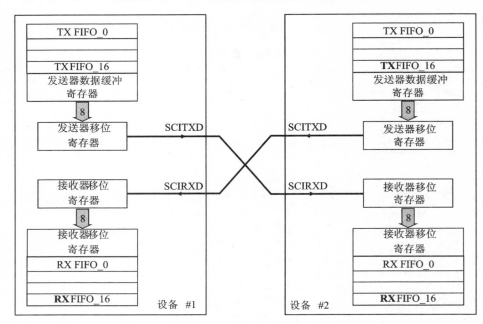

图 11.5　SCI 数据收发示意图

SCI 发送数据时,发送数据缓冲寄存器 SCITXBUF 从数据发送 FIFO 中获取需要发送的数据,然后 SCITXBUF 将数据传输给发送移位寄存器 TXSHF,如果发送功能使能,则 TXSHF 将接收到的数据逐位移到 SCITXD 引脚上,完成发送的过程。发送过程中的查询标志位是 TXREADY(发送缓冲寄存器就绪),它位于 SCICTL2 中的 bit7。若该位为 1,则表示 SCITXBUF 准备号接收下一个数据了;当数据写入 SCITXBUF 后,该标志位清零。

SCI 接收数据时,接收移位寄存器 RXSHF 逐位接收来自 SCIRXD 引脚的数据,若 SCI 的接收功能使能,则 RXSHF 将这些数据传输给接收到缓冲寄存器 SCIRXBUF 中,并放入 FIFO 缓存。接收过程中的查询标志位是 RXRDY,它位于 SCIRXST 寄存器中。若该位为 1,则表示 SCIRXBUF 已经接收到一个数据,我们可立即读取;数据从 SCIRXBUF 读出后,该标志位清零。

2. SCI 中断过程

SCI 中断逻辑在接收或发送一个完整字符(由 SCI 字符长度确定)时,会生成中断标志。这种方式可以方便、高效地对 SCI 发送器和接收器的工作进行定时和控制。发送器的中断标志是 TXRDY（SCICTL2.7），接收器的中断标志是 RXRDY（SCIRXST.6）。当字符传输到 TXSHF 并且 SCITXBUF 准备接收下一字符时，TXRDY 置位。此外，当 SCIBUF 和 TXSHF 寄存器均为空时，TX EMPTY 标志（SCICTL2.6）置位。新字符已接收并移入 SCIRXBUF 时 RXRDY 标志置位。此外，如果出现中断条件，BRKDT 标志置位。上述每个标志均可由 CPU 进行轮询以控制 SCI 操作，或者可通过将 RX/BK INTENA（SCICTL2.1）和/或 TX INT ENA（SCICTL2.0）位置为有效高电平来启用与这些标志关联的中断。

此外，还针对其他接收器错误提供了其他的标志和中断功能。RX ERROR 标志是中断检测（BRKDT）、帧错误(FE)、接收器溢出(OE)以及奇偶校验错误（PE）位的逻辑"或"运算结果。RX ERROR 高电平表示发送期间上述 4 种错误至少发生了一种。如果 RX ERR INT ENA（SCICTL1.6）位置位，则还会向 CPU 发送中断请求。

11.2.3　多重处理器唤醒模式

通信不再是点对点的传输，而是存在一对多或多对多的数据交换，允许多个处理器连接到总线，但仅可在其中两个处理器之间进行传输。F28075 提供了两种方式：空闲线唤醒模式和地址位唤醒模式，其操作顺序如下：

① 设置 SLEEP＝1，则会禁止 RXINT（接收到地址帧除外）；

② 所有的传输都以地址帧开始；

③ 传入的址帧会暂时唤醒总线上的所有 SCI；

④ CPU 会将传入的 SCI 地址与自身的 SCI 地址进行匹配；

⑤ 只有当地址匹配的时候处理器才开始接收后续数据帧。

1. 空闲线唤醒模式

通过空闲周期的长短来确定地址帧的位置，在 SCIRXD 变高 10 个位（或更多）之后，接收器在下降沿之后被唤醒，即数据块之间的空闲周期大于 10 个周期，数据块内的空闲周期小于 10 个周期，其数据帧格式如图 11.6 所示。

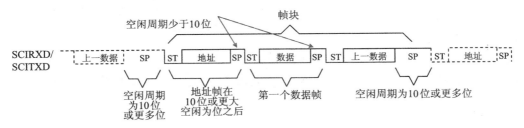

图 11.6　空闲线唤醒模式数据帧格式

该模式下具有两种发送地址方法：

➢ 将 TXWAKE 位（SCICTL1.3）置位，则产生 11 个空闲位；

➢ 有意通过软件延迟 10 位或更多。

2. 地址位唤醒模式

该模式下,所有帧都包含一个额外的地址位,接收器会在检测到地址位后唤醒。在地址写入 SCITXBUF 之前设定 TXWAKE＝1,帧中的地址/数据位即可自动置位。其数据帧格式如图 11.7 所示。

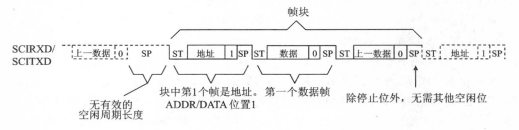

图 11.7   地址位唤醒模式数据帧格式

11.2.4   SCI 相关寄存器

这里以 SCIA 模块为例来分析寄存器的相关设置。

1. SCI 包含两个控制寄存器:SCICCTL1(8 位)和 SCICCTL2(8 位)

(1) SCI 控制寄存器 SCICCTL1

SCI 控制寄存器 SCICCTL1 用于控制 SCI 收发器的使能、唤醒及休眠模式和 SCI 软件复位,其位格式如图 11.8 所示,各位的含义如表 11.2 所列。

D7	D6	D5	D4	D3	D2	D1	D0
RESERVED	RX ERR INT ENA	SW RESET	RESERVED	TXWAKE	SLEEP	TXENA	RXENA
R-0	RW-0	RW-0	R-0	RS-0	RW-0	RW-0	RW-0

图 11.8   SCICTL1 寄存器的格式

表 11.2   SCI 控制寄存器 SCICTL1 各位的含义

位 号	名 称	说 明
7	Reserved	保留
6	RX ERR INT ENA	SCI 接收错误中断使能。0,屏蔽接收错误中断;1,接收错误中断使能
5	SW RESET	SCI 软件复位。写 0 可初始化 SCI 状态寄存器和标志寄存器(SCICTL2、SCIRXST)
4	Reserved	保留
3	TXWAKE	SCI 发送唤醒方式选择。0,不唤醒,在空闲线模式下,向该位写 1 然后写数据到 SCITXBUF,则产生一个 11 位长度的空闲时间;1,发送模式唤醒

续表 11.2

位　号	名　称	说　明
2	SLEEP	SCI 休眠模式。多控制器模式中该位控制接收方进入休眠模式,清除该位则退出休眠模式。1,休眠状态;0,非休眠模式
1	TXENA	SCI 发送使能。1,发送使能;0,发送屏蔽
0	RXENA	SCI 接收使能。1,允许将接收到的数据复制到 SCORXBUF;0,不允许将接收到的数据复制到 SCORXBUF

(2) SCI 控制寄存器 SCICCTL2(8 位)

SCI 控制寄存器 SCICCTL2(8 位)位格式如图 11.9 所示。各位的含义如表 11.3 所列。

D7	D6	D5	D4	D3	D2	D1	D0
TXRDY	TX EMPTY	RESERVED				RX/BK INT ENA	TX INT ENA
R-1	R-1	R-0				RW-0	RW-0

图 11.9　SCICTL2 寄存器的格式

表 11.3　SCI 控制寄存器 SCICTL2 各位的含义

位　号	名　称	说　明
7	TXRDY	SCI 发送缓冲器就绪标志位。0,SCITXBUF 已满;1,SCITXBUF 准备接收下一组要发送的数据
6	TX EMPTY	SCI 发送空标志位。1,发送缓冲及发送移位寄存器为空;0,发送缓冲寄存器或发送移位寄存器未发送完
5～2	Reserved	保留
1	RX/BK INT ENA	发送缓冲中断使能位。1,使能;0,禁止
0	TX INT ENA	SCITXBUF 中断使能位。1,使能 TXRDY 中断;0,禁止 TXRDY 中断

2. SCI - A 接收状态寄存器 SCIRXST (8 位)

其寄存器位格式如图 11.10 所示,各位的含义如表 11.4 所列。

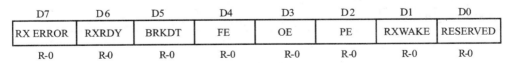

D7	D6	D5	D4	D3	D2	D1	D0
RX ERROR	RXRDY	BRKDT	FE	OE	PE	RXWAKE	RESERVED
R-0	R-0	R-0	R-0	R-0	R-0	R-0	R-0

图 11.10　SCIRXST 寄存器的格式

DSP原理与应用——基于TMS320F28075

304

表 11.4　SCI－A 接收状态寄存器 SCIRXST 各位的含义

位 号	名　称	说　明
7	RX ERROR	SCI 接收错误标志位。0,错误标志未置位;1,错误标志位置位
6	RXRDY	SCI 接收就绪标志位。当从 SCIRXBUF 寄存器中出现一个新的字符时,接收器将该置位1;此时,如果 RX/BK INT ENA)SCICTL2.1)置位,则将产生一个接收中断。通过读 SCIRXBUF 寄存器或有效的 SW RESET 或硬件复位可使 RXRDY 清零
5	BRKDT	SCI 中断检测标志位。丢失第一个结束位后开始检测 SCIRXD,连续 10 个周期后置位
4	FE	帧错误格式错误位。当期望的结束位没有出现时置位。结束位的丢失表明起始位的同步也丢失或两个帧被错误的组合。1,数据帧格式错误;0,数据帧格式正确
3	OE	SCI 数据被覆盖标志。当 SCIRXBUF 中的数据未被及时读取而被新的数据所覆盖时置位 1,覆盖错误发生;0,覆盖错误未发生
2	PE	奇偶校验错误标志位。1,奇偶校验错误;0,奇偶校验正确或无奇偶校验功能
1	RXWAKE	接收唤醒检测标志位。1,检测到接收器唤醒条件。在地址位多处理器模式中,RXWAKE 发送了 SCIRXBUF 字符的地址位。在空闲线多处理器模式中,若 SCIRXD 数据线检测为空,则 RXWAE 置1。清零方式:有效的 SW RESET;对 SCIRXBUF 进行读操作;将地址字节后的第一个字节传送到 SCIRXBUF;系统复位
0	Reserved	保留

3. SCI 波特率寄存器

SCI 通信速率由波特率来表示,它描述了每秒钟能收发数据的位数。F28075 中每一个 SCI 都由 2 个 8 位波特率寄存器 SCIHBAUD:SCILBAUD 共同构成 16 位长度,因此,可支持 64K 个编程速率。SCIHBAUD 寄存器如图 11.11 所示,位格式如图 11.12 所示。

D15	D14	D13	D12	D11	D10	D9	D8
BAUD15	BAUD14	BAUD13	BAUD12	BAUD11	BAUD10	BAUD 9	BAUD 8
RW-0	RW-0	RW-0	RW-0	RW-0	RW-0	RW-0	RW-0

图 11.11　SCIHBAUD 寄存器的位格式

当 $1 \leqslant BRR \leqslant 65\ 535$ 时:

$$BRR = \frac{LSCLK}{SCI\_BAUD \times 8} - 1$$

当 BRR＝0 时,SCI 的波特率如下:

D7	D6	D5	D4	D3	D2	D1	D0
BAUD 7	BAUD 6	BAUD 5	BAUD 4	BAUD3	BAUD 2	BAUD1	BAUD10
RW-0	RW-0	RW-0	RW-0	RW-0	RW-0	RW-0	RW-0

图 11.12　SCILBAUD 寄存器的位格式

$$SCI\_BAUD = \frac{LSCLK}{16}$$

其中，BRR＝SCIHBAUD∶SCILBAUD。

4. FIFO 相关寄存器

(1) SCI 发送 FIFO 寄存器 SCIFFTX(16 位)

SCI 发送 FIFO 寄存器 SCIFFTX(16 位)位格式如图 11.13 所示，各位的含义如表 11.5 所列。

D15	D14	D13	D12	D11	D10	D9	D8
SCIRST	SCIFFENA	TXFIFO RESET	TXFFST4	TXFFST3	TXFFST2	TXFFST1	TXFFST0
RW-1	RW-0	RW-1	R-0	R-0	R-0	R-0	R-0

D7	D6	D5	D4	D3	D2	D1	D0
TXFFINT FLAG	TXFFINT CLR	TXFFIENA	TXFFIL4	TXFFIL3	TXFFIL2	TXFFIL1	TXFFIL0
R-0	W-0	RW-0	RW-0	RW-0	RW-0	RW-0	RW-0

图 11.13　SCIFFTX 寄存器的位格式

表 11.5　SCI 发送 FIFO 寄存器 SCIFFTX 各位的含义

位　号	名　称	说　明
15	SCIRST	SCI 复位标志位。 0，复位 SCI 接收和发送 FIFO 功能；1，SCI 接收和发送 FIFO 功能继续工作
14	SCIFFENA	SCI FIFO 使能标志位。0，SCI FIFO 功能屏蔽；1，SCI FIFO 功能使能
13	TXFIFO RESET	SCI 发送 FIFO 复位。1，重新使能发送 FIFO；0，复位发送 FIFO 指针
12～8	TXFFST4～0	00000，发送 FIFO 空；00001，发送 FIFO 有一个字节的数据；00010，发送 FIFO 有 2 个字节的数据…10000，发送 FIFO 有 16 个字节的数据
7	TXFFINT	发送 FIFO 中断标志位(只读)。1，有发送 FIFO 中断；0，无发送 FIFO 中断
6	TXFFINT CLR	发送 FIFO 中断清除标志位。1，清除 TXFFINT 位；0，无影响
5	TXFFIENA	发送 FIFO 中断使能位。1，使能发送 FIFO 中断；0，禁止发送 FIFO 中断
4～0	TXFFIL4～0	发送 FIFO 深度设置。当 TXFFST4～0 中的数值小于等于 TXFFIL4～0 数值时，发送 FIFO 中断触发

(2) SCI 接收 FIFO 寄存器 SCIFFRX(16 位)

SCI 接收 FIFO 寄存器 SCIFFRX(16 位)位格式如图 11.14 所示，各位的含义如表 11.6 所列。

D15	D14	D13	D12	D11	D10	D9	D8
RXFFOVF	RXFFOVF CLR	RXFIFO RESET	RXFFST4	RXFFST3	RXFFST2	RXFFST1	RXFFST0
R-0	W-0	RW-1	R-0	R-0	R-0	R-0	R-0

D7	D6	D5	D4	D3	D2	D1	D0
RXFFINT FLAG	RXFFINT CLR	RXFFIENA	RXFFIL4	RXFFIL3	RXFFIL2	RXFFIL1	RXFFIL0
R-0	W-0	RW-0	RW-1	RW-1	RW-1	RW-1	RW-1

图 11.14　SCIFFRX 寄存器的格式

表 11.6　SCI 接收 FIFO 寄存器 SCIFFRX 各位的含义

位 号	名 称	说 明
15	RXFFOVF	SCI 接收 FIFO 溢出标志位。 0,未溢出;1,FIFO 收到了超过 16 帧数据,并且第一帧数据已丢失
14	RXFFOVF CLR	SCI 接收 FIFO 溢出清除标志位。0,无影响;1,清除 RXFFOVF
13	RXFIFO RESET	SCI 接收 FIFO 复位。1,重新使能接收 FIFO;0,复位接收 FIFO 指针
12~8	RXFFST4~0	00000,接收 FIFO 空;00001,接收 FIFO 有一个字节的数据;00010,接收 FIFO 有 2 个字节的数据;10000,接收 FIFO 有 16 个字节的数据
7	RXFFINT	接收 FIFO 中断标志位(只读)。1,有接收 FIFO 中断;0,无接收 FIFO 中断
6	RXFFINT CLR	接收 FIFO 中断清除标志位。1,清除 RXFFINT 位;0,无影响
5	RXFFIENA	接收 FIFO 中断使能位。1,使能接收 FIFO 中断;0,禁止接收 FIFO 中断
4~0	RXFFIL4~0	接收 FIFO 深度设置。当 RXFFST4~0 中的数值大于等于 RXFFIL4~0 数值时,接收 FIFO 中断触发

5. SCI FIFO 控制寄存器 SCIFFCT(16 位)

SCI FIFO 控制寄存器 SCIFFCT(16 位)位格式如图 11.15 所示,各位的含义如表 11.7 所列。

D15	D14	D13	D12	D11	D10	D9	D8
ABD	ABD CLR	CDC	RESERVED				
R-0	W-0	RW-0	R-0				

D7	D6	D5	D4	D3	D2	D1	D0
FFTXDLY 7	FFTXDLY 6	FFTXDLY 5	FFTXDLY 4	FFTXDLY 3	FFTXDLY 2	FFTXDLY 1	FFTXDLY 0
RW-0	RW-0	RW-0	RW-0	RW-0	RW-0	RW-0	RW-0

图 11.15　SCIFFCT 寄存器的位格式

表 11.7 SCI FIFO 寄存器 SCIFFCT 各位的含义

位 号	名 称	说 明
15	ABD	自动波特率检测位。当检测到"A"或"a"字符式时,则表明 SCI 自动波特率检测完成。0,自动波特率检测未完成;1,自动波特率检测完成
14	ABD CLR	ABD 清除标志位。0,无影响;1,清除 ABD
13	CDC	波特率校准使能位。1,允许波特率自动检测校准;0,禁止波特率自动检测校准
12~8	Reserved	保留
7~0	FFTXDLY7~0	FIFO 发送延时标志位,用于确定每个 FIFO 帧数据从 FIFO 传送到发送移位寄存器的时间。延时时间为 0~255 个波特率时钟

11.2.5 SCI 应用示例

(1) 上位机与 DSP 通过 SCI 相连,上位机每下发一个字符,DSP 都会向上位机应答该字符

例程的 SCI 的通信协议相关设置如下:一个停止位,8 个数据位,无奇偶校验位,波特率为 9 600。

```
void scia_echoback_init(void);
void scia_fifo_init(void);
void scia_xmit(int a);
void scia_msg(char * msg);
Uint16 LoopCount;
//主函数
void main(void)
{
    Uint16 ReceivedChar;
    char * msg;
    InitSysCtrl();
    InitGpio();
    // GPIO 设置函数请参考第 5 章
    GPIO_SetupPinMux(28, GPIO_MUX_CPU1, 1);
    GPIO_SetupPinOptions(28, GPIO_INPUT, GPIO_PUSHPULL);
    GPIO_SetupPinMux(29, GPIO_MUX_CPU1, 1);
    GPIO_SetupPinOptions(29, GPIO_OUTPUT, GPIO_ASYNC);
    DINT;                   // 禁止 CPU 全局中断
    InitPieCtrl();          // 使能 PIE 控制器
    IER = 0x0000;
    IFR = 0x0000;
    InitPieVectTable();     // 使能 PIE 中断向量表
    LoopCount = 0;
```

```
        scia_fifo_init();              // 使能 SCI FIFO
        scia_echoback_init();          // 配置 SCI 应答功能
        msg = "\r\nEnter a character, and the DSP will echo back! \n\0";
        scia_msg(msg);
        for(;;)
        {
            msg = "\r\nEnter a character: \0";
            scia_msg(msg);
            while(SciaRegs.SCIFFRX.bit.RXFFST == 0) { } // 等待 FIFO 缓冲接收完
            ReceivedChar = SciaRegs.SCIRXBUF.all;// 读取接收的字符
            msg = "  You sent: \0";
            scia_msg(msg);
            scia_xmit(ReceivedChar);// DSP 向上位机应答
            LoopCount ++ ;
        }
}
void scia_echoback_init()
{
        SciaRegs.SCICCR.all = 0x0007;          // 1 个停止位,无循环发送
                                               // 无奇偶校验位,8 位数据位
        SciaRegs.SCICTL1.all = 0x0003;         // 使能 TX, RX, 内部 SCICLK,
                                               // D 禁止 RX 错误,休眠,TX 唤醒功能
        SciaRegs.SCICTL2.all = 0x0003;
        SciaRegs.SCICTL2.bit.TXINTENA = 1;
        SciaRegs.SCICTL2.bit.RXBKINTENA = 1;
        //波特率设置 9600
        // LSPCLK = 30 MHz (120 MHz SYSCLK),HBAUD = 0x01 and LBAUD = 0x86.
        SciaRegs.SCIHBAUD.all     = 0x0001;
        SciaRegs.SCILBAUD.all     = 0x0086;
        SciaRegs.SCICTL1.all = 0x0023;
}
//SCI 发送子函数
void scia_xmit(int a)
{
        while (SciaRegs.SCIFFTX.bit.TXFFST != 0) {}
        SciaRegs.SCITXBUF.all = a;
}
void scia_msg(char * msg)
{
        int i;
        i = 0;
        while(msg[i] != '\0')
        {
            scia_xmit(msg[i]);
            i ++ ;
        }
}
// SCI FIFO 配置函数
```

```
void scia_fifo_init()
{
    SciaRegs.SCIFFTX.all = 0xE040;
    SciaRegs.SCIFFRX.all = 0x2044;
    SciaRegs.SCIFFCT.all = 0x0;
}
```

（2）使能 SCI 的内部循环检测功能，将发送的数据流（如 00 01 02 03… … FF）与接收的数据流进行比较

本例将使能 SCI FIFO 功能和中断。

```
#define CPU_FREQ      60E6
#define LSPCLK_FREQ   CPU_FREQ/4
#define SCI_FREQ      100E3
#define SCI_PRD       (LSPCLK_FREQ/(SCI_FREQ * 8)) − 1
interrupt void sciaTxFifoIsr(void);
interrupt void sciaRxFifoIsr(void);
void scia_fifo_init(void);
void error(void);
Uint16 sdataA[2];        // SCI - A 发送数据缓存区
Uint16 rdataA[2];        // SCI - A 接收数据缓存区
Uint16 rdata_pointA;     // 用于校验接收的数据
// 主函数
void main(void)
{
    Uint16 i;
    InitSysCtrl();
    InitGpio();
    // GPIO 设置函数请参考第 5 章
    GPIO_SetupPinMux(28, GPIO_MUX_CPU1, 1);
    GPIO_SetupPinOptions(28, GPIO_INPUT, GPIO_PUSHPULL);
    GPIO_SetupPinMux(29, GPIO_MUX_CPU1, 1);
    GPIO_SetupPinOptions(29, GPIO_OUTPUT, GPIO_ASYNC);
    DINT;                 // 禁止 CPU 全局中断
    InitPieCtrl();        // 使能 PIE 控制器
    IER = 0x0000;
    IFR = 0x0000;
    InitPieVectTable();   // 使能 PIE 中断向量表
    EALLOW;
    PieVectTable.SCIA_RX_INT = &sciaRxFifoIsr;
    PieVectTable.SCIA_TX_INT = &sciaTxFifoIsr;
    EDIS;
    scia_fifo_init();     // SCI - A 初始化
    for(i = 0; i<2; i++)
    {
        sdataA[i] = i;
    }
    rdata_pointA = sdataA[0];
    //中断使能
    PieCtrlRegs.PIECTRL.bit.ENPIE = 1;
```

```
        PieCtrlRegs.PIEIER9.bit.INTx1 = 1;
        PieCtrlRegs.PIEIER9.bit.INTx2 = 1;
        IER = 0x100;
        EINT;
        for(;;);
}
// FIFO 发送中断服务程序
interrupt void sciaTxFifoIsr(void)
{
        Uint16 i;
        for(i = 0; i < 2; i++)
        {
            SciaRegs.SCITXBUF.all = sdataA[i];        // 数据发送
        }
        for(i = 0; i < 2; i++)                        // 每次发送的数据加 1
        {
        sdataA[i] = (sdataA[i] + 1) & 0x00FF;
        }
        SciaRegs.SCIFFTX.bit.TXFFINTCLR = 1;          // 清除 SCI 中断标志
        PieCtrlRegs.PIEACK.all| = 0x100;              // PIE 第九组应答
}
// FIFO 接收中断服务程序
interrupt void sciaRxFifoIsr(void)
{
        Uint16 i;
        for(i = 0;i < 2;i++)
        {
            rdataA[i] = SciaRegs.SCIRXBUF.all;        // 读数据
        }
        for(i = 0;i < 2;i++)                          // 校验接收的数据
        {
            if(rdataA[i] != ((rdata_pointA + i) & 0x00FF)) error();
        }
        rdata_pointA = (rdata_pointA + 1) & 0x00FF;
        SciaRegs.SCIFFRX.bit.RXFFOVRCLR = 1;          // C 清除接收溢出标志位
        SciaRegs.SCIFFRX.bit.RXFFINTCLR = 1;          // 清除接收中断表示位
        PieCtrlRegs.PIEACK.all| = 0x100;              // PIE 第九组应答
}
// SCIA FIFO 初始化
void scia_fifo_init()
{
        SciaRegs.SCICCR.all = 0x0007;                 // 1 个停止位,无循环发送
                                                      // 无奇偶校验位,8 位数据位
        SciaRegs.SCICTL1.all = 0x0003;                // 使能 TX, RX, 内部 SCICLK,
                                                      // D 禁止 RX 错误,休眠,TX 唤醒功能
        SciaRegs.SCICTL2.bit.TXINTENA = 1;
        SciaRegs.SCICTL2.bit.RXBKINTENA = 1;
        SciaRegs.SCIHBAUD.all = 0x0000;
        SciaRegs.SCILBAUD.all = SCI_PRD;
```

```
        SciaRegs.SCICCR.bit.LOOPBKENA = 1;        // 使能循环检测
        SciaRegs.SCIFFTX.all = 0xC022;
        SciaRegs.SCIFFRX.all = 0x0022;
        SciaRegs.SCIFFCT.all = 0x00;
        SciaRegs.SCICTL1.all = 0x0023;            // SCI 重启
        SciaRegs.SCIFFTX.bit.TXFIFORESET = 1;
        SciaRegs.SCIFFRX.bit.RXFIFORESET = 1;
}
```

（3）SCI 波特率自动锁定子函数

```
void SCIA_AutobaudLock(void)
{
        Uint16 byteData;
        // SCILBAUD.bit.BAUD 需大于等于 1
        SciaRegs.SCILBAUD.bit.BAUD = 1;
        //CDC 置位，ABD 清除以准备波特率自动检测
        SciaRegs.SCIFFCT.bit.CDC = 1;
        SciaRegs.SCIFFCT.bit.ABDCLR = 1;
        //直到正确的读取"A"或"a"后 ABD 置位
        while(SciaRegs.SCIFFCT.bit.ABD != 1)
        { }
        //波特率锁定后 清除 CDC 及 ABD 位
        SciaRegs.SCIFFCT.bit.ABDCLR = 1;
        SciaRegs.SCIFFCT.bit.CDC = 0;
        while(SciaRegs.SCIRXST.bit.RXRDY != 1)
        { }
        byteData = SciaRegs.SCIRXBUF.bit.SAR;
        SciaRegs.SCITXBUF.bit.TXDT = byteData;
        return;
}
```

311

11.3　SPI 通信模块及应用

　　SPI 模块是同步串行 I/O 端口，可在 C28x 与其他外设器件之间移动长度和数据速率可变的串行位流。数据传输期间必须有一个 SPI 器件配置为传输主器件，而所有的其他器件配置为从器件。主器件针对总线上所有从器件驱动传输时钟信号。SPI 通信可以采用以下 3 种不同的模式之一：

> ➢ 主器件发送数据，从器件发送虚拟数据；
> ➢ 主器件发送数据，一个器件发送数据；
> ➢ 主器件发送虚拟数据，一个器件发送数据。

　　最简单的情况是将 SPI 视为可编程移位寄存器，数据通过 SPIDAT 寄存器移入和移出 SPI。待发送的数据直接写入 SPIDAT 寄存器，接收到的数据则锁存到 SPIBUF 寄存器中供 CPU 读取。这样可以实现双缓冲接收操作，在此期间，CPU 无须从 SPIBUF 中读取当前已接收的数据即可开始新的接收操作。但在新操作完成

之前 CPU 必须读取 SPIBUF,否则将发生接收器溢出错误。此外不支持双缓冲发送,必须完成当前发送才能将下一数据字符写入 SPIDAT,否则将破坏当前发送。由于主器件控制着 SPICLK 信号,因此可随时发起数据传输。主器件以何种方式检测从器件、何时进行广播,则由软件决定。

F28075 的 SPI 可实现同步串行通信(两线制半双工或三线制全双工),通过软件配置器件为主器件或从器件(主器件提供时钟同步信号)。此外,提供 125 种不同的可编程波特率,数据长度最多支持 16 位。

11.3.1 SPI 数据传输原理

1. SPI 基本数据收发序列

图 11.16 为 SPI 主控模式方框图。

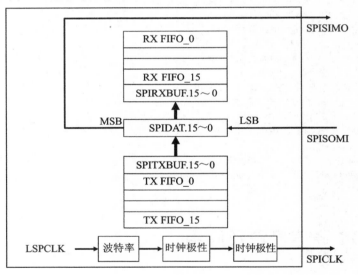

图 11.16 SPI 主控模式原理示意图

SPI 发送/接收序列总结如下:

① 从器件将要发送的数据写入其移位寄存器(SPIDAT);

② 主器件将要发送的数据写入其移位寄存器(SPIDAT 或 SPITXBUF);

③ 完成步骤②后,自动启动主器件的 SPICLK 信号;

④ 主器件移位寄存器(SPIDAT)的 MSB 将移出,从器件移位寄存器(SPIDAT)的 LSB 将载入;

⑤ 重复执行步骤④,直至发送了指定位数;

⑥ SPIDAT 寄存器的内容复制到 SPIRXBUF 寄存器;

⑦ SPI INT 标志位置为 1;

⑧ 如果 SPI INT ENA 位置为 1,则将启用中断;

⑨ 如果数据位于 SPITXBUF(从器件或主器件)中,则会载入 SPIDAT。一旦主器件的 SPIDAT 载入数据,即再次开始发送。

2. SPI 数据字符的调整

由于数据会先移出 SPIDAT 寄存器 MSB,因此少于 16 位的发送字符在写入 SPIDAT 之前必须通过 CPU 软件进行左对齐处理。接收的数据从左侧开始移入 SPIDAT,首先移入 MSB。但是字符传输完毕后,整个 16 位 SPIDAT 会复制到 SPIBUF 中,于是接收到的少于 16 位的字符会在 SPIBUF 中右对齐。因而,软件在解析字符时必须将未使用的较高有效位屏蔽。

SPIDAT 传输示意图如图 11.17 所示,该过程可总结如下几点:

➤ SPIDAT 传输的数据长度为 1～16 位;
➤ 少于 16 位的传输数据必须是左对齐,先传输 MSB;
➤ 少于 16 位的接收数据需要右对齐;
➤ 用户软件需屏蔽未使用的 MSB。

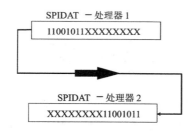

图 11.17　SPIDAT 传输示意图

11.3.2　SPI 相关寄存器

1. SPI 配置控制寄存器 SPICCR(8 位)

SPI 配置控制寄存器 SPICCR 位格式如图 11.18 所示,各位的含义如表 11.8 所列。

D7	D6	D5	D4	D3	D2	D1	D0
SPI SW RESET	CLOCK POLARITY	RESERVED	SPILBK	SPI CHAR 3	SPI CHAR 2	SPI CHAR 1	SPI CHAR 0
RW-0	RW-0	R-0	RW-0	RW-0	RW-0	RW-0	RW-0

图 11.18　SPI 配置控制寄存器 SPICCR 位格式

表 11.8　SPI 配置控制寄存器 SPICCR 各位的含义

位　号	名　称	说　明
7	SPI SW RESET	SPI 软件复位位。0,初始化 SPI 操作标志位到复位条件;1,SPI 准备接收或发送下一个数据

续表 11.8

位　号	名　称	说　明
6	CLOCK POLARITY	移位时钟极性位
5	Reserved	保留
4	SPILBK	SPI 自测试位。1,自测模式使能,内部 SIMO 与 SOMI 相连,用于自测;0,SPI 自测模式禁止,复位后的默认值
3~0	SPI CHAR3~0	SPI 字符模式控制位。0000,0 个字符;0001,一个字符;…;1111,15 个字符。用来决定每次通过 SPIDAT 移入或移出的位的数量

2. SPI 操作控制寄存器 SPICTL(8 位)

SPI 操作控制寄存器 SPICTL 位格式如图 11.19 所示,各位的含义如表 11.9 所列。

D7	D6	D5	D4	D3	D2	D1	D0
RESERVED			OVERRUN INT ENA	CLOCK PHASE	MASTER/ SLAVE	TALK	SPI INT ENA
R-0			RW-0	RW-0	RW-0	RW-0	RW-0

图 11.19　SPI 操作控制寄存器 SPICTL 位格式

表 11.9　SPI 操作控制寄存器 SPICTL 各位的含义

位　号	名　称	说　明
7~5	Reserved	保留
4	OVERRUN INT ENA	超时中断使能位。当接收溢出标志位 SPISTS.7 被硬件设置时,则设置位产生中断。0,禁止接收溢出标志位中断;1,使能接收溢出标志位中断
3	CLOCK PHASE	SPI 时钟相位选择
2	MASTER/SLAVE	SPI 模式控制位。1,SPI 被配置成主模式;0,SPI 被配置成从模式
1	TALK	主动、从动发送使能位。0,禁止发送,若不事先配置通用 IO 口,则 SPISO-MI 和 SPISIMO 引脚被配置成高阻态;1,使能发送
0	SPI INT ENA	SPI 中断使能位。控制 SPI 产生发送及接收中断的能力。1,使能;0,禁止

SPICCR 寄存器的 CLOCK POLARITY 位决定了 SPI 的时钟极性,SPICTL 寄存器的 CLOCK PHASE 决定了 SPI 的时钟相位,两个参数的不同取值可构成 4 种不同的时钟方案,如表 11.10 所列。其中,T 表示发送,R 表示接收。

表 11.10　SPI 的 4 种时钟及配置方式

信号组合	含　义	波形示意
CLOCK POLARITY＝0 &&CLOCK PHASE＝0	上升沿发送数据、下降沿接收数据	
CLOCK POLARITY＝0 &&CLOCK PHASE＝1	上升沿接收、下降沿和上升沿的前半周期发送	
CLOCK POLARITY＝1 &&CLOCK PHASE＝0	下降沿发送数据、上升沿接收数据	
CLOCK POLARITY＝1 &&CLOCK PHASE＝1	下降沿接收、上升沿和下降沿的前半周期发送	

3. SPI 状态寄存器 SPISTS(16 位)

SPI 状态寄存器 SPISTS 位格式如图 11.20 所示,各位的含义如表 11.11 所列。

D15	D14	D13	D12	D11	D10	D9	D8
RESERVED							
R-0							

D7	D6	D5	D4	D3	D2	D1	D0
RECEIVER OVERRUN FLAG	SPI INT FLAG	TX BUF FULL FLAG	RESERVED				
R-0	RW-0	RW-0	R-0				

图 11.20　SPI 状态寄存器 SPISTS 位格式

表 11.11　SPI 状态寄存器 SPISTS 各位的含义

位　号	名　称	说　明
15～8	Reserved	保留
7	RECEIVER OVERRUN FLAG	SPI 接收溢出标志位(只读),若当前一个字符从缓冲器读取之前又完成了一个接收或发送操作,则 SPI 硬件将该位置位。满足下列条件之一时则清除:写 0 到 SPI SW RESET 位、系统复位
6	SPI INT FLAG	SPI 中断标志位(只读),表明 SPI 已完成一次接收或发送操作且准备下一次操作。满足下列条件之一时则清除:读 SPIRXBUF 数据、写 0 到 SPI SW RESET 位、系统复位

位　号	名　称	说　明
5	TX BUF FULL FLAG	SPI 发送缓冲器满标志位。当数据写入 SPI 发送缓冲器 SPITXBUF 时,该位置位;满足下列条件之一时该标志位清除:数据自动装载到 SPIDAT 且先前数据被移出、复位
4~0	Reserved	保留

4. FIFO 相关寄存器

FIFO 相关寄存器包含 SPI 发送 FIFO 寄存器(SPIFFTX)、SPI 接收 FIFO 寄存器(SPIFFRX)和 SPI FIFO 控制寄存器(SPIFFCT)。

(1) SPI 发送 FIFO 寄存器 SPIFFTX(16 位)

SPI 发送 FIFO 寄存器 SPIFFTX(16 位)的位格式如图 11.21 所示,各位的含义如表 11.12 所列。

D15	D14	D13	D12	D11	D10	D9	D8
SPIRST	SPIFFENA	TXFIFO RESET	TXFFST 4	TXFFST 3	TXFFST 2	TXFFST 1	TXFFST 0
RW-1	RW-0	RW-1	R-0	R-0	R-0	R-0	R-0

D7	D6	D5	D4	D3	D2	D1	D0
TXFFINT FLAG	TXFFINT CLR	TXFFIENA	TXFFIL4	TXFFIL3	TXFFIL2	TXFFIL 1	TXFFIL0
R-0	W-0	RW-0	RW-0	RW-0	RW-0	RW-0	RW-0

图 11.21　SPIFFTX 寄存器的位格式

表 11.12　SPI 发送 FIFO 寄存器 SPIFFTX 各位的含义

位　号	名　称	说　明
15	SPIRST	SPI 复位标志位。0,复位 SPI 接收和发送 FIFO 功能;1,SPI 接收和发送 FIFO 功能继续工作
14	SPIFFENA	SPI FIFO 使能标志位。0,SPI FIFO 功能屏蔽;1,SPI FIFO 功能使能
13	TXFIFO RESET	SPI 发送 FIFO 复位。1,重新使能发送 FIFO;0,复位发送 FIFO 指针
12~8	TXFFST4~0	00000,发送 FIFO 空;00001,发送 FIFO 有一个字节的数据;00010,发送 FIFO 有 2 个字节的数据…10000,发送 FIFO 有 16 个字节的数据
7	TXFFINT	发送 FIFO 中断标志位(只读)。1,有发送 FIFO 中断;0,无发送 FIFO 中断
6	TXFFINT CLR	发送 FIFO 中断清除标志位。1,清除 TXFFINT 位;0,无影响
5	TXFFIENA	发送 FIFO 中断使能位。1,使能发送 FIFO 中断;0,禁止发送 FIFO 中断
4~0	TXFFIL4~0	发送 FIFO 深度设置。当 TXFFST4~0 小于等于 TXFFIL4~0 时,发送中断触发

（2）SPI 接收 FIFO 寄存器 SPIFFRX(16 位)

SPI 接收 FIFO 寄存器 SPIFFRX(16 位)的位格式如图 11.22 所示,各位的含义如表 11.13 所列。

D15	D14	D13	D12	D11	D10	D9	D8
RXFFOVF FLAG	RXFFOVF CLR	RXFIFO RESET	RXFFST 4	RXFFST 3	RXFFST 2	RXFFST 1	RXFFST 0
R-0	W-0	RW-1	R-0	R-0	R-0	R-0	R-0

D7	D6	D5	D4	D3	D2	D1	D0
RXFFINT FLAG	RXFFINT CLR	RXFFIENA	RXFFIL4	RXFFIL3	RXFFIL2	RXFFIL1	RXFFIL0
R-0	W-0	RW-0	RW-1	RW-1	RW-1	RW-1	RW-1

图 11.22　SPIFFRX 寄存器的位格式

表 11.13　SPI 接收 FIFO 寄存器 SPIFFRX 各位的含义

位 号	名 称	说 明
15	RXFFOVF FLAG	SPI 接收 FIFO 溢出标志位。 0,未溢出;1,FIFO 收到了超过 16 帧数据,并且第一帧数据已丢失
14	RXFFOVF CLR	SPI 接收 FIFO 溢出清除标志位。0,无影响;1,清除 RXFFOVF
13	RXFIFO RESET	SPI 接收 FIFO 复位。1,重新使能接收 FIFO;0,复位接收 FIFO 指针
12～8	RXFFST4～0	00000,接收 FIFO 空;00001,接收 FIFO 有一个字节的数据;00010,接收 FIFO 有 2 个字节的数据…10000,接收 FIFO 有 16 个字节的数据
7	RXFFINT	接收 FIFO 中断标志位(只读)。1,有接收 FIFO 中断;0,无接收 FIFO 中断
6	RXFFINT CLR	接收 FIFO 中断清除标志位。1,清除 RXFFINT 位;0,无影响
5	RXFFIENA	接收 FIFO 中断使能位。1,使能接收 FIFO 中断;0,禁止接收 FIFO 中断
4～0	RXFFIL4～0	接收 FIFO 深度设置。当 RXFFST4～0 大于等于 RXFFIL4～0 时,接收中断触发

（3）SPI FIFO 控制寄存器 SPIFFCT(16 位)

SPI FIFO 控制寄存器位格式如图 11.23 所示,各位的含义如表 11.14 所列。

D15	D14	D13	D12	D11	D10	D9	D8
RESERVED							
R-0							

D7	D6	D5	D4	D3	D2	D1	D0
FFTXDLY 7	FFTXDLY 6	FFTXDLY 5	FFTXDLY 4	FFTXDLY 3	FFTXDLY 2	FFTXDLY 1	FFTXDLY 0
RW-0	RW-0	RW-0	RW-0	RW-0	RW-0	RW-0	RW-0

图 11.23　SPIFFCT 寄存器的位格式

317

表 11.14　SPI FIFO 寄存器 SPIFFCT 各位的含义

位　号	名　称	说　明
15～8	Reserved	保留
7～0	FFTXDLY7～0	FIFO 发送延时标志位,用于确定每个 FIFO 帧数据从 FIFO 传送到发送移位寄存器的时间。延时时间为 0～255 个波特率时钟

5. SPI 波特率寄存器 SPIBRR

SPI 支持 125 种不同的波特率。在主模式下,通过 SPICLK 引脚向外提供同步时钟信号;在从模式下,通过 SPICLK 引脚向内接收同步时钟信号。SPIBRR 寄存器的位格式如图 11.24 所示。

D15	D14	D13	D12	D11	D10	D9	D8
RESERVED							
R-0							

D7	D6	D5	D4	D3	D2	D1	D0
RESERVED	SPI BIT RATE6	SPI BIT RATE5	SPI BIT RATE4	SPI BIT RATE3	SPI BIT RATE2	SPI BIT RATE1	SPI BIT RATE0
R-0	RW-0	RW-0	RW-0	RW-0	RW-0	RW-0	RW-0

图 11.24　SPIBRR 寄存器的位格式

当 $3 \leqslant SPIBRR \leqslant 127$ 时,有 $SPI\_BAUD = \dfrac{LSCLK}{SPIBRR+1}$。

当 $SPIBRR = 0$、1、2 时,有 $SPI\_BAUD = \dfrac{LSCLK}{4}$。

11.3.3　SPI 应用实例

① 使能 SCI 的内部循环检测功能,将发送的数据流(如 0000 0001 0002 0003～FFFF FFFF)与接收的数据流进行比较。本例不使能 SCI FIFO 功能和中断。

```
void delay_loop(void);
void spi_xmit(Uint16 a);
void spi_fifo_init(void);
void spi_init(void);
void error(void);
//主函数
void main(void)
{
    Uint16 sdata;      //发送的数据
    Uint16 rdata;      //接收的数据
    InitSysCtrl();
    InitSpiaGpio();
    DINT;
```

```
        InitPieCtrl();
        IER = 0x0000;
        IFR = 0x0000;
        InitPieVectTable();
        spi_fifo_init();        // 初始化 Spi FIFO
        spi_init();             // 初始化 SPI
        sdata = 0x0000;
        for(;;)
        {
            SpiaRegs.SPITXBUF = sdata;         // SPI 传送数据
            while(SpiaRegs.SPIFFRX.bit.RXFFST ! = 1) { }    // 等待数据接收完毕
            rdata = SpiaRegs.SPIRXBUF;         // 校验接收的数据
            if(rdata ! = sdata) error();
            sdata ++ ;
        }
}
void delay_loop()
{
    long   i;
    for (i = 0; i < 1000000; i ++ ) {}
}
// SPI 初始化程序
void spi_init()
{
    SpiaRegs.SPICCR.all = 0x000F;         // 上升沿发送,16 位数据
    SpiaRegs.SPICTL.all = 0x0006;         // 使能主机模式
    SpiaRegs.SPIBRR.all = 0x007F;
    SpiaRegs.SPICCR.all = 0x009F;         // SPI 重启
    SpiaRegs.SPIPRI.bit.FREE = 1;         // 断电不会暂停发送功能
}
// SPI FIFO 使能
void spi_fifo_init()
{
    SpiaRegs.SPIFFTX.all = 0xE040;
    SpiaRegs.SPIFFRX.all = 0x2044;
    SpiaRegs.SPIFFCT.all = 0x0;
}
```

② 使能 SCI 的内部循环检测功能,将发送的数据流(如 0000 0001 0002 0003~
FFFF FFFF)与接收的数据流进行比较。本例使能 SCI FIFO 功能和中断。

```
interrupt void spiTxFifoIsr(void);
interrupt void spiRxFifoIsr(void);
void delay_loop(void);
void spi_fifo_init(void);
void error();
Uint16 sdata[2];        // 发送数据缓存区
Uint16 rdata[2];        // R接收数据缓存区
Uint16 rdata_point;
void main(void)
```

```
{
    Uint16 i;
    InitSysCtrl();
    InitSpiaGpio();
    DINT;
    IER = 0x0000;
    IFR = 0x0000;
    InitPieCtrl();
    InitPieVectTable();
    // SPI 中断函数放置 PIE 中断向量表
    EALLOW;
    PieVectTable.SPIA_RX_INT = &spiRxFifoIsr;
    PieVectTable.SPIA_TX_INT = &spiTxFifoIsr;
    EDIS;
    spi_fifo_init();    // 初始化 SPI
    for(i = 0; i < 2; i ++)
    {
        sdata[i] = i;
    }
    rdata_point = 0;
    // 中断配置
    PieCtrlRegs.PIECTRL.bit.ENPIE = 1;
    PieCtrlRegs.PIEIER6.bit.INTx1 = 1;
    PieCtrlRegs.PIEIER6.bit.INTx2 = 1;
    IER = 0x20;
    EINT;
    for(;;);
}


void delay_loop()
    long        i;
    for (i = 0; i < 1000000; i ++) {}
}
// SPI FIFO 初始化
void spi_fifo_init()
{
    SpiaRegs.SPICCR.bit.SPISWRESET = 0;        // SPI 复位
    SpiaRegs.SPICCR.all = 0x001F;              // 16 位数据,循环检测模式
    SpiaRegs.SPICTL.all = 0x0017;              // 中断使能
    SpiaRegs.SPISTS.all = 0x0000;
    SpiaRegs.SPIBRR.all = 0x0063;              // 波特率设置
    SpiaRegs.SPIFFTX.all = 0xC022;             // 使能 FIFO's,TX FIFO 缓冲区为 4
    SpiaRegs.SPIFFRX.all = 0x0022;             // RX FIFO 缓冲区为 4
    SpiaRegs.SPIFFCT.all = 0x00;
    SpiaRegs.SPIPRI.all = 0x0010;
    SpiaRegs.SPICCR.bit.SPISWRESET = 1;        // 使能 SPI
    SpiaRegs.SPIFFTX.bit.TXFIFO = 1;
    SpiaRegs.SPIFFRX.bit.RXFIFORESET = 1;
}
// SPI 发送中断服务程序
```

```
interrupt void spiTxFifoIsr(void)
{
    Uint16 i;
    for(i = 0;i<2;i ++ )
    {
        SpiaRegs.SPITXBUF = sdata[i];        // 数据发送
    }
    for(i = 0;i<2;i ++ )                      // 每次发送的数据加 1
    {
        sdata[i] = sdata[i] + 1;
    }
    SpiaRegs.SPIFFTX.bit.TXFFINTCLR = 1;     // 清除中断标志位
    PieCtrlRegs.PIEACK.all| = 0x20;          // PIE 第 6 组应答
}
// SPI 接收中断服务程序
interrupt void spiRxFifoIsr(void)
{
    Uint16 i;
    for(i = 0;i<2;i ++ )
    {
        rdata[i] = SpiaRegs.SPIRXBUF;        // 数据读取
    }
    for(i = 0;i<2;i ++ )                      // 校验接收的数据
    {
        if(rdata[i] ! = rdata_point + i) error();
    }
    rdata_point ++ ;
    SpiaRegs.SPIFFRX.bit.RXFFOVFCLR = 1;     // 清除接收溢出标志位
    SpiaRegs.SPIFFRX.bit.RXFFINTCLR = 1;     // 清除接收中断标志位
    PieCtrlRegs.PIEACK.all| = 0x20;          // PIE 第 6 组应答
}
```

11.4　I^2C 通信模块及应用

I^2C(Inter‐Integrated Circuit)总线是指集成电路间的一种串行总线,最初是 NXP 公司在 20 世纪 80 年代为把控制器连接到外设芯片上而开发的一种低成本总线,后来发展成为嵌入式系统设备间通信的全球标准。I^2C 总线广泛应用于各种新型芯片中,如 I/O 电路、A/D 转换器、传感器及微控制器等。

11.4.1　I^2C 总线概述

1. I^2C 总线架构

I^2C 总线只有两根:数据线 SDA 和时钟线 SCL。所有连接到 I^2C 总线上的器件的数据线都连接到 SDA 线上,时钟线均连接到 SCL 线上。I^2C 总线的基本框架结构如图 11.25 所示。

DSP 原理与应用——基于 TMS320F28075

322

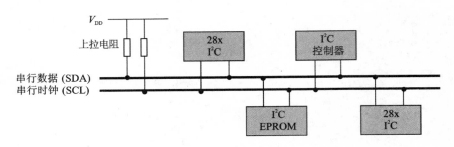

图 11.25　I2C 总线的基本框架结构

2. I²C 总线的特点

➢ 符合 NXP 公司的 I²C 总线规范版本 2.1；

➢ 数据传输速率从 100～400 kbps；

➢ 可配置 1～8 位数据字；

➢ 支持 7 位和 10 位寻址模式；

➢ 每个器件均可视为主器件或从器件；

➢ 主器件会发起数据传输并生成时钟信号；

➢ 主器件寻址的器件被认为是从器件；

➢ F28075 中的 I²C 模块支持多主器件模式；

➢ 支持标准模式(准确发送 n 个在寄存器中指定的数据值)和重复模式(不断发送数据值,通过软件发起停止条件或新的启动条件)。

11.4.2　I²C 总线基本原理

图 11.26 为 I²C 基本数据收发。当 I²C 模块被配置为发送时,发送数据 FIFO 将数据依次写入发送寄存器 I2CDXR,然后 I2CDXR 将数据复制到移位寄存器 I2CXSR,最后通过 SDA 引脚按位输出。当 I²C 模块被配置为接收时,SDA 引脚的数据按位送入接收移位寄存器 I2CRSR,然后 I2CRSR 中的数据复制到数据接收寄存器 I2CDRR,最后将 I2CDRR 中的数据压入接收缓存 RX FIFO 等待 CPU 读取。

1. I²C 的工作模式

I²C 支持 4 种工作模式,如表 11.15 所列。

表 11.15　I²C 的 4 种工作模式

工作模式	说　明
从接收器模式	模块为从器件,从器件接收数据(所有从器件均从该模式开始)
从发送器模式	模块为从器件,向主器件发送数据(仅可通过从接收器模式进入)
主接收器模式	模块为主器件,从器件接收数据(仅可通过主发送器模式进入)
主发送器模式	模块为主器件,向从器件发送数据(所有主器件均从该模式开始)

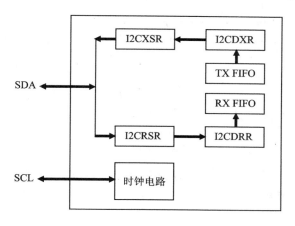

图 11.26　I²C 基本数据收发原理示意图

2. I²C 串行数据格式

I²C 总线在传送数据过程中共有 3 种类型信号,分别是开始信号、结束信号和应答信号。这些信号中,起始信号是必需的,结束信号和应答信号可以忽略。

(1) 起始和停止信号

如图 11.27 所示,SCL 为高电平期间,SDA 由高电平向低电平的变化表示起始信号;SCL 为高电平期间,SDA 由低电平向高电平的变化表示停止信号。

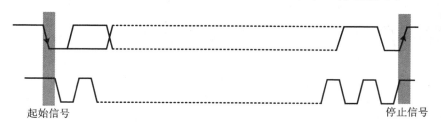

起始信号　　　　　　　　　　　　　　　　　　　停止信号

图 11.27　起始和停止信号

总线空闲时,SCL 和 SDA 两条线都是高电平。SDA 线的起始信号和停止信号由主机发出。在起始信号后,总线处于被占用的状态;在停止信号后,总线处于空闲状态。

(2) 字节格式

传输字节数没有限制,但每个字节必须是 8 位长度。先传最高位(MSB),每个被传输字节后面都要跟随应答位(即一帧共有 9 位),如图 11.28 所示。

从器件接收数据时,在第 9 个时钟脉冲发出应答脉冲,但在数据传输一段时间后若无法继续接收更多的数据,则从器件可以采用"非应答"通知主机,主机在第 9 个时钟脉冲检测到 SDA 线无有效应答负脉冲(即非应答)则会发出停止信号以结束数据传输。

DSP 原理与应用——基于TMS320F28075

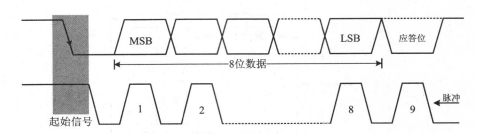

图 11.28 字节传送时序

与主机发送数据相似,主机在接收数据时,收到最后一个数据字节后,必须向从器件发出一个结束传输的"非应答"信号。然后从器件释放 SDA 线,以允许主机产生停止信号。

(3) 数据传输时序

对于数据传输,I^2C 总线协议规定:

➢ SCL 由主机控制,从器件在自己忙时拉低 SCL 以表示自己处于"忙状态";

➢ 字节数据由发送器发出,响应位由接收器发出;

➢ SCL 高电平期间,SDA 数据要稳定,SCL 低电平期间,SDA 数据允许更新。

数据传输时序如图 11.29 所示。

324

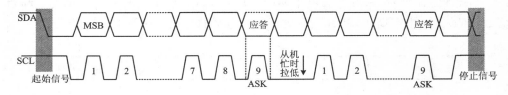

图 11.29 数据传输时序

(4) 寻址字节

支持两种地址格式,分别是 7 位和 10 位。

1) 7 位地址格式,数据格式如图 11.30 所示

主机发出起始信号后要先传送一个寻址字节:7 位从器件地址,一位传输方向控制位(R/W=0,主机写(发送)数据到从机;R/W=1,主机从从机读(接收)数据),数据发送完毕后接收方发送一个应答信号。主机发送地址时,总线上的每个从器件都将这 7 位地址码与自己的地址进行比较,如果相同,则认为自己正被主机寻址。

2) 10 位地址格式,数据格式如图 11.31 所示

与 7 位地址格式类似,但该地址格式下主机的地址发送分两次完成,首字节数据包括:11110xx,R/W=0(W);第二个字节数据是从机地址的低 8 位。

其中,

➢ R/W=0 表示主器件向寻址到的从器件写入数据;

➢ R/W=1 表示主器件从从器件读取数据;

图 11.30　7 位地址格式

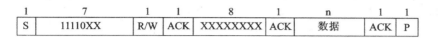

图 11.31　10 位地址格式

➢ n＝1 位～8 位数据位；

➢ S 表示起始位（SCL 为高电平时，SDA 上出现高电平向低电平转换）；

➢ P 表示停止位（SCL 为高电平时，SDA 上出现低电平向高电平转换）。

3. I²C 仲裁

若两个或多个主发送器同时开始发送数据，则需要调用仲裁程序。仲裁采取以下原则，并参考图 11.32。

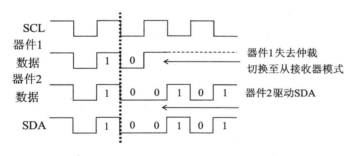

图 11.32　两主机的数据仲裁

➢ 该程序通过竞争发送器的方式使用串行数据总线（SDA）上提供的数据；

➢ 拉高 SDA 的第一个主发送器会被拉低 SDA 的另一个主发送器覆盖（在这里理解为以 SCL 时钟信号为基准的多个 SDA 信号的"与"运算）；

➢ 该过程会优先处理二进制值最低的数据流。

11.4.3　I²C 相关寄存器

1. I²C 模式寄存器 I2CMDR(16 位)

这个寄存器主要包含了 I²C 模块的工作模式控制部分，位格式如图 11.33 所示，各位的含义如表 11.16 所列。

DSP 原理与应用——基于TMS320F28075

326

D15	D14	D13	D12	D11	D10	D9	D8
NACKMOD	FREE	STT	RESERVED	STP	MST	TRX	XA
RW-0	RW-0	RW-0	RW-0	RW-0	RW-0	RW-0	RW-0

D7	D6	D5	D4	D3	D2	D1	D0
RM	DLB	IRS	STB	FDF	BC		
RW-0	RW-0	RW-0	RW-0	RW-0	RW-0		

图 11.33　I2CMDR 寄存器的位格式

表 11.16　I^2C 模式寄存器 I2CMDR 各位的含义

位　号	名　称	说　明
15	NACKMOD	无应答信号模式位。0,每个应答时钟周期向发送方发送一个应答位;1,I^2C 模块在下一个应答时钟周期向发送方发送一个无应答位。一旦无应答位发送,NACKMOD 位就会被清除。注意,为了 I^2C 模块能在下一个应答时钟周期向发送方发送一个无应答位,最后一位数据位的上升沿到来之前必须置位 NACKMOD
14	FREE	调试断点,该位通过 I^2C 模块控制总线状态。0,主机模式下,若在断点发生的时候 SCL 为低电平,则 I^2C 模块立即停止工作并保持 SCL 为低电平;如果在断点发生的时候 SCL 为高电平,则 I^2C 模块将等待 SCL 变为低电平然后再停止工作。从机模式下,在当前数据发送或者接收结束后断点将会强制模块停止工作;1,I^2C 模块无条件运行
13	STT	开始位(仅限于主机模式)。RM、STT 和 STP 共同决定 I^2C 模块数据的开始和停止格式。0,在总线上接收到开始位后 STT 将自动清除;1,置 1 会在总线上发送一个起始信号
12	Reserved	保留
11	STP	停止位(仅限于主机模式)。RM、STT 和 STP 共同决定 I^2C 模块数据的开始和停止格式。0,在总线上接收到停止位后 STP 会自动清除;1,内部数据计数器减到 0 时 STP 会被置位,从而在总线上发送一个停止信号
10	MST	主从模式位。当 I^2C 主机发送一个停止位时 MST 将自动从 1 变为 0。0,从机模式;1,主机模式
9	TRX	发送/接收模式位。0,接收模式;1,发送模式
8	XA	扩充地址使能位。0,7 位地址模式;1,10 位地址模式
7	RM	循环模式位(仅限于主机模式的发送状态)。0,非循环模式(I2CCNT 的数值决定了有多少位数据通过 I^2C 模块发送/接收);1,循环模式
6	DLB	自测模式。0,屏蔽自测模式;1,使能自测模式。I2CDXR 发送的数据被 I2CDRR 接收,发送时钟也是接收时钟
5	IRS	I^2C 模块复位。0,I^2C 模块处于复位状态;1,I^2C 模块使能

位　号	名　称	说　明
4	STB	起始字节模式位(仅限于主机模式)。0,I²C 模块起始信号无须延长;1,I²C 模块起始信号需要延长,若设置起始信号位(STT),则 I²C 模块将开始发送多个起始信号
3	FDF	全数据格式。0,屏蔽全数据格式,通过 XA 位选择地址是 7 位还是 10 位;1,使能全数据格式,无地址数据
2~0	BC	I²C 收发数据的位数。BC 的设置值必须符合实际的通信数据位数。000,8 位数据;001,1 位数据…111,7 位数据

2. I²C 状态寄存器 I2CSTR(16 位)

I²C 状态寄存器 I2CSTR 包括中断标志状态和读状态信息,其位格式,如图 11.34 所示,各位的含义如表 11.17 所列。

D15	D14	D13	D12	D11	D10	D9	D8
RESERVED	SDIR	NACKSNT	BB	RSFULL	XSMT	AAS	AD0
R-0	RW-0	RW-0	RW-0	RW-0	RW-0	RW-0	RW-0

D7	D6	D5	D4	D3	D2	D1	D0
RESERVED		SCD	XRDY	RRDY	ARDY	NACK	AL
R-0		RW-0	RW-0	RW-0	RW-0	RW-0	RW-0

图 11.34　I2CSTR 寄存器的位格式

表 11.17　I²C 状态寄存器 I2CSTR 各位的含义

位　号	名　称	说　明
15	Reserved	保留
14	SDIR	从器件方向位。0,作为从机接收的 I²C 不寻址;1,作为从机接收的 I²C 寻址,I²C 模块接收数据
13	NACKSNT	发送无应答信号位(仅限于 I²C 为接收方)。0,无应答位被发送,下列条件满足其一则该位被清除:手动写 1 清除、I²C 模块复位;1,一个应答位在应答信号时钟周期被发送
12	BB	0,总线空闲,下列条件满足其一则清除该位:I²C 模块接收、发送到停止信号位、BB 被手动清除、I²C 模块复位;1,总线忙
11	RSFULL	接收移位寄存器满。当移位寄存器接收到一个数据而之前的数据还没有从 I2CDRR 读走时,I2CDRR 寄存器拒绝从移位寄存器接收数据。0,未拒绝接收移位寄存器的数据,当下列条件满足其一则该位清除:I2CDRR 中数据被读取、I²C 复位;1,拒绝读取移位寄存器的数据

DSP原理与应用——基于TMS320F28075

328

位 号	名 称	说 明
10	XSMT	发送移位寄存器空。要发送的数据从 I2CDXR 中转移到发送移位寄存器 I2CXSR 后,发送移位寄存器将数据全部发送完毕,此时若没有新的数据从 I2CDXR 转移到发送移位寄存器,那么发送移位寄存器会发生下溢。除非有新的数据从 I2CDXR 转移到发送移位寄存器,该位才会被清除。0,发送移位寄存器为空;1,发送移位寄存器不为空。当下列条件满足其一则该位清 0:数据被写到 I2CDXR 寄存器、I^2C 复位
9	AAS	从机地址位。7 位地址模式下 I^2C 收到无应答位、停止位或循环起始信号时该位清除,10 位地址模式下 I^2C 收到无应答位、停止位或与 I^2C 外围地址信号不符的从机地址时该位清除;I^2C 确认收到的地址是从机地址或全零的广播地址或在全数据格式下(I2CMDR.FDF=1)收到第一个字节的数据,则该位置 1
8	AD0	全 0 地址位。0,AD0 可以被起始信号或停止信号清除;1,收到一个全 0 的地址
7~6	Reserved	保留
5	SCD	停止信号位。0,总线上未检测到停止信号,有下列情况之一则该位清除:该位写 1 手动清 0、I^2C 模块复位;1,总线上检测到停止信号
4	XRDY	数据发送就绪标志位。该位表明数据发送寄存器 I2CDXR 已做好发送数据准备,之前的数据已经通过发送移位寄存器放置到数据总线上。0,I2CDXR 未做好准备,数据被写入 I2CDXR 中将该位清除;1,I2CDXR 做好发送准备,之前的数据被写入发送移位寄存器中。I^2C 复位也会将该位置 1
3	RRDY	数据接收就绪标志位。该位表明数据已从数据接收移位寄存器 I2CRSR 复制到接收寄存器 I2CDDR 中,用户可读取 I2CDDR 中的数据。0,I2CDDR 未做好准备,当下列条件满足其一该位清 0:I2CDDR 中的数据被读取、对该位手动写 1 清 0、I^2C 硬件复位;1,I2CDDR 数据接收寄存器就绪,数据可被用户读取
2	ARDY	寄存器读/写准备就绪中断标志位(仅限于 I^2C 模块为主机)。I^2C 已经做好存取操作,CPU 可查询该位或相应 ARDY 触发的中断请求。0,寄存器未做好存取操作,当下列条件满足其一则该位清零:I^2C 开始使用当前寄存器内容、对该位手动写 1 清 0、I^2C 硬件复位;1,寄存器已经做好存取准备,非循环模式下若 STP=0 且在内部计数器减为 0 时该位被置 1,若 STP=1 对该位没有影响,循环模式下 I2CDXR 每发送完一个字节该位置 1
1	NACK	无应答信号中断标志位(仅限于 I^2C 工作于发送方)。该位表明 I^2C 从数据接收方接收到的是否是应答信号。0,接收到应答信号,当下列条件满足其一则该标志位清 0:I^2C 复位、对该位手动写 1 清 0;1,收到的是应答信号

续表 11.17

位　号	名　称	说　明
0	AL	仲裁失败中断标志位(仅限于 I²C 工作于主机发送模式)。在模块与另一个主机竞争总线控制权时发生冲突,该位决定总线控制权的归属权。0,获得总线控制权;1,未获得总线控制权

3. I²C 从地址寄存器 I2CSAR(16 位)

I2CSAR 包含了一个 7 位或者 10 位从机地址空间,其位格式如图 11.35 所示,各位的含义如表 11.18 所列。

D15	D14	D13	D12	D11	D10	D9	D8
RESERVED						SAR	

R-0

D7	D6	D5	D4	D3	D2	D1	D0
SAR							

RW-3FFh

图 11.35　I2CSAR 寄存器的位格式

表 11.18　I2CSAR 寄存器各位的含义

位　号	名　称	说　明
15~10	Reserved	保留
9~0	SAR	7 位地址模式下(I2CMDR. XA=0)D6~D0 提供从机地址,其余位均写 0;10 位地址模式下(I2CMDR. XA=1)D9~D0 提供从机地址

当 I²C 工作在非全数据模式时(I2CMDR. FDF=0),寄存器中的地址传输的是首帧数据。如果寄存器中地址值非全零,那该地址对应一个指定的从机;如果寄存器中的地址为全 0,则呼叫所有挂在总线上的从机。若器件作为主机,则它用来存储下一次要发送的地址值。

4. I²C 数据接收寄存器 I2CDRR(16 位)

I²C 模块每次从 SDA 引脚上读取的数据都被复制到移位接收寄存器(I2CRSR)中,当一个设置的字节数据(I2CMDR. BC)接收后,I²C 模块将 I2CRSR 中的数据复制到 I2CDRR 中。I2CDRR 的数据最大为 8 bit,若接收到对的数据少于 8 位,则 I2CDRR 中的数据采用右对齐排列。若接收使能 FIFO 模式,则 I²CDRR 作为接收 FIFO 寄存器缓存,图 11.36 为其位格式。

5. I²C 数据发送寄存器 I2CDXR(16 位)

用户将要发送的数据写入 I2CDXR 中,之后 I2CDXR 中的数据复制到移位发送寄存器(I2CXSR),通过 SDA 总线发送,图 11.37 为其位格式。

注意:将数据写入 I2CDXR 之前,为了说明发送多少位数据,需要在 I2CMDR 的

DSP 原理与应用——基于 TMS320F28075

D15	D14	D13	D12	D11	D10	D9	D8
RESERVED							
R-0							

D7	D6	D5	D4	D3	D2	D1	D0
DATA							
R-0							

图 11.36　I^2C 数据接收寄存器 I2CDRR 的位格式

BC 位写入适当的值;若写入的数据少于 8 位,则必须要确保写入 I2CMDR 中的数据是右对齐的。如果发送使能 FIFO 模式,则 I2CDXR 作为发送 FIFO 寄存器的缓存。

D15	D14	D13	D12	D11	D10	D9	D8
RESERVED							
R-0							

D7	D6	D5	D4	D3	D2	D1	D0
DATA							
RW-0							

图 11.37　I^2C 数据发送寄存器 I2CDXR 的位格式

6. I^2C 的时钟

F28075 使用锁相环将 DSP 的系统时钟频率分频后得到 I^2C 输入时钟频率,再由 I^2C 模块内部分频最终得到 I^2C 模块的工作频率,如图 11.38 所示。

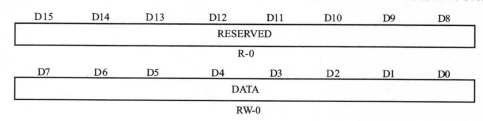

图 11.38　I^2C 时钟生成示意图

D15	D14	D13	D12	D11	D10	D9	D8
RESERVED							
R-0							

D7	D6	D5	D4	D3	D2	D1	D0
IPSC							
RW-0							

图 11.39　I^2C 预分频寄存器 I2CPSC 的位格式

① I^2C 预分频寄存器 I2CPSC(16 位)的位格式如图 11.39 所示。注意,对该寄存器操作时,必须将 I2CCMR. IRS＝1。

② I^2C 时钟细分寄存器组 I2CCLKH(16 位)及 I2CCLKL(16 位)的格式分别如图 11.40 和图 11.41 所示,其作用是:当 I^2C 工作在主机时,这两个寄存器的数值决定模块时钟频率特性。其中,I2CCLKL 寄存器的数值决定了时钟信号低电平时间,

I2CCLKH 寄存器的数值决定了时钟信号高电平时间。

D15	D14	D13	~	D2	D1	D0
			ICCH			
			RW-0			

图 11.40　I2CCLKH 寄存器的位格式

D15	D14	D13	~	D2	D1	D0
			ICCL			
			RW-0			

图 11.41　I2CCLKL 寄存器的位格式

I^2C 的波特率按照如下公式进行计算：

I2CPSC > = 1 时，I^2C 频率 = 系统频率/(I2CPSC + 1)/((I2CCLKL + 5) + (I2CCLKH + 5))；

I2CPSC = 1 时，I^2C 频率 = 系统频率/(I2CPSC + 1)/((I2CCLKL + 6) + (I2CCLKH + 6))；

I2CPSC = 0 时，I^2C 频率 = 系统频率/(I2CPSC + 1)/((I2CCLKL + 7) + (I2CCLKH + 7))。

11.4.4　I^2C 应用实例

```c
// 初始化 I2C
void I2CA_Init(void)
{
    I2caRegs.I2CSAR.all = 0x0050;      // 设置从机地址,本例为 0x0050H
    I2caRegs.I2CPSC.all = 6;           // I2C 预定标寄存器
    I2caRegs.I2CCLKL = 10;             // 配置 I2C 时钟
    I2caRegs.I2CCLKH = 5;              //
    I2caRegs.I2CIER.all = 0x24;        // 使能 SCD 和 ARDY
    I2caRegs.I2CMDR.all = 0x0020;      // 仿真挂起则停止 I2C
    I2caRegs.I2CFFTX.all = 0x6000;     // 使能 FIFO 模式和 TXFIFO
    I2caRegs.I2CFFRX.all = 0x2040;     // 使能 RXFIFO,清除 RXFFINT 标志位,
    return;
}
// I2C 写数据子函数
Uint16 I2CA_WriteData(struct I2CMSG * msg)
{
    Uint16 i;
    //等待直至 STP 位被清零
    if (I2caRegs.I2CMDR.bit.STP == 1)
    {
        return I2C_STP_NOT_READY_ERROR;
    }
```

```
    I2caRegs.I2CSAR.all = msg - >SlaveAddress;              // 从机地址
    if (I2caRegs.I2CSTR.bit.BB == 1)                        // 总线是否忙
    {
        return I2C_BUS_BUSY_ERROR;
    }
    I2caRegs.I2CCNT = msg - >NumOfBytes + 2;                // 设置发送的字节数
    //发送从机地址及数据
    I2caRegs.I2CDXR.all = msg - >MemoryHighAddr;
    I2caRegs.I2CDXR.all = msg - >MemoryLowAddr;
    for (i = 0; i<msg - >NumOfBytes; i ++ )
    {
        I2caRegs.I2CDXR.all = * (msg - >MsgBuffer + i);
    }
    I2caRegs.I2CMDR.all = 0x6E20;                           // 启动主机发送功能 r
    return I2C_SUCCESS;
}
Uint16 I2CA_ReadData(struct I2CMSG * msg)
{
    //等待直至 STP 位被清零
    if (I2caRegs.I2CMDR.bit.STP == 1)
    {
        return I2C_STP_NOT_READY_ERROR;
    }
    I2caRegs.I2CSAR.all = msg - >SlaveAddress;              // 从机地址
    if(msg - >MsgStatus == I2C_MSGSTAT_SEND_NOSTOP)
    {
      if (I2caRegs.I2CSTR.bit.BB == 1)                      // 总线是否忙
      {
        return I2C_BUS_BUSY_ERROR;
      }
      I2caRegs.I2CCNT = 2;
      I2caRegs.I2CDXR.all = msg - >MemoryHighAddr;
      I2caRegs.I2CDXR.all = msg - >MemoryLowAddr;
      I2caRegs.I2CMDR.all = 0x2620;            // 向 0x0050H 的 EEPROM 地址发送数据
    }
    else if(msg - >MsgStatus == I2C_MSGSTAT_RESTART)
    {
      I2caRegs.I2CCNT = msg - >NumOfBytes;     // 设置期望的字节数
      I2caRegs.I2CMDR.all = 0x2C20;            // 启动主机接收功能
    }
    return I2C_SUCCESS;
}
```

11.5　CAN 通信模块及应用

图 11.42 为 CAN 节点与总线的连接关系。

CAN 通信又称控制器局域网,C2000 系列 DSP 绝大多数都有 CAN 模块,除了

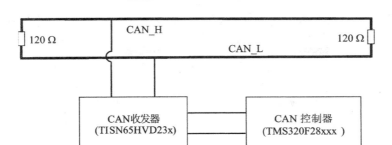

图 11.42　CAN 节点与总线连接示意图

F2802x。CAN 通信是由德国 Bosch 公司提供的用于汽车的一种总线,经过不断发展最终形成国际标准 ISO11898。CAN 属于现场总线通信的范畴,它能够有效地支持分布式控制和实时控制的一种串行通信网络。F28075 的 CAN 控制器与总线相连时需要加入 CAN 收发器(SN65HVD23X),起到电平转换的作用。

CAN 总线是双绞线(CAN_H 和 CAN_L),传输速率取决于总线长度。若总线长度不足 40 米,则传输速率可达到 1 Mbit/s。硬件上,CAN 总线两端要接 120 Ω 电阻。

CAN 通信最大的特点是它废除了传统的定时编码,取而代之是对通信的数据块进行编码(标识符)。CAN 不使用物理地址对工作站寻址。每条报文发送时都带有由不同节点识别的标识符。标识符有两种功能:用于报文过滤和报文优先级确定。标识符决定 CAN 模块是否接收已发送的报文;如果有两个或更多节点要同时发送数据,则标识符还决定着报文的优先级。CAN 通信特点如下:

- ➢ CAN 2.0B 标准;
- ➢ 传送速度最高可达 1 Mbit/s;
- ➢ 在不干扰总线的前提下可增加节点,并且节点数不会受到 CAN 通信协议的限制;
- ➢ CAN 通信为两线制差分信号传输,因此成本较低,可靠性较高;
- ➢ F28075 采用冗余错误循环校验 CRC,具有较高的通信可靠性;
- ➢ 采用报文标识符并以广播的方式向点线的各个节点发送信号;
- ➢ 具有自检模式,在程序开发时应用较广。

11.5.1　CAN 通信工作原理

CAN 通信发送的数报文是基于标识符(ID)的,而并非基于地址,报文的内容由网络中的唯一标识符进行标记,因而总线的节点数可以较多。网络上的所有节点都会接收报文,并且每个节点都会对标识符执行接收检测。若报文相符,则对其内容进行接收;否则,将后续的内容忽略。唯一标识符还可以确定报文的优先级:标识符的数值越小则优先级越高;若有两个或多个节点尝试同时发送,则无损仲裁奇数可保证报文按照优先级的顺序发送位不会造成任何报文的丢失。图 11.43 为 ABC 节点无损按位仲裁逻辑示意图(多节点数据的按位"与"运算)。

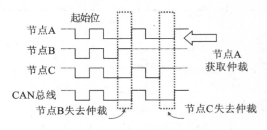

图 11.43　无损按位仲裁逻辑示意图

1. CAN 通信的报文格式

CAN 通信的数据通过报文帧进行发送和接收,每条报文有最多可支持 8 个字节的有效数据,具有 11 位标准和 29 位扩展标识符(ID,也称为仲裁字段)格式,这两种格式如图 11.44 所示。

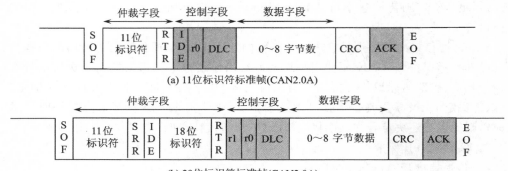

(a) 11位标识符标准帧(CAN2.0A)

(b) 29位标识符标准帧(CAN2.0A)

图 11.44　CAN 通信报文格式

F28075 中的 CAN 模块是全 CAN 控制器,它包含一个报文处理器,可进行发送、接收管理并且可以存储帧。模块采用 CAN 2.0B 规范,也就是说,模块可以发送和接收标准帧(11 位标识符)和扩展帧(29 位标识符)。

2. CAN 通信的功能

图 11.45 为 CAN 通信方框图。

CAN 控制器模块包含 32 个邮箱,可用于数据长度为 0～8 字节的对象,用户可自由配置为发送或接收邮箱,并可配置为标准帧或扩展帧。

CAN 模块的邮箱分为几个部分:

➢ MID:邮箱标识符;

➢ MCF(报文控制位):用于发送、接收的报文长度及用于发送远程帧的 RTR 位;

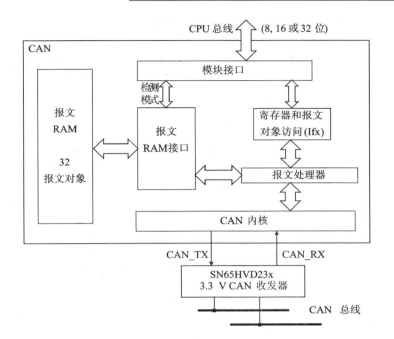

图 11.45　CAN 通信方框图

➢ MDL 和 MDH：要发送和接收的有效数据。

3. 操作模式

(1) 初始化程序

初始化程序开始前必须将寄存器 CAN_CTL. INIT 置位或由软硬件、进入总线关闭状态。当 CAN_CTL. INIT 被置位时，所有与 CAN 传递的消息停止，此时 CAN_TX 为隐形状态（逻辑 1）。CAN_CTL. INIT 置位时不会改变任何配置寄存器。

初始化 CAN 控制器时，CPU 必须设置定时寄存器和每个消息对象。若该消息对象不需要，则将该消息的 MSGVAL＝0 即可；否则，CPU 将初始化全部消息对象。

当 CAN_CTL. INIT＝1 且 CAN_CTL. CCE＝1 时，位定时寄存器 CAN_BTR 的配置才被激活。在正常工作期间改变对象的配置时，CPU 修改配置前先将 MS-GVAL＝0，修改配置完成后再将 MSGVAL＝1。

(2) CAN 报文传送

若寄存器 CAN_CTL. INIT＝0，则 CAN 内核与总线同步并且开始在总线上传递消息。若接收到的消息符合本节点屏蔽要求，则存储到相应的消息目标对象（整个消息包括仲裁识别位、数据长度 DLC 和 8 个字节的数据）。若使用识别符屏蔽码，则消息对象的仲裁位可被屏蔽。

CPU 在任何时候可通过 CAN 接口寄存器读/写每一条报文,在并发操作中消息状态处理机制会保证数据的可靠性。多个消息对象的传送可在同一时间发出请求,消息对象的先后顺序由自身的优先级确定。消息可随时更新或设置为无效状态,即使在发送请求还在等待时。

CAN 提供了自动重传机制,CAN_CTL. DAR=1 则取消自动重传机制。传送成功时 NewDat 被复位;传送失败时 NewDat 被置位,重传时由 CPU 将 TxRqst 置位。

(3) 测试模式

当 CAN_CTL. TEST=1 时,CAN 进入测试模式。在该模式下,CPU 监听 CAN_RX 引脚的状态,并且仅为读动作;当 CAN_CTL. TEST=0 时,所有测试寄存器中的功能全部取消。

1)无负载模式/只听模式

无负载模式用于分析 CAN 总线的运行情况,将 CAN_TEST. SILENT=1,则 CAN 模块进入无负载模式。在此模式下,CAN 能接收有效的数据帧和远程帧,该模式又称为总线监听模式。

2)循环模式/自检模式

当 CAN_TEST. LBACK=1 时,CAN 模块进入检测循环模式。在该模式下,CAN 核会自动收发消息,并将过滤的消息存入接收缓冲区。实际上 CAN 内部将 TX 和 RX 相连,并断开 CAN 核与外部 RX 引脚的硬件连接,提供了 CAN 自我检测功能。

3)循环结合无负载模式

当 CAN_TEST. SILENT=1 且 CAN_TEST. LBACK=1 时,CAN 模块进入循环检测结合监听模式。在该模式下,CAN 内部将 TX 和 RX 相连并同时断开 CAN 核与外部 TX、RX 的引脚,此时 TX 引脚输出保持隐形电平。

11.5.2　CAN 模块相关寄存器

CAN 模块包含多个寄存器,这些寄存器可分为 5 类:控制和状态寄存器、本地接收掩码寄存器、报文对象时间戳、报文对象超时寄存器和邮箱寄存器。

本书篇幅有限,只介绍 IF1 的相关寄存器。IF2 寄存器相关功能、位说明与 IF1 相似,读者可参考 IF1 来理解 IF2 寄存器的含义。

1. CAN 控制寄存器 CAN_CTL

CAN 控制寄存器 CAN_CTL 的位格式,如图 11.46 所示。各位的含义如表 11.19 所列。

D31	D30	D29	D28	D27	D26	D25	D24
Reserved						WUBA	PDR
R-0						RW-0	RW-0

D23	D22	D21	D20	D19	D18	D17	D16
Reserved						IE 1	INITDBG
R-0						RW-0	RW-0

D15	D14	D13	D12	D11	D10	D9	D8
SWR	Reserved	PMD				ABO	IDS
RW-0	R-0	RW-0				RW-0	RW-0

D7	D6	D5	D4	D3	D2	D1	D0
TEST	CCE	DAR	Reserved	EIE	SIE	IE 0	INIT
RW-0	RW-0	RW-0	RW-0	RW-0	RW-0	RW-0	RW-0

图 11.46　CAN 控制寄存器 CAN_CTL 的位格式

表 11.19　CAN_CTL 寄存器各位的含义

位 号	名 称	说 明
31～26	Reserved	保留
25	WUBA	总线自动唤醒使能位。 0:掉电模式下没有检测到有效电平； 1:掉电模式下检测到有效电平,则 CAN 总线唤醒
24	PDR	掉电模式请求位。 0:掉电模式无请求；1:应用请求进入掉电模式
23～18	Reserved	保留
17	IE1	中断线 1(CAN_INT1)使能位。0:禁止；1:使能
16	INITDBG	调试模式状态位。 0:CAN 未进入调试模式；1:CAN 进入调试模式
15	SWR	软件服务使能位。 0:正常操作；1:CAN 模块会强制进入复位状态
14	Reserved	保留
13～10	PMD	校验启动/禁止位。 0101:校验禁止；xxxx(除 0101):校验启动
9	ABO	自动总线连接使能位。 0:禁止；1:使能
8	IDS	中断调试允许使能位。 0:当收到请求时,CAN 模块会等待数据收发结束后进入调试模式； 1:当收到请求时,CAN 模块会停止当前数据收发,立刻进入调试模式

位　号	名　称	说　明
7	TEST	检测模式使能位。0：正常模式；1：检测模式
6	CCE	CAN 模块配置更改使能位。 0：用户无法配置 CAN 相关寄存器； 1：用户可配置 CAN 相关寄存器（默认值）
5	DAR	自动重复发送禁止位。 0：自动重复发送未成功发送的消息；1：自动重复发送功能禁止
4	Reserved	保留
3	EIE	CAN 通信错误中断使能位。 0：CAN 出现错误，如 PER、BOff 和 EWarn 则不会产生中断； 1：CAN 出现错误会产生 CAN0INT 中断
2	SIE	状态改变中断使能位。 0：WakeUpPnd、RxOk、TxOk 和 LEC 不会产生错误； 1：WakeUpPnd、RxOk、TxOk 和 LEC 会产生 CAN0INT 中断
1	IE0	中断线 0(CAN_INT0)使能位。0：禁止；1：使能
0	INIT	初始化正常模式使能标志位。 0：未进入正常模式；1：进入正常模式

2. CAN 错误及状态寄存器 CAN_ES

CAN 错误及状态寄存器 CAN_ES 的位格式，如图 11.47 所示，各位的含义如表 11.20 所列。

D31	D30	D29	D28	D27	D26	D25	D24
Reserved							
R-0							

D23	D22	D21	D20	D19	D18	D17	D16
Reserved							
R-0							

D15	D14	D13	D12	D11	D10	D9	D8
Reserved					PDA	WAKEUp PND	PER
RW-0					R-0	R-0	R-0

D7	D6	D5	D4	D3	D2	D1	D0
BOff	EWarn	EPass	RxOk	TxOk	LEC		
R-0	R-0	R-0	R-0	R-0	R-3		

图 11.47　CAN 错误及状态寄存器 CAN_ES 的位格式

表 11.20　CAN_ES 寄存器各位的含义

位 号	名 称	说 明
31～11	Reserved	保留
10	PDA	掉电模式状态位。 0:CAN 模块未在掉电模式下;1:CAN 模块在掉电模式下
9	WakeUpPnd	唤醒状态位,该位可由 CPU 识别 CAN 作为信号源来唤醒系统。 0:无 CAN 模块的唤醒请求; 1:当 CAN 模块处于掉电模式下,有效的电平到来时 CAN 模块唤醒
8	PER	校验错误状态位。 0:无校验错误发生;1:在报文 RAM 中被校验机制检测到错误
7	BOff	总线状态关闭状态位(Bus－off)。 0:CAN 模块未处于总线关闭状态;1:CAN 模块处于总线关闭状态
6	EWarn	告警状态位。 0:告警数低于 96;1:告警数高于 96
5	EPass	错误被动状态位。 0:CAN 总线错误时,CAN 模块发送有效的错误帧; 1:CAN 核处于错误状态
4	RxOk	接收状态位。 0:无消息被有效的接收;1:消息被有效的接收
3	TxOk	发送状态位。 0:无消息被有效的发送;1:消息被有效的发送
2～0	LEC	上一次的 CAN 模块发生的错误代码。 0:无错误; 1:收到的消息部分内容连续超过 5 个相等的位; 2:接收到数据帧的固定格式错误; 3:该节点发送的 CAN 消息未被其他节点应答; 4:消息发送过程中,该设备要发送隐形电平(逻辑 1),但是监听到总线电平为显性电平; 5:消息发送过程中,该设备要发送显形电平(逻辑 0),但是监听到总线处于隐形电平。在从总线关闭状态恢复时,当检测到连续 11 个隐形电平时,该位置位; 6:CRC 校验和错误; 7:默认值

3. CAN 位定时寄存器 CAN_BTR

CAN 位定时寄存器 CAN_BTR 的位格式如图 11.48 所示,该寄存器相关数据由 CAN_CTL.CCE 位写保护。各位的含义复制如表 11.21 所列。

D31	D30	D29	D28	D27	D26	D25	D24
Reserved							
R-0							

D23	D22	D21	D20	D19	D18	D17	D16
Reserved				BRPE			
R-0				RW-0			

D15	D14	D13	D12	D11	D10	D9	D8
Reserved	TSEG 2			TSEG 1			
R-0	RW-2			RW-3			

D7	D6	D5	D4	D3	D2	D1	D0
SJW		BPR					
RW-0		RW-0					

图 11.48　CAN 位定时寄存器 CAN_BTR 的位格式

表 11.21　CAN_BTR 寄存器各位的含义

位　号	名　称	说　明
31～20	Reserved	保留
19～16	BRPE	波特率预定标扩展位,编程有效数据 0～15
15	Reserved	保留
14～12	TSEG2	采样点后的定时段,有效数据 0～7,波特率计算时需要＋1。 CAN 总线时间长度由 TSEG1、TSEG2 和 BRP 确定,所有 CAN 总线上的控制器要有相同的通信波特率和位宽度。不同时钟频率的控制器必须通过上述参数调整波特率和位占用时间长度。 TSEG1 以 TQ 为单位,TSEG1＝PROP_SEG＋PHASE_SEG1,其中,PROP_SEG 和 PHASE_SEG1 是以 TQ 为单位的两端长度。 TSEG1 确定时间段 1 的寄存器值,通常 TSEG2＞TSEG1
11～8	TSEG1	采样点前的定时段,有效数据 1～15,波特率计算时需要＋1
7～6	SJW	同步跳转宽度控制位。当 CAN 通信节点重新同步时,SJW 表示定义了一个通信位可以延长或缩短的值。有效数据 0～3
5～0	BPR	通信波特率预定标值,有效数据 0～63。 TQ＝(BRP＋1)/PLLSYS,其中,PLLSYS 为 CAN 模块的系统时钟,BRP 是预定标值

4. CAN 测试寄存器 CAN_TEST

CAN 测试寄存器 CAN_TEST 位格式如图 11.49 所示,各位的含义如表 11.22 所列。

D31	D30	D29	D28	D27	D26	D25	D24
Reserved							
R-0							

D23	D22	D21	D20	D19	D18	D17	D16
Reserved							
R-0							

D15	D14	D13	D12	D11	D10	D9	D8
Reserved						RDA	EXL
R-0						RW-0	RW-0

D7	D6	D5	D4	D3	D2	D1	D0
RX	TX		LBACK	SILENT	Reserved		
R-0	RW-0		RW-0	RW-0	R-0		

图 11.49　CAN 测试寄存器 CAN_TEST 的位格式

表 11.22　CAN_TEST 寄存器各位的含义

位　号	名　称	说　明
31～10	Reserved	保留
9	RDA	RAM 直接访问使能位。 0:正常模式;1:在测试模式下,允许 RAM 直接访问
8	EXL	外部循环模式使能位。0:禁止;1:使能
7	RX	监听 CANRX 引脚电平。0:显性电平;1:隐形电平
6～5	TX	00:正常模式,CANTX 由 CAN 核控制;01:CANTX 引脚采样点被监测; 10:CANTX 引脚输出显性电平;11:CANTX 引脚输出隐形电平
4	LBACK	循环/自检模式。 0:禁止;1:使能
3	SILENT	无负载/只听模式。 0:禁止;1:使能
2～0	Reserved	保留

5. CAN 发送请求 X 寄存器 CAN_TXRQ_X

CAN 发送请求 X 寄存器 CAN_TXRQ_X 的位格式如图 11.50 所示,各位的含义如表 11.23 所列。

表 11.23　CAN_TXRQ_X 寄存器各位的含义

位　号	名　称	说　明
31～4	Reserved	保留
3～2	TxRqstReg2	发送请求寄存器 2 标志位。 Bit2:表示 CAN_TXRQ_21 第 2 个字节中任意一位被置位,则该位置位; Bit3:表示 CAN_TXRQ_21 第 3 个字节中任意一位被置位,则该位置位

位　号	名　　称	说　　明
1～0	TxRqstReg1	发送请求寄存器 1 标志位。 Bit0：表示 CAN_TXRQ_21 第 0 个字节中任意一位被置位，则该位置位； Bit1：表示 CAN_TXRQ_21 第一个字节中任意一位被置位，则该位置位

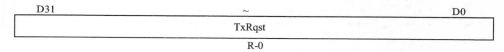

D31	D30	D29	D28	D27	D26	D25	D24
Reserved							
R-0							
D23	D22	D21	D20	D19	D18	D17	D16
Reserved							
R-0							
D15	D14	D13	D12	D11	D10	D9	D8
Reserved							
R-0		R-0					

D7	D6	D5	D4	D3	D2	D1	D0
Reserved				TxRqstReg2		TxRqstReg1	
R-0				R-0		R-0	

图 11.50　CAN 发送请求 X 寄存器 CAN_TXRQ_X 的位格式

6. CAN 发送请求寄存器 CAN_TXRQ_21

CAN 发送请求寄存器 CAN_TXRQ_21 的位格式如图 11.51 所示，置 0：无发送请求；置 1：又发送请求，但发送还未结束。

D31	～	D0
	TxRqst	
	R-0	

图 11.51　CAN 发送请求寄存器 CAN_TXRQ_21 的位格式

7. CAN 发送请求 X 寄存器 CAN_NDAT_X

CAN 发送请求 X 寄存器 CAN_NDAT_X 的位格式如图 11.52 所示，各位的含义如表 11.24 所列。

表 11.24　CAN_TXRQ_X 寄存器各位的含义

位　号	名　　称	说　　明
31～4	Reserved	保留
3～2	NewDatReg2	发送请求寄存器 2 标志位。 Bit2：表示 CAN_NDAT_21 第 2 个字节中任意一位被置位，则该位置位； Bit3：表示 CAN_NDAT_21 第 3 个字节中任意一位被置位，则该位置位

位　号	名　称	说　明
1~0	NewDatReg1	发送请求寄存器 1 标志位。 Bit0：表示 CAN_NDAT_21 第 0 个字节中任意一位被置位，则该位置位； Bit1：表示 CAN_NDAT_21 第一个字节中任意一位被置位，则该位置位

D31	D30	D29	D28	D27	D26	D25	D24
Reserved							
R-0							

D23	D22	D21	D20	D19	D18	D17	D16
Reserved							
R-0							

D15	D14	D13	D12	D11	D10	D9	D8
Reserved							
R-0			R-0				

D7	D6	D5	D4	D3	D2	D1	D0
Reserved				NewDatReg 2		NewDatReg1	
R-0				R-0		R-0	

图 11.52　CAN 发送请求 X 寄存器 CAN_NDAT_X 的位格式

8. CAN 发送请求寄存器 CAN_NDAT_21

CAN 发送请求寄存器 CAN_NDAT_21 的位格式如图 11.53 所示，置 0：无新的数据写入该消息的数据块；置 1：有新的数据写入该消息的数据块。

D31	~	D0
NewDat		
R-0		

图 11.53　CAN 发送请求寄存器 CAN_NDAT_21 的位格式

9. IF1 命令寄存器 CAN_IF1CMD

IF1 命令寄存器 CAN_IF1CMD 的位格式如图 11.54 所示，各位的含义如表 11.25 所列。

表 11.25　CAN_IF1CMD 寄存器各位的含义

位　号	名　称	说　明
31~24	Reserved	保留
23	DIR	读写控制访问允许位。 0：读，由位[7:0]定义的消息地址传送到 IF1/IF2 寄存器； 1：写，由 IF1/IF2 寄存器传送到位[7:0]定义的消息地址

DSP原理与应用——基于TMS320F28075

344

位　号	名　称	说　明
22	MASK	掩码访问允许位。 0:掩码内容不会更改; 1:若 DIR=0,则掩码内容(Mask+MDir+MXtd)由位[7:0]定义的消息地址传送到 IF1/IF2 寄存器;若 DIR=1,则掩码内容(Mask+ MDir+MXtd)由 IF1/IF2 寄存器传送到位[7:0]定义的消息地址
21	ARB	仲裁访问允许位。 0:仲裁内容不会更改; 1:若 DIR=0,则仲裁内容(ID+Dir+Xtd+MsgVal)由位[7:0]定义的消息地址传送到 IF1/IF2 寄存器;若 DIR=1,则仲裁内容(ID+Dir+Xtd+MsgVal)由 IF1/IF2 寄存器传送到位[7:0]定义的消息地址
20	CONTROL	控制访问允许位。 0:控制位内容不会更改; 1:若 DIR=0,则控制位内容由位[7:0]定义的消息地址传送到 IF1/IF2 寄存器;若 DIR=1,则控制位内容由 IF1/IF2 寄存器传送到位[7:0]定义的消息地址
19	CLRINTPND	中断清除挂起访问允许位。 0:IntPnd 位内容不会更改; 1:若 DIR=0,则清除消息的 IntPnd 内容;若 DIR=1,则该位忽略
18	TXRQST	发送请求访问允许位。 0:若 DIR=0,则 NewDat 内容不会更改;若 DIR=1,则设置 NewDat/TxRqst 内容; 1:若 DIR=0,则清除消息的 NewDat 内容;若 DIR=1,则设置 NewDat/TxRqst 内容
17	DATA_A	数据 Byte0~Byte3 访问允许位。 0:Byte0~Byte3 内容不会更改; 1:若 DIR=0,则 Byte0~Byte3 内容由位[7:0]定义的消息地址传送到 IF1/IF2 寄存器;若 DIR=1,则 Byte0~Byte3 内容由 IF1/IF2 寄存器传送到位[7:0]定义的消息地址
16	DATA_B	数据 Byte4~Byte7 访问允许位。 0:Byte4~Byte7 内容不会更改; 1:若 DIR=0,则 Byte4~Byte7 内容由位[7:0]定义的消息地址传送到 IF1/IF2 寄存器;若 DIR=1,则 Byte4~Byte7 内容由 IF1/IF2 寄存器传送到位[7:0]定义的消息地址
15	BUSY	数据传递状态指示位。 0:无数据在 IF1/IF2 寄存器与消息 RAM 之间传递; 1:有数据在 IF1/IF2 寄存器与消息 RAM 之间传递
14~8	Reserved	保留
7~0	MSG_NUM	消息 RAM 中用于指示数据传输的数量。有效的数据设置范围是 0x01~0x80

D31	D30	D29	D28	D27	D26	D25	D24
Reserved							
R-0							

D23	D22	D21	D20	D19	D18	D17	D16
DIR	MASK	ARB	CONTROL	CLRINTPND	TXRQST	DATA _A	DATA_B
RW-0	RW-0	RW-0	RW-0	RW-0	RW-0	RW-0	RW-0

D15	D14	D13	D12	D11	D10	D9	D8
BUSY	Reserved						
R-0	R-0						

D7	D6	D5	D4	D3	D2	D1	D0
MSG_NUM							
RW-0							

图 11.54　IF1 命令寄存器 CAN_IF1CMD 的位格式

D31	D30	D29	D28	D27	D26	D25	D24
MXtd	MDir	Reserved	MSK				
RW-1	RW-1	R-0	RW-1 FFFFFFFH				

D23	D22	D21	D20	D19	D18	D17	D16
MSK							
RW-1FFFFFFFH							

D15	D14	D13	D12	D11	D10	D9	D8
MSK							
RW-1FFFFFFFH							

D7	D6	D5	D4	D3	D2	D1	D0
MSK							
RW-1FFFFFFFH							

图 11.55　IF1 屏蔽寄存器 CAN_IF1MSK 的位格式

10. IF1 屏蔽寄存器 CAN_IF1MSK

IF1 屏蔽寄存器 CAN_IF1MSK 的位格式如图 11.55 所示,各位的含义如表 11.26 所列。

表 11.26　CAN_IF1MSK 寄存器各位的含义

位 号	名 称	说 明
31	MXtd	扩展标识符屏蔽位。 0:IDE 对掩码滤波不起任何作用; 1:IDE 用于标识符过滤。若为标准帧,则收到的数据帧的标识符写入 ID[28:18],并与 MSK[28:18]按位进行比较
30	DIR	消息方向位掩码屏蔽位。 0:消息中的 Dir 位对掩码滤波不起任何作用; 1:消息中的 Dir 位用于掩码滤波

续表 11.26

位　号	名　称	说　明
29	Reserved	保留
28～0	MSK	标识符屏蔽位。对应位写 0 则屏蔽相应位,写 1 则使能相应位用于 ID 滤波

11. IF1 仲裁寄存器 CAN_IF1ARB

IF1 仲裁寄存器 CAN_IF1ARB 的位格式如图 11.56 所示,各位的含义如表 11.27 所列。

表 11.27　CAN_IF1ARB 寄存器各位的含义

位　号	名　称	说　明
31	MSGVAL	扩展标识符屏蔽位。 0:IDE 对掩码滤波不起任何作用; 1:IDE 用于标识符过滤。若为标准帧,则收到的数据帧的标识符写入 ID[28:18],并与 MSK[28:18]按位进行比较
30	XTD	消息方向位掩码屏蔽位。 0:消息中的 Dir 位对掩码滤波不起任何作用; 1:消息中的 Dir 位用于掩码滤波
29	DIR	保留
28～0	ID	标识符屏蔽位。对应位写 0 则屏蔽相应位,写 1 则使能相应位用于 ID 滤波

346

D31	D30	D29	D28	D27	D26	D25	D24
MSGVAL	XTD	DIR			ID		
RW-0	RW-0	RW-0			RW-0		

D23	D22	D21	D20	D19	D18	D17	D16
			ID				
			RW-0				

D15	D14	D13	D12	D11	D10	D9	D8
			ID				
			RW-0				

D7	D6	D5	D4	D3	D2	D1	D0
			ID				
			RW-0				

图 11.56　IF1 屏蔽寄存器 CAN_IF1MSK 的位格式

12. IF1 消息控制寄存器 CAN_IF1MCTL

IF1 消息控制寄存器 CAN_IF1MCTL 的位格式如图 11.57 所示,各位的含义如表 11.28 所列。

D31	D30	D29	D28	D27	D26	D25	D24
Reserved							
R-0							

D23	D22	D21	D20	D19	D18	D17	D16
Reserved							
R-0							

D15	D14	D13	D12	D11	D10	D9	D8
NEWDAT	MSGLST	INTPND	UMASK	TXIE	RXIE	RMTEN	TXRQST
RW-0	RW-0	RW-0	RW-0	RW-0	RW-0	RW-0	RW-0

D7	D6	D5	D4	D3	D2	D1	D0
EOB	Reserved			DLC			
RW-0	R-0			RW-0			

图 11.57　IF1 消息控制寄存器 CAN_IF1MCTL 的位格式

表 11.28　CAN_IF1MCTL 寄存器各位的含义

位号	名称	说明
31～16	Reserved	保留
15	NEWDAT	0:没有新的数据写入消息的数据块; 1:有新的数据写入消息的数据块
14	MSGLST	消息丢失指示位(接收数据时有效)。 0:无消息丢失; 1:当 NEWDAT=1 时,新数据被写入消息的数据块,旧数据被覆盖
13	INTPND	中断挂起指示位。 0:消息目标不作为中断源 1:消息目标作为中断源
12	UMASK	接收屏蔽使能位。 0:屏蔽功能忽略 1:使用 MASK(Msk[28:0], MXtd, and MDir)作为接收屏蔽滤波
11	TXIE	发送中断使能位。 0:成功发送数据帧后 INTPND 未被触发;1:成功发送数据帧后 INTPND 被触发
10	RXIE	接收中断使能位。 0:成功接收数据帧后 INTPND 未被触发;1:成功接收数据帧后 INTPND 被触发
9	RMTEN	远程使能位。 0:在接收远程帧时,TXRQST 内容不变;1:在接收远程帧时,TXRQST 被置位

续表 11.28

位　号	名　称	说　明
8	TXRQST	发送请求位。 0:消息目标未等待发送;1:消息目标等待发送,但还没发送
7	EOB	块结束指示位。 0:消息目标是 FIFO 缓冲区一部分,但并非 FIFO 缓冲区中最后一个消息目标; 1:消息目标是 FIFO 缓冲区中最后一个消息目标,或是单一的消息目标
6～4	Reserved	保留
3～0	DLC	数据长度

13. IF1 数据 A 寄存器 CAN_IF1DATA 及 IF1 数据 B 寄存器 CAN_IF1DATB

IF1 数据 A 寄存器 CAN_IF1DATA,IF1 数据 B 寄存器 CAN_IF1DATB 分别存储了要发送的 8 个数据字节,其相关的位格式如图 11.58 所示。

D31	D30	D29	D28	D27	D26	D25	D24
			Data_3				
			RW-0				

D23	D22	D21	D20	D19	D18	D17	D16
			Data_2				
			RW-0				

D15	D14	D13	D12	D11	D10	D9	D8
			Data_1				
			RW-0				

D7	D6	D5	D4	D3	D2	D1	D0
			Data_0				
			RW-0				

(a) CAN_IF1DATA的位格式

D31	D30	D29	D28	D27	D26	D25	D24
			Data_7				
			RW-0				

D23	D22	D21	D20	D19	D18	D17	D16
			Data_6				
			RW-0				

D15	D14	D13	D12	D11	D10	D9	D8
			Data_5				
			RW-0				

D7	D6	D5	D4	D3	D2	D1	D0
			Data_4				
			RW-0				

(b) CAN_IF1DATB的位格式

图 11.58　IF1 数据寄存器的位格式

11.5.3　CAN 应用实例

本例将 CAN 控制器配置为外部循环的测试模式,通过示波器可观察 CAN0TX 引脚传送的数据。

所涉及的子函数如:

```
void CANInit(uint32_t ui32Base);
void CANClkSourceSelect(uint32_t ui32Base, uint16_t ui16Source)
uint32_t CANBitRateSet (uint32_t ui32Base, uint32_t ui32SourceClock, uint32_t
                        ui32BitRate)
void CANEnable(uint32_t ui32Base)
void CANMessageSet (uint32_t ui32Base, uint32_t ui32ObjID, tCANMsgObject * pMsgOb-
                    ject,tMsgObjType eMsgType)
void CANMessageGet (uint32_t ui32Base, uint32_t ui32ObjID, tCANMsgObject * pMsgOb-
                    ject,bool bClrPendingInt)
```

这些函数的含义及说明可参见本书提供的例程,由于篇幅过长这部分内容在书稿中不再给出。

```
# include "F28x_Project.h"
# include <stdint.h>
# include <stdbool.h>
# include "inc/hw_types.h"
# include "inc/hw_memmap.h"
# include "inc/hw_can.h"
# include "driverlib/can.h"
// 记录发送成功的次数
volatile unsigned long g_ulMsgCount = 0;
//记录发送错误产生的标志
volatile unsigned long g_bErrFlag = 0;
```

1. 主函数

```
int main(void)
{
    tCANMsgObject sTXCANMessage;
    tCANMsgObject sRXCANMessage;
    unsigned char ucTXMsgData[4], ucRXMsgData[4];
    InitSysCtrl();
    InitGpio();
    GPIO_SetupPinMux(30, GPIO_MUX_CPU1, 1);         //GPIO30 - CANRXA
    GPIO_SetupPinMux(31, GPIO_MUX_CPU1, 1);         //GPIO31 - CANTXA
    GPIO_SetupPinOptions(30, GPIO_INPUT, GPIO_ASYNC);
    GPIO_SetupPinOptions(31, GPIO_OUTPUT, GPIO_PUSHPULL);
    CANInit(CANA_BASE);                             // 初始化 CAN 控制器
    // 配置 CAN 时钟(0:CPU 系统时钟;1:外部时钟振荡器 OSC;2:辅助时钟 AUXCLKIN)
    CANClkSourceSelect(CANA_BASE, 0);
    //配置 CAN 通信的位率,此处为 500 kHz
```

DSP 原理与应用——基于 TMS320F28075

350

```
CANBitRateSet(CANA_BASE, 120000000, 500000);
DINT;                 // 关闭总中断
InitPieCtrl();        // 使能 PIE 控制器
IER = 0x0000;
IFR = 0x0000;
InitPieVectTable();/  / 使能 PIE 中断向量表
//使能外部循环的检测模式
HWREG(CANA_BASE + CAN_O_CTL) |= CAN_CTL_TEST;
HWREG(CANA_BASE + CAN_O_TEST) = CAN_TEST_EXL;
//使能 CAN 操作
CANEnable(CANA_BASE);
//建立发送消息的消息目标
*(unsigned long *)ucTXMsgData = 0;
sTXCANMessage.ui32MsgID = 1;                         // CAN 标识符(为 1)
sTXCANMessage.ui32MsgIDMask = 0;                     // TX 无屏蔽码
sTXCANMessage.ui32Flags = MSG_OBJ_TX_INT_ENABLE;    // 使能 TX 中断
sTXCANMessage.ui32MsgLen = sizeof(ucTXMsgData);     // 消息大小为 4
sTXCANMessage.pucMsgData = ucTXMsgData;
//初始化用于接收的消息目标
*(unsigned long *)ucRXMsgData = 0;
sRXCANMessage.ui32MsgID = 1;                         // CAN 标识符(为 1)
sRXCANMessage.ui32MsgIDMask = 0;                     // TX 无屏蔽码
sRXCANMessage.ui32Flags = MSG_OBJ_NO_FLAGS;
sRXCANMessage.ui32MsgLen = sizeof(ucRXMsgData);// 消息大小为 4
sRXCANMessage.pucMsgData = ucRXMsgData;
// 建立接收消息的消息目标
CANMessageSet(CANA_BASE, 2, &sRXCANMessage, MSG_OBJ_TYPE_RX);
for(;;)
{
    //发送数据消息(目标 1)
    CANMessageSet(CANA_BASE, 1, &sTXCANMessage, MSG_OBJ_TYPE_TX);
    DELAY_US(1000 * 1000); // 延迟
    //获取接收的消息
    CANMessageGet(CANA_BASE, 2, &sRXCANMessage, true);
    // 确保接收的数据与发送的数据匹配
    if((*(unsigned long *)ucTXMsgData) != (*(unsigned long *)ucRXMsgData))
    {
        asm(" ESTOP0");
    }
    //发送的数据大小加 1
    (*(unsigned long *)ucTXMsgData)++;
}
```

2. CANMessageSet 子函数

该函数用于配置 CAN 控制器中的 32 个消息目标的任意一个:

➢ 参数 ui32Base:CAN 控制器的首地址;

➢ 参数 ui32ObjID:所要配置的消息目标数;

➢ 参数 pMsgObject:消息目标设置的结构体指针;

➢ 参数 eMsgType:消息的类型,消息类型如下:

● MSG_OBJ_TYPE_TX:CAN 发送消息。

● MSG_OBJ_TYPE_TX_REMOTE:CAN 发送消息目标的远程请求。

● MSG_OBJ_TYPE_RX:CAN 接收消息。

● MSG_OBJ_TYPE_RX_REMOTE:CAN 接收目标的远程请求。

● MSG_OBJ_TYPE_RXTX_REMOTE:CAN 接收远程帧然后发送消息目标。

发送数据帧或远程帧时,例程所示的操作步骤如下:

① 将 eMsgType 设置为 MSG_OBJ_TYPE_TX;

② 将 pMsgObject➞ui32MsgID 设置为目标 ID;

③ 将 pMsgObject➞ui32Flags 写 1 清零以保证 MSG_OBJ_TX_INT_ENABLE 置位时,当信息发送后可使能发送中断;

④ 将 pMsgObject➞ui32MsgLen 设置为发送帧的字节大小;

⑤ 将 pMsgObject➞pucMsgData 配置为发送数据序列的指针;

接收特定的数据帧时,例程所示的操作步骤如下:

⑥ 将 eMsgType 设置为 MSG_OBJ_TYPE_RX;

⑦ 将 pMsgObject➞ui32MsgID 设置为特定 ID;

⑧ 将 pMsgObject➞ui32MsgIDMask 置位使能屏蔽功能;

⑨ 将 pMsgObject➞ui32Flags 写 1 清零以保证 MSG_OBJ_TX_INT_ENABLE 置位时,当信息接收后可使能接收中断;

⑩ 将 pMsgObject➞ui32MsgLen 配置为期望接收数据帧的数据字节数。

```
void CANMessageSet (uint32_t ui32Base, uint32_t ui32ObjID, tCANMsgObject * pMsgOb-
                    ject,tMsgObjType eMsgType)
{
    uint32_t ui32CmdMaskReg;
    uint32_t ui32MaskReg;
    uint32_t ui32ArbReg;
    uint32_t ui32MsgCtrl;
    bool bTransferData;
    bool bUseExtendedID;
    bTransferData = 0;

    ASSERT(CANBaseValid(ui32Base));
    ASSERT((ui32ObjID <= 32) && (ui32ObjID != 0));
    ASSERT((eMsgType == MSG_OBJ_TYPE_TX) ||
           (eMsgType == MSG_OBJ_TYPE_TX_REMOTE) ||
           (eMsgType == MSG_OBJ_TYPE_RX) ||
           (eMsgType == MSG_OBJ_TYPE_RX_REMOTE) ||
           (eMsgType == MSG_OBJ_TYPE_TX_REMOTE) ||
```

```
        (eMsgType == MSG_OBJ_TYPE_RXTX_REMOTE));
//等待忙碌标志清除
while(HWREGH(ui32Base + CAN_O_IF1CMD) & CAN_IF1CMD_BUSY)
{
}
//是否为扩展帧
if((pMsgObject->ui32MsgID > CAN_MAX_11BIT_MSG_ID) ||
   (pMsgObject->ui32Flags & MSG_OBJ_EXTENDED_ID))
{
    bUseExtendedID = 1;
}
else
{
    bUseExtendedID = 0;
}
ui32CmdMaskReg = (CAN_IF1CMD_DIR | CAN_IF1CMD_DATA_A |
CAN_IF1CMD_DATA_B | CAN_IF1CMD_CONTROL);
//将参数被初始化为一个已知的状态
ui32ArbReg = 0;
ui32MsgCtrl = 0;
ui32MaskReg = 0;
switch(eMsgType)
{
    // 发送消息目标
    case MSG_OBJ_TYPE_TX:
    {
        // 将 TXRQST 置位并复位寄存器的剩余部分
        ui32MsgCtrl |= CAN_IF1MCTL_TXRQST;
        ui32ArbReg = CAN_IF1ARB_DIR;
        bTransferData = 1;
    break;
    }
    // 发送远程请求
    case MSG_OBJ_TYPE_TX_REMOTE:
    {
        // 将 TXRQST 置位并复位寄存器的剩余部分
        ui32MsgCtrl |= CAN_IF1MCTL_TXRQST;
        ui32ArbReg = 0;
        break;
    }
    // 接收消息
    case MSG_OBJ_TYPE_RX:
    {
        ui32ArbReg = 0;
        break;
    }
    // 接收远程消息目标
    case MSG_OBJ_TYPE_RX_REMOTE:
    {
        // ui32MsgCtrl 被默认清零则 TXRQST 位置零
```

```
                ui32ArbReg = CAN_IF1ARB_DIR;
                ui32MsgCtrl = CAN_IF1MCTL_UMASK;
                ui32MaskReg = CAN_IF1MSK_MSK_M;
                // 向目标发送屏蔽
                ui32CmdMaskReg | = CAN_IF1CMD_MASK;
                break;
        }
        // 远程帧接收,自动发送消息目标
        case MSG_OBJ_TYPE_RXTX_REMOTE:
        {
                ui32ArbReg = CAN_IF1ARB_DIR;
                // 若标识符匹配则自动应答
                ui32MsgCtrl = CAN_IF1MCTL_RMTEN | CAN_IF1MCTL_UMASK;
                bTransferData = 1;
                break;
        }
        // This case should never happen due to the ASSERT statement at
        // the beginning of this function
        default:
        {
                return;
        }
}
//配置屏蔽寄存器
if(pMsgObject - >ui32Flags & MSG_OBJ_USE_ID_FILTER)
{
        if(bUseExtendedID)
        {
                //扩展帧 29 位标识符
                ui32MaskReg = pMsgObject - >ui32MsgIDMask & CAN_IF1MSK_MSK_M;
        }
        else
        {
                // 标准帧 11 位标识符
                ui32MaskReg = ((pMsgObject - >ui32MsgIDMask
                        << CAN_IF1ARB_STD_ID_S) & CAN_IF1ARB_STD_ID_M);
        }
}
// If the caller wants to filter on the extended ID bit then set it.
if((pMsgObject - >ui32Flags & MSG_OBJ_USE_EXT_FILTER) ==
   MSG_OBJ_USE_EXT_FILTER)
{
        ui32MaskReg | = CAN_IF1MSK_MXTD;
}
if((pMsgObject - >ui32Flags & MSG_OBJ_USE_DIR_FILTER) ==
   MSG_OBJ_USE_DIR_FILTER)
{
        ui32MaskReg | = CAN_IF1MSK_MDIR;
}
if(pMsgObject - >ui32Flags & (MSG_OBJ_USE_ID_FILTER |
```

```
MSG_OBJ_USE_DIR_FILTER | MSG_OBJ_USE_EXT_FILTER))
{
    //将 UMASK 置位来使能屏蔽寄存器
    ui32MsgCtrl |= CAN_IF1MCTL_UMASK;
    //将 MASK 置位
    ui32CmdMaskReg |= CAN_IF1CMD_MASK;
}
//置 ARB 位
ui32CmdMaskReg |= CAN_IF1CMD_ARB;
//配置仲裁寄存器
if(bUseExtendedID)
{
    //29 位标识符并置扩展 ID 位
    ui32ArbReg |= (pMsgObject - >ui32MsgID & CAN_IF1ARB_ID_M) |
                  CAN_IF1ARB_MSGVAL | CAN_IF1ARB_XTD;
}
else
{
    //11 位标识符,低 18 位取零
    ui32ArbReg |= ((pMsgObject - >ui32MsgID << CAN_IF1ARB_STD_ID_S) &
                  CAN_IF1ARB_STD_ID_M) | CAN_IF1ARB_MSGVAL;
}
//设置数据长度
ui32MsgCtrl |= (pMsgObject - >ui32MsgLen & CAN_IF1MCTL_DLC_M);
if((pMsgObject - >ui32Flags & MSG_OBJ_FIFO) == 0)
{
    ui32MsgCtrl |= CAN_IF1MCTL_EOB;
}
//使能发送中断
if(pMsgObject - >ui32Flags & MSG_OBJ_TX_INT_ENABLE)
{
    ui32MsgCtrl |= CAN_IF1MCTL_TXIE;
}
//使能接收中断
if(pMsgObject - >ui32Flags & MSG_OBJ_RX_INT_ENABLE)
{
    ui32MsgCtrl |= CAN_IF1MCTL_RXIE;
}
//向 CAN 数据寄存器写入数据(如需要)
if(bTransferData)
{
    CANDataRegWrite(pMsgObject - >pucMsgData,
                    (uint32_t * )(ui32Base + CAN_O_IF1DATA),
                    pMsgObject - >ui32MsgLen);
}
//将配置信息写入相应的寄存器
HWREGH(ui32Base + CAN_O_IF1CMD + 2) = ui32CmdMaskReg >> 16;
HWREGH(ui32Base + CAN_O_IF1MSK) = ui32MaskReg & CAN_REG_WORD_MASK;
HWREGH(ui32Base + CAN_O_IF1MSK + 2) = ui32MaskReg >> 16;
```

```
    HWREGH(ui32Base + CAN_O_IF1ARB) = ui32ArbReg & CAN_REG_WORD_MASK;
    HWREGH(ui32Base + CAN_O_IF1ARB + 2) = ui32ArbReg >> 16;
    HWREGH(ui32Base + CAN_O_IF1MCTL) = ui32MsgCtrl & CAN_REG_WORD_MASK;
    //写入发送目标的 ID(ui32ObjID)
    HWREGH(ui32Base + CAN_O_IF1CMD) = ui32ObjID & CAN_IF1CMD_MSG_NUM_M;
    return;
}
```

3. CANMessageGet 子函数

➢ 参数 ui32Base：CAN 控制器的首地址；
➢ 参数 ui32ObjID：所要配置的消息目标数；
➢ 参数 pMsgObject：消息目标设置的结构体指针；
➢ 参数 bClrPendingInt：相应中断是否被清除；
  ● MSG_OBJ_TYPE_TX：CAN 发送消息。
  ● MSG_OBJ_TYPE_TX_REMOTE：CAN 发送消息目标的远程请求。
  ● MSG_OBJ_TYPE_RX：CAN 接收消息。
  ● MSG_OBJ_TYPE_RX_REMOTE：CAN 接收目标的远程请求。
  ● MSG_OBJ_TYPE_RXTX_REMOTE：CAN 接收远程帧然后发送消息目标。

该函数用于读取 32 个消息对象中一个消息对象的内容，返回的数据保存在调用者提供结构体指针 pMsgObject 所指向的存储区。数据中除了包含 CAN 消息的所有部分外，还包含一些控制及状态信息。

标志位 pMsgObject→ui32Flags 含义如下：

➢ MSG_OBJ_NEW_DATA 表示上一次数据被读取后新数据是否接收到；
➢ MSG_OBJ_DATA_LOST 表示数据接收到之后没有被即时读取而造成数据被重写。

```
void CANMessageGet (uint32_t ui32Base, uint32_t ui32ObjID, tCANMsgObject * pMsgOb-
                    ject,bool bClrPendingInt)
{
    uint32_t ui32CmdMaskReg;
    uint32_t ui32MaskReg;
    uint32_t ui32ArbReg;
    uint32_t ui32MsgCtrl;

    ASSERT(CANBaseValid(ui32Base));
    ASSERT((ui32ObjID <= 32) && (ui32ObjID != 0));
    ui32CmdMaskReg = (CAN_IF2CMD_DATA_A | CAN_IF2CMD_DATA_B |
                      CAN_IF2CMD_CONTROL | CAN_IF2CMD_MASK|CAN_IF2CMD_ARB);
    //清除挂起的中断及消息对象中的新数据
    if(bClrPendingInt)
    {
        ui32CmdMaskReg |= CAN_IF2CMD_CLRINTPND | CAN_IF2CMD_TXRQST;
```

```
}
//设置消息对象的数据请求
HWREGH(ui32Base + CAN_O_IF2CMD + 2) =   ui32CmdMaskReg >> 16;
//向 ui32ObjID 指定的对象传递消息
HWREGH(ui32Base + CAN_O_IF2CMD) = ui32ObjID & CAN_IF2CMD_MSG_NUM_M;
//等待忙碌标志位清除
while(HWREGH(ui32Base + CAN_O_IF2CMD) & CAN_IF2CMD_BUSY)
{
}
//读取 IF 寄存器的值
ui32MaskReg = HWREG(ui32Base + CAN_O_IF2MSK);
ui32ArbReg = HWREG(ui32Base + CAN_O_IF2ARB);
ui32MsgCtrl = HWREG(ui32Base + CAN_O_IF2MCTL);
pMsgObject->ui32Flags = MSG_OBJ_NO_FLAGS;
//通过查询 TXRQST 位和 DIR 位,以确定这是一个远程帧
if((( ! ui32MsgCtrl & CAN_IF2MCTL_TXRQST) && (ui32ArbReg &CAN_IF2ARB_DIR)) ||
    ((ui32MsgCtrl & CAN_IF2MCTL_TXRQST) && ( ! (ui32ArbReg & CAN_IF2ARB_DIR))))
{
    pMsgObject->ui32Flags |= MSG_OBJ_REMOTE_FRAME;
}
//从寄存器获取标识符,该格式确定掩码大小
if(ui32ArbReg & CAN_IF2ARB_XTD)
{
    //标识符为 29 位
    pMsgObject->ui32MsgID = ui32ArbReg & CAN_IF2ARB_ID_M;
    pMsgObject->ui32Flags |= MSG_OBJ_EXTENDED_ID;
}
else
{
    //标识符为 11 位
    pMsgObject->ui32MsgID = (ui32ArbReg &
    CAN_IF2ARB_STD_ID_M) >> CAN_IF2ARB_STD_ID_S;
}
//表示丢失某些数据
if(ui32MsgCtrl & CAN_IF2MCTL_MSGLST)
{
    pMsgObject->ui32Flags |= MSG_OBJ_DATA_LOST;
}
//是否使能 ID 屏蔽
if(ui32MsgCtrl & CAN_IF2MCTL_UMASK)
{
    if(ui32ArbReg & CAN_IF2ARB_XTD)
    {
        // 假设标识符掩码为 29 位
        pMsgObject->ui32MsgIDMask = (ui32MaskReg & CAN_IF2MSK_MSK_M);
        // 若这是完全指定的掩码和远程帧,则无需设置
        MSG_OBJ_USE_ID_FILTER
        if((pMsgObject->ui32MsgIDMask ! = 0x1fffffff) ||
        ((pMsgObject->ui32Flags & MSG_OBJ_REMOTE_FRAME) == 0))
```

```
                {
                    pMsgObject->ui32Flags | = MSG_OBJ_USE_ID_FILTER;
                }
            }
            else
            {
                //假设标识符掩码为 11 位
                pMsgObject->ui32MsgIDMask = ((ui32MaskReg & CAN_IF2MSK_MSK_M) >>18);
                //若这是完全指定的掩码和远程帧,则无需设置
                MSG_OBJ_USE_ID_FILTER
                if((pMsgObject->ui32MsgIDMask != 0x7ff) ||
                    ((pMsgObject->ui32Flags & MSG_OBJ_REMOTE_FRAME) == 0))
                {
                    pMsgObject->ui32Flags | = MSG_OBJ_USE_ID_FILTER;
                }
            }
            //是否在过滤中使用扩展位
            if(ui32MaskReg & CAN_IF2MSK_MXTD)
            {
                pMsgObject->ui32Flags | = MSG_OBJ_USE_EXT_FILTER;
            }
            //是否使能方向筛选
            if(ui32MaskReg & CAN_IF2MSK_MDIR)
            {
                pMsgObject->ui32Flags | = MSG_OBJ_USE_DIR_FILTER;
            }
        }
        //设置中断标志位
        if(ui32MsgCtrl & CAN_IF2MCTL_TXIE)
        {
            pMsgObject->ui32Flags | = MSG_OBJ_TX_INT_ENABLE;
        }
        if(ui32MsgCtrl & CAN_IF2MCTL_RXIE)
        {
            pMsgObject->ui32Flags | = MSG_OBJ_RX_INT_ENABLE;
        }
        //是否接收新数据
        if(ui32MsgCtrl & CAN_IF2MCTL_NEWDAT)
        {
            //获取所读数据的字节数
            pMsgObject->ui32MsgLen = (ui32MsgCtrl & CAN_IF2MCTL_DLC_M);
            //不为远程帧读取任何数据,在该缓冲区没有有效数据
            if((pMsgObject->ui32Flags & MSG_OBJ_REMOTE_FRAME) == 0)
            {
                // Read out the data from the CAN registers.
                CANDataRegRead(pMsgObject->pucMsgData,
                                (uint32_t * )(ui32Base + CAN_O_IF2DATA),
                                pMsgObject->ui32MsgLen);
            }
```

```
                //清除新数据标志
                HWREGH(ui32Base + CAN_O_IF2CMD + 2) = CAN_IF2CMD_TXRQST >> 16;
                //将消息发送给指定的对象
                HWREGH(ui32Base + CAN_O_IF2CMD) = ui32ObjID & CAN_IF2CMD_MSG_NUM_M;
                //等待接收结束
                while(HWREGH(ui32Base + CAN_O_IF2CMD) & CAN_IF2CMD_BUSY)
                {
                }
                //表示消息中来了一个新的数据
                pMsgObject->ui32Flags |= MSG_OBJ_NEW_DATA;
        }
        else
        {
                pMsgObject->ui32MsgLen = 0;
        }
}
```

11.6　USB 通信模块概述

关于通用串行总线（Universal Serial Bus，简称 USB），在部分 c2000 系列 DSP 中含有这个模块，比如 F2806x、F2807x、F2837xS 和 F2837xD。

F2807x 模块的 USB 具有如下特点：

➢ 符合 USB2.0 协议（包含挂起和恢复信号，每个 USB 控制器包含 32 个端点，其中 16 个用于输入 16 个用于输出）；

➢ 在器件（Device）模式下支持全速运行（12 Mbps），在主机（Host）模式下支持全速（12 Mbps）/低速（1.5 Mbps）运行；

➢ 集成了 PHY 并使用 DMA 控制器进行高效传输。

USB 的协议都是由 USB 应用者论坛来制定的（简称 USB - IF，网址 http://www.usb.org）。USB - IF 定义了通用 USB 应用的标准化接口，比如它将器件分为人机接口设备（HID）、大容量存储类（MSC）、通信设备类（CDC）、设备固件升级类（DFU）等。

从本质上讲，USB 是以主机为中心的，支持 NRZI 编码方式的、差分的、异步串行接口，也正因为传输的为差分信号，硬件上除了电源线外，数据线只需要两根线 D+ 和 D-。

1. USB 通信的总线架构

USB2.0 支持 7 层网络架构，在 USB 总线上所有的设备分为 3 类：主机（Host）、设备（从机）和 Hub（既非主机也非从机，是总线上的扩展设备）。

主机是整个 USB 总线的中心，只有主机才能发起总线的所有动作、跟踪总线上的其他器件，从机只能响应主机。因此，USB 的实施过程简单、成本低廉。

2. 枚　举

USB 因其枚举特性得到广泛应用。所谓枚举,其实是当总线接入一个新的设备时,主机对该设备进行辨识,为其提供地址分配驱动程序等,并完成接入总线的过程。简单来讲,枚举也可理解成主机尝试识别器件的过程。

正式因为 Hub 的作用,主机可以识别从机。主机上每一个 Hub 有两根信号线,每个信号线各有一个 15 kΩ 的下拉电阻,每个从机的 D+ 上都有一个 1.5 kΩ 的上拉电阻。若没有器件接入,则端口会检测到高阻抗;若连接了全速器件,那么 Hub 上的信号线会被拉到 D+ 线路。当从机接入检测到电平的变化后,主机会发起轮询机制,用来查询所接入设备传输的速率、数据的长度等属性。之后主机会建立通信的链路,为该从机建立地址,并根据该设备是否需要提供驱动程序来选择是否提供必要的驱动,从而完成从机通信的建立。这也是 USB 支持热插拔的主要原因。

3. F28075 硬件连接

图 11.59 为 USB 硬件连接示意图。

USB 总线上通常有 3 根信号线(D+、D− 和 V_{bus}),这样才能够在设备模式下工作,需要两根信号线(D+ 和 D−)才能够在主机模式下工作。

其中,V_{bus} 用来检测总线的电压信号,仅在自供电应用中使用;由于 F28075 的GPIO 引脚最高电压为 3.3 V,因此须串入 100 kΩ 电阻起到保护作用。

D+ 和 D− 具有缓冲区,可支持 USB 高速需求,器件的位置固定,不可由用户选择。

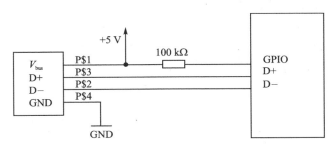

图 11.59　USB 硬件连接示意图

USB 模块寄存器数量较多,本书只介绍基本原理,详细可查阅数据手册或联系作者获取相关资料,本书所附的 USB 例程也可作为学习参考。

第 **12** 章

基于 **F28075** 的工程应用

本章主要讨论使用 F20875 进行的工程应用,将电力电子技术、交流调速技术、自动控制原理与 DSP 技术结合,希望对读者有所帮助。

12.1 电动机的数字控制

电动机的分类很多,常见为直流电机(DC)和交流电机(AC)。由于高性能交流调速技术已经发展得十分成熟,交流调速逐步取代了直流电机调速,因而本书主要讨论交流调速。

12.1.1 交流电动机运行原理概述

1. 异步电动机(ACI)运行原理

异步电动机 ACI 的运行原理可简单地总结如下:定子 3 相接入如图 12.1 所示的 3 相交流电,从而产生定子旋转磁通,转子将在这个交变的旋转磁场产生感应电流(异步电动机也可称为感应电动机),这将又会生成另一个旋转磁场,我们可称之为转子磁通。两个磁场的交变会生成转矩,电动机内部原理图如图 12.1 所示。

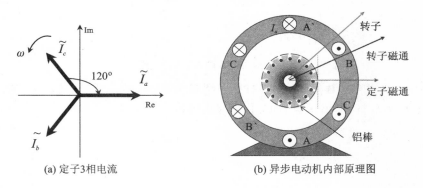

(a) 定子3相电流　　　　　(b) 异步电动机内部原理图

图 12.1　异步电动机内部结构

就运行理论而言,异步电动机 ACI 的运行特点可总结如下:

① 定子磁通是通过 3 相交流电生成的可变磁场；

② 转子磁通由定子磁通生成；

③ 转子磁通与定子磁通的转速不同（异步电动机名称的来源），但调节它们之间的角度可控制电机的转矩；

④ 转子的位置很难确定。

由电机学，异步电动机转速公式如下：

$$n = \frac{60f_s}{n_p}(1-s) = \frac{60w_s}{2\pi n_p}(1-S) \tag{12.1}$$

其中，f_s 为异步电动机定子供电频率（Hz），f 为异步电动机转子旋转频率（Hz）；n_p 电动机的极对数；$S = \dfrac{w_s - w}{w} = \dfrac{f_s - f}{f}$，称为转差率；$n = \dfrac{60f_s}{n_p}$，称为同步转速。

2. 同步电动机（BLDC、PMSM）运行原理

同步电动机是交流电动机中的两大机种之一，是转速 n 和定子的供电频率 f_s 之间保持严格的同步关系而得名，也就是说，只要定子供电频率不变，则同步电动机的转速就不变。

（1）调速特点

同步电动机的运行原理可简单总结如下：定子 3 相接入如图 12.1（a）所示的 3 相交流电，从而产生定子旋转磁通，转子的旋转磁场不再通过定子磁场生成，而是具有自身磁铁或产生，我们可称之为转子磁通。两个磁场的交变生成转矩，电动机内部原理如图 12.2 所示。

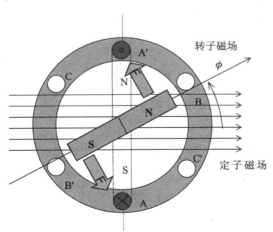

图 12.2　同步电动机内部原理图

就运行理论而言，同步电动机的运行特点可总结如下：

➢ 定子磁通是通过 3 相交流电生成的可变磁场；

➢ 转子磁通恒定，由永磁体生成；

> 转子磁通与定子磁通的转速相同(同步电动机名称的来源),调节它们之间的
> 角度可控制电机的转矩;
> 转子的位置可知。

与异步电动机相比,同步电动机调速系统有如下特点:

> 由于异步电动机的电流在相位上总是要滞后于变频电源的电压,若采用晶闸
> 管逆变电路,则需要加入换流电路,而同步电动机无需这部分装置;
> 异步电动机通过调节转差率来调节转矩(正向关系),同步电动机通过调节功
> 角来调节转矩(正向关系),同步电动机比异步电动机对负载扰动具有更好的
> 承受能力,且转速动态性能更优;
> 由于同步电动机的转子一般采用永磁体,所以在较低的频率也可正常运行,
> 调速范围较异步电动机更广。

(2) BLDC 与 PMSM 的概念

根据电动机的反电动势可将同步电动机分为直流无刷电动机 BLDC(梯形波)和
永磁同步电动机 PMSM(正弦波),如图 12.3 所示。

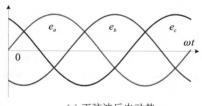
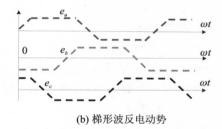

(a) 正弦波反电动势　　　　　　　(b) 梯形波反电动势

图 12.3　同步电动机的反电动势

直流无刷电动机 BLDC 的控制特点:控制简单,换向器件有转矩波动,因此,噪
声较大,效率较低,适合低速、低转矩、低成本控制系统的应用场合;

永磁同步电动机 PMSM 的控制特点:控制复杂,在换向期间没有传聚波动,因
此,噪声较小,效率较高,适合高速、高转矩应用场合,但成本较高。

12.1.2　交流电动机控制原理概述

1. 梯形控制

梯形控制主要针对于 BLDC 电机控制,原因在于该电机的反电动势是梯形波。
按照如图 12.4 所示的磁场换向逻辑,调节变换的频率即可对 BLDC 电机进行开环
调速。

2. V/F 控制

V/F 控制也成为恒压频比控制,常用于异步电动机和永磁同步电动机的调速系
统。异步电动机的等效模型如图 12.5 所示。由电机学公式可知,气隙磁通在定子绕

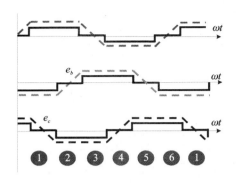

图 12.4 梯形波磁场换向逻辑

组中感应电动势的有效值如下式所示：

$$E = 4.44 f_s N_s K_s \Phi_m \tag{12.2}$$

通常写成：

$$E/f_s = C_s \Phi_m \tag{12.3}$$

式中，N_s 为定子每相绕组的串联匝数，K_s 为基波绕组系数，Φ_m 为电动机气隙每极合成磁通，$C_s = 4.44 N_s K_s$。由式（12.3）可见，为了保持 Φ_m 恒定，则必须使 E/f_s 为常量。

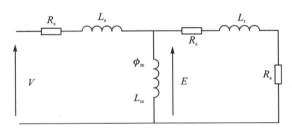

图 12.5 异步电动机的等效模型

当定子频率 f_s 较高时，感应电动势的有效值 E 也较大，这时可忽略定子绕组的压降，可认为定子相电压有效值 $V \approx E$，从而获得电压与频率之比为常数的恒压频比控制方程，如下式所示：

$$V/f_s = C_s \Phi_m \tag{12.4}$$

注意，当定子频率 f_s 较低时，定子绕组的压降不能忽略。

此外，通过如图 12.6 所示的异步电动机变频调速控制特性可知，在基频以上调速时，若依然按照 $V/f_s = \text{const}$ 是不允许的，否则，会由于频率过大而造成定子电压太大，从而烧坏电机。因为，当 f_s 大于基频时，需要把电动机的定子电压箝位到额定电压，于是在进一步提高转速的同时，须迫使磁通 Φ_m 下降，因此基频以上的变频调速属于弱磁恒功率调速。

尽管恒压频比方式控制简单，转子的位置不需要获取，但这种控制方式动态响应

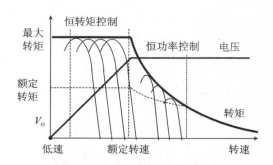

图 12.6　异步电动机变频调速控制特性

差,在全频率范围内转矩不会最优。图 12.7 为 3 相电机 V/F 控制系统典型框图。

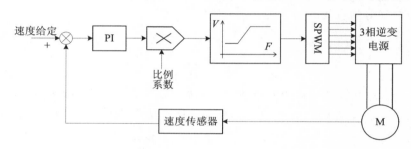

图 12.7　3 相电机 V/F 控制系统典型框图

3. 矢量控制

(1) 矢量控制概述

调速系统的任务是控制和调节电动机的转速,而转速是通过转矩来实现的,本书不推导复杂的公式,只提供与 DSP 控制相关的结论。直流电机转矩公式简单,交流电机的电磁转矩公式复杂,但交直流电机的转矩有相似的规律,是基于同一转矩公式建立起来的,因而可通过某种坐标变换,将交流电机转矩控制转换为直流电动机的模型,从而极大地降低交流电机控制的复杂程度,这也是矢量控制的基本思路。同时也可得知,坐标变换是实现矢量控制的关键。

(2) 坐标变化概念

3 相基波电流 I_a、I_b、I_c 合成输出电流矢量,通过 Clark 变换将 3 相坐标变为坐标位置互差 90° 的两相坐标($\alpha-\beta$),即在该坐标系下的电流可表达为 I_a、I_β,但 I_a、I_β 依旧是变化量,因此可进一步通过 Park 变换将静止坐标系变为旋转坐标系,以保证在该坐标系下所生成的电流 I_d、I_q 为直流量。坐标变换关系如图 12.8 所示,在各坐标系下的电流如图 12.9 所示。

图 12.10 为典型的 3 相电机矢量控制系统框图。

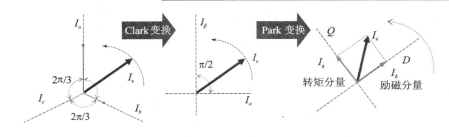

图 12.8　坐标变换关系

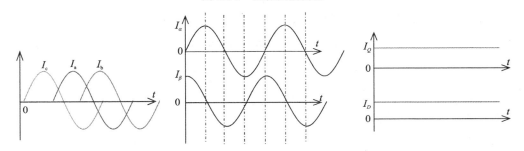

图 12.9　各个坐标系下的电流关系

365

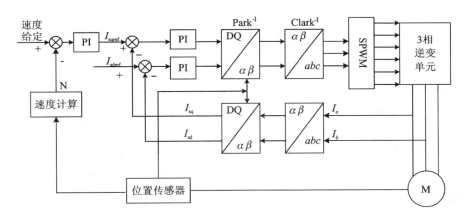

图 12.10　典型的 3 相电机矢量控制系统框图

12.1.3　3 相电压源逆变器控制原理

由 12.1 节中的基本图可知,我们需要将 3 个相差 120°的移激励信号作用于电机的控制电路。如此一来,具有如图 12.11 所示的 3 个独立的开关桥臂（6 个开关器件）的逆变电路,通过建立正确的 IGBT 导通顺序列就可提供必要的相电压,从而产生负载所需转矩。

传统设计是将一组 3 相正弦波与一个三角载波进行比较,从而生成 6 路 PWM 波来驱动 IGBT。但通过 DSP 可计算出一个正弦指令,并将其应用于产生适当的脉宽调制输出的脉宽调制单元(ePWM),从而作为逆变 IGBT 的驱动信号。实际上,我们是将母线电容的直流电压进行斩波,并为定子建立适当的电压形状。在这个能量转换过程中,我们需要尽量减少由于 IGBT 的开关损耗和谐波源引入的噪声。

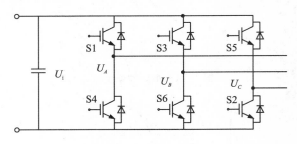

图 12.11 3 相电压源逆变器

1. 传统 SPWM 控制

传统的 SPWM 是将 A、B、C 这 3 个桥臂分别单独控制,载波为三角波,调制波为相隔 120°的正弦波。通过与载波进行调制生成 SPWM 的序列脉冲,经电机内部的绕组的解调作用,最终生成原始频率的正弦信号。按这种调制原理,IGBT 的开通频率由载波的频率确定。按照载波与调制波的频率调整可分为 3 种方式:

> 同步方式:载波比是常数,逆变器输出的每个周期内所产生的脉冲数是一定的。逆变器的输出波形完全对称,由于在低频段 SPWM 的脉冲个数过少,所以谐波分量过大。

> 异步方式:载波频率固定不变,当调制波频率发生变化时载波比会发生变化。正因为如此,它不存在低频谐波分量大的缺点,但会造成逆变器输出不对称的现象。

> 分段同步方式:结合两者的特点,在低频段用异步控制,其他频段用同步控制。

数字控制中常采用异步控制方式。为消除偶次谐波,载波比常取值 3 的整数倍,$m=3n$。

(1) 单极性调制原理

图 12.12 是单相半桥单极性 SPWM 调制方式,其中,S1、S4 分别是开关管开通、关断时刻,U_A 为输出的脉冲电压序列。

调制波为正弦波形,载波为三角波,当调制波与载波相交时,开关管的通断由它们的交点决定,即调制波的幅值高于载波则开关管导通,否则关断。从图 12.12 中我们也能看到,单极性 SPWM 调制,在调制波的半个周期内电压脉冲序列在正电压→零电压或负电压→零电压之间变化。

(2) 双极性调制原理

图 12.13 为双极性调制下的 S1、S4 的开关序列和输出电压 U_A 的脉冲序列。

　　双极性 PWM 调制区别于单极性调制最显著的特点是：在半周期内，输出电压脉冲序列在正、负两个点电平之间变化的是正负交变。单极性 PWM 调制的输出电压中、高次谐波分量较小，双极性调制能得到正弦输出电压波形，但其代价是产生了较大的开关损耗。

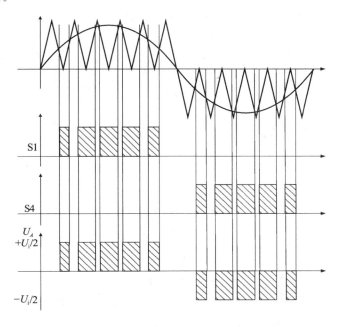

图 12.12　单相桥式单极性 SPWM 调制

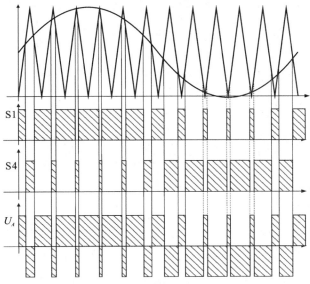

图 12.13　单相桥式双极性 PWM 调制

（3）SPWM 技术实现变频调速的实验结果

这里设载波频率为 20 kHz、死区设置为 4 μs，通过实验测得如图 12.14～图 12.17所示的试验波形。

图 12.14 是 A 相上下桥臂的驱动信号波形，两个逻辑信号完全相反；由图 12.15 可以看出两相驱动信号之间相差为 120°；图 12.16 为 A 相上桥和 A 相滤波不同调制

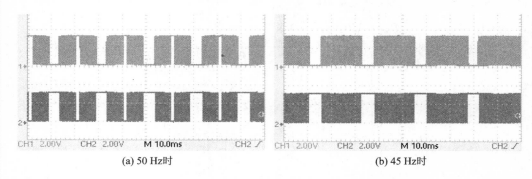

(a) 50 Hz时　　　　　　　　　　　(b) 45 Hz时

图 12.14　A 相上下桥臂不同调制频率的驱动波形

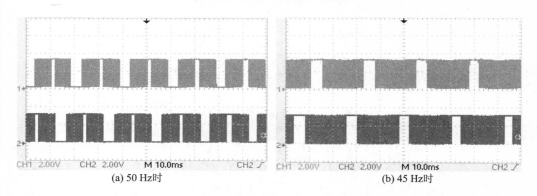

(a) 50 Hz时　　　　　　　　　　　(b) 45 Hz时

图 12.15　A、B 两相的上桥臂不同调制频率的驱动信号波形

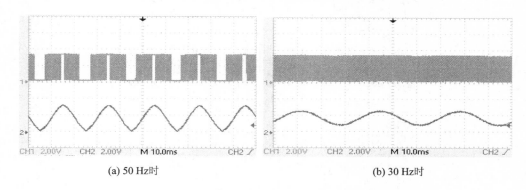

(a) 50 Hz时　　　　　　　　　　　(b) 30 Hz时

图 12.16　A 相上桥和 A 相滤波不同调制频率的控制信号

频率的控制信号,可以发现,滤波后为正弦信号,满足 SPWM 原理;图 12.17 是同一桥臂的死区控制波形,由图 12.17(a)可以看出死区时间设定为 4 μs,由图 12.17(b)可判断出载波频率为 20 kHz。

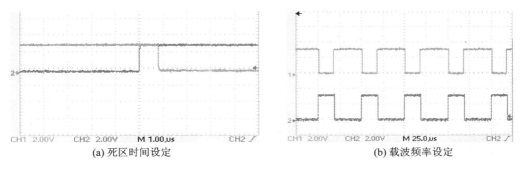

(a) 死区时间设定　　　　　　　　　　(b) 载波频率设定

图 12.17　同一桥臂不同调制频率下的控制信号

2. 空间矢量 SVPWM 控制

SVPWM 是近年发展的一种较新颖的控制方法。与传统的正弦 PWM 不同,它是从 3 相输出电压的整体效果出发,着眼于如何使电机获得理想圆形磁链轨迹。SVPWM 技术与 SPWM 相比,可以使电机转矩脉动降低,旋转磁场更逼近圆形,大大提高了直流母线电压的利用率,且更易于实现数字化。

(1) SVPWM 的基本原理

设逆变器输出的 3 相相电压分别为 $U_A(t)$、$U_B(t)$、$U_C(t)$,如下式所示:

$$\begin{cases} U_A(t) = U_\mathrm{m}\cos wt \\ U_B(t) = U_\mathrm{m}\cos(wt - 2\pi/3) \\ U_C(t) = U_\mathrm{m}\cos(wt + 2\pi/3) \end{cases} \tag{12.5}$$

其中,$w = 2\pi f$,U_m 为峰值电压。也可将 3 相电压写成矢量的形式:

$$\boldsymbol{U}(t) = U_A(t) + U_B(t)\mathrm{e}^{\mathrm{j}2\pi/3} + U_C(t)\mathrm{e}^{\mathrm{j}4\pi/3} = \frac{3}{2}U_m\mathrm{e}^{\mathrm{j}\theta} \tag{12.6}$$

其中,$\boldsymbol{U}(t)$ 是旋转的空间矢量,其幅值为相电压峰值的 1.5 倍,以角频率 $w = 2\pi f$ 按逆时针方向匀速旋转。换句话讲,$\boldsymbol{U}(t)$ 在 3 相坐标轴上投影就是对称的三相正弦量。

3 相桥式电路共有 6 个开关器件,依据同一桥臂上下管不能同时导通的原则,开关器件一共有 2^3 个组合。若令上管导通时 S=1,下管导通时 S=0,则(S_A,S_B,S_C)一共构成如下所示的 8 种矢量:

U_0	U_1	U_2	U_3	U_4	U_5	U_6	U_7
000	001	010	011	100	101	110	111

假设开关状态处于 U_3 状态,则存在如下方程组:

$$\begin{cases} U_{AB} = -U_i \\ U_{BC} = 0 \\ U_{CA} = U_i \\ U_{AO} - U_{BO} = U_{AB} \\ U_{CO} - U_{AO} = U_{CA} \\ U_{AO} + U_{BO} + U_{CO} = 0 \end{cases} \tag{12.7}$$

解得该方程组 $U_{BO} = U_{CO} = \dfrac{1}{3}U_i$，$U_{AO} = -\dfrac{2}{3}U_i$。同理，可依据上述方式计算出其他开关组合下的空间矢量，如表 12.1 所列。

表 12.1　开关状态与电压之间的关系

(S_A,S_B,S_C)	矢量符号	相电压		
		U_{AO}	U_{BO}	U_{CO}
$(0,0,0)$	$\boldsymbol{U}_0$	0	0	0
$(1,0,0)$	$\boldsymbol{U}_4$	$2U_i/3$	$-U_i/3$	$-U_i/3$
$(1,1,0)$	$\boldsymbol{U}_6$	$U_i/3$	$U_i/3$	$-2U_i/3$
$(0,1,0)$	$\boldsymbol{U}_2$	$-U_i/3$	$-U_i/3$	$-U_i/3$
$(0,1,1)$	$\boldsymbol{U}_3$	$-2U_i/3$	$U_i/3$	$U_i/3$
$(0,0,1)$	$\boldsymbol{U}_1$	$-U_i/3$	$-U_i/3$	$2U_i/3$
$(1,0,1)$	$\boldsymbol{U}_5$	$U_i/3$	$-2U_i/3$	$U_i/3$
$(1,1,1)$	$\boldsymbol{U}_7$	0	0	0

由表 12.2 可见，8 个矢量中有 6 个模长为 $\dfrac{2}{3}U_i$ 的非零矢量，矢量间隔 60°；剩余两个零矢量位于中心。每两个相邻的非零矢量构成的区间叫扇区，如图 12.18 所示。

在每一个扇区，选择相邻的两个电压矢量以及零矢量，可合成每个扇区内的任意电压矢量，如下式所示：

$$\begin{cases} \overrightarrow{U_{ref}} \cdot T = \overrightarrow{U_x} \cdot T_x + \overrightarrow{U_y} \cdot T_y + \overrightarrow{U_0} \cdot T_0 \\ T_x + T_y + T_0 \leqslant T \end{cases} \tag{12.8}$$

其中，$\overrightarrow{U_{ref}}$ 为电压矢量，T 为采样周期，T_x、T_y、T_0 分别为电压矢量 $\overrightarrow{U_x}$、$\overrightarrow{U_y}$ 和零电压矢量 $\overrightarrow{U_0}$ 的作用时间。

由于 3 相电压在空间向量中可合成一个旋转速度是电源角频率的旋转电压，因此，可利用电压向量合成技术，由某一矢量开始，每一个开关频率增加一个增量，该增量是由扇区内相邻两个基本非零向量与零电压向量合成的。如此反复从而达到电压空间向量脉宽调制的目的。

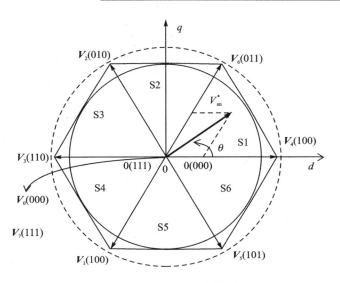

图 12.18　电压空间矢量图

(2) SVPWM 的数值计算

电压向量 $\overrightarrow{U_{ref}}$ 在第 I 扇区，如图 12.19 所示，欲用 $\overrightarrow{U_4}$、$\overrightarrow{U_6}$ 及非零矢量 $\overrightarrow{U_0}$ 合成，根据式(12.8)可得：$\overrightarrow{U_{ref}} \cdot T = \overrightarrow{U_4} \cdot T_4 + \overrightarrow{U_6} \cdot T_6 + \overrightarrow{U_0} \cdot T_0$。

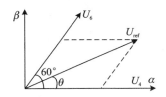

图 12.19　电压矢量在第一区间的合成

对于 α 轴有：$|U_{ref}| \cdot T \cdot \cos\theta = U_\alpha \cdot T = |U_4| \cdot T_4 + |U_6| \cdot T_6 \cdot \cos 60°$

$$(12.9)$$

对于 β 轴有：$|U_{ref}| \cdot T \cdot \sin\theta = U_\beta \cdot T = |U_6| \cdot T_6 \cdot \sin 60° \qquad (12.10)$

又因为 $|U_6| = |U_4| = \dfrac{2}{3}U_i$，可计算出两个非零矢量的作用时间如下式所示：

$$\begin{cases} T_4 = \dfrac{3T}{2U_i}\left(U_\alpha - U_\beta \dfrac{1}{\sqrt{3}}\right) \\ T_6 = \sqrt{3}\,T\,\dfrac{U_\beta}{U_i} \end{cases} \qquad (12.11)$$

得到零矢量的作用时间：

7 段式发波：$T_0 = T_7 = \dfrac{T - T_4 - T_6}{2}$

5 段式发波：$T_7 = T - T_4 - T_6$

SVPWM 调制中,零矢量的选择是非常灵活的。适当选择零矢量可最大限度地减少开关次数,同时最大限度地减少开关损耗。最简单的合成方法为 5 段式对称发波和 7 段式对称发波,7 段式发波开关次数较多谐波含量较小,5 段式开关次数较小谐波含量较大。

5 段式对称矢量合成:

$$U_{ref}T = U_0\frac{T_0}{2} + U_1\frac{T_x}{2} + U_2 T_y + U_1\frac{T_x}{2} + U_0\frac{T_0}{2} \qquad (12.12)$$

7 段式矢量合成:

$$U_{ref}T = U_0\frac{T_0}{4} + U_1\frac{T_x}{2} + U_2\frac{T_y}{2} + U_7\frac{T_0}{2} + U_2\frac{T_y}{2} + U_1\frac{T_x}{2} + U_0\frac{T_0}{4} \qquad (12.13)$$

表 12.2 给出了 7 段式发波方式的开关器件在第一区间内的切换顺序对照。

表 12.2 两种发波方式开关器件的切换顺序

(3) SVPWM 的算法过程

1) 扇区号的确定

由 U_α 和 U_β 决定的空间电压矢量所处的扇区,可以得到如表 12.3 所列的扇区判断的充要条件。

表 12.3 扇区判断的充要条件

扇 区	落入此扇区的充要条件	扇 区	落入此扇区的充要条件
1	$U_\alpha>0$,$U_\beta>0$ 且 $U_\beta/U_\alpha<\sqrt{3}$	4	$U_\alpha<0$,$U_\beta<0$ 且 $U_\beta/U_\alpha<\sqrt{3}$
2	$U_\alpha>0$,且 $U_\beta/|U_\alpha|>\sqrt{3}$	5	$U_\beta<0$ 且 $U_\beta/|U_\alpha|>\sqrt{3}$
3	$U_\alpha<0$,$U_\beta>0$ 且 $U_\beta/U_\alpha<\sqrt{3}$	6	$U_\alpha>0$,$U_\beta<0$ 且 $U_\beta/U_\alpha<\sqrt{3}$

进一步分析该表,定义 3 个参考变量 U_{ref1}、U_{ref2} 和 U_{ref3},如下式所示:

$$
\begin{cases}
U_{\mathrm{ref1}} = U_\beta \\
U_{\mathrm{ref2}} = \dfrac{\sqrt{3}}{2}U_\alpha - \dfrac{1}{2}U_\beta \\
U_{\mathrm{ref3}} = -\dfrac{\sqrt{3}}{2}U_\alpha - \dfrac{1}{2}U_\beta
\end{cases}
\tag{12.14}
$$

再定义 3 个符号变量 A_1、A_2、A_3 及相关的判断条件:若 $U_{\mathrm{ref1}}\geqslant 0$ 则,$A_1=1$,否则 $A_1=0$;$U_{\mathrm{ref2}}\geqslant 0$,则 $A_2=1$,否则 $A_2=0$;$U_{\mathrm{ref3}}\geqslant 0$,则 $A_3=1$,否则 $A_3=0$。扇区号 Vector_Num $=A_1+2\cdot A_2+4\cdot A_3$,可得到如表 12.4 所列的扇区对应关系。

表 12.4 扇区对应关系

Vector_Num	3	1	5	4	6	2
扇区号	1	2	3	4	5	6

2) 作用时间计算

使用式(12.14)定义的 3 个参考变量,将式(12.11)进行改写,得到:

$$
T_4 = \frac{\sqrt{3}\,T}{U_i}U_{\mathrm{ref2}},\ T_6 = \sqrt{3}\,T\frac{U_{\mathrm{ref1}}}{U_i}
\tag{12.15}
$$

按照上述方法可以计算出其他扇区非零矢量作用时间,如表 12.5 所列。

表 12.5 其他扇区非零矢量作用时间

扇 区	1	2	3
作用时间	$T_x = T_4 = \dfrac{\sqrt{3}\,T}{U_i}U_{\mathrm{ref2}}$ $T_y = T_6 = \dfrac{\sqrt{3}\,T}{U_i}U_{\mathrm{ref1}}$	$T_x = T_2 = \dfrac{\sqrt{3}\,T}{U_i}U_{\mathrm{ref2}}$ $T_y = T_6 = \dfrac{\sqrt{3}\,T}{U_i}U_{\mathrm{ref3}}$	$T_x = T_2 = \dfrac{\sqrt{3}\,T}{U_i}U_{\mathrm{ref1}}$ $T_y = T_3 = \dfrac{\sqrt{3}\,T}{U_i}U_{\mathrm{ref3}}$

续表 12.5

扇区	4	5	6
作用时间	$T_x = T_1 = \dfrac{\sqrt{3}\,T}{U_i} U_{\mathrm{ref1}}$	$T_x = T_1 = \dfrac{\sqrt{3}\,T}{U_i} U_{\mathrm{ref3}}$	$T_x = T_1 = \dfrac{\sqrt{3}\,T}{U_i} U_{\mathrm{ref3}}$
	$T_y = T_3 = \dfrac{\sqrt{3}\,T}{U_i} U_{\mathrm{ref2}}$	$T_y = T_5 = \dfrac{\sqrt{3}\,T}{U_i} U_{\mathrm{ref2}}$	$T_y = T_5 = \dfrac{\sqrt{3}\,T}{U_i} U_{\mathrm{ref2}}$

注意,为了使该算法适应各种电压等级,表 12.5 中的变量均是进过标准化处理之后的数据。

3)3 相 PWM 波形合成

根据 PWM 调制原理计算出每一相对应比较器的值,7 段 SVPWM 发波值如下:

$$\begin{cases} NT_3 = (T - T_x - T_y)/2 \\ NT_2 = NT_3 + T_y \\ NT_1 = NT_2 + T_x \end{cases} \tag{12.16}$$

表 12.6 为 7 段 SVPWM 发波各个扇区的比较值赋值。

表 12.6　7 段 SVPWM 比较值赋值表

扇　区	1	2	3
作用时间	CMPR1＝TBPR－NT$_2$	CMPR1＝TBPR－NT$_1$	CMPR1＝TBPR－NT$_1$
	CMPR2＝TBPR－NT$_1$	CMPR2＝TBPR－NT$_3$	CMPR2＝TBPR－NT$_2$
	CMPR3＝TBPR－NT$_3$	CMPR3＝TBPR－NT$_2$	CMPR3＝TBPR－NT$_3$
扇　区	4	5	6
作用时间	CMPR1＝TBPR－NT$_3$	CMPR1＝TBPR－NT$_3$	CMPR1＝TBPR－NT$_2$
	CMPR2＝TBPR－NT$_2$	CMPR2＝TBPR－NT$_1$	CMPR2＝TBPR－NT$_3$
	CMPR3＝TBPR－NT$_1$	CMPR3＝TBPR－NT$_2$	CMPR3＝TBPR－NT$_1$

(4) SVPWM 技术实验结果分析

假设载波频率为 20 kHz,控制信号间相差 120°,图 12.20 分别为 4 种不同调制频率下同一桥臂的控制信号。可以看出,同一桥臂的上下两路控制信号是完全对称的。

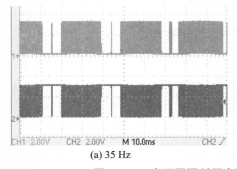
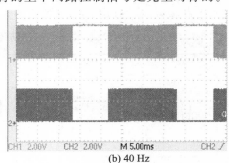

(a) 35 Hz　　　　　　　　　　　(b) 40 Hz

图 12.20　在不同调制频率下同一桥臂(A 相)的控制信号

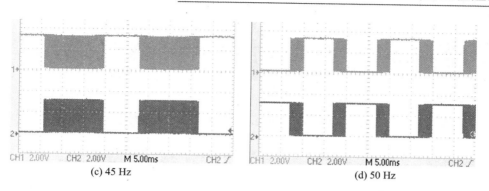

(c) 45 Hz　　　　(d) 50 Hz

图 12.20　在不同调制频率下同一桥臂(A 相)的控制信号(续)

图 12.21 为 A、B 相上桥控制信号,图 12.22 为 A、C 相上桥控制信号。可以看出,A 相滤波在正弦波的基础上注入 3 次谐波的成分。

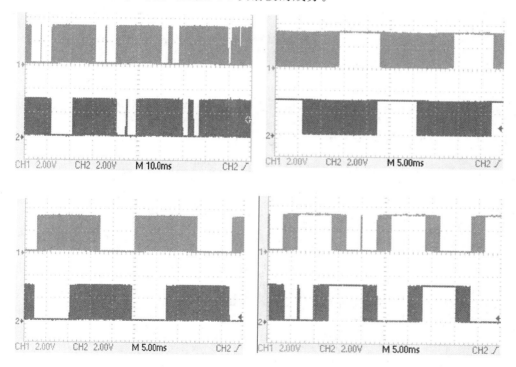

图 12.21　在不同调制频率下 A、B 相上桥控制信号

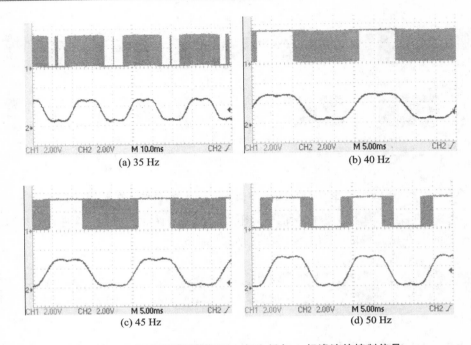

(a) 35 Hz

(b) 40 Hz

(c) 45 Hz

(d) 50 Hz

图 12.22　在不同调制频率下 A 相上桥与 A 相滤波的控制信号

12.1.4　电机控制器典型系统设计

图 12.23 为 ACI、BLDC 及 PMSM 电机控制控制器的解决方案。

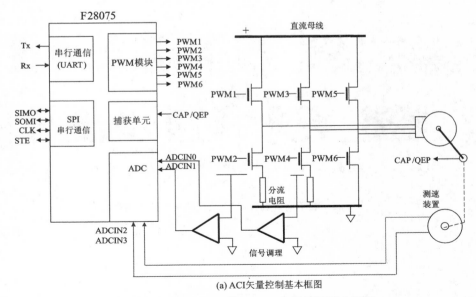

(a) ACI 矢量控制基本框图

图 12.23　ACI、BLDC 及 PMSM 电机控制基本框图

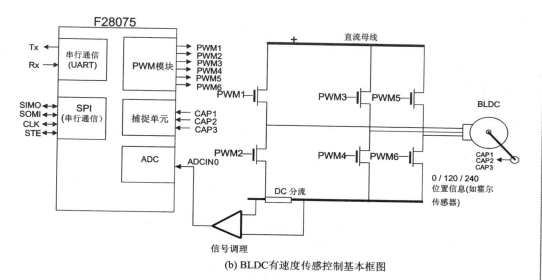

(b) BLDC有速度传感控制基本框图

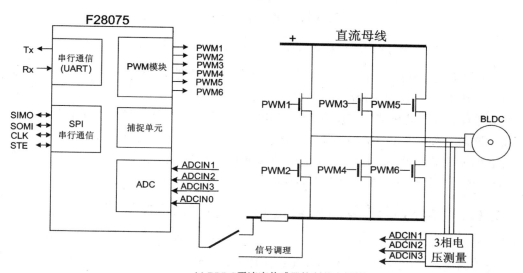

(c) BLDC无速度传感器控制基本框图

图 12.23　ACI、BLDC 及 PMSM 电机控制基本框图(续)

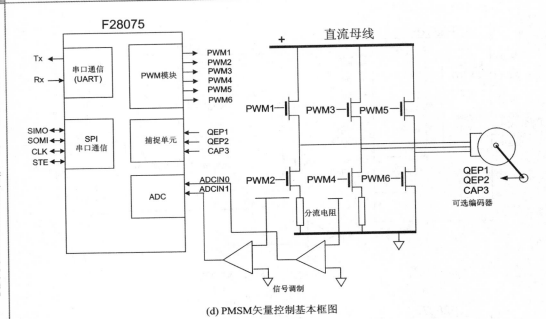

(d) PMSM矢量控制基本框图

图 12.23　ACI、BLDC 及 PMSM 电机控制基本框图（续）

3 相交流电机控制器目前主流的控制方案中，主电路采用传统的电压源逆变器驱动。使用 DSP 作为主控芯片，采用空间矢量脉宽调制技术生成 PWM 波驱动 6 个开关器件。在有传感器的控制方案中，光电码盘、旋转变压器等测速装置用来反馈速度和位置。而在无传感器的控制方案中，就永磁同步电动机控制器设计而言，只需要将电机两相输入电流（I_a 和 I_b）通过必要的放大电路整形后输入到 DSP 片上的 ADC，再采用软件的方式即可获得必要的信息。

12.1.5　永磁同步电动机直接转矩控制技术的研究

直接转矩控制（Direct Torque Control，简称 DTC）是继矢量变换控制技术以后，在交流调速领域出现的一种新型变频调速技术，是利用 Bang - Bang 控制产生 PWM 信号，对逆变器的开关状态进行最佳控制，从而获得转矩的高动性能。直接转矩控制摒弃了传统矢量控制中的解耦思想，采用定子磁通定向，取消了旋转坐标变换，减弱了系统对电机参数的依赖性，通过实时检测电机定子电压和电流，计算出转矩和磁链的幅值，并分别与转矩、磁链的给定值比较得到差值，从而控制定子磁链的幅值以及该矢量相对于转子磁链的夹角。由转矩和磁链调节器直接输出所需的空间电压矢量，从而达到磁链和转矩直接控制的目的。

1. 控制系统的基本原理

直接转矩控制技术用空间矢量的分析方法，直接在定子坐标系下计算与控制电机的转矩,采用定子磁场定向,借助于离散的两点式(Bang－Bang 控制)直接对逆变器的开关状态进行最佳控制,从而获得转矩的高动态性能。

直接转矩控制是在两相定子坐标系下进行运算的,空间电压矢量 $\boldsymbol{u}_s$ 可表示为:

$$\boldsymbol{u}_s = \frac{2}{3}(u_a + u_b e^{j\frac{2}{3}\pi} + u_c e^{j\frac{4}{3}\pi}) \tag{12.17}$$

式中:u_a、u_b、u_c 分别是 a、b、c 这 3 相定子负载绕组的相电压。

图 12.24 是电压型逆变器的示意图,那么 u_a、u_b、u_c 的电压由 S_a、S_b、S_c 的状态来决定(S_a、S_b、S_c 表示同一桥臂上下两个开关状态)。

若 S_a 为 1,表示 u_a 接 u_{dc};S_a 为 0,表示 u_a 接 0;u_b、u_c 同理。这样共有 6 个非零矢量 $\boldsymbol{U}_1(100)$、$\boldsymbol{U}_2(110)$、$\boldsymbol{U}_3(010)$、$\boldsymbol{U}_4(011)$、$\boldsymbol{U}_5(011)$、$\boldsymbol{U}_6(101)$ 和 2 个零矢量 $\boldsymbol{U}_7(000)$、$\boldsymbol{U}_8(111)$。

这 6 个非零矢量相互间隔 60°,如图 12.25 所示,则 8 个基本电压矢量可以表示成:

$$\boldsymbol{u}_s(S_a、S_b、S_c) = \frac{2}{3}u_{dc}(S_a + S_b e^{j\frac{2}{3}\pi} + S_c e^{j\frac{4}{3}\pi}) \tag{12.18}$$

其中,u_{dc} 为直流母线电压。

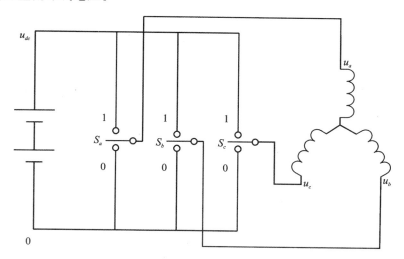

图 12.24　3 相逆变电路图

2. 定子磁链控制

永磁同步电动机的磁链模型如下:

$$\psi_s = \int (u_s - Ri_s)dt \tag{12.19}$$

由于逆变器每次通断时间非常短,因此每一电压矢量近似可看作常量,可改写成:

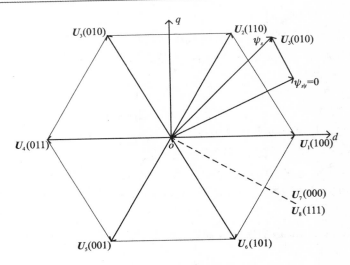

图 12.25　基本电压矢量图

$$\psi_s = u_s t - R\int i_s \mathrm{d}t + \psi_{s|t=0} \tag{12.20}$$

　　若忽略定子电阻,从式(12.20)可看出,定子磁链矢量 ψ_s 的终端将会沿着施加的电压矢量方向移动。可以把电压矢量平面划分成 6 个区域,如图 12.26 所示。

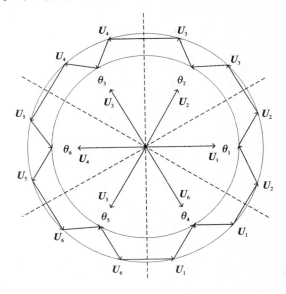

图 12.26　区间矢量图

　　在每个区域内可以选择 2 个相邻的矢量来增加或者减小磁链的幅值,这 2 个矢量决定了最小开关频率。例如,当 ψ_s 在区域 θ_1 逆时针旋转时,U_2 矢量可以增加磁链的幅值,U_3 矢量可以减小磁链的幅值。

3．转矩控制

对于表面贴磁式永磁同步电动机，由于 $L_d = L_q = L_s$，式（12-20）可以写成如下的形式：

$$T_e = \frac{3}{2}\frac{1}{L_s}p\,|\psi_s|\,\psi_f\sin\delta \qquad (12.21)$$

式中，$|\psi_s|$ 为定子磁链的幅值。

由式（12-21）可知，通过控制定子磁链 ψ_s 的幅值和旋转速度就可以有效地控制电磁转矩。当定子磁链逆时针方向旋转时，如果反馈转矩小于给定转矩，那么要选择保持定子磁链 ψ_s 同一方向旋转的电压矢量。负载角 δ 尽可能地增大，反馈转矩也随着增大。一旦反馈转矩大于给定转矩，则选择使磁链反方向旋转的电压矢量而不是零矢量，于是负载角减小，转矩也随之减小。例如，当定子磁链逆时针旋转且小于给定磁链，在区域 θ_1 中，若要增大转矩，则施加电压矢量 U_2；若要减小转矩，则施加电压矢量 U_6。

若采用这种方式选择电压矢量，则定子磁链始终在旋转，其方向由滞环控制器的输出来决定，这样就能够更有效地控制转矩。

4．直接转矩控制系统的构成

直接转矩控制系统原理框图如图 12.27 所示。

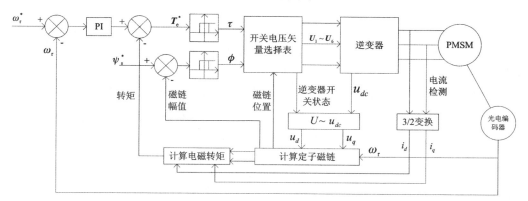

图 12.27　直接转矩控制系统结构

对于逆变器输出的相电流 i_a、i_b，通过 3/2 变换可以得到 i_d、i_q；由逆变器的电压状态、逆变器的开关状态和直流母线电压 u_{dc} 之间的关系可以得到 u_d、u_q。由磁链模型得到磁链在 dq 轴上的分量 ψ_d、ψ_q。再由 u_d、u_q、ψ_d、ψ_q 通过转矩模型得到转矩 T_e，再与速度调节器给出的给定转矩 T_e^* 进行滞环比较，输出结果决定逆变器的开关状态。把 ψ_d、ψ_q 求平方和得到 $|\psi_s|^2$，与磁链给定 ψ_s^* 进行比较，由滞环比较器输出结果。同时，利用 ψ_d、ψ_q 来判断磁链所在区域，确定 $\theta_{(N)}$ 的值。综合转矩调节器、磁链调节器的输出以及 $\theta_{(N)}$ 的值，再根据开关电压矢量表来确定逆变器的开关状态。

5．系统各个部分简介

（1）Clark 变换

直接转矩控制是在定子两相坐标系下计算的。由霍尔元件及其硬件电路可以检测得到定子相电流 i_a、i_b，经过下式的 3/2 变换得到 dq 轴上的电流分量：

$$\begin{bmatrix} i_d \\ i_q \\ i_0 \end{bmatrix} = \begin{bmatrix} 1 & -\dfrac{1}{2} & -\dfrac{1}{2} \\ 0 & \dfrac{\sqrt{3}}{2} & -\dfrac{\sqrt{3}}{2} \\ \dfrac{1}{2} & \dfrac{1}{2} & \dfrac{1}{2} \end{bmatrix} \begin{bmatrix} i_a \\ i_b \\ i_c \end{bmatrix} \tag{12.22}$$

考虑到：

$$i_a + i_b + i_c = 0 \tag{12.23}$$

可以得到：

$$\begin{cases} i_d = \dfrac{3}{2} i_a \\ i_q = \dfrac{\sqrt{3}}{2}(i_a + 2i_b) \end{cases} \tag{12.24}$$

根据式（12.24）即可计算出 i_d、i_q。

（2）u_d、u_q 的计算

u_d、u_q 可用基于逆变器的开关状态和直流母线电压 u_{dc} 之间的关系得到的。

对于逆变器供电的电动机来说，其相电压瞬时值为一组固定的值，与逆变器的开关状态一一对应。对于本系统的逆变器来讲，其非零电压矢量只有 6 个,再加上 2 个零矢量，共 8 个空间电压矢量。这 8 个电压矢量在 dq 平面的位置是固定的，因此,若逆变器直流侧母线电压 u_{dc} 固定,则其 dq 轴上的分量也是固定的。各电压矢量的 dq 轴分量如表 12.7 所列。

表 12.7 电压矢量 dq 轴分量表

矢量状态	定子电压 dq 轴分量（$u_d = \dfrac{2}{3}u_{dc}$）		矢量状态	定子电压 dq 轴分量（$u_d = \dfrac{2}{3}u_{dc}$）	
	u_d	u_q		u_d	u_q
100	u_d	0	001	$-\dfrac{1}{2}u_d$	$-\dfrac{\sqrt{3}}{2}u_d$
110	$\dfrac{1}{2}u_d$	$\dfrac{\sqrt{3}}{2}u_d$	101	$\dfrac{1}{2}u_d$	$-\dfrac{\sqrt{3}}{2}u_d$
010	$-\dfrac{1}{2}u_d$	$\dfrac{\sqrt{3}}{2}u_d$	000	0	0
011	$-u_d$	0	111	0	0

（3）磁链计算

根据 ui 模型,通过计算定子磁链在 dq 轴上的分量 ψ_d、ψ_q 来确定定子磁链,ψ_d、

ψ_q 计算如下式（磁链给定 ψ_s^* 与反馈值 ψ_s 做滞环比较来选择逆变器的开关状态）：

$$
\begin{cases}
\psi_d = \int (u_d - Ri_d)\,\mathrm{d}t \\
\psi_q = \int (u_q - Ri_q)\,\mathrm{d}t \\
\psi_s^2 = \psi_d^2 + \psi_q^2
\end{cases}
\tag{12.25}
$$

（4）磁链滞环比较

直接转矩控制逆变器的功率开关管按照一定规律变化，合理选择各空间电压矢量就可以获得幅值不变而又旋转的定子磁链。实际上，用这种方法想要获得绝对的圆形定子磁链轨迹是不可能的。在工程应用中只要近似圆形就足够了。因此，在选择逆变器的开关状态时，允许定子磁链的瞬时旋转速度及幅值有一定的误差。

在直接转矩控制中，磁链的调节通过滞环控制来实现。例如，当磁链大于设定的磁链上限时，可以选择适当的电压矢量来减小磁链；当磁链小于设定的磁链上限时，选择另外的电压矢量来增大磁链。如此反复调节，磁链轨迹就会逼近给定值，接近圆形。

（5）转矩滞环比较

在直接转矩控制中，也采取滞环比较来控制电动机的电磁转矩。如图 12.28 所示，电磁转矩给定 T_e^* 与反馈值 T_e 进行比较时，当 $T_e^* - T_e \geqslant -_\triangle T$ 时，图 12.28（a）中的滞环比较器输出 τ 为"1"，表示要求增大转矩；当 $T_e^* - T_e \leqslant -_\triangle T$ 时，滞环比较器输出 τ 为"0"，表示要求减小转矩；当 $-_\triangle T \leqslant T_e^* - T_e \leqslant_\triangle T$ 时，滞环比较器输出 τ 保持原状态。

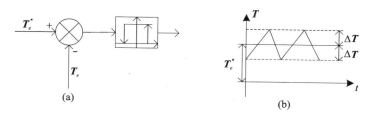

图 12.28　转矩滞环比较器

（6）电压矢量开关表

把 6 个区域里可选择的空间电压矢量制成表格，如表 12.8 所列，根据定子磁链的区间信号 $\theta_{(N)}$、转矩控制信号 φ 和转矩控制信号 τ 来选择合适的空间电压矢量，便可以直接控制转矩。电压矢量开关表对于正反转控制均适用。

表 12.8　电压矢量开关表

φ	τ	$\theta_{(1)}$	$\theta_{(2)}$	$\theta_{(3)}$	$\theta_{(4)}$	$\theta_{(5)}$	$\theta_{(6)}$
$\varphi = 1$	$\tau = 1$	$U_2(110)$	$U_3(010)$	$U_4(011)$	$U_5(001)$	$U_6(101)$	$U_1(100)$
	$\tau = 0$	$U_6(101)$	$U_1(100)$	$U_2(110)$	$U_3(010)$	$U_4(011)$	$U_5(001)$
$\varphi = 0$	$\tau = 1$	$U_3(010)$	$U_4(011)$	$U_5(001)$	$U_6(101)$	$U_1(100)$	$U_2(110)$
	$\tau = 0$	$U_5(001)$	$U_6(101)$	$U_1(100)$	$U_2(110)$	$U_3(010)$	$U_4(011)$

表 12.8 中，φ 和 τ 分别是磁链滞环控制器和转矩滞环控制器的输出。$\varphi = 1$，表示反馈磁链小于给定值，要求增大磁链；反之，则要求减小磁链。同理，若 $\tau = 1$，表示反馈转矩小于给定转矩，要求增大转矩；反之要求减小转矩。$\theta_{(1)} \sim \theta_{(6)}$ 表示定子磁链所在区间。

6. 基于 SVPWM 的直接转矩控制系统的仿真

永磁同步电动机直接转矩控制是在定子坐标系下，直接计算并控制定子磁链和转矩来实现系统的高动态性能。利用 Matlab7.0 的 SimPowerSystem 模块库，可以建立永磁同步电机控制系统的仿真模型。基于 SVPWM 的系统结构框图如图 12.29 所示，采用磁链、转矩双闭环控制方式，PI 控制器分别根据转矩和磁链偏差生成参考电压 u_d 和 u_q，经过坐标变换后产生 SVPWM 的控制信号，进而驱动永磁同步电动机。系统仿真的结构框图如图 12.30 所示。

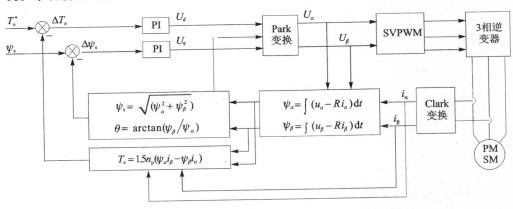

图 12.29　基于 SVPWM 的永磁同步电动机直接转矩控制的结构框图

(1) Clark 变换模块

在交流电机的 3 相对称绕组中，通以 3 相对称电流时可以产生旋转磁场。在功率不变的条件下，根据磁动势相等的原则，3 相绕组产生的旋转磁场可以用两相绕组来等效。Clark 变换是 3 相静止坐标系到两相静止坐标系的变换，在磁动势不变的前提下，3 相绕组和两相绕组电流的关系如下：

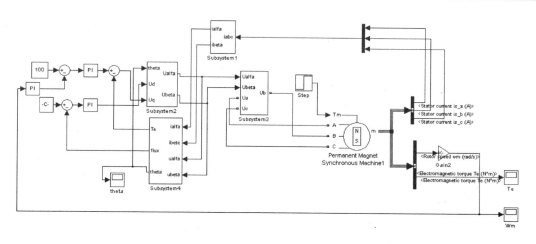

图 12.30　永磁同步电动机 DTC 系统的仿真模型

$$\begin{cases} i_\alpha = \dfrac{2}{3}\left(i_a - \dfrac{1}{2}i_b - \dfrac{1}{2}i_c\right) \\ i_\beta = \dfrac{2}{3}\left(\dfrac{\sqrt{3}}{2}i_b - \dfrac{\sqrt{3}}{2}i_c\right) \end{cases} \tag{12.26}$$

其中，i_α、i_β 为两相对称绕组的电流,在 Clark 变换模块中用 i_{alfa}、i_{beta} 表示,i_a、i_b、i_c 为 3 相绕组的电流。该模块的仿真模型如图 12.31 所示。

（2）Park 逆变换模块

Park 逆变换模块实现 d、q 定子磁链参考坐标系中的电压向 α、β 静止坐标系的电压变换,其关系式如下所示:

$$\begin{bmatrix} u_\alpha \\ u_\beta \end{bmatrix} = \begin{bmatrix} \cos\theta & -\sin\theta \\ \sin\theta & \cos\theta \end{bmatrix} \begin{bmatrix} u_d \\ u_q \end{bmatrix} \tag{12.27}$$

式中,θ 为定子磁链参考坐标系与两相静止坐标系横轴之间的夹角。图 12.32 为式 (12.27) 的仿真模型。

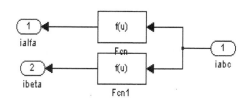

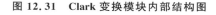

图 12.31　Clark 变换模块内部结构图

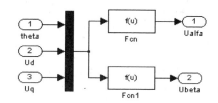

图 12.32　Park 逆变换模块结构图

（3）SVPWM 模块

SVPWM 是将逆变器和电动机看作一个整体,通过逆变器开关模式和电动机电压空间矢量的内在关系控制逆变器的开关模式,使电动机的定子电压空间矢量沿圆形轨迹运动。此方法具有实现简单、输出转矩脉动小和电压利用率高等特点,因此,大大地提高了电动机的运行品质。SVPWM 模块的仿真模型如图 12.33 所示。

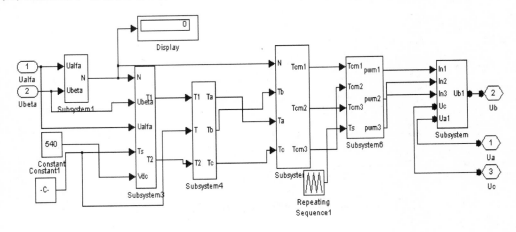

图 12.33　SVPWM 仿真模型

SVPWM 控制的实现过程如下:

① 判断参考电压矢量所在扇区。

由下式进行判断,u_α、u_β 表示参考电压矢量 $\boldsymbol{u}_{\text{ref}}$ 在 α 、β 轴上的分量:

$$\begin{cases} u_{\text{ref1}} = u_\beta \\ u_{\text{ref2}} = \dfrac{\sqrt{3}}{2}u_\alpha - \dfrac{1}{2}u_\beta \\ u_{\text{ref3}} = -\dfrac{\sqrt{3}}{2}u_\alpha - \dfrac{1}{2}u_\beta \end{cases} \tag{12.28}$$

其中:

若 $u_{\text{ref1}} > 0$,$A = 1$,否则 $A = 0$;

若 $u_{\text{ref2}} > 0$,$B = 1$,否则 $B = 0$;

若 $u_{\text{ref3}} > 0$,$C = 1$,否则 $C = 0$ 。

扇区判断模型如图 12.34 所示。

$$N = A + 2B + 4C \tag{12.29}$$

② 计算相邻参考电压矢量的作用时间。

基本电压矢量的作用时间可以表示为:

$$\begin{bmatrix} T_i \\ T_{i+1} \end{bmatrix} = \theta_{(N)} \begin{bmatrix} u_\alpha \\ u_\beta \end{bmatrix} T_s \Big/ \dfrac{2u_{dc}}{3} \tag{12.30}$$

其中,$\theta_{(N)}$ 为扇区坐标变换矩阵编号;i 和 $i+1$ 分别为 V_{ref} 所在扇区的相邻电压矢量编号。

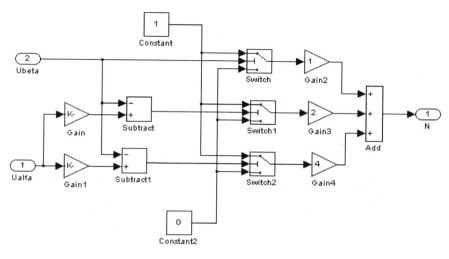

图 12.34　扇区判断仿真模型

$$\theta_1 = \begin{bmatrix} -1 & \dfrac{\sqrt{3}}{3} \\ 1 & \dfrac{\sqrt{3}}{3} \end{bmatrix} \quad \theta_2 = \begin{bmatrix} 0 & -\dfrac{2\sqrt{3}}{3} \\ -1 & \dfrac{\sqrt{3}}{3} \end{bmatrix} \quad \theta_3 = \begin{bmatrix} 1 & -\dfrac{\sqrt{3}}{3} \\ 0 & \dfrac{2\sqrt{3}}{3} \end{bmatrix}$$

$$\theta_4 = \begin{bmatrix} 1 & \dfrac{\sqrt{3}}{3} \\ 0 & -\dfrac{2\sqrt{3}}{3} \end{bmatrix} \quad \theta_5 = \begin{bmatrix} 0 & \dfrac{2\sqrt{3}}{3} \\ -1 & -\dfrac{\sqrt{3}}{3} \end{bmatrix} \quad \theta_6 = \begin{bmatrix} -1 & -\dfrac{\sqrt{3}}{3} \\ 1 & -\dfrac{\sqrt{3}}{3} \end{bmatrix}$$

　　实际系统中,在电机突然加、减速时,电动机输出转矩变化较大,数字电流环输出的电压参考矢量有可能超出逆变器输出最大电压时的参考信号,因此必须加以约束。若 $T_i + T_{i+1} > T_s$,则参考电压矢量的作用时间修正如下:

$$\begin{cases} T_i = \dfrac{T_i T_s}{T_i + T_{i+1}} \\ T_{i+1} = \dfrac{T_{i+1} T_s}{T_i + T_{i+1}} \end{cases} \tag{12.31}$$

　　仿真模型如图 12.35 所示。

　　参考电压矢量作用时间的计算为制定 3 相逆变器开关时刻表,先定义 T_a、T_b 和 T_c,如下式所示:

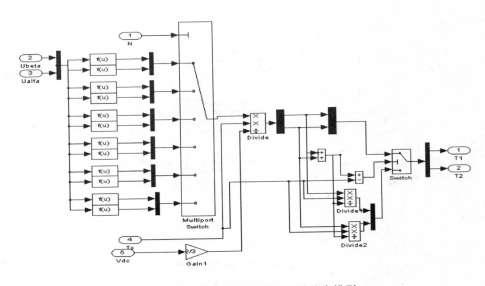

图 12.35 参考电压矢量作用时间的仿真模型

$$
\begin{cases}
T_a = \dfrac{T_s - T_i - T_{i+1}}{4} \\[2mm]
T_b = T_a + \dfrac{T_i}{2} \\[2mm]
T_c = T_b + \dfrac{T_{i+1}}{2}
\end{cases}
\tag{12.32}
$$

所得模型如图 12.36 所示。

③ 判断电压矢量的作用顺序,计算基本电压矢量的作用时间。

按照表 12.9 对 3 相功率器件导通时刻进行赋值,其中 T_{cm1} 、T_{cm2} 、T_{cm3} 分别表示逆变器 3 相桥臂功率器件导通时刻。

表 12.9 A、B、C 这 3 相开关时刻表

扇区号	I	II	III	IV	V	VI
T_{cm1}	T_b	T_a	T_a	T_c	T_c	T_b
T_{cm2}	T_a	T_c	T_b	T_b	T_a	T_c
T_{cm3}	T_c	T_b	T_c	T_a	T_b	T_a

3 相逆变器开关时刻的仿真模型如图 12.37 所示,计算得到的值与载波三角形进行比较,可以生成载波 SVPWM 波形。

(4) 磁链、转矩模块

该模块实现静止坐标系下对电磁转矩、磁链及磁链所处角度的计算。该模块输入为电压和电流在 α、β 静止坐标系下的分量 U_α、U_β 和 i_α、i_β,输出为转矩 T_e、磁链 ψ 及磁链所在的角度 θ,其计算式如下所示:

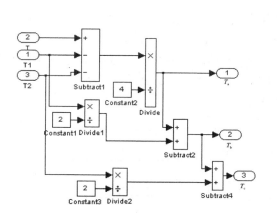

图 12.36　T_a、T_b 和 T_c 仿真模型图

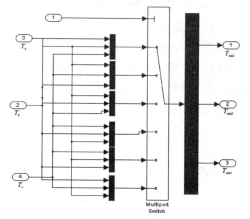

图 12.37　逆变器开关时刻的仿真模型

$$\begin{cases} \theta = \arctan(\psi_\beta/\psi_\alpha) \\ \psi_\alpha = \int (U_\alpha - R_s i_\alpha)\,\mathrm{d}t \\ \psi_\beta = \int (U_\beta - R_s i_\beta)\,\mathrm{d}t \\ \psi_s = \sqrt{{\psi_\alpha}^2 + {\psi_\beta}^2} \\ T_e = \dfrac{3}{2} n_p (\psi_\alpha i_\beta + \psi_\beta i_\alpha) \end{cases} \qquad (12.33)$$

模块内部结构如图 12.38 所示。

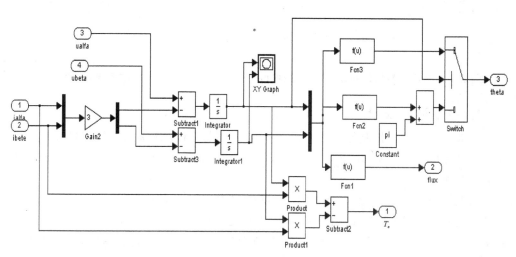

图 12.38　磁链、转矩模块

(5) 仿真结果及波形分析

逆变器开关频率 10 kHz,图 12.39 为负载转矩 7 N·m 时给定转速为 100 rad/s 时的转速、转矩响应曲线;图 12.40 为在 20 ms 时负载由 7N·m 突增至 15 N·m 时的转速、转矩响应曲线;图 12.41 为在 20 ms 时负载由 10 N·m 突减至 15 N·m 时的转速、转矩响应曲线;磁链响应曲线如图 12.42 所示。从仿真波形可以看出,控制系统的转矩和定子磁链脉动小,反应速度快。

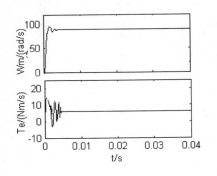

图 12.39　负载恒定时转速、转矩响应曲线图

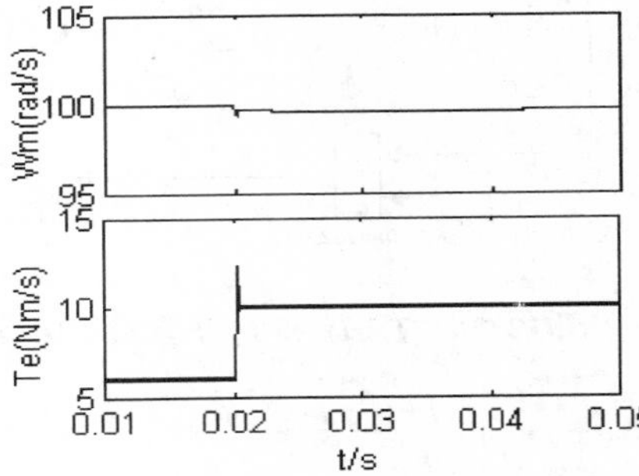

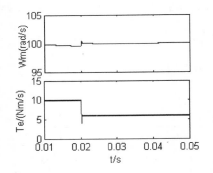

图 12.41　减小负载时的转速、转矩响应曲线

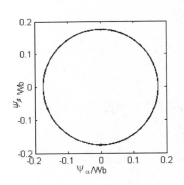

图 12.40　加大负载时的转速、转矩响应曲线

图 12.42　磁链响应曲线

7. 系统硬件设计

以 MCU 为核心控制器件的永磁同步电动机直接转矩控制系统框图如图 12.43 所示。逆变电路采用如图 12.44 所示的三相拓扑结构。驱动电路采用自举方式,如图 12.45 所示。

当上管 V_1 关断、下管 V_4 导通时,N 点电位为 +15 V,M 点为 +15 V 电源地,若忽略二极管 D_1 的导通压降,则自举电容 C_5 的电压为 +15 V;而当上管 V_1 导通,下管 V_4 关断时,M 点的电压为 V_{dc},而 N 点电位由于自举电容 C_5 电压不能瞬变,瞬时 N 点电位为 V_{dc} +15 V,则自举二极管 D_1 承受反压关断,从而保护 +15 V 电源。自举

电容 C_5 须采用较大电容值(本系统取为 $100~\mu\mathrm{F}$),在载波频率为 $20~\mathrm{kHz}$ 的条件下自举电容的电压波动不超过 $100~\mathrm{mV}$,从而保证上桥功率开关管能够安全、可靠地运行。

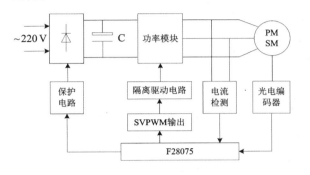

图 12.43　基于 SVPWM 直接转矩控制系统框图

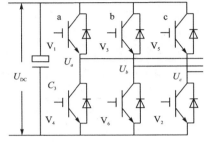

图 12.44　逆变电路

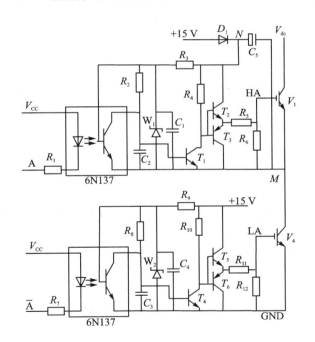

图 12.45　自举电路

8. 实验结果分析

图 12.46 为永磁同步电动机在转速为 200 rpm 时 A 相上下桥 PWM 波形。

图 12.47 为转速为 200 rpm 时 A 相 PWM 滤波前后波形,图 12.48 为电机转速为 200 rpm 时 A 相上下桥的 SVPWM 波形。可以看出,SVPWM 波形是在正弦波基础之上加入了 3 次谐波,大大提高了直流母线电压的利用率,从而使得电机的带载能力得到加强。

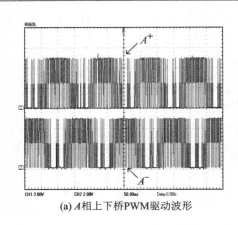

(a) A相上下桥PWM驱动波形

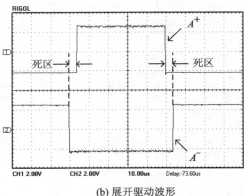

(b) 展开驱动波形

图 12.46　A 相上下桥 PWM 驱动波形

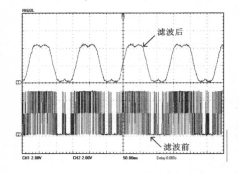

图 12.47　A 相 PWM 滤波前后波形

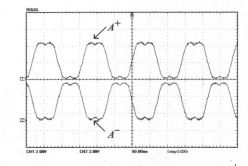

图 12.48　A 相上下桥的 SVPWM 波形

永磁同步电动机在转速分别为 200 rpm 时,示波器衰减后测得 A、B 两相之间的线电压波形如图 12.49 所示,图中两相之间的线电压波形畸变很小,有效地减小了转矩脉动。图 12.50 为转速分别为 200 rpm 时 A、B 两相电流反馈波形。

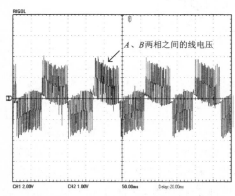

图 12.49　A、B 两相之间的线电压波形

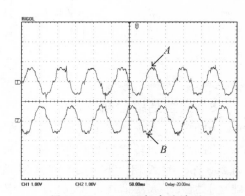

图 12.50　A、B 两相电流波形

图 12.51 为电动机空载启动时转速由 0 突变为 200 rpm,再由 200 rpm 突变为 0 的转速波形;图 12.52 为电动机转速为 200 rpm 时 A 相电流反馈波形。可以看出,直接转矩控制可使电动机有很好的稳态转速与电流波形,从而使电动机运行平稳。

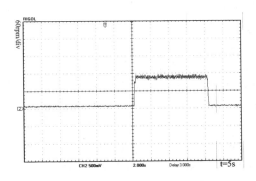

图 12.51　电动机速度响应曲线

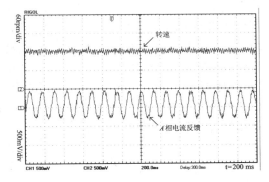

图 12.52　A 相电流反馈波形

12.2　基于 DSP 的 PWM 整流器设计

随着用电设备的谐波标准日益严格,以高功率因数、低谐波的高频开关模式整流器替代传统的二极管不控整流和晶闸管相控整流装置是大势所趋。和传统整流器相比,SMR 可以达到畸变很小的正弦化输入电流,且输入功率因数接近 1。

12.2.1　PWM 整流电路拓扑

按电路的拓扑结构和特点,PWM 整流器分为电压型(升压型或 Boost 型)和电流型(降压型或 Buck 型)。升压电路的基本特点是输出直流电压高于输入交流线电压峰值,这是其升压型拓扑结构决定的。升压型整流器输出一般呈电压源特性,但也有工作在受控电流源的时候。降压电路输出直流电压总低于输入的交流峰值电压,这也是由电路拓扑结构决定的。降压型整流器输出一般呈电流源特性,但有时候也工作在受控电压源状态。

按是否具有能量回馈功能,可将 PWM 整流器分成无能量回馈功能的整流器(亦称 PFC,即 Power Factor Correction)和具有能量回馈功能的开关模式整流器(Reversible SMR)。无论哪种 PWM 整流电路,都基本能达到单位功率因数,但在谐波含量、控制复杂性、动态性能、电路体积、重量、成本方面有较大差别。

1. PFC 整流电路

图 12.53 是单相升压型 PFC 的基本电路。PFC 工作方式可分为不连续电流模式(Discontinuous Conduction Model)和连续电流模式(Continuous Conduction Model)。

DCM 方式只用一个电压环控制输出直流电压。稳态时开关管的占空比为常数。它的主要优点是电路简单,控制方便。由于电感电流不连续,自然形成了开关管的零电流开通条件,开通损耗小。二极管 D 自然关断,没有反向恢复问题。它主要缺点是电压、电流应力大。DCM 方式的另一缺点是,要使输入电流畸变小,输出直流电压必须远高于交流电压峰值。这是因为在 T 开通过程中,电感电流峰值和平均值都正比于输入正弦电压。T 关断时,电感放电速率受直流电压影响。直流电压越高则放电时间短,放电部分的平均电流越小,总平均电流越接近正弦。受器件耐压限制,电压型 PFC 的直流电压通常只比交流侧峰值电压略高,所以 DCM 方式的输入电流谐波难以降得很低。总的说来,DCM 方式适合于小功率、电流畸变要求不高的应用场合。

CCM 方式一般采用图 12.54 所示的电压外环和电流内环的双闭环控制。电压控制器的输出是输入电流幅值指令 I_m。该指令和电网电压的整流信号相乘作为电流给定。因为电流给定是和电网电压信号波形成比例的,所以电流给定信号和输入电压同相。电流内环使输入电流尽可能跟踪电流指令,最终的 PWM 驱动波形由电流控制器决定。由于电流内环的存在,驱动波形占空比按正弦规律变化,使电感电流平均值为正弦。故 CCM 方式有时也被称为平均电流控制方式。CCM 的输入电流畸变很小,动态响应也比 DCM 快得多。由于 CCM 方式的输入电流连续,所以在同等输入功率时,CCM 方式比 DCM 的平均输入电流小,相比 DCM 有很低的峰值电流。CCM 的开关管电流应力小,适用的功率范围比 DCM 大。另外,CCM 方式下输入电流连续,所以输入整流桥可以用普通整流二极管构成,而 DCM 电路在开关频率高时需要使用快恢复二极管作为整流元件。CCM 的不足之处是开关损耗比 DCM 大,尤其是开关管开通时,阻塞二极管的反向恢复电流引入较大的关断损耗。CCM 的控制电路也比较复杂,不仅要检测输入电流,还需要乘法器。不过,现在已有供 CCM 方式的专用 PFC 集成芯片,控制电路已经简化了很多。

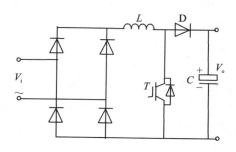

图 12.53 单相 boost 型 PFC 电路

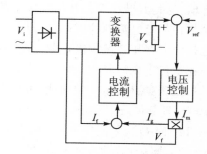

图 12.54 CCM 控制方式

PFC 电路后面通常接 DC/DC 变换电路再输出。能量经二次转换,元件多,效率低。将 PFC 和 Boost、Buck、Cuk、Sepic 等二次变换电路有机地结合,即得到所谓的整体电路。它既能完成功率因数、电流波形校正,又能完成输出电压调节整体电路。

图 12.55 是 PFC 和 Flyback 电路结合以及和 Cuk 电路结合的例子。尽管整体电路的两级变换共用同一个开关器件,增加了通态电流应力,输出调节范围也受到一定限制,但整体电路结构简单紧凑,控制方便,更重要的是电路成本低,总体经济性好,对小功率、大批量产品(如计算机、通信电源、充电器等)还是很有吸引力的。

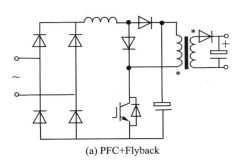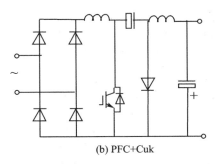

(a) PFC+Flyback　　　　　　　　　　　　(b) PFC+Cuk

图 12.55　整体化 PFC 电路

图 12.56(a)为单管 3 相 PFC 电路,它仅用一个开关管就实现了 3 相功率因数校正功能,简单、经济是其最大的优点。由于仅有一个可控元件,不可能对每相电流都控制得很好,一般这种电路只工作在 DCM 方式。和单相 DCM 方式一样,这里每相电流峰值为正弦。电流畸变率受直流电压影响,要使电流畸变小,则直流输出电压必须很高。由于电流不连续,自然形成零电流开通。但是开关管在关断时要断开 3 相电流,所以关断损耗更大。随输出功率增大,输入电流的峰值迅速增加,电流应力问题更加突出。采用如图 12.56(b)所示电路,用同一脉冲驱动 3 个下管,可将电流应力减少30%左右。单管 3 相 PFC 电路应用范围往往仅限于中等功率且谐波要求不太严格的场合。

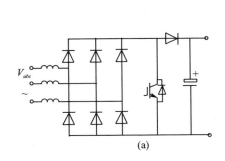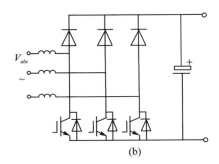

(a)　　　　　　　　　　　　　　　(b)

图 12.56　单管 3 相 PFC 电路

3 个独立的单相 PFC 并联是实现 3 相 PFC 的自然思路,它的优点是单相 PFC 技术能直接应用于 3 相应用领域。一种方法是每个单相 PFC 后接一个带变压器隔离的 DC/DC 电路,在 3 个 DC/DC 变换器的输出端实现并联。这种方式完全实现了各单相 PFC 的独立控制,实际效果也和单相 PFC 相当。它的问题是电路太复杂。

为简化电路、降低成本,可将单相 PFC 电路在直流输出端直接并联,这时 3 相 PFC 共一个输出直流电容。不过这样的联接方式不能真正实现每个单相 PFC 的独立控制,相间耦合作用严重降低了输入电流的波形质量。

图 12.57 中,将升压电感一分为二,置于上、下直流回路中,并在每相的直流负母线上增加了一个阻塞二极管。采用这种结构在某些开关状态下可以避免相间耦合,或减轻相间的相互干扰,不过成效不太显著。总之,具有公共直流母线的 3 个单相 PFC 并联,每相输入电流畸变比单相 PFC 大。单相 PFC 并联的另一个问题是主回路通过的元件多,通态损耗较大。

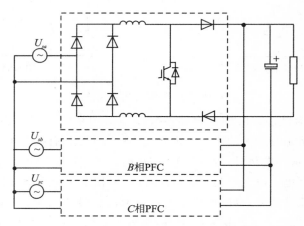

图 12.57　3 个单相 PFC 并联的 3 相 PFC

图 12.58 是比较具有真正意义上的 3 相 PFC 整流电路。由于有 3 个全控开关,控制的自由度大,可实现每相电流波形都接近正弦。虽然图 12.58(a)、12.58 (b)和图 12.58(c)拓扑结构不一样,但基本工作原理是一致的。当某相输入在电流数值上比指令电流小时,该相全控开关导通,使该相电感储能。反之,该相开关关断,使电感放电,电流数值逐渐降低。如图 12.58(a)、12.58 (b)所示电路通常将一个周期 360° 分成 6 个区域,每个区域里 3 相电流指令相互之间的大小关系不变。在任意区域,电路可等效成两个 Boost 变换器,一个对应最大电流输入的那一相,另一个对应最小输入电流那一相。控制最大和最小的输入电流为正弦,第三相自然也是正弦。图 12.58(c)可看作 3 个单相 PFC 并联的改进和简化。这里将原输入端的 3 相中点移到输出侧,带来的问题是不仅要控制输入电流还要控制中点电压。

图 12.58 所示的 3 相 PFC 可靠性比较高。因为这类电路不存在桥臂直通的危险,而且即使可控开关损坏,电路还可工作于不控整流方式。应指出的是,这类 3 相 PFC 仍然存在相间电网电压相互影响的问题。为克服相间电压相互干扰,保证电流控制效果,目前基本上采用电流滞环跟踪控制。如图 12.58 所示的 3 相 PFC 电路还较少用于实际装置,主要原因是双向可控的半导体器件还不成熟。一般用多个元件

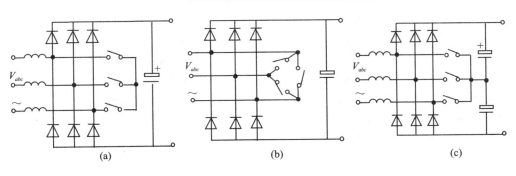

图 12.58　3 相 PFC 电路

组合构成双向可控开关,不仅结构复杂、控制不方便,通态损耗也比较大。但可以预见,一旦双向可控半导体器件商业化,图 12.58 所示的 3 相 PFC 电路将会得到广泛应用。

降压型 PFC 电路结构如图 12.59(a)所示,其输出电压低于输入电压峰值。与升压型 PFC 相比,降压型 PFC 有其自身的优点。Buck 型 PFC 电路输出电压可大范围调节,甚至可以零电压输出。输出电感的限流作用使电路运行安全,即使输出短路也不会损坏半导体器件。电感的作用一是平滑输出电流,二是维持整流桥能全周期工作。因为当交流电压的数值比直流电压低时,就必须靠电感储存的能量续流才能使整流桥导通。但是,Buck 型电路的输出电感过于大了。和升压型 PFC 中起的储能电容相比,降压型 PFC 的直流电感体积大、成本高。

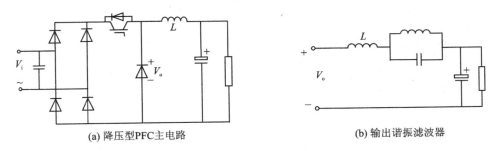

(a) 降压型PFC主电路　　　　　　　　　　　　(b) 输出谐振滤波器

图 12.59　降压型 PFC 电路

由于输出电流主要含二次谐波,把图 12.59(a)的输出电感改成如图 12.59(b)所示的电网频率二次谐波谐振滤波器,可以在一定程度上减小电感,但收效不大。所以降压型 PFC 很少有应用实例,一般只用于焊接电源等某些特殊场合。

2. 能量可回馈的 PWM 整流电路

能量可回馈型的 PWM 整流器均采用全控型半导体开关器件,它比 PFC 电路具有更快的动态响应和更好的输入电流波形。另外,它还可以控制输入功率因数,提供交、直流侧的双向能量流动。由于最初的半导体器件(SCR、GTO)都是单向导通的,所以电流型整流器出现的时间要早一些。但在实际应用中,特别是在中小功率领域,电压型 PWM 整流器较多。

图 12.60 和图 12.61 分别是单相半桥和全桥电压型(升压型)PWM 整流器。图 12.62 是 3 相电压型 PWM 整流器。稳态工作时,整流器输出直流电压不变,开关管按正弦规律做脉宽调制,整流器交流侧的输出电压和逆变器相同。由于电感的滤波作用,忽略整流器输出交流电压的谐波,变换器可以看作是可控正弦 3 相电压源。它和正弦的电网电压共同作用于输入电感,产生正弦电流波形。适当控制整流器输出电压的幅值和相位,就可以获得所需大小和相位的输入电流。

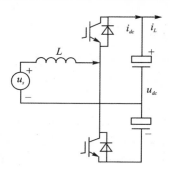

图 12.60　单相半桥整流器

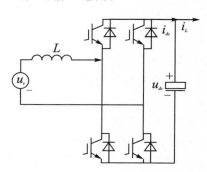

图 12.61　单相全桥整流器

因为需要非常大的直流输出平波电抗,电流型整流器一般不用于单相。图 12.63 为 3 相电流型(降压型)PWM 整流器,其输出呈直流电流源特性,输出电压可以大范围调节。从交流侧看,电流型整流器可以看成是一个可控电流源。与电压型相比,电流型整流器有其独特的优点:由于输出电感的存在,它没有桥臂直通过流和输出短路的问题;其次,开关器件直接对直流电流做脉宽调制,所以其输入电流控制简单,控制速度非常快。不过,电流型整流器通常经过 LC 滤波器再和电网连接,所以在进行电流控制时要把 LC 滤波器对电流动态响应的影响考虑进去。

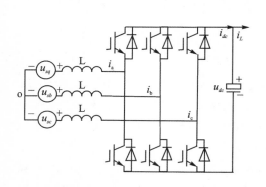

图 12.62　3 相电压型 PWM 整流器

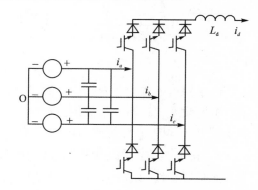

图 12.63　3 相电流型 PWM 整流器

电流型整流器应用不广泛的原因有两点:一是电流型整流器输出电感的体积、重量和损耗都比较大；二是常用的全控器件都是双向导通的，主电路构成不方便且通态损耗大。从装置的体积、重量、成本和损耗看，电流型整流器均不及电压型整流器。所以目前绝大多数情况下都使用电压型整流器，而电流型整流器通常只在需要功率非常大的场合有应用。因为这时所用的开关器件（GTO）本身具有单相导电特性，而电流型电路的可靠性又比较高，对电路的保护比较有利。

从更广义的角度看，无论是电流型还是电压型的主电路，都是能量可双向流动的能量变换器，做整流器只是它们的功能之一。上述的主电路结构还可用于无功补偿器，有源电力滤波器，风力、太阳能发电，电力储能系统，有源电子负载等应用领域。其控制方式和整流器控制也有很多相近的地方。

从程控交换机电源的使用角度看，电流型整流器不合适。在电压型整流器中，单相 PFC 电路的应用已比较成熟；而 3 相 PFC 电路虽有前景，但短期内双向可控器件商业化的可能性不大。所以这里选择能量可回馈电压型 PWM 整流器作为研究对象。由于开关器件的模块化，这种整流器的电路结构并不比 PFC 电路复杂，只是控制难度比 PFC 电路大。根据程控交换机电源的功率等级，采用 3 相整流器比较合适。

12.2.2 电压型 PWM 整流器的控制方法

整流器的控制目标是输入电流和输出电压。其中，输入电流的控制是整流系统控制的关键所在。采用 PWM 整流器的目的就是使输入电流波形正弦化。其次，对输入电流有效控制的实质是对变换器能量流动的有效控制，也就控制了输出电压。基于这个观点，可以将整流器的控制分成间接电流控制和直接电流控制两大类。

间接电流控制也称幅相控制，通过调节整流器交流侧电压的幅值和相位达到控制输入电流的目的。其电流控制的依据是整流器的空间矢量图或相量图，对电流的控制是开环的。间接控制的静态特性很好，控制结构简便。由于不需要电流传感器，故成本也比较低。不过到目前为止，间接控制实际应用的例子很少见，这是因为间接控制规律是基于稳态的观点得到。系统过渡过程按其自然特性完成，而整流器的自然特性又很差，所以在间接电流控制的电流暂态过程中，有将近 100% 的电流超调，电流振荡剧烈，系统的稳定性差。引入电流微分反馈或加上串联补偿器都是改进间接电流控制动态响应的有效途径。

直接电流控制具有非常优良的动态性能。从系统控制器的结构形式划分，直接电流控制又可以分为 3 种类型：

① 第一类是电压电流双闭环控制方式。这也是目前应用最广泛、最为实用化的控制方式。特点是：输入电流和输出电压分开控制。电压外环的输出用作电流指令，电流内环则控制输入电流，使之快速地跟踪电流指令。电流内环不仅是控制电流，而且也起到了改善控制对象的作用。由于电流内环的存在，只要使电流指令限幅就自然达到过流保护的目的，这是双环控制的优点。从电流控制器的实现方式看，又有以

下一些形式：

　　a. 电流滞环调节器最早出现，它具有非常快的电流控制特性，对参数变化的适应性也很强。滞环控制的缺陷是开关频率不固定，开关应力大，现在已基本不采用。用串联比例或比例积分等线性控制器代替滞环控制器，并结合电流状态反馈实现电流解耦控制方法应用广泛，其动态特性与滞环控制接近。当暂不考虑直流电压变化时，整流器的输入电流模型是线性时不变系统。所以也常采用状态反馈的方法配置电流响应的闭环极点，这种方法和前述用串联比例电流调节器加电流反馈解耦的控制方式在本质上是一样的。如果是在离散电流模型中配置极点，并使得电流在采样点后一拍或数拍跟踪上电流指令，那么就是所谓的预测电流控制或无差拍电流控制了。

　　b. 电流的控制既可以是在两相同步坐标系中，也可以是在静止坐标系中进行。比较而言，同步坐标系下可以实现电流的无静差跟踪，电流响应也快一些。早期的控制电路主要用模拟电路，要实现坐标变换非常复杂，所以控制器一般在静止坐标系实现。为弥补静止系控制器的不足，在静止坐标系的电流控制器中引入电网反电势信号作前馈补偿，则可以使静止坐标系的电流控制效果和旋转坐标系很接近。

　　随着微处理器技术的发展，数字化系统正逐步取代模拟电路。在数字化系统中进行坐标变换非常方便，所以使用静止坐标系的控制器将越来越少。

　　② 第二类直接电流控制方式是以整流器的小信号线性化状态空间模型为基础。电压、电流控制不分开，而是对整个系统进行闭环极点配置或设计最优二次型调节器。该控制方式需要事先离线算出各个静态工作点的状态空间模型及与之对应的反馈矩阵，然后存入存储器。工作时，还要检测负载电流或等效负载电阻以确定当前的工作点，然后查表读取相应的反馈矩阵。这种方式的控制效果不错，只是要求对静态工作点的划分很细，占用存储空间较大，离线计算量也比较大，实现复杂。

　　③ 第三类方式是非线性控制方法。因为整流器本质上是非线性的，所以用非线性控制方法更为适合。基于李亚普诺夫法的整流器控制具有良好的控制效果，更重要的是它能使整流系统绝对稳定。从整流器的模型看，它属于非线性仿射系统。这类系统可以通过非线性状态反馈在实现系统线性化的同时实现解耦。有研究报道表明，它的控制效果比双闭环系统好。

12.2.3　PWM 整流器的建模及基本特性

　　设半导体器件是理想开关，按如图 12.64 所示的 3 相电压型 PWM 整流器拓扑结构，由基尔霍夫电压、电流定理，可列出等式，如下：

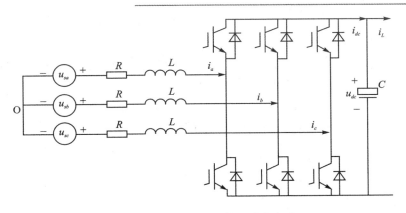

图 12.64　3 相 PWM 整流器主电路

$$
\begin{cases}
u_{sa} - i_a R - L \dfrac{\mathrm{d}i_a}{\mathrm{d}t} - S_a u_{dc} \\[2mm]
= u_{sb} - i_b R - L \dfrac{\mathrm{d}i_b}{\mathrm{d}t} - S_b u_{dc} \\[2mm]
= u_{sc} - i_c R - L \dfrac{\mathrm{d}i_c}{\mathrm{d}t} - S_c u_{dc} \\[2mm]
C \dfrac{\mathrm{d}u_{dc}}{\mathrm{d}t} = i_{dc} - i_L = S_a i_a + S_b i_b + S_c i_c - i_L
\end{cases}
\tag{12.34}
$$

式中：u_{sa}、u_{sb}、u_{sc} 分别表示 3 相电网电压；i_a、i_b、i_c 分别表示整流器的交流侧输入电流。S_a、S_b、S_c 分别表示 3 相桥臂的开关函数；$S=1$，代表对应的桥臂上管导通，下管关断。$S=0$，代表对应的桥臂下管导通，上管关断。i_{dc} 表示整流器的直流侧输出电流。i_L 表示整流器的直流侧负载电流，u_{dc} 表示整流器的输出直流电压，C 表示整流器输出直流滤波电容，L 表示整流器的每相交流输入电感，R 表示包括电感电阻在内的每相线路阻抗。

式（12.34）是关于 PWM 整流器的最一般且精确的数学描述，其他不同形式的数学模型都是从（12.34）式演变得到的。在 3 相无中线系统里，3 相电流之和始终为零，即有：

$$
i_a + i_b + i_c = 0
\tag{12.35}
$$

把式（12.35）代入式（12.34），则式（12.34）又可化为如下所示的一组一阶微分方程组：

$$
\begin{cases}
\dfrac{\mathrm{d}i_a}{\mathrm{d}t} = -\dfrac{R}{L} i_a + \dfrac{1}{L}\left[\left(u_{sa} - \dfrac{(u_{sa} + u_{sb} + u_{sc})}{3} \right) - \left(S_a - \dfrac{(S_a + S_b + S_c)}{3} \right) u_{dc} \right] \\[3mm]
\dfrac{\mathrm{d}i_b}{\mathrm{d}t} = -\dfrac{R}{L} i_b + \dfrac{1}{L}\left[\left(u_{sb} - \dfrac{(u_{sa} + u_{sb} + u_{sc})}{3} \right) - \left(S_b - \dfrac{(S_a + S_b + S_c)}{3} \right) u_{dc} \right] \\[3mm]
\dfrac{\mathrm{d}i_c}{\mathrm{d}t} = -\dfrac{R}{L} i_c + \dfrac{1}{L}\left[\left(u_{sc} - \dfrac{(u_{sa} + u_{sb} + u_{sc})}{3} \right) - \left(S_c - \dfrac{(S_a + S_b + S_c)}{3} \right) u_{dc} \right] \\[3mm]
C \dfrac{\mathrm{d}u_{dc}}{\mathrm{d}t} = S_a i_a + S_b i_b + S_c i_c - i_L
\end{cases}
\tag{12.36}
$$

式(12.36)是由式(12.35)变形而来,所以式(12.36)表示的模型对包括电网电压不平衡、电压畸变等一般情况都是适用的。只是式(12.36)中的 3 个电流方程是线性相关的,实际计算时只需用其中任意两个电流方程,第三相电流可由(12.35)式算出。

在大多数情况下,3 相电网基本平衡,即:

$$u_{sa} + u_{sb} + u_{sc} = 0 \tag{12.37}$$

将式(12.37)代入式(12.36)可得到电网电压平衡时的 3 相模型,如下式所示:

$$
\begin{cases}
\dfrac{\mathrm{d}i_a}{\mathrm{d}t} = -\dfrac{R}{L}i_a + \dfrac{1}{L}\left[u_{sa} - \left(S_a - \dfrac{(S_a + S_b + S_c)}{3}\right)u_{dc}\right] \\[2mm]
\dfrac{\mathrm{d}i_b}{\mathrm{d}t} = -\dfrac{R}{L}i_b + \dfrac{1}{L}\left[u_{sb} - \left(S_b - \dfrac{(S_a + S_b + S_c)}{3}\right)u_{dc}\right] \\[2mm]
\dfrac{\mathrm{d}i_c}{\mathrm{d}t} = -\dfrac{R}{L}i_c + \dfrac{1}{L}\left[u_{sc} - \left(S_c - \dfrac{(S_a + S_b + S_c)}{3}\right)u_{dc}\right] \\[2mm]
C\dfrac{\mathrm{d}u_{dc}}{\mathrm{d}t} = S_a i_a + S_b i_b + S_c i_c - i_L
\end{cases}
\tag{12.38}
$$

在以上的 3 相模型中,只有两个电流独立变量。如果将 3 相模型化到两相静止 α、β 坐标系下,可以简化表达式,降低系统阶次。各坐标系之间的关系如图 12.65 所示。

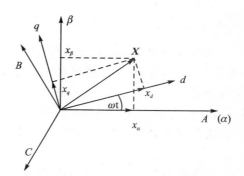

图 12.65　坐标系之间的相互关系

按照 Park 变换定义,设 3 相变量合成的空间矢量为:

$$X = \frac{2}{3}\left(x_a + x_b \mathrm{e}^{\mathrm{j}\frac{2\pi}{3}} + x_c \mathrm{e}^{-\mathrm{j}\frac{2\pi}{3}}\right) \tag{12.39}$$

另有平衡 3 相变量如下所示:

$$
\begin{cases}
x_a = X_m \cos\omega t \\[2mm]
x_b = X_m \cos\left(\omega t - \dfrac{2\pi}{3}\right) \\[2mm]
x_c = X_m \cos\left(\omega t + \dfrac{2\pi}{3}\right)
\end{cases}
\tag{12.40}
$$

将式(12.40)代入式(12.39)得:

$$X = X_{m} e^{j\omega t} \tag{12.41}$$

式(12.41)表明,平衡正弦 3 相变量经过 Park 变换后是一个旋转空间矢量。矢量模长恒定且等于单相交流量的峰值,矢量旋转的角频率和单相正弦变量的角频率相同。Park 变换产生的空间矢量在 A、B、C 轴上的投影长度就是 3 相变量的大小。若将 Park 变换定义的空间矢量投影到 α、β 轴,则得到了两相 α、β 坐标系和 3 相 A、B、C 坐标系间的变换式:

$$\begin{cases} \boldsymbol{X}_{\alpha\beta} = \boldsymbol{T}_{abc \to \alpha\beta}\, \boldsymbol{X}_{abc} \\ \boldsymbol{X}_{abc} = \boldsymbol{T}_{\alpha\beta \to abc}\, \boldsymbol{X}_{\alpha\beta} \end{cases} \tag{12.42}$$

其中:$\boldsymbol{X}_{\alpha\beta} = \begin{bmatrix} x_{\alpha} & x_{\beta} \end{bmatrix}^{\mathrm{T}}$,$\boldsymbol{X}_{abc} = \begin{bmatrix} x_{a} & x_{b} & x_{c} \end{bmatrix}^{\mathrm{T}}$。

$$\boldsymbol{T}_{abc \to \alpha\beta} = \frac{2}{3} \begin{bmatrix} 1 & -\dfrac{1}{2} & -\dfrac{1}{2} \\[2mm] 0 & \dfrac{\sqrt{3}}{2} & -\dfrac{\sqrt{3}}{2} \end{bmatrix} \qquad \boldsymbol{T}_{\alpha\beta \to abc} = \begin{bmatrix} 1 & 0 \\[2mm] -\dfrac{1}{2} & \dfrac{\sqrt{3}}{2} \\[2mm] -\dfrac{1}{2} & -\dfrac{\sqrt{3}}{2} \end{bmatrix}$$

式(12.40)表示的 3 相模型可化为两相静止坐标系模型如下:

$$\begin{bmatrix} \dfrac{\mathrm{d}i_{\alpha}}{\mathrm{d}t} \\[3mm] \dfrac{\mathrm{d}i_{\beta}}{\mathrm{d}t} \\[3mm] \dfrac{\mathrm{d}u_{dc}}{\mathrm{d}t} \end{bmatrix} = \begin{bmatrix} -\dfrac{R}{L} & 0 & \dfrac{-S_{\alpha}}{L} \\[2mm] 0 & -\dfrac{R}{L} & \dfrac{-S_{\beta}}{L} \\[2mm] \dfrac{3S_{\alpha}}{2C} & \dfrac{3S_{\beta}}{2C} & 0 \end{bmatrix} \begin{bmatrix} i_{\alpha} \\[1mm] i_{\beta} \\[1mm] u_{dc} \end{bmatrix} + \begin{bmatrix} \dfrac{1}{L} & 0 & 0 \\[2mm] 0 & \dfrac{1}{L} & 0 \\[2mm] 0 & 0 & -\dfrac{1}{C} \end{bmatrix} \begin{bmatrix} u_{s\alpha} \\[1mm] u_{s\beta} \\[1mm] i_{L} \end{bmatrix} \tag{12.43}$$

其中,S_{α}、S_{β} 是将 S_{a}、S_{b}、S_{c} 代入式(12.42)所表示的变换式得到的。

前面已说明,经 Park 变换后得到的空间矢量长度不变。若让坐标轴也以与空间矢量同样的角频率旋转,那么在旋转坐标系中看,由 Park 变换得到的空间矢量是静止的,空间矢量在旋转坐标轴上的分量也是静止的直流量。所以进一步将静止坐标系模型变换到以电网角频率 ω 旋转的两相同步 dq 坐标系中,则正弦变量就变为常数。

dq 旋转坐标系和 α、β 静止坐标系之间的关系如图 12.65 所示。静止与旋转坐标系间的变换式如下:

$$\begin{cases} \boldsymbol{X}_{dq} = \boldsymbol{T}_{\alpha\beta \to dq}\, \boldsymbol{X}_{\alpha\beta} \\ \boldsymbol{X}_{\alpha\beta} = \boldsymbol{X}_{dq \to \alpha\beta}\, \boldsymbol{X}_{dq} \end{cases} \tag{12.44}$$

其中:$\boldsymbol{X}_{dq} = \begin{bmatrix} x_{d} & x_{q} \end{bmatrix}^{\mathrm{T}}$,$\boldsymbol{X}_{\alpha\beta} = \begin{bmatrix} x_{\alpha} & x_{\beta} \end{bmatrix}^{\mathrm{T}}$

$$\boldsymbol{T}_{\alpha\beta \to dq} = \begin{bmatrix} \cos\omega t & \sin\omega t \\ -\sin\omega t & \cos\omega t \end{bmatrix} \qquad \boldsymbol{T}_{dq \to \alpha\beta} = \boldsymbol{T}_{\alpha\beta \to dq}^{-1} = \begin{bmatrix} \cos\omega t & -\sin\omega t \\ \sin\omega t & \cos\omega t \end{bmatrix}$$

将式(12.44)作用于式(12.43),则可得到两相同步旋转坐标系下的模型如下:

$$\begin{bmatrix} \dfrac{\mathrm{d}i_d}{\mathrm{d}t} \\[2mm] \dfrac{\mathrm{d}i_q}{\mathrm{d}t} \\[2mm] \dfrac{\mathrm{d}u_{dc}}{\mathrm{d}t} \end{bmatrix} = \begin{bmatrix} -\dfrac{R}{L} & \omega & -\dfrac{S_d}{L} \\[2mm] -\omega & -\dfrac{R}{L} & -\dfrac{S_q}{L} \\[2mm] \dfrac{3S_d}{2C} & \dfrac{3S_q}{2C} & 0 \end{bmatrix} \begin{bmatrix} i_d \\[2mm] i_q \\[2mm] u_{dc} \end{bmatrix} + \begin{bmatrix} \dfrac{1}{L} & 0 & 0 \\[2mm] 0 & \dfrac{1}{L} & 0 \\[2mm] 0 & 0 & -\dfrac{1}{C} \end{bmatrix} \begin{bmatrix} u_{sd} \\[2mm] u_{sq} \\[2mm] i_L \end{bmatrix} \tag{12.45}$$

图 12.66 是 dq 系下的 PWM 整流器模型的结构图。比较静止坐标系和旋转坐标系下的模型可以发现,静止坐标系模型的各相电流相互独立,不存在耦合关系。同步旋转坐标系下,两相电流之间存在耦合关系。这一性质说明,如果在旋转坐标系下设计电流控制器,则应当考虑电流之间的这种耦合关系。

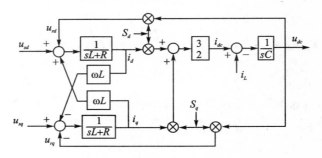

图 12.66　两相同步坐标系下 PWM 整流器模型

12.2.4　PWM 整流器的数字化实现方案

由式(12.45)表示的整流器模型得到输入电流须满足:

$$\begin{cases} L\dfrac{\mathrm{d}i_d}{\mathrm{d}t} = -Ri_d + \omega Li_q + u_{sd} - u_{rd} \\[3mm] L\dfrac{\mathrm{d}i_q}{\mathrm{d}t} = -\omega Li_d - Ri_q + u_{sq} - u_{rq} \end{cases} \tag{12.46}$$

可以看到,式(12.46)中 dq 轴电流除受控制量 u_{rd}、u_{rq} 的影响外,还受耦合电压 ωLi_q、$-\omega Li_d$ 扰动和电网电压 u_{sd}、u_{sq} 扰动。所以,单纯地对 dq 轴电流做负反馈并没有解除 dq 轴之间的电流耦合,效果不会很理想。

现假设变换器输出的电压矢量中包含 3 个分量:

$$u_{rd} = u_{rd1} + u_{rd2} + u_{rd3} \tag{12.47}$$

$$u_{rq} = u_{rq1} + u_{rq2} + u_{rq3} \tag{12.48}$$

令 $u_{rd1} = u_{sd}$,$u_{rd2} = \omega Li_q$,$u_{rq1} = u_{sq}$,$u_{rq2} = -\omega Li_d$,将式(12.47)和式(12.48)式代入(12.46)式得:

$$\begin{cases} L\dfrac{\mathrm{d}i_d}{\mathrm{d}t} + Ri_d = -u_{rd3} \\[3mm] L\dfrac{\mathrm{d}i_q}{\mathrm{d}t} + Ri_q = -u_{rq3} \end{cases} \tag{12.49}$$

在式(12.49)表示的 dq 电流子系统中，dq 轴电流是独立控制的，而且控制对象也很简单，相当于对一个一阶对象的控制。而之所以能形成(12.49)式这种简洁形式，主要原因是引入了电流状态反馈(u_{rd2} 和 u_{rq2})解耦，消除了 dq 轴电流间的相互影响。引入电网扰动电压(u_{rd1} 和 u_{rq1})作前馈，及时补偿电网电压波动的影响，也使系统的动态性能有了进一步提高。双闭环控制整流器原理框图如图 12.67 所示。

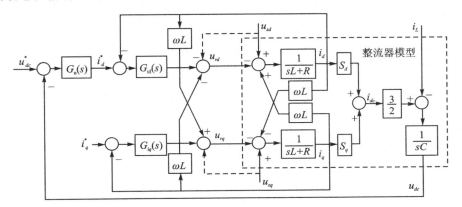

图 12.67　双闭环控制整流器原理框图

图 12.67 是两相同步坐标系下，带电流状态反馈解耦的双闭环控制结构的整流器原理图。电压控制器和电压反馈构成外环。电压控制器 $G_u(s)$ 的输出作为 d 轴电流(有功分量)指令，电流控制器和电流反馈构成内环，但电流内环只是整个电流控制的一部分。对电流的控制还包括了电流状态反馈解耦和电网扰动的补偿。将电流调节器 $G_i(s)$ 的输出($-u_{rd3}$ 和 $-u_{rq3}$)分别和 dq 电流耦合分量(u_{rd2} 和 u_{rq2})及电网电压扰动量(u_{rd1} 和 u_{rq1})这两项合成作为整流器的交流侧 dq 轴电压输出。在同步坐标系里看，三相平衡电网相当于常值扰动，即使不检测也能消除它的影响。但加入电网电压前馈补偿，有利于提高系统的抗扰能力。况且电网电压的检测并不麻烦，成本也很低。图 12.67 左边的虚线框表示整流器，右边的虚线框内部分表示由微处理器完成的整流器控制功能。

经过电流反馈解耦以后从图 12.67 看，整流系统和直流电机调速系统很相似。整流器的输入电感与电枢电感类似，其输出电容与电机的转动惯量类似，有功电流和电机的转矩电流类似，负载电流与电机阻转矩类似，而电网电压和电机的反电势相似。因此，可以借用直流电机调速系统的控制器设计思路，按直流电机控制器的工程化设计方法设计整流器控制器。

图 12.68 是整流器的两相稳态输入电流波形，图 12.69 是 B 相电流波形(幅值较小的)和电压波形。图 12.70 是在空载状态突加负载时的输入电流波形和输出电压波形。

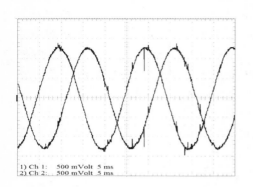

1) Ch 1:　　500 mVolt 5 ms
2) Ch 2:　　500 mVolt 5 ms

图 12.68　A 相和 B 相输入电流

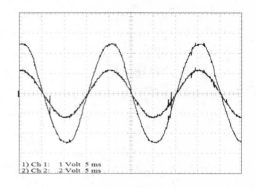

1) Ch 1:　　1 Volt 5 ms
2) Ch 2:　　2 Volt 5 ms

图 12.69　B 相电流和 B 相电压

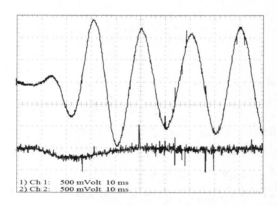

1) Ch 1:　　500 mVolt 10 ms
2) Ch 2:　　500 mVolt 10 ms

图 12.70　突加负载的输入电流和输出电压

附录

浮点汇编指令

浮点运算指令遵循的结构与定点的类似,由如下结构表示:
操作码 目标操作数 1,源操作数 1,源操作数 2 注释
INETRUCTION dest1,souece1,source2　Description
常见的浮点汇编指令分为移动指令、浮点算数运算指令、位操作指令、数据转换指令、逻辑操作指令。附表 A.1 列出了指令系统中常使用的符号、运算符及其含义。

附表 A.1　指令中用到的语法元素

符　号	含　义
♯16FHi	单精度浮点数的高 16 位(十进制小数或 16 进制)
♯16FHiHex	单精度浮点数的高 16 位(16 进制)
♯16FLoHex	单精度浮点数的低 16 位(16 进制)
♯32Fhex	单精度浮点立即数(16 进制)
♯32F	单精度浮点立即数(十进制小数)
♯0.0	立即数 0
♯RC	16 bit 立即数重复计数器
*(0:16bitAddr)	16 bit 地址
CNDF	测试 STF 寄存器中标志的条件
FLAG	STF 寄存器 11 位状态标志位
label	重复块结束标签
mem16	直接或间接寻址的 16 位地址
mem32	直接或间接寻址的 32 位地址
RaH	R0H～ R7H 结果寄存器
RbH	R0H～ R7H 结果寄存器
RcH	R0H～ R7H 结果寄存器
RdH	R0H～ R7H 结果寄存器
ReH	R0H～ R7H 结果寄存器

DSP 原理与应用——基于 TMS320F28075

408

符　号	含　义
RfH	R0H～ R7H 结果寄存器
RB	重复块寄存器
STF	FPU 状态寄存器
VALUE	STF 寄存器 11 位状态标志位数据 0 或 1

1. 移动指令

移动指令大致分为如下几类:

➢ 累加器、结果寄存器或状态寄存器的装载、移动、存储和交换指令;

➢ 入栈和出栈指令;

➢ 16 位浮点寄存器与数据空间的数据装载指令。

(1) CPU 浮点寄存器装载存储指令

其指令和操作如附表 A.2 所列。

附表 A.2 浮点寄存器装载指令

助记符指令	说　明
MOVIZ RaH,♯16FHiHex	RaH[31:16]＝♯16FHiHex RaH[15:0]＝0 ♯16FHiHex(十六进制)存放 IEEE 单精度浮点的高 16 位 单周期指令,不影响任何 STF 标志位
MOVXI RaH,♯16FLoHex	RaH[15:0]＝♯16FLoHex RaH[31:16]＝Unchanged ♯16FLoHex(十六进制)存放 IEEE 单精度浮点的低 16 位。MOVXI 指令可与 MOVIZ 或 MOVIZF32 相结合以实现对 32bitRaH 寄存器的操作 单周期指令,不影响任何 STF 标志位
MOVIZF32 RaH,♯16FHi	RaH[31:16]＝♯16FHi RaH[15:0]＝0 ♯16Fhi 为十六进制数或是十进制小数 单周期指令,不影响任何 STF 标志位

MOVI32 RaH,♯32FHex	RaH＝♯32FHex;该操作数只能是十六进制数,例如 3.0 只能写成十六进制 ♯0x40400000 而不能写成十进制 ♯3.0
	
	如果低 16 位为 0,则该指令可等效成如下单周期指令
	MOVIZ RaH,♯16FHiHex
	如果低 16 位不为 0,则该指令可等效成如下指令,为双周期指令
	MOVIZ RaH,♯16FHiHex
	MOVXI RaH,♯16FLoHex
	该指令不影响任何 STF 标志位

助记符指令	说　明
MOVF32 RaH，♯32F	RaH＝♯32F；该只能是十进制数，例如 3.0 只能写成十进制 ♯3.0 而不能写成十六进制 ♯0x40400000
	如果低 16 位为 0，则该指令可等效成如下单周期指令 MOVIZ RaH，♯16FHiHex 如果低 16 位不为 0，则该指令可等效成如下指令，为双周期指令 MOVIZ RaH，♯16FHiHex MOVXI RaH，♯16FLoHex 该指令不影响任何 STF 标志位

【例 1】　将立即数－1.5 装载到 R0H 寄存器中。

```
MOVIZ R0H，♯0xBFC0        ；R0H = 0xBFC00000
                         ；－1.5 只能写成十六进制 ♯0xBFC0
                         ；而不能写成十进制数 ♯－1.5 的形式
```

【例 2】　将 pi＝3.141593（0x40490FDB）装载到 R0H 寄存器中。

```
MOVIZ R0H，♯0x4049        ；R0H = 0x40490000
MOVXI R0H，♯0x0FDB        ；R0H = 0x40490FDB
```

【例 3】

```
MOVIZF32 R2H，♯2.5        ；R2H = 2.5 = 0x40200000
MOVIZF32 R3H，♯－5.5      ；R3H = －5.5 = 0xC0B00000
MOVIZF32 R4H，♯0xC0B0     ；R4H = －5.5 = 0xC0B00000
MOVIZF32 RaH，♯－1.5 与 MOVIZ RaH，0xBFC0 等效
```

【例 4】　将 pi＝3.141593（0x40490FDB）装载到 R0H 寄存器中。

```
MOVIZF32 R0H，♯0x4049     ；R0H = 0x40490000
MOVXI；R0H，♯0x0FDB        ；R0H = 0x40490FDB
```

【例 5】　MOVI32 为双周期指令。

```
MOVI32 R3H，♯0x40004001 ；R3H = 0x40004001
```

该指令与如下指令等效：

```
MOVIZ R3H，♯0x4000
MOVXI R3H，♯0x4001
```

【例 6】　MOVF32 为单周期指令。

```
MOVF32 R1H，♯3.0        ；R1H = 3.0 (0x40400000)
```

该指令与如下指令等效

```
MOVIZ R1H，♯0x4040
```

【例 7】　MOVF32 为双周期指令。

```
MOVF32 R3H，♯12.265        ；R3H = 12.625 (0x41443D71)
```

该指令与如下指令等效：

```
MOVIZ R3H，♯0x4144
MOVXI R3H，♯0x3D71
```

（2）数据空间装载指令

其指令和操作如附表 A.3 所列。

附表 A.3　数据空间装载指令

助记符指令	说　明
MOV32 *(0:16bitAddr)，loc32	[0:16bitAddr]=[loc32]将 loc32 中 32 位数据复制到 0:16bitAddr 所指示的数据存储单元
	双周期指令,该指令不影响任何 STF 标志位
MOV16 mem16，RaH	[mem16]=RaH[15:0]将 RaH 寄存器低 16 位数据复制到 mem16 所指示的数据存储单元
	单周期指令,该指令不影响任何 STF 标志位
MOV32 mem32，RaH	[mem32]=RaH 将 RaH 的数据复制到 mem32 所指示的 32bit 数据存储单元
	单周期指令,该指令不影响任何 STF 标志位
MOV32 loc32，*(0:16bitAddr)	[loc32]=[0:16bitAddr] 将[0:16bitAddr]地址的数据复制到 loc32 空间
	双周期指令,该指令不影响任何 STF 标志位
MOVD32 RaH，mem32	RaH=[mem32] [mem32+2]=[mem32] 将 mem32 所指示的 32bit 存储单元的内容复制到 CPU 寄存器,并将该数据顺次复制到下一个数据地址
	单周期指令

	所影响的 STF 标志位
	NF=RaH[31];
	ZF=0;
	if(RaH[30:23] == 0)
	{ ZF=1; NF=0; }
	NI=RaH[31];
	ZI=0;
	if(RaH[31:0] == 0) ZI=1;

【例 8】　将 ACC 中的内容装载到 0x00A000 的地址空间。

```
MOV32 *(0xA000),@ACC    ;[0x00A000] = ACC
NOP                     ;由于是双周期指令
                        ;因此需要加入一个机器周期的空闲操作
                        ;或加入一条非冲突指令以保证该操作完成
```

【例 9】　将 R4H 中的内容装载到 0x00B000 的地址空间,其中 R4H=3.0。

```
MOV16 @0,R4H            ;[0x00B000] = 3.0 (0x0003)
```

【例 10】　将 0xC000 单元的数值复制到 ACC 单元中。

```
MOV32 @ACC, *(0xC000)    ;AL = [0x00C000], AH = [0x00C001]
NOP                      ;双周期指令,需加入一个周期的空闲指令
                         ;执行结果:AL = 0xFFFF, AH = 0x1111
                         ;[0x00C000] = 0xFFFF;[0x00C001] = 0x1111;
```

(3) 浮点寄存器装载指令

其指令和操作如附表 A.4 所列。

附表 A.4　浮点寄存器装载指令

助记符指令	说　明

MOVST0 FLAG	将 STF 中的对应位复制到 ST0 状态寄存器的对应位中
	If((LVF==1)||(LUF==1))OV=1;
	elseOV=0;
	If((NF ==1)||(NI==1))N=1;
	elseN=0;
	If((ZF ==1)||(ZI ==1))Z=1;
	elseZ=0;
	If(TF ==1)C=1;
	elseC=0;
	If(TF ==1)TC=1;
	elseTC=0;
	其他 ST0 标志位不受该操作影响

	单周期指令,但该指令不能用于流水线等待周期,否则会产生非法操作
MOV32 mem32, STF	[mem32]=STF 将 STF 的数据复制到 mem32 所指示的 32bit 数据存储单元 单周期指令
MOV32 STF,mem32	STF=[mem32]将 mem32 所指示的数据空间的内容复制到 STF 中 单周期指令

【例 11】　该指令不能用于流水线等待周期,否则会产生非法操作。
非法操作:

```
MPYF32 R2H, R1H, R0H    ;双周期指令
MOVST0 TF               ;不能用于流水线等待周期
```

合法操作:

```
MPYF32 R2H, R1H, R0H    ;双周期指令
NOP                     ;加入一个空闲的等待周期
MOVST0TF                ;合法操作
```

【例 12】　STF 寄存器中的内容为 0x00000004。

```
MOV32 @0,STF    ;[0x00A000] = 0x00000004
```

【例 13】 将数据空间的内容复制到 STF 寄存器中。

```
MOVW DP, #0x0300        ; DP = 0x0300
MOV @2, #0x020C         ; [0x00C002] = 0x020C
MOV @3, #0x0000         ; [0x00C003] = 0x0000
MOV32 STF, @2           ; STF = 0x0000020C
```

(4) 浮点寄存器对 C28x 寄存器操作

执行该指令前需要加入一个空操作指令周期,其指令和操作如附表 A.5 所列。

附表 A.5　浮点寄存器对 C28x 寄存器操作指令

助记符指令	说　明
MOV32 ACC, RaH	ACC=RaH, 将 RaH 中的内容复制给累加器 ACC
	STF 状态寄存器不受影响,ST0 中的 Z 和 N 标志位受影响;为双周期指令
MOV32 P, RaH	P=RaH=RaH, 将 RaH 中的内容复制给 P 寄存器;
	STF 和 ST0 状态寄存器均不受影响;为双周期指令
MOV32 XT, RaH	XT=RaH, 将 RaH 中的内容复制给 XT 临时寄存器
	STF 和 ST0 状态寄存器均不受影响;为双周期指令
MOV32 XARn, RaH	XARn=RaH, 将 RaH 的内容复制给扩展辅助功能寄存器
	STF 和 ST0 状态寄存器均不受影响;为双周期指令

【例 14】

```
MOV32 ACC, R2H        ; 将 R2H 寄存器内容复制到 ACC 中
NOP                   ; 双周期指令,需要加入空闲等待周期
```

【例 15】

```
MOV32 XT, R2H         ; 将 R2H 寄存器内容复制到 XT 中
NOP                   ; 双周期指令,需要加入空闲等待周期
```

(5) C28x 寄存器对浮点寄存器操作

其指令和操作如附表 A.6 所列。

执行这类指令后需加入空操作或除 FRACF32、UI16TOF32、I16TOF32、F32TOUI32 和 F32TOI32 之外的指令来实现 4 个指令周期的延时。

附表 A.6　C28x 寄存器对浮点寄存器操作指令

助记符指令	说　明
MOV32 RaH，ACC	RaH＝ACC 将 ACC 的内容复制到 RaH 中 STF 和 ST0 状态寄存器均不受影响
MOV32 RaH，P	RaH＝P 将 P 寄存器的内容复制到 RaH 中 STF 和 ST0 状态寄存器均不受影响
MOV32 RaH，XARn	RaH＝XARn 将扩展辅助功能寄存器的内容复制到 RaH 中 STF 和 ST0 状态寄存器均不受影响
MOV32 RaH，XT	RaH＝XT 将 XT 寄存器内容复制给 RaH STF 和 ST0 状态寄存器均不受影响

【例 16】

```
MOV32 R0H,@ACC      ;将 ACC 的内容复制到 R0H 中
NOP                 ;
NOP                 ;
NOP                 ;加入 4 个空闲等待周期
```

（6）条件赋值指令

其指令和操作如附表 A.7 所列。

附表 A.7　条件赋值指令

助记符指令	说　明

MOV32 RaH，RbH{，CNDF}	if（CNDF ＝＝ TRUE）
	RaH＝RbH
	如果条件成立则执行寄存器赋值语句
	单周期指令
	
	所影响的 STF 标志位按如下操作
	if(CNDF ＝＝ UNCF)
	{
	　　NF＝RaH(31);
	　　ZF＝0;
	　　if(RaH[30:23] ＝＝ 0)
	　　{ ZF＝1; NF＝0; }
	　　NI＝RaH[31];
	　　ZI＝0;
	　　if(RaH[31:0] ＝＝ 0) ZI＝1;
	}

DSP原理与应用——基于TMS320F28075

助记符指令	说　明
MOV32 RaH，mem32{，CNDF}	if（CNDF == TRUE） RaH＝[mem32] 单周期指令 如果条件成立则将 mem32 所指示的内容复制到寄存器 RaH 中
	所影响的 STF 标志位如上面指令相同
NEGF32 RaH，RbH{，CNDF}	if（CNDF == true） {RaH＝－ RbH } else {RaH＝RbH } 条件取反指令 单周期指令，该指令影响 STF 中的 ZF 和 NF 位
SWAPF RaH，RbH{，CNDF}	if（CNDF == true） swap RaH and RbH 条件数据交换指令 单周期指令，不影响任何 STF 标志位
TESTTF CNDF	if（CNDF == true） TF＝1； else TF＝0； STF 状态寄存器条件测试指令 单周期指令，不会影响任何 STF 标志位

414

条件状态如附表 A.8 所列。

附表 A.8　CNDF 条件状态

CNDF	说明	STF 寄存器状态标志位
NEQ	≠0	ZF == 0
EQ	=0	ZF == 1
GT	>0	ZF == 0，NF == 0
GEQ	≥0	NF == 0
LT	<0	NF == 1
LEQ	≤0	ZF == 1，NF == 1
TF	测试位置位	TF == 1
NTF	测试位复位	TF == 0
LU	下溢条件	LUF == 1
LV	上溢条件	LVF == 1

续附表 A.8

CNDF	说明	STF 寄存器状态标志位
UNC	无条件	None
UNCF	无条件	None

【例 17】

```
MOVW DP, #0x0300        ; DP = 0x0300
MOV @0, #0x8888         ; [0x00C000] = 0x8888
MOV @1, #0x8888         ; [0x00C001] = 0x8888
MOVIZF32 R3H, #17.0     ; R3H = 7.0 (0x40E00000)
MOVIZF32 R4H, #17.0     ; R4H = 7.0 (0x40E00000)
MAXF32 R3H, R4H         ; 其中 R3H = = R4H,则 ZF = 1, NF = 0
MOV32 R1H, @0, EQ       ; 其中偏移量 0 中的内容是 0x88888888
                        ; 则 R1H = 0x88888888
```

【例 18】

```
CMPF32 R0H, #0.0        ; R0H 与 0 比较
TESTTF LT               ; 若 R0H 小于等于 0 则 TF = 1
```

2. 浮点算数运算指令

包含绝对值、加法、减法、乘法及乘加等并行指令。

(1) 绝对值浮点指令

其指令和操作如附表 A.9 所列。

附表 A.9　绝对值浮点指令

助记符指令	说　明

ABSF32 RaH, RbH	if (RbH < 0){RaH = -RbH}
	else {RaH = RbH}
	
	单周期指令,该指令影响 STF 寄存器中的 ZF 和 NF 位,逻辑判断如此下:
	NF = 0;
	ZF = 0;
	if (RaH[30:23] = = 0) ZF = 1;

【例 19】

```
MOVIZF32 R1H, # - 2.0   ; R1H = - 2.0 (0xC0000000)
ABSF32 R1H, R1H         ; R1H = 2.0 (0x40000000), ZF = NF = 0
```

【例 20】

```
MOVIZF32 R0H, #0.0      ; R0H = 0.0
ABSF32 R1H, R0H         ; R1H = 0.0 ZF = 1, NF = 0
```

(2) 加法指令

目标操作数均为 R0H~ R7H 结果寄存器,源操作数可以为结果寄存器也可是

立即数,其指令和操作附表 A.10 所列。

附表 A.10 加法指令

助记符指令	说　明
ADDF32 RaH, ♯16FHi, RbH	RaH＝RbH＋♯16FHi:0 寄存器和立即数相加 双个周期指令,需加入一个空闲周期
	所影响的 STF 标志位 LUF,如果 ADDF32 产生上溢条件,LUF＝1 LVF,如果 ADDF32 产生下溢条件,LVF＝1
ADDF32 RaH, RbH, ♯16FHi	RaH＝RbH＋♯16FHi:0 寄存器和立即数相加 指令周期和影响的 STF 相关标志位同上
ADDF32 RaH, RbH, RcH	RaH ＝RbH＋RcH 两个寄存器相加 指令周期和影响的 STF 相关标志位同上

【例 21】

```
ADDF32 R0H, ♯2.0, R1H        ; R0H = 2.0 + R1H
NOP                          ; 加入一个空闲周期
```

【例 22】

```
ADDF32 R2H, ♯－2.5, R3H       ; R2H = －2.5 + R3H
NOP                          ; 加入一个空闲周期
```

【例 23】

```
ADDF32 R5H, ♯0xBFC0, R5H     ; R5H = －1.5 + R5H
NOP                          ; 加入一个空闲周期
```

注:根据 IEEE 单精度浮点规范,－1.5(Dec)＝0xBFC00000(Hex),汇编器支持十进制和 16 进制立即数的表达方式,也就是说,－1.5 在汇编指令中可以写成♯－1.5(十进制)或♯0xBFC0(十六进制)。

(3) 减法指令

目标操作数均为 R0H～ R7H 结果寄存器,源操作数可以为结果寄存器也可是立即数,其指令和操作如附表 A.11 所列。

附表 A.11　减法指令

助记符指令	说　明
SUBF32 RaH, RbH, RcH	RaH＝RbH － RcH 两个寄存器相减 双个周期指令,需加入一个空闲周期 所影响的 STF 标志位: LUF,如果 ADDF32 产生上溢条件,LUF＝1 LVF,如果 ADDF32 产生下溢条件,LVF＝1

续附表 A.11

助记符指令	说　明
SUBF32 RaH，♯16FHi，RbH	RaH＝♯16FHi:0 - RbH 寄存器和立即数相减 指令周期和影响的 STF 相关标志位同上

【例 24】

```
SUBF32 R0H，♯2.0，R1H；R0H = 2.0 - R1H
NOP                     ；加入一个空闲周期
```

（4）乘法指令

目标操作数均为 R0H～R7H 结果寄存器，源操作数可以为结果寄存器也可是立即数，其指令和操作如附表 A.12 所列。

附表 A.12　乘法指令

助记符指令	说　明
MPYF32 RaH，RbH，RcH	RaH＝RbH * RcH 两个寄存器内容相乘 双周期指令，需加入一个空闲周期 指令执行后影响 STF 寄存器的状态位： 若 MPYF32 产生上溢条件，LUF＝1. 若 MPYF32 产生下溢条件，LVF＝1.
MPYF32 RaH，♯16FHi，RbH	RaH＝♯16FHi:0 * RbH 寄存器和立即数相乘 指令周期和受影响的 STF 标志位同上

【例 25】 计算 Y＝A * B。

```
MOVL XAR4，♯10
MOV32 R0H，* XAR4        ；R0H = ♯10，采用间接寻址方式
MOVL XAR4，♯11
MOV32 R1H，* XAR4        ；R1H = ♯11，采用间接寻址方式
MPYF32 R0H,R1H,R0H       ；10 * 11
NOP                     ；MPYF32 为双周期指令
MOV32 * XAR4,R0H        ；储存乘积结果
```

（5）乘加/乘减等并行操作指令

其指令和操作如附表 A.13 所列。

附表 A.13　乘加/乘减等并行操作指令

助记符指令	说　明
MACF32 R3H，R2H，RdH，ReH，RfH‖ MOV32 RaH，mem32	R3H＝R3H ＋ R2H， RdH＝ReH * RfH， RaH＝[mem32]分别将 R3H、RdH、RaH 作目标寄存器

417

助记符指令	说　明
MACF32 R3H, R2H, RdH, ReH, RfH‖ MOV32 RaH, mem32	双周期指令,需要加入一个空闲指令或不与 R3H 或 RdH 操作相关的一个周期指令

	MACF32 操作影响的标志位
	若 MACF32 产生上溢条件,LUF=1.
	若 MACF32 产生下溢条件,LVF=1.
	MOV32 影响的标志位
	NF=RaH(31);
	ZF=0;
	if(RaH(30:23) == 0)
	{ ZF=1; NF=0; }
	NI=RaH(31);
	ZI=0;
	if(RaH(31:0) == 0) ZI=1;

MACF32 R7H, R3H, mem32, *XAR7++	R3H=R3H + R2H, R2H=[mem32] * [XAR7++] 完成一个乘法和加法指令
	该指令也是唯一能够与 RPT‖指令配合使用的浮点指令。若使用 RPT‖指令,则需要将 R2H 和 R6H 用于暂存器,R3H 和 R7H 交替作为目标寄存器,即奇数周期使用 R3H 和 R2H;偶数周期使用 R7H 和 R6H。 周期 1: R3H=R3H + R2H, R2H=[mem32] * [XAR7++] 周期 2: R7H=R7H + R6H, R6H=[mem32] * [XAR7++] 周期 3: R3H=R3H + R2H, R2H=[mem32] * [XAR7++] 周期 4: R7H=R7H + R6H, R6H=[mem32] * [XAR7++] ……
	受影响的 STF 标志位及相应的操作如下: 若 MACF32 产生下溢条件,则 LUF=1 若 MACF32 产生上溢条件,则 LVF=1

助记符指令	说 明
MACF32　R7H，　R6H，　RdH，ReH，RfH	RdH＝ReH ＊ RfH R7H＝R7H ＋ R6H 完成一次乘法和加法运算， 该指令可写成如下形式： MPYF32 RdH，RaH，RbH ‖ ADDF32 R7H，R7H，R6H
	受影响的 STF 标志位及相关的操作如下： MPYF32 或 ADDF32 指令产生下溢条件， LUF＝1 MPYF32 或 ADDF32 指令产生上溢条件， LVF＝1 由于是双周期指令,因此需要加入空闲指令周期以保证运算完成
MACF32 R7H，R6H，RdH，ReH，RfH ‖MOV32 RaH，mem32	R7H＝R7H ＋ R6H RdH＝ReH ＊ RfH， RaH＝[mem32] 可看作 MACF32 R7H，R6H，RdH，ReH，RfH 与 MOV32 RaH，mem32 指令的并行指令，即完成一次加法一次乘法和一次赋值操作。RdH 和 RaH 不能选用相同的寄存器

	除 TF 标志位外,STF 其他标志位均受到影响
	MACF32 影响的 STF 标志位
	若 MACF32 指令产生下溢条件,则 LUF＝1
	若 MACF32 指令产生上溢条件,则 LVF＝1
	MOV32 影响的 STF 标志位
	NF＝RaH(31)；
	ZF＝0；
	if(RaH(30:23) ＝＝ 0)
	{ZF＝1；NF＝0；}
	NI＝RaH(31)；
	ZI＝0；
	if(RaH(31:0) ＝＝ 0) ZI＝1；
	双周期指令,需要在加入空闲的单周期指令

助记符指令	说　明
MPYF32 RaH，RbH，RcH || ADDF32 RdH，ReH，RfH	RaH＝RbH ＊ RcH RdH＝ReH ＋ RfH （RaH 与 RdH 不应使用相同的寄存器） 该指令也可写成 MACF32 RaH，RbH，RcH，RdH，ReH，RfH
	受影响的 STF 标志位操作 若 MPYF32 或 ADDF32 产生下溢条件， 则 LUF＝1 若 MPYF32 或 ADDF32 产生上溢条件， 则 LVF＝1 双周期指令,需要在加入空闲的单周期指令
MPYF32 RaH，RbH，RcH || ADDF32 RdH，ReH，RfH	RaH＝RbH ＊ RcH RdH＝ReH ＋ RfH 完成一次加法和减法并行运算 该指令与如下指令等效（前段已介绍） MACF32 RaH，RbH，RcH，RdH，ReH，RfH
	受影响的 STF 标志位操作 若 MPYF32 或 ADDF32 产生下溢条件， 则 LUF＝1 若 MPYF32 或 ADDF32 产生上溢条件， 则 LVF＝1 双周期指令,需要在加入空闲的单周期指令
MPYF32 RdH，ReH，RfH|| MOV32 RaH，mem32	RdH＝ReH ＊ RfH RaH＝[mem32] 完成一次乘法和一次数据单元的赋值操作

	受影响的 STF 标志位操作
	
	MPYF32 指令影响的标志位
	
	若 MPYF32 产生下溢条件,LUF＝1
	
	若 MPYF32 产生上溢条件,LVF＝1
	
	MOV32 指令影响的 STF 标志位
	
	NF＝RaH(31)；
	
	ZF＝0；
	
	if(RaH(30:23) ＝＝ 0)
	
	{ ZF＝1；NF＝0；}
	
	NI＝RaH(31)；
	
	ZI＝0；
	
	if(RaH(31:0) ＝＝ 0)
	
	ZI＝1；
	
	双周期指令,需要加入空闲周期

助记符指令	说　明
MPYF32 RdH，ReH，RfH ‖ MOV32 mem32，RaH	RdH＝ReH ＊ RfH [mem32]＝RaH 完成一次乘法和一次数据单元的赋值操作 所受影响的 STF 标志位同上条指令所示 同样该指令也为双周期指令
MPYF32 RaH，RbH，RcH‖ SUBF32 RdH，ReH，RfH	RaH＝RbH ＊ RcH， RdH＝ReH － RfH 完成一次乘法和减法操作,且两次操作的目标寄存器必须不同
	受影响的 STF 标志位 若 MPYF32 或 SUBF32 出现上溢条件， 则 LVF＝1 若 MPYF32 或 SUBF32 出现下溢条件， 则 LUF＝1 双周期指令,需要在指令后加入一个空闲周期指令
SUBF32 RdH，ReH，RfH‖ MOV32 RaH，mem32	RdH＝ReH － RfH， RaH＝[mem32] 完成一次减法和寄存器与数据空间之间的赋值操作

	SUBF32 指令影响的 STF 标志位
	若 SUBF32 产生上溢条件,则 LVF＝1
	若 SUBF32 产生下溢条件,则 LUF＝1
	MOV32 指令影响的 STF 标志位
	NF＝RaH(31)；
	ZF＝0；
	if(RaH(30:23) ＝＝ 0)
	{ ZF＝1；NF＝0； }
	NI＝RaH(31)；
	ZI＝0；
	if(RaH(31:0) ＝＝ 0) ZI＝1；
	双周期指令,需要加入一个空闲指令周期

SUBF32 RdH，ReH，RfH‖ MOV32 mem32，RaH	RdH＝ReH － RfH， [mem32]＝ RaH 完成一次减法和寄存器与数据空间之间的赋值操作 双周期指令,且受影响的 STF 标志位同上条指令一致

助记符指令	说　明
ADDF32 RdH，ReH，RfH‖ MOV32 RaH，mem32	RdH＝ReH ＋ RfH， RaH＝［mem32］ 完成一次加法和寄存器与数据空间之间的赋值操作
	双周期指令，需在该并行指令之后加入一个空闲指令周期者加入不与 RdH 寄存器操作的单周期指令
	除去 TF 位外，STF 其他标志位均受影响 若 ADDF32 产生上溢条件，则 LVF＝1 若 ADDF32 产生下溢条件，则 LUF＝1 MOV32 影响的 STF 标志位同上条指令一致
ADDF32 RdH，ReH，RfH‖ MOV32 mem32，RaH	RdH＝ReH ＋ RfH， ［mem32］＝RaH 完成一次加法和寄存器与数据空间之间的赋值操作
	双周期指令，且 STF 寄存器中受影响的标志位均与上条指令一致

【例 26】　实现如公式 $\sum\limits_{i=0}^{4} X_i \cdot Y_i$ 的乘加运算。

```
;可使用两个辅助寄存器分别指向 X 和 Y 这两个数组
;采用间接寻址的方式,并采用并行指令来减少程序段的运行时间
;可参考如下程序段
MOV32 R0H，＊XAR0 ++          ; R0H＝X0,XAR0 指向 X1
MOV32 R1H，＊XAR1 ++          ; R1H＝Y0,XAR1 指向 Y1
; R2H＝A＝X0 ＊ Y0 ,R0H＝X1
MPYF32 R2H, R0H, R1H‖ MOV32 R0H，＊XAR0 ++
; MOV32 作一个周期延时指令以保证 R2H 数据得以更新并完成 R1H＝Y1 操作
MOV32 R1H，＊XAR1 ++
; R3H＝B＝X1 ＊ Y1,R0H＝X2
MPYF32 R3H, R0H, R1H‖ MOV32 R0H，＊XAR0 ++
MOV32 R1H，＊XAR1 ++          ; R1H＝Y2
; R3H＝A ＋ B,R2H＝C＝X2 ＊ Y2 并行完成 R0H＝X3
MACF32 R3H, R2H, R2H, R0H, R1H‖ MOV32 R0H，＊XAR0 ++
MOV32 R1H，＊XAR1 ++          ; R1H＝Y3
; R3H＝(A ＋ B) ＋ C,R2H＝D＝X3 ＊ Y3 并行完成 R0H＝X4
MACF32 R3H, R2H, R2H, R0H, R1H ‖ MOV32 R0H，＊XAR0
MOV32 R1H，＊XAR1           ; R1H＝Y4 用于一个周期的延时
; R2H＝E＝X4 ＊ Y4 并行完成 R3H＝(A ＋ B ＋ C) ＋ D
MPYF32 R2H, R0H, R1H ‖ ADDF32 R3H, R3H, R2H
NOP                       ;空闲周期等待并行指令操作完成
ADDF32 R3H, R3H, R2H      ; R3H＝(A ＋ B ＋ C ＋ D) ＋ E
NOP                       ;空闲周期等待 ADDF32 完成
```

【例 27】

MACF32 R7H,R3H,mem32,＊XAR7＋＋与 RPT 指令配合使用。

```
ZERO R2H
ZERO R3H
ZERO R7H           ;将所有 R2H、R3H 和 R7H 清零
RPT ♯5             ;重复执行 MACF32 操作 6 次
|| MACF32 R7H, R3H, ＊ XAR6 ++ , ＊ XAR7 ++
ADDF32 R7H, R7H, R3H
NOP                ;ADDF32 为双周期指令,加入一个周期的空操作
```

【例 28】　使用上述指令完成 Y＝A ＊ B ＋ C 操作。

```
MOV32 R0H,@A              ; R0H = A
MOV32 R1H,@B              ; R1H = B
MPYF32 R1H,R1H,R0H        ; R1H = A * B
|| MOV32 R0H,@C           ; R0H = C
NOP                       ; 双周期操作,加入一个空闲指令
ADDF32 R1H,R1H,R0H        ; R1H = A * B + C
NOP                       ; 双周期操作,加入一个空闲指令
```

【例 29】　读如下指令段,分析目标寄存器结果。

```
MOVIZF32 R4H, ♯5.0       ; R4H = 5.0 (0x40A00000)
MOVIZF32 R5H, ♯3.0       ; R5H = 3.0 (0x40400000)
MPYF32 R6H, R4H, R5H     ; R6H = R4H ＊ R5H
|| SUBF32 R7H, R4H, R5H  ; R7H = R4H － R5H
NOP                      ; 双周期指令,加入一个空操作
```

执行完后的结果：

```
R6H = 15.0 (0x41700000)
R7H = 2.0 (0x40000000)
```

【例 30】　分析如下代码段完成的操作,其中 A、B、C 表示数据空间的十进制地址。

```
MOVL XAR3, ♯ A     ;
MOV32 R0H, ＊ XAR4          ;采用间接寻址的方式,实现 R0H = ＊A;
MOVL XAR3, ♯ B     ;
MOV32 R1H, ＊ XAR4          ;采用间接寻址的方式,实现 R1H = ＊B;
MOVL XAR3, ♯ C     ;
ADDF32 R0H,R1H,R0H         ; R0H = ＊A + ＊B
|| MOV32 R2H, ＊ XAR3 ;     实现 R2H = ＊C;

MOVL XAR3, ♯ Y             ;由于 MOVL 不对 R0H 操作
                           ;故可用于延时指令有可完成取地址操作
SUBF32 R0H,R0H,R2H         ;R0H = (＊A + ＊B)- ＊C
NOP                        ;双周期指令,加入空操作
MOV32 ＊ XAR3,R0H          ;间接寻址,将 R0H 内容放到 Y 所对应的地址空间
```

（6）块重复指令

其指令和操作如附表 A.14 所列。

附表 A.14 块重复指令

助记符指令	说　明
RPTB label, loc16 RPTB label, #RC	重复执行指令代码段,执行 loc16＋1 次 重复执行指令代码段,执行 ♯RC＋1 次 该指令需要注意以下几点: ① 块偶地址对齐时,块长度在[9,127]word 之间; ② 块奇地址对齐时,块长度在[8,127]word 之间; ③ 在读/写 RB 寄存器前需将中断禁止 ④ 不允许被嵌套

【例 31】

```
.align 2
NOP
RPTB VECTOR_MAX_END, ♯5              ;重复 6 次
MOVL ACC,XAR0
MOV32 R1H, * XAR0 ++
MAXF32 R0H,R1H
MOVST0 NF,ZF
MOVL XAR6,ACC,LT
VECTOR_MAX_END:                       ;代码段尾地址
;RPTB块包含 8 个 word,需要保证其奇地址对其时,须在代码前加入.align 2 以保证 NOP 的地
址是偶地址,从而保证了块起始地址是奇地址
```

(7) 堆栈操作指令

其指令和操作如附表 A.15 所列。

附表 A.15 堆栈操作指令

助记符指令	说　明
PUSH RB POP RB	进入中断服务程序前将 RB 内容入栈 完成中断服务程序后将 RB 内容出栈 执行入栈出栈指令需要注意以下几点: 高优先级中断中,如在代码段中使用了 RPTB 指令,则需要将 RB 寄存器进行入栈和出栈操作;否则可不对 RB 寄存器进行操作; 低优先级中断中,必须将 RB 寄存器进行入栈和出栈操作。入栈操作后才可使能中断;出栈操作前禁止中断
RESTORE	从(R0H~R7H 和 STF)对应的影子寄存器恢复,用于高优先级中断的出栈指令 单周期指令 但不能将该指令用于空闲等待
SAVE FLAG, VALUE	将 R0H~R7H 和 STF 的内容保存至相应的影子寄存器,用于高优先级中断的入栈指令。 执行该指令时,STF 的 SHADDOW 位被指置 1 单周期指令 但不能将该指令用于空闲等待
SETFLG FLAG, VALUE	STF 寄存器位操作指令

【例 32】

```
    _Interrupt:                    ;高优先级中断
        ...
        PUSH RB                    ;由于中断服务程序中包含 RPTB 指令,因此需将 RB 寄存器入栈
    ISR
        ...
        RPTBEnd,♯A                 ;重复执行 A + 1 次
        ...
        ...
    End                            ;重复代码指令段尾地址
        ...
        POP RB                     ;RB 寄存器出栈
        ...
    IRET                           ;中断返回

    _Interrupt:                    ;低优先级中断
        ...
        PUSH RB                    ;必须将 RB 入栈
        ...
        CLRC INTM                  ;RB 入栈后才能使能全局中断
        ...
        ...                        ;
        ...
        SETC INTM                  ;
        ...
        POP RB                     ;RB 出栈前必须禁止全局中断
        ...
        IRET                       ;中断返回
```

【例 33】　判断如下代码段是否正确:

```
MPYF32 R2H, R1H, R0H              ;双周期指令
RESTORE                           ;用 RESTORE 作为等待周期,错误
;正确写法
MPYF32 R2H, R1H, R0H              ;双周期指令
NOP                               ;加入一个空闲等待周期
RESTORE
```

【例 34】

```
;C28x + FPU 进入中断前,CPU 会自动将 ACC, P, XT, ST0, ST1, IER, DP, AR0, AR1 和 PC 寄存器
入栈保存;但浮点寄存器需手动入栈保存
    _ISR:
        ASP             ;栈对齐
        PUSH RB         ;RB 寄存器入栈
        PUSH AR1H:AR0H
        PUSH XAR2
        PUSH XAR3
        PUSH XAR4
        PUSH XAR5
        PUSH XAR6
```

```
        PUSH XAR7
        PUSH XT            ;保存其他寄存器
        SPM 0              ;设置 C28 指令操作模式
        CLRC AMODE
        CLRC PAGE0,OVM
        SAVE RNDF32 = 1    ;保存所有 FPU 寄存器,并设置 FPU 工作模式
...

;中断出栈
...
        RESTORE            ;回复所有 FPU 寄存器(从其对应的影子寄存器)
        POP XT
        POP XAR7
        POP XAR6
        POP XAR5
        POP XAR4
        POP XAR3
        POP XAR2
        POP AR1H:AR0H      ;将所有寄存器出栈
        POP RB             ;恢复 RB 寄存器
        NASP
        IRET               ;中断返回
```

(8) 判断、比较指令

其指令和操作如附表 A.16 所列。

附表 A.16　判断、比较指令

助记符指令	说　明

CMPF32 RaH, RbH	If(RaH == RbH){ZF=1, NF=0}
	 If(RaH > RbH){ZF=0, NF=0}
	 If(RaH < RbH){ZF=0, NF=1}
	 两个寄存器内容进行大小比较
	 单周期指令

CMPF32 RaH, #16FHi	If(RaH == #16FHi:0){ZF=1, NF=0}
	 If(RaH > #16FHi:0){ZF=0, NF=0}
	 If(RaH < #16FHi:0){ZF=0, NF=1}
	 寄存器的值与立即数进行比较
	 单周期指令

CMPF32 RaH, #0.0	If(RaH == #0.0){ZF=1, NF=0}
	 If(RaH > #0.0){ZF=0, NF=0}
	 If(RaH < #0.0){ZF=0, NF=1}
	 寄存器正负判断
	 单周期指令

助记符指令	说　明
MAXF32 RaH，#16FHi	if(RaH < #16FHi:0)RaH=#16FHi:0

	受影响的 STF 标志位
	if(RaH == #16FHi:0)
	{ZF=1, NF=0}
	if(RaH > #16FHi:0)
	{ZF=0, NF=0}
	if(RaH < #16FHi:0)
	{ZF=0, NF=1}
	单周期指令

MAXF32 RaH，RbH	if(RaH < RbH) RaH=RbH 两个寄存器之间最大值指令

	受影响的 STF 标志位
	if(RaH == RbH) {ZF=1, NF=0}
	if(RaH > RbH) {ZF=0, NF=0}
	if(RaH < RbH) {ZF=0, NF=1}单周期指令

MINF32 RaH，#16FHi	if(RaH > #16FHi:0) RaH=#16FHi:0 立即数与寄存器之间最小值指令

	受影响的 STF 标志位
	if(RaH == #16FHi:0)
	{ZF=1, NF=0}
	if(RaH > #16F
	{ZF=0, NF=0}
	if(RaH < #16FHi:0)
	{ZF=0, NF=1}
	单周期指令

MINF32 RaH，RbH	if(RaH > RbH) RaH=RbH 寄存器之间最小值指令

	受影响的 STF 标志位
	if(RaH == RbH) {ZF=1, NF=0}
	if(RaH > RbH) {ZF=0, NF=0}
	if(RaH < RbH) {ZF=0, NF=1}
	单周期指令

助记符指令	说 明

MINF32 RaH，RbH ‖ MOV32 RcH，RdH	if(RaH > RbH)
	{ RaH=RbH；RcH=RdH；}
	
	受影响的 STF 标志位
	if(RaH == RbH){ZF=1，NF=0}
	if(RaH > RbH){ZF=0，NF=0}
	if(RaH < RbH){ZF=0，NF=1}

MAXF32 RaH，RbH ‖ MOV32 RcH，RdH	if(RaH < RbH)
	{ RaH=RbH；RcH=RdH；}
	
	受影响的 STF 标志位
	if(RaH == RbH){ZF=1，NF=0}
	if(RaH > RbH){ZF=0，NF=0}
	if(RaH < RbH){ZF=0，NF=1}

【例 35】

```
MOVIZF32 R1H, # - 2.0          ; R1H = - 2.0 (0xC0000000)
MOVIZF32 R0H, #5.0             ; R0H = 5.0 (0x40A00000)
CMPF32 R1H, R0H               ; ZF = 0, NF = 1
CMPF32 R0H, R1H               ; ZF = 0, NF = 0
CMPF32 R0H, R0H               ; ZF = 1, NF = 0
```

【例 36】

```
;用于循环控制,找出 XAR1 所指向的数组中小于 3.0 的数据
Loop:
MOV32 R1H, * XAR1 ++           ; R1H
CMPF32 R1H, #3.0              ; 置位或清除 ZF 和 NF 标志位
MOVST0 ZF, NF                 ; 将 ZF 和 NF 标志位复制到 ST0 寄存器的 Z 和 N 标志位用来判断
BF Loop, GT                  ; 当 R1H > #3.0 时循环,R1H ≤ #3.0 时循跳出
```

【例 37】 读指令代码段分析相应的标志位的数值。

```
MOVIZF32 R0H, #5.0           ; R0H = 5.0 (0x40A00000)
MOVIZF32 R1H, #4.0           ; R1H = 4.0 (0x40800000)
MOVIZF32 R2H, # - 1.5        ; R2H = - 1.5 (0xBFC00000)
MAXF32 R0H, #5.5             ; R0H = 5.5, ZF = 0, NF = 1
MAXF32 R1H, #2.5             ; R1H = 4.0, ZF = 0, NF = 0
MAXF32 R2H, # - 1.0          ; R2H = - 1.0, ZF = 0, NF = 1
MAXF32 R2H, # - 1.0          ; R2H = - 1.5, ZF = 1, NF = 0
MINF32 R0H, #5.5             ; R0H = 5.0, ZF = 0, NF = 1
MINF32 R1H, #2.5             ; R1H = 2.5, ZF = 0, NF = 0
MINF32 R2H, # - 1.0          ; R2H = - 1.5, ZF = 0, NF = 1
MINF32 R2H, # - 1.5          ; R2H = - 1.5, ZF = 1, NF = 0
```

【例 38】 读指令代码段分析相应的标志位的数值。

```
MOVIZF32 R0H, #5.0 ; R0H = 5.0 (0x40A00000)
MOVIZF32 R1H, #4.0 ; R1H = 4.0 (0x40800000)
MOVIZF32 R2H, #-1.5 ; R2H = -1.5 (0xBFC00000)
MOVIZF32 R3H, #-2.0 ; R3H = -2.0 (0xC0000000)
MINF32 R0H, R1H || MOV32 R3H, R2H
```

结果：R0H＝4.0，R3H＝−1.5，ZF＝0，NF＝0。

3. 浮点寄存器与定点寄存器之间数据传递指令

数据转换指令是用于 32 位浮点数与 16 位定点有符号数之间，或 32 位浮点数与 16 位定点无符号数之间进行转换的指令。该类指令均为双周期指令，因此需要加入一个空闲指令周期，其指令和操作如附表 A.17 所列。

附表 A.17   数据传递指令

助记符指令	说　明
F32TOI16 RaH，RbH	RaH(15:0)＝F32TOI16(RbH) RaH(31:16)＝RaH(15)的符号扩展 将 32 位的浮点数据 RbH 转换为 16 位有符号整型存入 RaH，RaH 最 16 位为符号扩展位
F32TOI16R RaH，RbH	RaH(15:0)＝F32ToI16round(RbH) RaH(31:16)＝RaH(15)的符号扩展 将 32 位的浮点数据转换 RbH 成为 16 位的有符号整型，经四舍五入后存入 RaH， RaH 高 16 位为符号扩展位
F32TOUI16 RaH，RbH	RaH(15:0)＝F32ToUI16(RbH) RaH(31:16)＝0x0000 将 32 位浮点数转换成 16 位无符号整型，并存放在高 16 位，低 16 位清零
F32TOUI16R RaH，RbH	RaH(15:0)＝F32ToUI16round(RbH) RaH(31:16)＝0x0000 将 32 位浮点数转换成 16 位无符号整型，4 舍 5 入后存放在高 16 位，低 16 位清零
I16TOF32 RaH，RbH	RaH＝I16ToF32 RbH 将 16 位有符号整型转换成 32 位浮点数存放在目标寄存器中
I16TOF32 RaH，mem16	将 mem16 所指示的 16 位有符号整型转换成为 32 位浮点数据，将其存放在目标寄存器中
UI16TOF32 RaH，mem16	将 mem16 所指示的 16 位无符号整型转换成为 32 位浮点数据，将其存放在目标寄存器中
UI16TOF32 RaH，RbH	RaH＝UI16ToF32[RbH] 将 16 位无符号整型转换成为 32 位浮点数据

助记符指令	说　　明
F32TOUI32 RaH，RbH	RaH＝F32ToUI32(RbH) 将 32 位浮点数据转换成 32 位无符号整型
F32TOI32 RaH，RbH	RaH＝F32TOI32(RbH) 将 32 位浮点数据转换成为 32 位有符号整型
I32TOF32 RaH，RbH	RaH＝I32ToF32(RbH) 将 32 位有符号整型转换成为 32 位浮点数据
I32TOF32 RaH，mem32	Mem32 所指示的 32 位有符号整型转换成 32 位浮点数据，将其存放在目标寄存器中
UI32TOF32 RaH，RbH	RaH＝UI32ToF32 RbH 将 32 位无符号整型转换成 32 位浮点数据
UI32TOF32 RaH，mem32	RaH＝UI32ToF32[mem32] 将 mem32 所指示的无符号整型转换成 32 位浮点数据

【例 39】　读如下的代码段，分析数据转换的结果，如附表 A.18 所列。

附表 A.18　例程 39

序　号	代码段	每一条代码执行的结果
1	MOVIZF32 R2H，#－5.0 F32TOI16 R3H，R2H NOP	; R2H = －5.0 (0xC0A00000) ; R3H(15:0) = F32TOI16(R2H) ; R3H(31:16) = (0xFFFF) ; R3H(15:0) = －5 (0xFFFB)
2	MOVIZ R0H，#0x3FD9 MOVXI R0H，#0x999A F32TOI16R R1H，R0H NOP	; R0H [31:16] = 0x3FD9 ; R0H [15:0] = 0x999A ; R0H = 1.7 (0x3FD9999A) ; R1H(15:0) = F32TOI16round (R0H) ; R1H(31:16) = 0 (0x0000) ;R1H(15:0) = 2 (0x0002)
3	MOVIZF32 R4H，#9.0 F32TOUI16 R5H，R4H NOP	; R4H = 9.0 (0x41100000) ; R5H (15:0) = 9.0 (0x0009) ; R5H (31:16) = 0x0000
4	MOVIZF32 R6H，#－9.0 F32TOUI16 R7H，R6H NOP	; R6H = －9.0 (0xC1100000) ;R7H (15:0) = 0.0 (0x0000) ;R7H (31:16) = 0.0 (0x0000)

序　号	代码段	每一条代码执行的结果
5	MOVIZ R5H，♯0x412C MOVXI R5H，♯0xCCCD F32TOUI16R R6H，R5H NOP	;R5H=10.8 (0x412CCCCD) ;R6H(15:0) = F32TOUI16round (R5H) ;R6H (15:0) =11.0 (0x000B) ;R6H (31:16) =0.0 (0x0000)
6	MOVF32 R7H，♯−10.8 F32TOUI16R R0H，R7H NOP	;R7H=−10.8 (0x0xC12CCCCD) ;R0H(15:0)=F32TOUI16round (R7H) ;R0H (15:0) =0.0 (0x0000) ;R0H (31:16) =0.0 (0x0000)
7	MOVIZ R0H，♯0x0000 MOVXI R0H，♯0x0004 I16TOF32 R1H，R0H NOP	;R0H[31:16]=0.0 (0x0000) ;R0H[15:0]=4.0 (0x0004) ;R1H=I16TOF32 (R0H) ;R1H=4.0 (0x40800000)
8	MOVIZ R2H，♯0x0000 MOVXI R2H，♯0xFFFC I16TOF32 R3H，R2H NOP	;R2H[31:16]=0.0 (0x0000) ;R2H[15:0]=−4.0 (0xFFFC) ;R3H=I16TOF32 (R2H) ;R3H=−4.0 (0xC0800000)
9	MOVXI R5H，♯0x800F UI16TOF32 R6H，R5H NOP	;R5H[15:0]=32783 (0x800F) ;R6H=UI16TOF32 (R5H[15:0]) ;R6H=32783.0 (0x47000F00)
10	MOVIZF32 R6H，♯12.5 F32TOUI32 R7H，R6H NOP	;R6H=12.5 (0x41480000) ;R7H=F32TOUI32 (R6H) ;R7H=12.0 (0x0000000C)
11	MOVIZF32 R1H，♯−6.5 F32TOUI32 R2H，R1H NOP	;R1H=−6.5 (0xC0D00000) ;R2H=F32TOUI32 (R1H) ;R2H=0.0 (0x00000000)
12	MOVF32　　R2H，　　♯ 11204005.0 F32TOI32 R3H，R2H NOP	;R2H=11204005.0 (0x4B2AF5A5) ;R3H=F32TOI32 (R2H) ;R3H=11204005 (0x00AAF5A5)
13	MOVF32　　R4H，　　♯　− 11204005.0 F32TOI32 R5H，R4H NOP	;R4H=−11204005.0 (0xCB2AF5A5) ;R5H=F32TOI32 (R4H) ;R5H=−11204005 (0xFF550A5B)

序 号	代码段	每一条代码执行的结果
14	MOVIZ R2H，♯0x1111	; R2H[31:16]=4369 (0x1111)
	MOVXI R2H，♯0x1111	; R2H[15:0] 4369 (0x1111)
		; R2H＝+286331153 (0x11111111)
	I32TOF32 R3H，R2H	; R3H=I32TOF32 (R2H)
	NOP	;R3H=286331153 (0x4D888888)
15	MOVIZ R3H，♯0x8000	; R3H[31:16]=0x8000
	MOVXI R3H，♯0x1111	; R3H[15:0]=0x1111
		; R3H=2147488017
	UI32TOF32 R4H，R3H	; R4H=UI32TOF32 (R3H)
	NOP	; R4H=2147488017.0 (0x4F000011)

4. 特殊运算指令

其指令和操作如附表 A.19 所列。

附表 A.19 特殊运算指令

助记符指令	说 明
EINVF32 RaH，RbH	8 位精度倒数计算 RaH＝1/ RbH 双周期指令 受影响的 STF 的标志位， 若 EINVF32 产生下溢条件，则 LUF＝1 若 EINVF32 产生上溢条件，则 LVF＝1
EISQRTF32 RaH，RbH	计算 8 位精度的平方根倒数 RaH＝1/ sqrt(RbH) 也可使用牛顿－拉夫森 2 级迭代算法进一步提高起运算的精度 Y＝Estimate(1/sqrt(X)); Y＝Y * (1.5 － Y * Y * X/2.0) Y＝Y * (1.5 － Y * Y * X/2.0)

【例 40】 计算 Y＝A/B。

可以使用牛顿－拉夫森 2 级迭代算法提高倒数运算的精度：

```
Y = Estimate(1/X);
Y = Y * (2.0 － Y * X)
Y = Y * (2.0 － Y * X)
```

令 R0H＝A,R1H＝B,计算 R0H＝R0H / R1H 参考代码段如下：

```
EINVF32 R2H, R1H              ; R2H = Y = Estimate(1/B)
CMPF32 R0H, #0.0              ; 检查 A 是否等于 0
MPYF32 R3H, R2H, R1H          ; R3H = Y * B
NOP
SUBF32 R3H, #2.0, R3H         ; R3H = 2.0 - Y * B
NOP
MPYF32 R2H, R2H, R3H          ; Y = Y * (2.0 - Y * B)
NOP
MPYF32 R3H, R2H, R1H          ; R3H = Y * B
CMPF32 R1H, #0.0              ; 检查 B 是否等于 0.0
SUBF32 R3H, #2.0, R3H         ; R3H = 2.0 - Y * B
NEGF32 R0H, R0H, EQ
MPYF32 R2H, R2H, R3H          ; R2H = Y = Y * (2.0 - Y * B)
NOP
MPYF32 R0H, R0H, R2H; R0H = Y = A * Y = A/B
```

5. 寄存器清零指令

其指令和操作如附表 A.20 所列。

附表 A.20　寄存器清零指令

助记符指令	说　明
ZERO RaH	RaH＝0 将 RaH 寄存器清零 单周期指令,不影响任何 STF 标志位
ZEROA	将 8 个寄存器 R0H～R7H 同时清零 单周期指令,也不会影响任何 STF 标志位

附录 B

外设时钟控制寄存器 PCLKCRn (n＝0～14)位格式

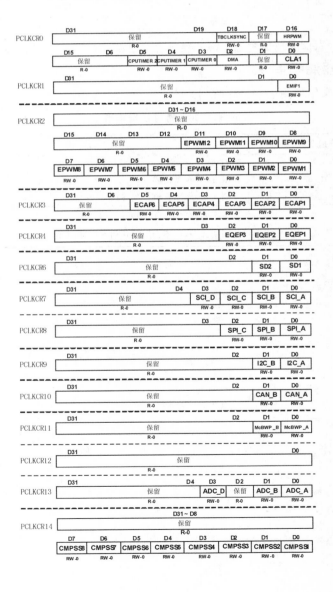

PIE 中断向量表存储器定位

中断名称	向量 ID 号	低位地址	说　明	CPU 优先级	PIE 组优先级
Reset	0	0x0000 0D00	复位时从 Boot ROM 0x3F FFC0 地址处获取中断向量	1(最高)	
INT1	1	0x0000 0D02	Not used. See PIE Group1	5	
INT2	2	0x0000 0D04	Not used. See PIE Group2	6	
……	……	……	……	……	……
INT12	12	0x0000 0D18	Not used. See PIE Group12	16	
INT13	13	0x0000 0D1A	CPU TIMER1 中断	17	
INT14	14	0x0000 0D1C	CPU TIMER2 中断	18	
DATALOG	15	0x0000 0D1E	CPU Date Logging 中断	19(最低)	
RTOSINT	16	0x0000 0D20	CPU Real—Time OS 中断	4	
EMUINT	17	0x0000 0D22	CPU Emulation 中断	2	
NMI	18	0x0000 0D24	Non—Maskable 中断	3	
ILLIGAL	19	0x0000 0D26	Lllegal Operation		
USER1	20	0x0000 0D28	User—Defined Trap		
USER2	21	0x0000 0D2A	User—Defined Trap		
……	……	……	……	……	……
USER12	31	0x0000 0D3E	User—Defined Trap		
PIE 组 1 向量:共用 CPU 中断 INT1					
INT1.1	32	0x0000 0D40	ADCA1 中断	5	1
INT1.2	33	0x0000 0D42	ADCB1 中断	5	2
INT1.3	34	0x0000 0D44	Reserved	5	3
INT1.4	35	0x0000 0D46	XINT1 中断	5	4
INT1.5	36	0x0000 0D48	XINT2 中断	5	5
INT1.6	37	0x0000 0D4A	ADCD1 中断	5	6
INT1.7	38	0x0000 0D4C	TIMER0 中断	5	7
INT1.8	39	0x0000 0D4E	WAKE 中断	5	8

INT1.9	128	0x0000 0E00	Reserved	5	9
INT1.10	129	0x0000 0E02	Reserved	5	10
INT1.11	130	0x0000 0E04	Reserved	5	11
INT1.12	131	0x0000 0E06	Reserved	5	12
INT1.13	132	0x0000 0E08	IPC1 中断	5	13
INT1.14	133	0x0000 0E0A	IPC2 中断	5	14
INT1.15	134	0x0000 0E0C	IPC3 中断	5	15
INT1.16	135	0x0000 0E0E	IPC4 中断	5	16(Lowest)
PIE 组 2 向量:共用 CPU 中断 INT2					
INT2.1	40	0x0000 0D50	EPWM1_TZ 中断	6	1(Highest)
INT2.2	41	0x0000 0D52	EPWM2_TZ 中断	6	2
INT2.3INT2.3	42	0x0000 0D54	EPWM3_TZ 中断	6	3
INT2.4	43	0x0000 0D56	EPWM4_TZ 中断	6	4
INT2.5	44	0x0000 0D58	EPWM5_TZ 中断	6	5
INT2.6	45	0x0000 0D5A	EPWM6_TZ 中断	6	6
INT2.7	46	0x0000 0D5C	EPWM7_TZ 中断	6	7
INT2.8	47	0x0000 0D5E	EPWM8_TZ 中断	6	8
INT2.9INT2.3	136	0x0000 0E10	EPWM9_TZ 中断	6	9
INT2.10	137	0x0000 0E12	EPWM10_TZ 中断	6	10
INT2.11	138	0x0000 0E14	EPWM11_TZ 中断	6	11
INT2.12	139	0x0000 0E16	EPWM12_TZ 中断	6	12
INT2.13	140	0x0000 0E18	Reserved	6	13
INT2.14	141	0x0000 0E1A	Reserved	6	14
INT2.15	142	0x0000 0E1C	Reserved	6	15
INT2.16	143	0x0000 0E1E	Reserved	6	16(Lowest)
PIE 组 3 向量:共用 CPU 中断 INT3					
INT3.1	48	0x0000 0D60	EPWM1 中断	7	1(Highest)
INT3.2	49	0x0000 0D62	EPWM2 中断	7	2
INT3.3	50	0x0000 0D64	EPWM3 中断	7	3
INT3.4	51	0x0000 0D66	EPWM4 中断	7	4
INT3.5	52	0x0000 0D68	EPWM5 中断	7	5
INT3.6	53	0x0000 0D6A	EPWM6 中断	7	6
INT3.7	54	0x0000 0D6C	EPWM7 中断	7	7
INT3.8	55	0x0000 0D6E	EPWM8 中断	7	8
INT3.9	144	0x0000 0E20	EPWM9 中断	7	9
INT3.10	145	0x0000 0E22	EPWM10 中断	7	10
INT3.11	146	0x0000 0E24	EPWM11 中断	7	11
INT3.12	147	0x0000 0E26	EPWM12 中断	7	12
INT3.13	148	0x0000 0E28	Reserved	7	13

续表

INT3.14	149	0x0000 0E2A	Reserved	7	14
INT3.15	150	0x0000 0E2C	Reserved	7	15
INT3.16	151	0x0000 0E2E	Reserved	7	16(Lowest)
PIE 组 4 向量:共用 CPU 中断 INT4					
INT4.1	56	0x0000 0D70	ECAP1 中断	8	1(Highest)
INT4.2	57	0x0000 0D72	ECAP2 中断	8	2
INT4.3	58	0x0000 0D74	ECAP3 中断	8	3
INT4.4	59	0x0000 0D76	ECAP4 中断	8	4
INT4.5	60	0x0000 0D78	ECAP5 中断	8	5
INT4.6	61	0x0000 0D7A	ECAP6 中断	8	6
INT4.7	62	0x0000 0D7C	Reserved	8	7
INT4.8	63	0x0000 0D7E	Reserved	8	8
INT4.9	152	0x0000 0E30	Reserved	8	9
INT4.10	153	0x0000 0E32	Reserved	8	10
INT4.11	154	0x0000 0E34	Reserved	8	11
INT4.12	155	0x0000 0E36	Reserved	8	12
INT4.13	156	0x0000 0E38	Reserved	8	13
INT4.14	157	0x0000 0E3A	Reserved	8	14
INT4.15	158	0x0000 0E3C	Reserved	8	15
INT4.16	159	0x0000 0E3E	Reserved	8	16(Lowest)
PIE 组 5 向量:共用 CPU 中断 INT5					
INT5.1	64	0x0000 0D80	EQEP1 中断	9	1(Highest)
INT5.2	65	0x0000 0D82	EQEP2 中断	9	2
INT5.3	66	0x0000 0D84	EQEP3 中断	9	3
INT5.4	67	0x0000 0D86	Reserved	9	4
INT5.5	68	0x0000 0D88	Reserved	9	5
INT5.6	69	0x0000 0D8A	Reserved	9	6
INT5.7	70	0x0000 0D8C	Reserved	9	7
INT5.8	71	0x0000 0D8E	Reserved	9	8
INT5.9	160	0x0000 0E40	SD1 中断	9	9
INT5.10	161	0x0000 0E42	SD2 中断	9	10
INT5.11	162	0x0000 0E44	Reserved	9	11
INT5.12	163	0x0000 0E46	Reserved	9	12
INT5.13	164	0x0000 0E48	Reserved	9	13
INT5.14	165	0x0000 0E4A	Reserved	9	14
INT5.15	166	0x0000 0E4C	Reserved	9	15
INT5.16	167	0x0000 0E4E	Reserved	9	16(Lowest)
PIE 组 6 向量:共用 CPU 中断 INT6					
INT6.1	72	0x0000 0D90	SPIA_RX 中断	10	1(Highest)

续表

INT6.2	73	0x0000 0D92	SPIA_TX 中断	10	2
INT6.3	74	0x0000 0D94	SPIB_RX 中断	10	3
INT6.4	75	0x0000 0D96	SPIB_TX 中断	10	4
INT6.5	76	0x0000 0D98	MCBSPA_RX 中断	10	5
INT6.6	77	0x0000 0D9A	MCBSPA_TX 中断	10	6
INT6.7	78	0x0000 0D9C	MCBSPB_RX 中断	10	7
INT6.8	79	0x0000 0D9E	MCBSPB_TX 中断	10	8
INT6.9	168	0x0000 0E50	SPIC_RX 中断	10	9
INT6.10	169	0x0000 0E52	SPIC_TX 中断	10	10
INT6.11	170	0x0000 0E54	Reserved	10	11
INT6.12	171	0x0000 0E56	Reserved	10	12
INT6.13	172	0x0000 0E58	Reserved	10	13
INT6.14	173	0x0000 0E5A	Reserved	10	14
INT6.15	174	0x0000 0E5C	Reserved	10	15
INT6.16	175	0x0000 0E5E	Reserved	10	16(Lowest)
PIE 组 7 向量:共用 CPU 中断 INT7					
INT7.1	80	0x0000 0DA0	DMA_CH1 中断	11	1(Highest)
INT7.2	81	0x0000 0DA2	DMA_CH2 中断	11	2
INT7.3	82	0x0000 0DA4	DMA_CH3 中断	11	3
INT7.4	83	0x0000 0DA6	DMA_CH4 中断	11	4
INT7.5	84	0x0000 0DA8	DMA_CH5 中断	11	5
INT7.6	85	0x0000 0DAA	DMA_CH6 中断	11	6
INT7.7	86	0x0000 0DAC	Reserved	11	7
INT7.8	87	0x0000 0DAE	Reserved	11	8
INT7.9	176	0x0000 0E60	Reserved	11	9
INT7.10	177	0x0000 0E62	Reserved	11	10
INT7.11	178	0x0000 0E64	Reserved	11	11
INT7.12	179	0x0000 0E66	Reserved	11	12
INT7.13	180	0x0000 0E68	Reserved	11	13
INT7.14	181	0x0000 0E6A	Reserved	11	14
INT7.15	182	0x0000 0E6C	Reserved	11	15
INT7.16	183	0x0000 0E6E	Reserved	11	16(Lowest)
PIE 组 8 向量:共用 CPU 中断 INT8					
INT8.1	88	0x0000 0DB0	I2CA 中断	12	1(Highest)
INT8.2	89	0x0000 0DB2	I2CA_FIFO 中断	12	2
INT8.3	90	0x0000 0DB4	I2CB 中断	12	3
INT8.4	91	0x0000 0DB6	I2CB_FIFO 中断	12	4
INT8.5	92	0x0000 0DB8	SCIC_RX 中断	12	5
INT8.6	93	0x0000 0DBA	SCIC_TX 中断	12	6

INT8.7	94	0x0000 0DBC	SCID_RX 中断	12	7
INT8.8	95	0x0000 0DBE	SCID_TX 中断	12	8
INT8.9	184	0x0000 0E70	Reserved	12	9
INT8.10	185	0x0000 0E72	Reserved	12	10
INT8.11	186	0x0000 0E74	Reserved	12	11
INT8.12	187	0x0000 0E76	Reserved	12	12
INT8.13	188	0x0000 0E78	Reserved	12	13
INT8.14	189	0x0000 0E7A	Reserved	12	14
INT8.15	190	0x0000 0E7C	UPPA 中断(CPU1 only)	12	15
INT8.16	191	0x0000 0E7E	Reserved	12	16(Lowest)
PIE 组 9 向量:共用 CPU 中断 INT9					
INT9.1	96	0x0000 0DC0	SCIA_RX 中断	13	1(Highest)
INT9.2	97	0x0000 0DC2	SCIA_TX 中断	13	2
INT9.3	98	0x0000 0DC4	SCIB_RX 中断	13	3
INT9.4	99	0x0000 0DC6	SCIB_TX 中断	13	4
INT9.5	100	0x0000 0DC8	DCANA_1 中断	13	5
INT9.6	101	0x0000 0DCA	DCANA_2 中断	13	6
INT9.7	102	0x0000 0DCC	Reserved	13	7
INT9.8	103	0x0000 0DCE	Reserved	13	8
INT9.9	192	0x0000 0E80	Reserved	13	9
INT9.10	193	0x0000 0E82	Reserved	13	10
INT9.11	194	0x0000 0E84	Reserved	13	11
INT9.12	195	0x0000 0E86	Reserved	13	12
INT9.13	196	0x0000 0E88	Reserved	13	13
INT9.14	197	0x0000 0E8A	Reserved	13	14
INT9.15	198	0x0000 0E8C	USBA 中断(CPU1 only)	13	15
INT9.16	199	0x0000 0E8E	Reserved	13	16(Lowest)
PIE 组 10 向量:共用 CPU 中断 INT10					
INT10.1	104	0x0000 0DD0	ADCA_EVA 中断	14	1(Highest)
INT10.2	105	0x0000 0DD2	ADCA2 中断	14	2
INT10.3	106	0x0000 0DD4	ADCA3 中断	14	3
INT10.4	107	0x0000 0DD6	ADCA4 中断	14	4
INT10.5	108	0x0000 0DD8	ADCB_EVA 中断	14	5
INT10.6	109	0x0000 0DDA	ADCB2 中断	14	6
INT10.7	110	0x0000 0DDC	ADCB3 中断	14	7
INT10.8	111	0x0000 0DDE	ADCB4 中断	14	8
INT10.9	112	0x0000 0E90	Reserved	14	9
INT10.10	113	0x0000 0E92	Reserved	14	10
INT10.11	114	0x0000 0E94	Reserved	14	11

DSP 原理与应用——基于 TMS320F28075

续表

INT10.12	115	0x0000 0E96	Reserved	14	12
INT10.13	116	0x0000 0E98	ADCD_EVA 中断	14	13
INT10.14	117	0x0000 0E9A	ADCD2 中断	14	14
INT10.15	118	0x0000 0E9C	ADCD3 中断	14	15
INT10.16	119	0x0000 0E9E	ADCD4 中断	14	16(Lowest)
PIE 组 11 向量:共用 CPU 中断 INT11					
INT11.1	112	0x0000 0DE0	CLA1_1 中断	15	1(Highest)
INT11.2	113	0x0000 0DE2	CLA1_2 中断	15	2
INT11.3	114	0x0000 0DE4	CLA1_3 中断	15	3
INT11.4	115	0x0000 0DE6	CLA1_4 中断	15	4
INT11.5	116	0x0000 0DE8	CLA1_5 中断	15	5
INT11.6	117	0x0000 0DEA	CLA1_6 中断	15	6
INT11.7	118	0x0000 0DEC	CLA1_7 中断	15	7
INT11.8	119	0x0000 0DEE	CLA1_8 中断	15	8
INT11.9	208	0x0000 0EA0	Reserved	15	9
INT11.10	209	0x0000 0EA2	Reserved	15	10
INT11.11	210	0x0000 0EA4	Reserved	15	11
INT11.12	211	0x0000 0EA6	Reserved	15	12
INT11.13	212	0x0000 0EA8	Reserved	15	13
INT11.14	213	0x0000 0EAA	Reserved	15	14
INT11.15	214	0x0000 0EAC	Reserved	15	15
INT11.16	215	0x0000 0EAE	Reserved	15	16(Lowest)
PIE 组 12 向量:共用 CPU 中断 INT12					
INT12.1	120	0x0000 0DF0	XINT3 中断	16	1(Highest)
INT12.2	121	0x0000 0DF2	XINT4 中断	16	2
INT12.3	122	0x0000 0DF4	XINT5 中断	16	3
INT12.4	123	0x0000 0DF6	PBIST 中断	16	4
INT12.5	124	0x0000 0DF8	Reserved	16	5
INT12.6	125	0x0000 0DFA	VCU 中断	16	6
INT12.7	126	0x0000 0DFC	FPU_ OVERFLOW 中断	16	7
INT12.8	127	0x0000 0DFE	FPU_ UNDERFLOW 中断	16	8
INT12.9	216	0x0000 0EB0	EMIF_ERROR 中断	16	9
INT12.10	217	0x0000 0EB2	RAM_CORRECTABLE_ERROR 中断	16	10
INT12.11	218	0x0000 0EB4	FLASH_CORRECTABLE_ERROR 中断	16	11

INT12.12	219	0x0000 0EB6	RAM_ACCESS_VIOLATION 中断	16	12
INT12.13	220	0x0000 0EB8	SYS_PLL_SLIP 中断	16	13
INT12.14	221	0x0000 0EBA	AUX_PLL_SLIP 中断	16	14
INT12.15	222	0x0000 0EBC	CLA_OVERFLOW 中断	16	15
INT12.16	223	0x0000 0EBE	CLA_UNDERFLOW 中断	16	16(Lowest)

注:PIE 向量表各单元均受 EALLOW 保护。

附录

PieVectTableInit 的结构体定义

```
conststruct   PIE_VECT_TABLE   PieVectTableInit = {

    PIE_RESERVED_ISR,                      // Reserved
    PIE_RESERVED_ISR,                      // Reserved
    PIE_RESERVED_ISR,                      // Reserved
    PIE_RESERVED_ISR,                      // Reserved
    PIE_RESERVED_ISR,                      // Reserved
    PIE_RESERVED_ISR,                      // Reserved
    PIE_RESERVED_ISR,                      // Reserved
    PIE_RESERVED_ISR,                      // Reserved
    PIE_RESERVED_ISR,                      // Reserved
    PIE_RESERVED_ISR,                      // Reserved
    PIE_RESERVED_ISR,                      // Reserved
    PIE_RESERVED_ISR,                      // Reserved
    TIMER1_ISR,                            // CPU Timer 1 Interrupt
    TIMER2_ISR,                            // CPU Timer 2 Interrupt
    DATALOG_ISR,                           // Datalogging Interrupt
    RTOS_ISR,                              // RTOS Interrupt
    EMU_ISR,                               // Emulation Interrupt
    NMI_ISR,                               // Non - Maskable Interrupt
    ILLEGAL_ISR,                           // Illegal Operation Trap
    USER1_ISR,                             // User Defined Trap 1
    USER2_ISR,                             // User Defined Trap 2
    USER3_ISR,                             // User Defined Trap 3
    USER4_ISR,                             // User Defined Trap 4
    USER5_ISR,                             // User Defined Trap 5
    USER6_ISR,                             // User Defined Trap 6
    USER7_ISR,                             // User Defined Trap 7
    USER8_ISR,                             // User Defined Trap 8
    USER9_ISR,                             // User Defined Trap 9
    USER10_ISR,                            // User Defined Trap 10
    USER11_ISR,                            // User Defined Trap 11
    USER12_ISR,                            // User Defined Trap
    // Group 1 PIE Vectors
    ADCA1_ISR,                             // 1.1 - ADCA Interrupt 1
    ADCB1_ISR,                             // 1.2 - ADCB Interrupt 1
    PIE_RESERVED_ISR,                      // 1.3 - Reserved
```

```
    XINT1_ISR,                    // 1.4  -  XINT1 Interrupt
    XINT2_ISR,                    // 1.5  -  XINT2 Interrupt
    ADCD1_ISR,                    // 1.6  -  ADCD Interrupt 1
    TIMER0_ISR,                   // 1.7  -  Timer 0 Interrupt
    WAKE_ISR                      // 1.8  -  Standby and Halt Wakeup
    PIE_RESERVED_ISR,             // 1.9  -  Reserved
    PIE_RESERVED_ISR,             // 1.10 -  Reserved
    PIE_RESERVED_ISR,             // 1.11 -  Reserved
    PIE_RESERVED_ISR,             // 1.12 -  Reserved
    IPC0_ISR,                     // 1.13 -  IPC Interrupt 0
    IPC1_ISR,                     // 1.14 -  IPC Interrupt 1
    IPC2_ISR,                     // 1.15 -  IPC Interrupt 2
    IPC3_ISR,                     // 1.16 -  IPC

// Group 2 PIE Vectors
    EPWM1_TZ_ISR,                 // 2.1  -  ePWM1 Trip Zone
    EPWM2_TZ_ISR,                 // 2.2  -  ePWM2 Trip Zone
    EPWM3_TZ_ISR,                 // 2.3  -  ePWM3 Trip Zone
    EPWM4_TZ_ISR,                 // 2.4  -  ePWM4 Trip Zone
    EPWM5_TZ_ISR,                 // 2.5  -  ePWM5 Trip Zone
    EPWM6_TZ_ISR,                 // 2.6  -  ePWM6 Trip Zone
    EPWM7_TZ_ISR,                 // 2.7  -  ePWM7 Trip Zone
    EPWM8_TZ_ISR                  // 2.8  -  ePWM8 Trip Zone
    EPWM9_TZ_ISR,                 // 2.9  -  ePWM9 Trip Zone
    EPWM10_TZ_ISR,                // 2.10 -  ePWM10 Trip Zone
    EPWM11_TZ_ISR,                // 2.11 -  ePWM11 Trip Zone
    EPWM12_TZ_ISR,                // 2.12 -  ePWM12 Trip Zone
    PIE_RESERVED_ISR,             // 2.13 -  Reserved
    PIE_RESERVED_ISR,             // 2.14 -  Reserved
    PIE_RESERVED_ISR,             // 2.15 -  Reserved
    PIE_RESERVED_ISR,             // 2.16 -  Reserved
// Group 3 PIE Vectors
    EPWM1_ISR,                    // 3.1  -  ePWM1 Interrupt
    EPWM2_ISR,                    // 3.2  -  ePWM2 Interrupt
    EPWM3_ISR,                    // 3.3  -  ePWM3 Interrupt
    EPWM4_ISR,                    // 3.4  -  ePWM4 Interrupt
    EPWM5_ISR,                    // 3.5  -  ePWM5 Interrupt
    EPWM6_ISR,                    // 3.6  -  ePWM6 Interrupt
    EPWM7_ISR,                    // 3.7  -  ePWM7 Interrupt
    EPWM8_ISR,                    // 3.8  -  ePWM8 Interrupt
    EPWM9_ISR,                    // 3.9  -  ePWM9 Interrupt
    EPWM10_ISR,                   // 3.10 -  ePWM10 Interrupt
    EPWM11_ISR                    // 3.11 -  ePWM11 Interrupt
    EPWM12_ISR,                   // 3.12 -  ePWM12 Interrupt
    PIE_RESERVED_ISR,             // 3.13 -  Reserved
    PIE_RESERVED_ISR,             // 3.14 -  Reserved
    PIE_RESERVED_ISR,             // 3.15 -  Reserved
    PIE_RESERVED_ISR,             // 3.16 -  Reserved
// Group 4 PIE Vectors
```

```
        ECAP1_ISR,                      // 4.1  - eCAP1 Interrupt
        ECAP2_ISR,                      // 4.2  - eCAP2 Interrupt
        ECAP3_ISR,                      // 4.3  - eCAP3 Interrupt
        ECAP4_ISR,                      // 4.4  - eCAP4 Interrupt
        ECAP5_ISR,                      // 4.5  - eCAP5 Interrupt
        ECAP6_ISR,                      // 4.6  - eCAP6 Interrupt
        PIE_RESERVED_ISR,               // 4.7  - Reserved
        PIE_RESERVED_ISR,               // 4.8  - Reserved
        PIE_RESERVED_ISR,               // 4.9  - Reserved
        PIE_RESERVED_ISR,               // 4.10 - Reserved
        PIE_RESERVED_ISR,               // 4.11 - Reserved
        PIE_RESERVED_ISR,               // 4.12 - Reserved
        PIE_RESERVED_ISR,               // 4.13 - Reserved
        PIE_RESERVED_ISR,               // 4.14 - Reserved
        PIE_RESERVED_ISR,               // 4.15 - Reserved
        PIE_RESERVED_ISR,               // 4.16 - Reserved
        // Group 5 PIE Vectors
        EQEP1_ISR,                      // 5.1  - eQEP1 Interrupt
        EQEP2_ISR,                      // 5.2  - eQEP2 Interrupt
        EQEP3_ISR,                      // 5.3  - eQEP3 Interrupt
        PIE_RESERVED_ISR,               // 5.4  - Reserved
        PIE_RESERVED_ISR,               // 5.5  - Reserved
        PIE_RESERVED_ISR,               // 5.6  - Reserved
        PIE_RESERVED_ISR,               // 5.7  - Reserved
        PIE_RESERVED_ISR,               // 5.8  - Reserved
        SD1_ISR,                        // 5.9  - SD1 Interrupt
        SD2_ISR,                        // 5.10 - SD2 Interrupt
        PIE_RESERVED_ISR,               // 5.11 - Reserved
        PIE_RESERVED_ISR,               // 5.12 - Reserved
        PIE_RESERVED_ISR,               // 5.13 - Reserved
        PIE_RESERVED_ISR,               // 5.14 - Reserved
        PIE_RESERVED_ISR,               // 5.15 - Reserved
        PIE_RESERVED_ISR,               // 5.16 - Reserved
        // Group 6 PIE Vectors
        SPIA_RX_ISR,                    // 6.1  - SPIA Receive Interrupt
        SPIA_TX_ISR,                    // 6.2  - SPIA Transmit
        SPIB_RX_ISR,                    // 6.3  - SPIB Receive Interrupt
        SPIB_TX_ISR,                    // 6.4  - SPIB Transmit
        MCBSPA_RX_ISR,                  // 6.5  - McBSPA Receive
        MCBSPA_TX_ISR,                  // 6.6  - McBSPA Transmit
        MCBSPB_RX_ISR,                  // 6.7  - McBSPB Receive
        MCBSPB_TX_ISR,                  // 6.8  - McBSPB Transmit
        SPIC_RX_ISR,                    // 6.9  - SPIC Receive Interrupt
        SPIC_TX_ISR,                    // 6.10 - SPIC Transmit
        PIE_RESERVED_ISR,               // 6.11 - Reserved
        PIE_RESERVED_ISR,               // 6.12 - Reserved
        PIE_RESERVED_ISR,               // 6.13 - Reserved
        PIE_RESERVED_ISR,               // 6.14 - Reserved
        PIE_RESERVED_ISR,               // 6.15 - Reserved
```

```
    PIE_RESERVED_ISR,        // 6.16 - Reserved
    // Group 7 PIE Vectors
    DMA_CH1_ISR,             // 7.1 - DMA Channel 1 Interrupt
    DMA_CH2_ISR,             // 7.2 - DMA Channel 2 Interrupt
    DMA_CH3_ISR,             // 7.3 - DMA Channel 3 Interrupt
    DMA_CH4_ISR,             // 7.4 - DMA Channel 4 Interrupt
    DMA_CH5_ISR,             // 7.5 - DMA Channel 5 Interrupt
    DMA_CH6_ISR,             // 7.6 - DMA Channel 6 Interrupt
    PIE_RESERVED_ISR,        // 7.7 - Reserved
    PIE_RESERVED_ISR,        // 7.8 - Reserved
    PIE_RESERVED_ISR,        // 7.9 - Reserved
    PIE_RESERVED_ISR,        // 7.10 - Reserved
    PIE_RESERVED_ISR,        // 7.11 - Reserved
    PIE_RESERVED_ISR,        // 7.12 - Reserved
    PIE_RESERVED_ISR,        // 7.13 - Reserved
    PIE_RESERVED_ISR,        // 7.14 - Reserved
    PIE_RESERVED_ISR,        // 7.15 - Reserved
    PIE_RESERVED_ISR,        // 7.16 - Reserved
    // Group 8 PIE Vectors
    I2CA_ISR,                // 8.1 - I2CA Interrupt 1
    I2CA_FIFO_ISR,           // 8.2 - I2CA Interrupt 2
    I2CB_ISR,                // 8.3 - I2CB Interrupt 1
    I2CB_FIFO_ISR,           // 8.4 - I2CB Interrupt 2
    SCIC_RX_ISR,             // 8.5 - SCIC Receive Interrupt
    SCIC_TX_ISR,             // 8.6 - SCIC Transmit
    SCID_RX_ISR,             // 8.7 - SCID Receive Interrupt
    SCID_TX_ISR,             // 8.8 - SCID Transmit
    PIE_RESERVED_ISR,        // 8.9 - Reserved
    PIE_RESERVED_ISR,        // 8.10 - Reserved
    PIE_RESERVED_ISR,        // 8.11 - Reserved
    PIE_RESERVED_ISR,        // 8.12 - Reserved
    PIE_RESERVED_ISR,        // 8.13 - Reserved
    PIE_RESERVED_ISR,        // 8.14 - Reserved
    PIE_RESERVED_ISR,        // 8.15 - Reserved
    PIE_RESERVED_ISR,        // 8.16 - Reserved

    // Group 9 PIE Vectors
    SCIA_RX_ISR,             // 9.1 - SCIA Receive Interrupt
    SCIA_TX_ISR,             // 9.2 - SCIA Transmit
    SCIB_RX_ISR,             // 9.3 - SCIB Receive Interrupt
    SCIB_TX_ISR,             // 9.4 - SCIB Transmit
    CANA0_ISR,               // 9.5 - CANA Interrupt 0
    CANA1_ISR,               // 9.6 - CANA Interrupt 1
    CANB0_ISR,               // 9.7 - CANB Interrupt 0
    CANB1_ISR,               // 9.8 - CANB Interrupt 1
    PIE_RESERVED_ISR,        // 9.9 - Reserved
    PIE_RESERVED_ISR,        // 9.10 - Reserved
    PIE_RESERVED_ISR,        // 9.11 - Reserved
    PIE_RESERVED_ISR,        // 9.12 - Reserved
```

```
    PIE_RESERVED_ISR,                    // 9.13 - Reserved
    PIE_RESERVED_ISR,                    // 9.14 - Reserved
    USBA_ISR,                            // 9.15 - USBA Interrupt
    PIE_RESERVED_ISR,                    // 9.16 - Reserved
    // Group 10 PIE Vectors
    ADCA_EVT_ISR,                        // 10.1 - ADCA Event Interrupt
    ADCA2_ISR,                           // 10.2 - ADCA Interrupt 2
    ADCA3_ISR,                           // 10.3 - ADCA Interrupt 3
    ADCA4_ISR,                           // 10.4 - ADCA Interrupt 4
    ADCB_EVT_ISR,                        // 10.5 - ADCB Event Interrupt
    ADCB2_ISR,                           // 10.6 - ADCB Interrupt 2
    ADCB3_ISR,                           // 10.7 - ADCB Interrupt 3
    ADCB4_ISR,                           // 10.8 - ADCB Interrupt 4
    PIE_RESERVED_ISR,                    // 10.9 - Reserved
    PIE_RESERVED_ISR,                    // 10.10 - Reserved
    PIE_RESERVED_ISR,                    // 10.11 - Reserved
    PIE_RESERVED_ISR,                    // 10.12 - Reserved
    ADCD_EVT_ISR,                        // 10.13 - ADCD Event Interrupt
    ADCD2_ISR,                           // 10.14 - ADCD Interrupt 2
    ADCD3_ISR,                           // 10.15 - ADCD Interrupt 3
    ADCD4_ISR,                           // 10.16 - ADCD Interrupt 4
    // Group 11 PIE Vectors
    CLA1_1_ISR,                          // 11.1 - CLA1 Interrupt 1
    CLA1_2_ISR,                          // 11.2 - CLA1 Interrupt 2
    CLA1_3_ISR,                          // 11.3 - CLA1 Interrupt 3
    CLA1_4_ISR,                          // 11.4 - CLA1 Interrupt 4
    CLA1_5_ISR,                          // 11.5 - CLA1 Interrupt 5
    CLA1_6_ISR,                          // 11.6 - CLA1 Interrupt 6
    CLA1_7_ISR,                          //11.7 - CLA1 Interrupt 7
    CLA1_8_ISR,                          // 11.8 - CLA1 Interrupt 8
    PIE_RESERVED_ISR,                    // 11.9 - Reserved
    PIE_RESERVED_ISR,                    // 11.10 - Reserved
    PIE_RESERVED_ISR,                    // 11.11 - Reserved
    PIE_RESERVED_ISR,                    // 11.12 - Reserved
    PIE_RESERVED_ISR,                    // 11.13 - Reserved
    PIE_RESERVED_ISR,                    // 11.14 - Reserved
    PIE_RESERVED_ISR,                    // 11.15 - Reserved
    PIE_RESERVED_ISR,                    // 11.16 - Reserved
    // Group 12 PIE Vectors
    XINT3_ISR,                           // 12.1 - XINT3 Interrupt
    XINT4_ISR,                           // 12.2 - XINT4 Interrupt
    XINT5_ISR,                           // 12.3 - XINT5 Interrupt
    PIE_RESERVED_ISR,                    // 12.4 - Reserved
    PIE_RESERVED_ISR,                    // 12.5 - Reserved
    VCU_ISR,                             // 12.6 - VCU Interrupt
    FPU_OVERFLOW_ISR,                    // 12.7 - FPU Overflow
    FPU_UNDERFLOW_ISR,                   // 12.8 - FPU Underflow
    EMIF_ERROR_ISR,                      // 12.9 - EMIF Error
    RAM_CORRECTABLE_ERROR_ISR,           // 12.10 - RAM ECC Error
```

```
FLASH_CORRECTABLE_ERROR_ISR,        // 12.11 - Flash ECC Error
RAM_ACCESS_VIOLATION_ISR,           // 12.12 - RAM Access Violation
SYS_PLL_SLIP_ISR,                   // 12.13 - System PLL Slip
AUX_PLL_SLIP_ISR,                   // 12.14 - Auxiliary PLL Slip
CLA_OVERFLOW_ISR,                   // 12.15 - CLA Overflow
CLA_UNDERFLOW_ISR                   // 12.16 - CLA Underflow
```

附录

正弦数据表（Q15 格式）

0°～360°，采用 Q15 定标，并将如下表中的数据存放在自定义段"SINTBL"中

```
            .sect "SINTBL"
;SINVAL;    Index    Angle  Sin(Angle)
SINTAB_360
```

			Index	Angle	Sin(Angle)
.word	0	;	0	0	0.0000
.word	804	;	1	1.41	0.0245
.word	1608	;	2	2.81	0.0491
.word	2410	;	3	4.22	0.0736
.word	3212	;	4	5.63	0.0980
.word	4011	;	5	7.03	0.1224
.word	4808	;	6	8.44	0.1467
.word	5602	;	7	9.84	0.1710
.word	6393	;	8	11.25	0.1951
.word	7179	;	9	12.66	0.2191
.word	7962	;	10	14.06	0.2430
.word	8739	;	11	15.47	0.2667
.word	9512	;	12	16.88	0.2903
.word	10278	;	13	18.28	0.3137
.word	11039	;	14	19.69	0.3369
.word	11793	;	15	21.09	0.3599
.word	12539	;	16	22.50	0.3827
.word	13279	;	17	23.91	0.4052
.word	14010	;	18	25.31	0.4276
.word	14732	;	19	26.72	0.4496
.word	15446	;	20	28.13	0.4714
.word	16151	;	21	29.53	0.4929
.word	16846	;	22	30.94	0.5141
.word	17530	;	23	32.34	0.5350
.word	18204	;	24	33.75	0.5556
.word	18868	;	25	35.16	0.5758
.word	19519	;	26	36.56	0.5957
.word	20159	;	27	37.97	0.6152
.word	20787	;	28	39.38	0.6344
.word	21403	;	29	40.78	0.6532
.word	22005	;	30	42.19	0.6716
.word	22594	;	31	43.59	0.6895
.word	23170	;	32	45.00	0.7071
.word	23731	;	33	46.41	0.7242
.word	24279	;	34	47.81	0.7410

.word	24811	;	35	49.22	0.7572
.word	25329	;	36	50.63	0.7730
.word	25832	;	37	52.03	0.7883
.word	26319	;	38	53.44	0.8032
.word	26790	;	39	54.84	0.8176
.word	27245	;	40	56.25	0.8315
.word	27683	;	41	57.66	0.8449
.word	28105	;	42	59.06	0.8577
.word	28510	;	43	60.47	0.8701
.word	28898	;	44	61.88	0.8819
.word	29268	;	45	63.28	0.8932
.word	29621	;	46	64.69	0.9040
.word	29956	;	47	66.09	0.9142
.word	30273	;	48	67.50	0.9239
.word	30571	;	49	68.91	0.9330
.word	30852	;	50	70.31	0.9415
.word	31113	;	51	71.72	0.9495
.word	31356	;	52	73.13	0.9569
.word	31580	;	53	74.53	0.9638
.word	31785	;	54	75.94	0.9700
.word	31971	;	55	77.34	0.9757
.word	32137	;	56	78.75	0.9808
.word	32285	;	57	80.16	0.9853
.word	32412	;	58	81.56	0.9892
.word	32521	;	59	82.97	0.9925
.word	32609	;	60	84.38	0.9952
.word	32678	;	61	85.78	0.9973
.word	32728	;	62	87.19	0.9988
.word	32757	;	63	88.59	0.9997
.word	32767	;	64	90.00	1.0000
.word	32757	;	65	91.41	0.9997
.word	32728	;	66	92.81	0.9988
.word	32678	;	67	94.22	0.9973
.word	32609	;	68	95.63	0.9952
.word	32521	;	69	97.03	0.9925
.word	32412	;	70	98.44	0.9892
.word	32285	;	71	99.84	0.9853
.word	32137	;	72	101.25	0.9808
.word	31971	;	73	102.66	0.9757
.word	31785	;	74	104.06	0.9700
.word	31580	;	75	105.47	0.9638
.word	31356	;	76	106.88	0.9569
.word	31113	;	77	108.28	0.9495
.word	30852	;	78	109.69	0.9415
.word	30571	;	79	111.09	0.9330
.word	30273	;	80	112.50	0.9239
.word	29956	;	81	113.91	0.9142
.word	29621	;	82	115.31	0.9040
.word	29268	;	83	116.72	0.8932
.word	28898	;	84	118.13	0.8819

. word	28510	;	85	119.53	0.8701
. word	28105	;	86	120.94	0.8577
. word	27683	;	87	122.34	0.8449
. word	27245	;	88	123.75	0.8315
. word	26790	;	89	125.16	0.8176
. word	26319	;	90	126.56	0.8032
. word	25832	;	91	127.97	0.7883
. word	25329	;	92	129.38	0.7730
. word	24811	;	93	130.78	0.7572
. word	24279	;	94	132.19	0.7410
. word	23731	;	95	133.59	0.7242
. word	23170	;	96	135.00	0.7071
. word	22594	;	97	136.41	0.6895
. word	22005	;	98	137.81	0.6716
. word	21403	;	99	139.22	0.6532
. word	20787	;	100	140.63	0.6344
. word	20159	;	101	142.03	0.6152
. word	19519	;	102	143.44	0.5957
. word	18868	;	103	144.84	0.5758
. word	18204	;	104	146.25	0.5556
. word	17530	;	105	147.66	0.5350
. word	16846	;	106	149.06	0.5141
. word	16151	;	107	150.47	0.4929
. word	15446	;	108	151.88	0.4714
. word	14732	;	109	153.28	0.4496
. word	14010	;	110	154.69	0.4276
. word	13279	;	111	156.09	0.4052
. word	12539	;	112	157.50	0.3827
. word	11793	;	113	158.91	0.3599
. word	11039	;	114	160.31	0.3369
. word	10278	;	115	161.72	0.3137
. word	9512	;	116	163.13	0.2903
. word	8739	;	117	164.53	0.2667
. word	7962	;	118	165.94	0.2430
. word	7179	;	119	167.34	0.2191
. word	6393	;	120	168.75	0.1951
. word	5602	;	121	170.16	0.1710
. word	4808	;	122	171.56	0.1467
. word	4011	;	123	172.97	0.1224
. word	3212	;	124	174.38	0.0980
. word	2410	;	125	175.78	0.0736
. word	1608	;	126	177.19	0.0491
. word	804	;	127	178.59	0.0245
. word	0	;	128	180.00	0.0000
. word	64731	;	129	181.41	− 0.0245
. word	63927	;	130	182.81	− 0.0491
. word	63125	;	131	184.22	− 0.0736
. word	62323	;	132	185.63	− 0.0980
. word	61524	;	133	187.03	− 0.1224
. word	60727	;	134	188.44	− 0.1467

.word	59933	;	135	189.84	− 0.1710
.word	59142	;	136	191.25	− 0.1951
.word	58356	;	137	192.66	− 0.2191
.word	57573	;	138	194.06	− 0.2430
.word	56796	;	139	195.47	− 0.2667
.word	56023	;	140	196.88	− 0.2903
.word	55257	;	141	198.28	− 0.3137
.word	54496	;	142	199.69	− 0.3369
.word	53742	;	143	201.09	− 0.3599
.word	52996	;	144	202.50	− 0.3827
.word	52256	;	145	203.91	− 0.4052
.word	51525	;	146	205.31	− 0.4276
.word	50803	;	147	206.72	− 0.4496
.word	50089	;	148	208.13	− 0.4714
.word	49384	;	149	209.53	− 0.4929
.word	48689	;	150	210.94	− 0.5141
.word	48005	;	151	212.34	− 0.5350
.word	47331	;	152	213.75	− 0.5556
.word	46667	;	153	215.16	− 0.5758
.word	46016	;	154	216.56	− 0.5957
.word	45376	;	155	217.97	− 0.6152
.word	44748	;	156	219.38	− 0.6344
.word	44132	;	157	220.78	− 0.6532
.word	43530	;	158	222.19	− 0.6716
.word	42941	;	159	223.59	− 0.6895
.word	42365	;	160	225.00	− 0.7071
.word	41804	;	161	226.41	− 0.7242
.word	41256	;	162	227.81	− 0.7410
.word	40724	;	163	229.22	− 0.7572
.word	40206	;	164	230.63	− 0.7730
.word	39703	;	165	232.03	− 0.7883
.word	39216	;	166	233.44	− 0.8032
.word	38745	;	167	234.84	− 0.8176
.word	38290	;	168	236.25	− 0.8315
.word	37852	;	169	237.66	− 0.8449
.word	37430	;	170	239.06	− 0.8577
.word	37025	;	171	240.47	− 0.8701
.word	36637	;	172	241.88	− 0.8819
.word	36267	;	173	243.28	− 0.8932
.word	35914	;	174	244.69	− 0.9040
.word	35579	;	175	246.09	− 0.9142
.word	35262	;	176	247.50	− 0.9239
.word	34964	;	177	248.91	− 0.9330
.word	34683	;	178	250.31	− 0.9415
.word	34422	;	179	251.72	− 0.9495
.word	34179	;	180	253.13	− 0.9569
.word	33955	;	181	254.53	− 0.9638
.word	33750	;	182	255.94	− 0.9700
.word	33564	;	183	257.34	− 0.9757
.word	33398	;	184	258.75	− 0.9808

. word	33250	;	185	260.16	− 0.9853
. word	33123	;	186	261.56	− 0.9892
. word	33014	;	187	262.97	− 0.9925
. word	32926	;	188	264.38	− 0.9952
. word	32857	;	189	265.78	− 0.9973
. word	32807	;	190	267.19	− 0.9988
. word	32778	;	191	268.59	− 0.9997
. word	32768	;	192	270.00	− 1.0000
. word	32778	;	193	271.41	− 0.9997
. word	32807	;	194	272.81	− 0.9988
. word	32857	;	195	274.22	− 0.9973
. word	32926	;	196	275.63	− 0.9952
. word	33014	;	197	277.03	− 0.9925
. word	33123	;	198	278.44	− 0.9892
. word	33250	;	199	279.84	− 0.9853
. word	33398	;	200	281.25	− 0.9808
. word	33564	;	201	282.66	− 0.9757
. word	33750	;	202	284.06	− 0.9700
. word	33955	;	203	285.47	− 0.9638
. word	34179	;	204	286.88	− 0.9569
. word	34422	;	205	288.28	− 0.9495
. word	34683	;	206	289.69	− 0.9415
. word	34964	;	207	291.09	− 0.9330
. word	35262	;	208	292.50	− 0.9239
. word	35579	;	209	293.91	− 0.9142
. word	35914	;	210	295.31	− 0.9040
. word	36267	;	211	296.72	− 0.8932
. word	36637	;	212	298.13	− 0.8819
. word	37025	;	213	299.53	− 0.8701
. word	37430	;	214	300.94	− 0.8577
. word	37852	;	215	302.34	− 0.8449
. word	38290	;	216	303.75	− 0.8315
. word	38745	;	217	305.16	− 0.8176
. word	39216	;	218	306.56	− 0.8032
. word	39703	;	219	307.97	− 0.7883
. word	40206	;	220	309.38	− 0.7730
. word	40724	;	221	310.78	− 0.7572
. word	41256	;	222	312.19	− 0.7410
. word	41804	;	223	313.59	− 0.7242
. word	42365	;	224	315.00	− 0.7071
. word	42941	;	225	316.41	− 0.6895
. word	43530	;	226	317.81	− 0.6716
. word	44132	;	227	319.22	− 0.6532
. word	44748	;	228	320.63	− 0.6344
. word	45376	;	229	322.03	− 0.6152
. word	46016	;	230	323.44	− 0.5957
. word	46667	;	231	324.84	− 0.5758
. word	47331	;	232	326.25	− 0.5556
. word	48005	;	233	327.66	− 0.5350
. word	48689	;	234	329.06	− 0.5141

. word	49384	;	235	330.47	− 0.4929
. word	50089	;	236	331.88	− 0.4714
. word	50803	;	237	333.28	− 0.4496
. word	51525	;	238	334.69	− 0.4276
. word	52256	;	239	336.09	− 0.4052
. word	52996	;	240	337.50	− 0.3827
. word	53742	;	241	338.91	− 0.3599
. word	54496	;	242	340.31	− 0.3369
. word	55257	;	243	341.72	− 0.3137
. word	56023	;	244	343.13	− 0.2903
. word	56796	;	245	344.53	− 0.2667
. word	57573	;	246	345.94	− 0.2430
. word	58356	;	247	347.34	− 0.2191
. word	59142	;	248	348.75	− 0.1951
. word	59933	;	249	350.16	− 0.1710
. word	60727	;	250	351.56	− 0.1467
. word	61524	;	251	352.97	− 0.1224
. word	62323	;	252	354.38	− 0.0980
. word	63125	;	253	355.78	− 0.0736
. word	63927	;	254	357.19	− 0.0491
. word	64731	;	255	358.59	− 0.0245
. word	65535	;	256	360.00	0.0000

参考文献

［1］TMS320C28x CPU and Instruction Set Reference Guide. 2015.

［2］TMS320C28x Extended Instruction Sets Technical Reference Manual. 2015.

［3］TMS320F2807x Piccolo Microcontrollers Technical Reference Manual. 2015.

［4］TMS320C28x Optimizing C/C++ Compiler v6.2.4 User's Guide. 2016.

［5］TMS320F28075，TMS320F28074 Piccolo-Microcontrollers Data Manual. 2016.

［6］马骏杰,高晗璎,王旭东,等. 基于正弦波细分的能量回馈系统的研究[J]. 电测与仪表,2007(09):1-4.

［7］余腾伟,王旭东,马骏杰. TCU 控制器的 EMI 分析[J]. 电力电子技术,2007(12):27-29.

［8］马骏杰. 王旭东. 一种新颖的能量回馈系统的研究[C]// 中国电工技术学会电力电子学会六届五次理事会议暨中国电力电子产业发展研讨会论文集. 桂林:中国电工技术学会:56-61.

［9］马骏杰. 基于 DSP2812 的混合动力汽车电机驱动控制器的研究[D]. 哈尔滨:哈尔滨理工大学,2008.

［10］马骏杰. 嵌入式 DSP 的原理与应用——基于 TMS320F28335[M]. 北京:北京航空航天大学出版社,2016.

［11］聂天适. 永磁同步电动机直接转矩控制技术的研究[D]. 哈尔滨:哈尔滨理工大学,2008.

［12］熊健,张凯,裴雪军,等.一种改进的 PWM 整流器间接电流控制方案仿真[J]. 电工技术学报,2003(01):57-63.

［13］刘培国,戴珂,熊健,等.一种基于 DSP 的三相电压型变换器电流控制技术[J]. 电力电子技术. 2003(03):31-33.

［14］李涛丰,欧阳晖,熊健,等.单相全桥 PWM 整流器的直接电流控制技术研究[J]. 电力电子技术. 2010(10):51-53.

［15］欧阳晖,张凯,张鹏举,等.牵引变流器直流母线电压脉动下的无拍频电流控制方法[J]. 电工技术学报. 2011(08):14-23.